中等职业教育规划教材

化工生产基础

第三版

王　奇　主编

化学工业出版社

·北京·

内容简介

本书从一线生产人员的需要出发，全面、清晰地阐述了化工生产的基本规律。全书共十一章，主要内容有：化工生产概论、十几种常用单元操作（流体的输送、传热、吸收、蒸馏等）的基本知识、单元反应简介、化工生产过程的整体控制等。

本书第三版结合生产实际，补充了生产中普遍采用的新工艺、新设备和新技术，强化了对生产操作技能的培养。

本书可作为化工中等职业学校的教材，也可供相关的职业学校或职工培训选用。

图书在版编目（CIP）数据

化工生产基础/王奇主编. —3 版. —北京：化学
工业出版社，2012.4（2024.1重印）
中等职业教育规划教材
ISBN 978-7-122-13651-0

Ⅰ．化… Ⅱ．王… Ⅲ．化学工业-中等专业学
校-教材 Ⅳ．TQ06

中国版本图书馆 CIP 数据核字（2012）第 030440 号

责任编辑：张双进 提 岩　　　　　　　　装帧设计：王晓宇
责任校对：陈 静

出版发行：化学工业出版社（北京市东城区青年湖南街 13 号 邮政编码 100011）
印　　装：大厂聚鑫印刷有限责任公司
787mm×1092mm 1/16 印张 21¼ 字数 533 千字 2024 年 1 月北京第 3 版第 12 次印刷

购书咨询：010-64518888　　　　售后服务：010-64518899
网　　址：http://www.cip.com.cn
凡购买本书，如有缺损质量问题，本社销售中心负责调换。

定　　价：46.00 元

第三版前言

在吸纳广大教师教学经验和提出的意见、建议的基础上，我们对第二版做了修订。主要有以下几点改进。

一、进一步体现化工生产技术的最新进展。结合教材内容，补充了工艺、设备方面的新技术，着重补充了节能、减排、环保方面的技术进展。

二、进一步强化生产操作技能的培养。培养操作技能应以《化工工人技术等级标准》为依据。《化工工人技术等级标准》对中、高级工的主要技能要求是：能精确、娴熟地掌控复杂的生产装置，实现安全、稳定、长周期运行；能进行装置的启动、停动和验收、试车；能准确地判断、处理生产中较复杂的问题，提出技改建议。以上几点，体现了现代化工要求操作工人应具有的技术素质——集较强心智技能和精湛操作技能于一身，并有一定创新能力的复合型技术工人。

此次修订，在有关章节中充实落实《化工工人技术等级标准》要求应具备的知识技能，如：原始开车和系统开车能力，生产运行调节控制和应变能力，设备材料选用、领用能力，设备保养、小修和提出维修项目能力。

三、进一步贯彻启发学生自主学习的原则。有的章节安排了让学生从互联网或技术资料中搜集新设备信息的练习；有的技能训练，让学生独立分析生产、设备中的问题，提出处理意见；在"阅读"、"看看想想"等栏目中，安排了让学生独立阅读、独立思考，主动探究，获取知识的练习。

第三版修订稿由王奇主编，李社全主审。宋亚莉、王若愚进行了部分内容的编写。柳州化工技工学校有关教师参与了审稿。在修订过程中，得到很多学校、企业的大力支持，在此表示衷心谢意。

对第三版书中不足之处，敬请广大教师、读者指正。

编者

2012.1

第一版前言

本书是依据全国化工技工学校教学指导委员会 1996 年制订的第二轮教材——《化工生产基础》教学大纲编写的。《化工生产基础》是化工工艺专业和其他相关专业的技术基础课。

结合当前教育改革，本书和第一轮教材相比做了较大改变，具有以下几个特点。第一，全面、清晰地阐述化工生产基本规律，使学生掌握较充实的化工生产基本知识，做到基础宽，适应广。第二，根据主要的化工操作，精选教学内容，培养学生运用理论知识指导生产操作、分析解决实际问题的能力。第三，实行理论讲授和操作训练相互融会的同步教学模式。第四，尽量引用新技术、新工艺，全面使用法定计量单位。

本书是全国中等职业教育的统编教材。书中涉及配套的教学录像片将由天津市翔宇科技贸易学校在近期内制成，可供各校选用。在标题前加有※的部分，系选学内容，各校可根据本地区的实际需要决定是否讲授。本书也可供相关的职业学校或职工培训参考选用。

本书的第一、三、九、十、十一章由天津市翔宇科技贸易学校（原化学公司技工学校）王奇编写，第二、六章由陕西省石油化工高级技工学校赵育祥编写，第四、五、七、八章由天津市翔宇科技贸易学校宋亚莉编写。全书由王奇主编，广西柳州化工技工学校李社全主审。参审人员有：吉林化工技工学校陈性永、福州第二化工集团公司技工学校朱玉祥、四川省化工技工学校温春华、南京化工集团公司技工学校林瑜、铜陵化工集团公司技工学校赵克荣。在编写过程中，得到了许多单位和同志的热情支持，天津、柳州的一些工程技术人员帮助审稿，提供资料，提出了很好的建议；王骏同志协助提供了大量与生产有关的资料，在此一并表示衷心感谢。

由于水平有限，书中不足之处，敬请广大教师、读者批评指正。

编者

第二版前言

本书出版五年多来，广大师生在使用过程中积累了很多经验，提出了不少有创见性的意见。为了适应技术进步和发展的需要，我们在采集、采纳广大师生教学经验和意见、建议的基础上，对第一版做了修订。

修订后的第二版有以下几点改进。

一、补充近年来涌现的新技术、新工艺，对主要化工过程的技术进展概况做了扼要介绍，对与教材内容关系密切的新工艺、新设备做了具体阐述，对几种新型化工技术做了通俗讲解。

二、增辟［阅读］、［看看想想］等新栏目，目的是启发学生独立阅读介绍新技术的科普短文，独立观察思考生产、生活中的某些现象以加深对关键知识的理解，促使学生生动、活泼、主动地学习。

三、进一步落实技能训练。第一版本着突出技能的原则安排了多种形式的技能训练，第二版依据几年来教学实践，对技能训练的内容、形式做了调整、修订，使之更加切实可行。

四、将现代多媒体技术融入本课程教学。

由天津市翔宇科技贸易学校组织制作与本书配套的教学光盘，光盘包括两部分：一是多媒体教学软件，主要功能是辅助教学，可在查阅资料、制作课件、电化教学等方面为教师提供服务，也可作为学生自学的辅助工具；二是专题VCD，主要用于直观教学，计划按专题分批制成，并辑录了一张摘要盘随书附送。

本书由王奇主编，李社全主审，宋亚莉进行了部分内容的修订编写。广西柳州化工技工学校和天津市翔宇科技贸易学校的有关教师对本书修订提了很好的建议，做了很好工作。原核工业部徐鸿桂、国家发改委朱良栋对本书涉及高新技术的部分内容做了审阅、订正。王若愚承担了光盘设计与制作，大沽化工厂技工学校协助进行了部分录像内容的采编。在光盘制作过程中，得到柳州化工集团公司、天津大学、天津碱厂、天津硫酸厂、大沽化工厂、天津农药厂、天津中河化工厂、天津溶剂厂、天津有机化工二厂等单位的大力支持和天津电视台的技术指导，我们在此表示衷心的谢意。

对第二版书中不足之处，敬请广大教师、读者指正。

编者
2006 年 8 月

目　录

第一章　化工生产概论

化工生产基础课的任务是学习化工生产的基础知识和基本操作技能，为学习专业课打好基础。化工生产知识的范围较广，本书着重讨论化工生产过程的基本知识，包括主要单元操作、单元反应和化工生产过程控制的基本知识，以适应从事生产操作的需要。本章概括地介绍化工生产过程的有关基本概念和基本规律，为学习以后各章做好准备。

第一节　化学工业与化工生产过程

"化工"，是"化学工业"、"化学工艺"以及"化学工程"的简称。本书所说的"化工"，主要指化学工业。

以天然物质或其他物质为原料，通过化学方法和物理方法，使其结构、形态发生变化，生成新的物质，制成生产资料和生活资料的工业，称为化学工业。例如，合成氨工业，以煤或石油、天然气等物质为原料，经过化学方法和多种物理方法加工处理后制成氨，不仅使物质形态发生了变化，而且物质结构也发生了变化，生成了新的物质，因此，它是化学工业。棉纺织工业则不是化学工业，因为棉花纺成纱、织成布，物质形态虽发生了很大变化，但结构并未改变，没有新的物质生成。

化学工业是国民经济的重要部门，它不仅和人民生活息息相关，而且对国家的现代化建设以及人类的生存和发展，起着重要的作用。农业现代化需要化学工业提供化肥、农药和其他农用化学品；国防现代化需要化学工业为先进军事技术装备提供各种新型材料；科学技术现代化需要化学工业提供许多尖端材料，像微电子技术所需的高纯试剂、信息技术所需的显示和记录材料以及航天工业的特殊空间材料大都是化学工业提供的。当前，人类面临的一个突出问题是存在着资源、能源、环境等危机，解决这些问题的根本途径也有赖于化学工业。核能的利用为解决能源危机开辟了广阔的前景。环保工程只有与化工技术结合，走清洁生产之路，才能从源头上杜绝污染，实现经济循环。总之，化学工业已经并将继续为国家的现代化建设和人类的生存发展做出重大贡献。

【阅读 1-1】

新材料、新能源与化学工业

材料、能源和信息被称为新科技革命的三大支柱，其中材料、能源与化学工业的关系非常密切。

新材料的开发应用是人类进步的一种标志。人类历史上每一次使用材料的变革，几乎都是在化工科学技术推动下实现的。20 世纪，合成化学和石油化工的发展，促进了合成塑料、橡胶、纤维等一系列合成材料的生产，进入人工合成材料的阶段。到 21 世纪，使用材料又进入各种高功能材料迅速发展的新阶段，其特征表现在两方面：一是在高分子科学推动下，开发出大量高功能材料；二是在纳米科学技术推动下，开发出基于纳米技术的高功能材料。这些新材料，既适应了高新技术的需要，又促进科技进一步发展。例如，由于光学纤维材料的发明和砷化镓、超晶格、量子材料的成功研制，才有了今天光纤通信、移动通信和数字化高速信息网技术；纳米信息材料的问世，促使信息技术向光电子结合与光子的方向发展。

能源是人类生存发展的物质基础，是国民经济和社会发展的重要物质条件。人们现在使用的能源主要来自化石燃料——煤、石油、天然气等。但化石燃料是一种不可再生、储量有限的能源（从目前全球的储量看，煤只能再开采200多年，石油只能再采四五十年），而且在开采、燃烧过程中会对环境造成污染。时代呼吁人们必须迅速开发新能源。

新能源是相对常规能源而言的，它是可再生的，故又称为可再生能源。它包括太阳能、风能、水能、生物质能、地热能、海洋能、潮汐能、核能、氢能等。这些能源的开发和化学工业有密切关系。

太阳能是取之不尽、用之不竭的清洁能源。目前，人类已通过光热转换技术、光电转换技术和光化转换技术实现了太阳能的初步利用，这三种技术都和化工有密切关系。光热转换中的吸热板需要涂一层薄膜，涂层用的特殊化学材料靠化学工业提供。光化转换本身就是一种化工过程。

生物质能是指直接或间接通过植物的光合作用把太阳能转化为化学能并储藏在生物体内的能量。生物质能可以有效地减少 CO_2 排放，是一种绿色能源。这种能源在中国分布很广，资源量很大，既可储存使用，又可转化为能源产品。近年来，中国对生物质能的开发有很大进展。有些地区成功地将农业、林业加工废物和城市垃圾经过处理转化为能源产品，用秸秆原料制成乙醇汽油和生物柴油；还大量用于发电，2010年末全国生物质能发电装机量达500万千瓦。生物质能的生产技术包括化学转换、物理转换和生物转换，其中最重要的是化学转换。化学转换中的流化床与固定床反应以及干燥、净化、冷却都是典型的化工过程。

核能是原子核内核子变化时释放的能量。核能包括两类，一种称核裂变能，指重元素（如铀、钍）的原子核裂变，产生链式反应放出的能量；另一类称核聚变能，指轻元素（如氘、氚）的原子核发生聚变反应时放出的能量。1kg 的 U-235 裂变时释放的能量相当于 2700t 标准煤燃烧时释放的全部能量。

核能是一种安全、清洁、经济、能量大、污染小的新能源。自20世纪60年代以来，全世界核裂变发电迅速发展。法国核电站发电已占总发电量的70%以上。20世纪末，中国在南方沿海数省建立的核电站已为缓解电力紧张状况做出了贡献。近几年有了更大发展，核电装机量2010年末达到1015万千瓦，预计到2020年可达8000万千瓦。核聚变具有更大的优越性，它所用的氘可以从海水提取，海洋中氘的储量巨大，可供人类使用数十亿年。如今，可控的核聚变技术尚处于各国科学家共同开发的阶段。

核能与化学工业的关系十分密切。化学工业为核能的开发提供了许多有特殊要求的材料，如核燃料、重水、超纯材料等。核能工业中的同位素分离技术和后处理技术就是化工过程应用的范例。

化学工业的这些作用要通过化工生产过程来实现。化工生产过程主要指从原材料进入化工生产装置、经过物理方法和化学方法的加工到制成合格产品的过程❶，也称化工工艺过程。化工生产过程对化工企业创造物质财富起着决定性作用，是构成化工企业的主体。

化学工业的性质决定了化工生产过程具有下述四个特点。

1. 生产过程连续性和间接性

化工生产是通过一定的工艺流程来实现的，属于流程型生产。工艺流程指的是以反应设备为骨干，由系列单元设备通过管路串联组成的系统装置。

如图 1-1 所示的是硫黄制硫酸的工艺流程。这个工艺流程是以焚硫炉、转化器和吸收塔等三个反应设备为骨干，将一系列单元设备通过管路组合串联构成的一套系统装置。硫黄、空气和水只有按着这个流程运行，才能制成硫酸。这样的生产被视为典型的流程型生产。

流程型生产一般具有连续性和间接性。**连续性**体现在两个方面：第一，空间的连续性，生产流程是一条连锁式的生产线，各个工序紧密衔接，首尾串通，无论哪个工序失调，都会导致整个生产线不能正常运转；第二，时间的连续性，生产长期运转，昼夜不停，各个班次

---

❶ 严格地说，化工生产过程是从原料进入生产领域到产出合格产品的全过程，除上文中讲的化工工艺过程外，还包括运输、储存、商品的补充加工、包装等，而工艺过程是基本生产过程。为便于学习，本书所述化工生产过程即指化工基本生产过程。

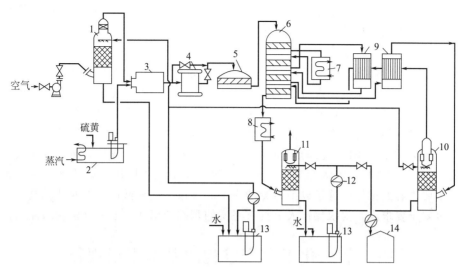

图 1-1 硫黄制硫酸工艺流程示意

1—干燥塔；2—熔硫槽；3—焚硫炉；4—废热锅炉；5—过滤器；6—转化器；7—过热器；8—SO₃冷却器；

9—热交换器；10—中间吸收塔；11—最终吸收塔；12—酸冷却器；13—循环槽；14—成品酸储罐

紧密衔接，无论哪班出故障，都会影响整个生产过程的正常运行。**间接性**则体现在操作者一般不和物料直接接触，生产过程在密闭的设备内进行，对物料的运行变化看不见，摸不着，操作人员要借助管道颜色识别物料，靠检测仪表、分析化验，了解生产情况，用仪表或计算机控制生产运行。

2. 生产技术的复杂性和严密性

复杂性 化工的工艺流程多数比较复杂，而且发展趋势是复杂程度越来越高。当今的基础化学工业正朝着大型化和高度自动化发展；而应用化学工业正朝着精细化、专用化、高性能和深加工发展。

严密性 由于化学反应对其应具备的条件要求非常严格，每种产品都有一套严密的工艺规程，必须严格执行，否则不仅制造不出合格产品，还会造成事故。

3. 原料、产品和工艺的多样性

目前中国生产的化工产品约有 4 万多种，全世界约有 5 万种以上，这个数字还在迅速增加。化工生产可以用不同原料制造同一产品，也可用同一原料制造不同产品。化工产品一般都有两种以上的生产工艺。即使用同样原料制造同一种产品，也常有几种不同的工艺流程。

4. 安全生产和环境保护的极端重要性

有些化学反应或物理变化要在高温、高压、真空、深冷等条件下进行，有许多物料具有易燃、易爆、易腐蚀、有毒等性质，这些特点决定了化工生产中的安全和环保极其重要。

长期以来，一些生产单位过分追求眼前利益，不顾生态效果，实行一种高能耗、高投入、高污染的生产方式，消耗了大量能源与资源，损害了生态环境。虽然后来采取了一些治理"三废"的措施，取得一定效果，但仅停留于对已有危害的治理上，有的造成"污染转移"，它实质上是一种治标不治本的"末端治理"。因此必须将这种末端治理模式转变为从源头上预防的清洁生产模式。

清洁生产模式包括以下内容：使用清洁的原料和能源；采用清洁的生产方式和过程，排放物综合利用,力争实现"零排放";生产清洁的绿色产品;每个生产人员都应具有安全第一和生态环保的理念,自觉为安全清洁生产尽一份力。

化工生产过程的运行要依靠良好的操作。化工操作是指在一定的工序、岗位对化工生产装置和生产过程进行操纵控制的工作。对于化工这种靠设备作业的流程型生产,良好的操作具有特殊重要性。因为流程、设备必须时时处于严密控制之下,完全按工艺规程运行,才能制造出人们需要的产品。大量实践说明,先进的工艺、设备只有通过良好的操作才能转化为生产能力。在设备问题解决之后,操作水平的高低对实现优质、高产、低耗起关键作用。很多工业发达国家对化工操作人员的素质都极为重视。中国对化工操作人员的素质要求已做出明确规定。《化工工人技术等级标准》等文件指出:化工主体操作人员从事以观察判断、调节控制为主要内容的操作,这是以脑力劳动为主的操作,这种操作,作业情况复杂,工作责任较大,对安全要求高,要求操作人员具有坚实的基础知识和较强的分析判断能力。

第二节 化工生产过程的基本组成规律

化工生产过程种类繁多,很难完全掌握。但各种生产过程都有着共同的基本组成规律,掌握了这种规律,就可以了解化工生产过程的概貌。其基本组成规律主要有以下几点。

第一,化工生产过程是由若干单元操作和单元反应等基本加工过程构成的,它们如同化工生产过程的"构件";

第二,化工生产过程是由原料的预处理、化学反应和反应产物加工这三个基本步骤构成的;

第三,化工生产过程贯穿着两种转换,即物质转换和能量转换。

一、单元操作和单元反应

进一步分析图 1-1 并对照图 1-2,可以看出,硫黄制酸生产过程是由一系列基本加工过程构成的。其中:焚硫、转化、吸收是进行化学反应的基本加工过程;熔硫、气体输送、气体干燥、过滤、换热则是用物理方法处理物料的基本加工过程。

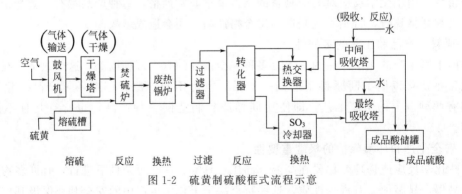

图 1-2 硫黄制硫酸框式流程示意

再如,烧碱、甲醇、尿素等产品的生产过程(见图 1-3)也是由若干基本加工过程组成的。这些生产过程虽生产着不同的产品,但都有许多相同或相似的基本加工过程。如硫酸和尿素的生产过程都有"吸收",其所用设备都是吸收塔,原理和作用是相同的。烧碱和尿素的生产过程都有"蒸发",所用设备都是蒸发器。尿素和甲醇的生产过程都有"压缩",所用设备都是压缩机。

以上这些相同或相似的基本加工过程就是**单元操作或单元反应**。在化工生产过程中,具有共同特点，遵循共同的物理学或化学规律，所用设备相似，作用相同的基本加工过程称为单元操作或单元反应，其中具有物理变化特点的基本加工过程称为单元操作（也叫物理过程）；具有化学变化特点的基本加工过程称为单元反应（也叫单元过程或化学过程）。

　　单元操作和单元反应为数并不多，加起来不过几十种，但它们能组合成各种各样的化工生产过程，就像 26 个英文字母能组合成无数的词句和文章一样。常用的单元操作有 18 种，如表 1-1 所示，按其性质、原理可分为五种类型。

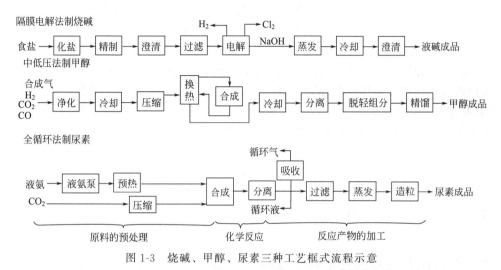

图 1-3　烧碱、甲醇、尿素三种工艺框式流程示意

表 1-1　常用单元操作（18 种）一览表

类　别	名　称		作　用	设备举例
流体流动过程	流体输送	液体输送	把液体物料从一处输送到另一处	泵
		气体输送	把气体物料从一处输送到另一处	风机
		气体压缩	提高气体压力,克服输送阻力	压缩机
	非均相物系分离	沉降	用沉降的方法把悬浮颗粒从液体或气体中分离出来	沉降槽
		过滤	用多孔物质阻挡固体颗粒,使之从气体或液体中分离出来	过滤机
		离心分离	在离心力作用下,分离悬浮液或乳浊液	离心机
	固体流态化		用流体使大量固体颗粒悬浮而具有流体特点	流化床反应器
传热过程	传热		使物料升温、降温或改变相态	换热器
	蒸发		用气化的方法,使非挥发性物质的稀溶液浓缩成较浓的溶液	蒸发器
	结晶[①]		使溶质成为晶体,从溶液中析出	结晶器
传质过程	蒸馏		通过汽化和冷凝将液体混合物分离	精馏塔
	吸收		用液体吸收剂将气体混合物分离	吸收塔
	萃取		用液体萃取剂将液体混合物分离	萃取塔
	干燥[①]		一般指用加热气化的方法除去固体物料所含水分	干燥器
热力过程	冷冻		将物料温度降到比常温低的操作	冷冻循环装置
机械过程	粉碎		在机械外力作用下,使固体颗粒变小	粉碎机
	筛分		将固体颗粒分为大小不同的部分	网形筛
	固体输送		把固体物料从一处输送到另一处	皮带运输机

　　① 结晶过程也有传质，干燥过程也有传热。这两种单元操作也可归类于"热质传递过程"。

（1）流体流动过程的单元操作　遵循流体动力学规律进行的操作过程，如液体输送、气体输送、气体压缩、过滤、沉降等。

（2）热量传递过程的单元操作　遵循热量传递规律进行的操作过程，也叫传热过程，如传热、蒸发等。

（3）质量传递过程的单元操作　物质从一个相转移到另一个相的操作过程，也叫传质过程，如蒸馏、吸收、萃取等。

（4）热力过程的单元操作　遵循热力学原理进行的单元操作，如冷冻等。

（5）机械过程的单元操作　靠机械加工或机械输送进行的单元操作，如粉碎、固体输送等。

本书将逐一介绍相关的 18 种常用单元操作。在深入讨论前，要先有个大致了解，以做到能通过查表识别单元操作的名称和类型。

【看看想想 1-1】

看教学软件第一章《单元操作》中以下五个单元操作：

①液体输送；②沉降；③传热；④结晶；⑤粉碎。

看《VCD 教学光盘——摘要盘》中《单元操作》，观察以上五个单元操作。

回答问题：

通过观察并联系自己的体会，具体解释这五个单元操作，指出它们在生产中起了什么作用。

二、化工生产过程的三个基本步骤

从图 1-5 可以看出，烧碱、甲醇、尿素等三种工艺流程都是由原料预处理、化学反应（主反应）、反应产物加工三个基本步骤组成的。化工生产过程一般都包括这三个基本步骤。

（1）原料预处理　将原料进行一系列的处理，达到化学反应所要求的状态。

（2）化学反应　使反应物在反应器内发生化学变化，生成新的物质。

（3）反应产物加工　将反应产物进行一系列加工，制成符合质量要求的成品，同时将未反应的原料、副产物和暂不需要的"废料"回收处理。

这三个步骤又都是由若干个单元操作和单元反应构成的。原料预处理和反应产物加工主要是由单元操作构成，有时也有一些化学反应；化学反应步骤主要是由单元反应构成，有时伴随有物理过程，如有的反应器附有搅拌。

三个基本步骤是化工生产过程的主干。了解一个生产过程，首先应分析它的三个基本步骤，抓住主干，然后进一步分析各基本步骤中的单元操作或单元反应，这样就能清晰地了解整个生产过程。

【例题 1-1】 辨别中低压法制甲醇工艺过程的三个基本步骤。

要求　先看中低压法制甲醇工艺流程示意（见图 1-4）、框式流程示意图（图 1-3）和下面的流程简介，然后做两个练习题：

①在流程图下方标注三个基本步骤；

②填写三个基本步骤简表（表 1-2）。

流程简介　中低压法制甲醇通过 CO 和 CO_2 加氢制得，反应式为

$$CO + 2H_2 \longrightarrow CH_3OH$$

$$CO_2 + 3H_2 \longrightarrow CH_3OH + H_2O$$

原料为按一定比例配制的 CO、CO_2 与 H_2 的混合物，称为合成气。从流程示意图知，

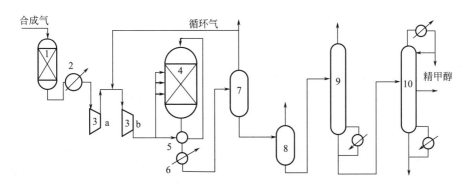

图 1-4　中低压法制甲醇工艺流程示意
1—脱硫器；2,6—水冷器；3—压缩机；4—合成塔；5—换热器；
7—分离器；8—闪蒸罐；9—脱醚塔；10—主精馏塔

管道送来的配备好的合成气进入脱硫器 1 脱硫净化，再经水冷器 2 冷却后，送入压缩机 3a 初步压缩，然后与返回的循环气混合送入压缩机 3b 进一步压缩达到反应要求的压力。压缩后的合成气送入换热器 5 与从合成塔出来的气体换热，换热后温度达到反应要求的温度（513～543K），成为符合反应条件的合成气。

　　从换热器出来的合成气进入合成塔 4，在一定温度、压力和催化剂的作用下，H_2 与 CO、CO_2 发生反应生成甲醇，同时生成副产品，从合成塔出来的反应气是甲醇、副产品和未反应原料气的混合物。反应气经换热器 5 初步降温后进入水冷器 6，得到液态粗甲醇，然后进入分离器 7 将气体分离出去，未反应的气体（循环气）返回压缩机，液态粗甲醇进入闪蒸罐 8，脱除部分溶解气体后进入脱醚塔 9，从塔顶脱除二甲醚等轻组分杂质，塔底出来的液体送入主精馏塔 10 进行精馏，由塔顶得到纯度为 99.85％的合格精甲醇。

　　解　分析流程图和流程简介，此工艺流程的三个基本步骤划分如下。
　　① 原料预处理步骤为：原料合成气——净化——冷却——压缩——换热，制成符合反应条件的合成气。
　　② 化学反应步骤为合成，在合成塔内进行加氢反应，生成甲醇，也生成副产品。
　　③ 反应产物加工步骤为：从合成塔出来的混合气——换热——冷却——分离——闪蒸——脱醚——精馏，制成合格的精甲醇。

　　在图上标注及填表，由学生完成。

表 1-2　中低压法制甲醇工艺流程的三个基本步骤简表

序号	步　　　骤	包括的单元操作和单元反应	达　到　目　的
1			
2			
3			

三、化工生产过程中的两种转换——物质转换与能量转换

　　所有化工生产过程都是物料转换与能量转换相伴进行的过程，这是化工生产的一个重要规律。这个规律是由化学工业的性质所决定的。化学工业要使物质的结构、成分、形态发生变化，生成新的物质，这些变化就是物质转换。而各种物质转换，不论是物理变化还是化学

变化，都伴随着能量转换。

单元操作进行的物理过程都和能量转换紧密联系，如液体输送要消耗电能，粉碎要消耗大量机械能，蒸馏、蒸发要消耗大量热能。单元反应进行的化学过程也都伴随着能量转换，有的化学反应要输入能量，有的化学反应要输出能量。

如电解反应要输入大量电能，隔膜电解法制烧碱生产 1t 烧碱要耗电 2580kW·h，其能耗仅次于电解法制铝。很多放热反应要释放能量，硫黄制硫酸每燃烧 1mol 硫黄要放出 297kJ 能量，燃烧 1t 硫黄放出的热量可生产压力为 3MPa 的蒸汽 3.4t。

能量转换的这种特点为生产中节能提供了方便。对消耗能量的操作过程，采取多种措施降低能耗。一方面，改进操作，加强管理，降低生产环节的能耗；一方面，对高耗能的工艺过程进行技术改造和结构改革，烧碱工艺要逐步用能耗低质量高的离子膜电解法工艺取代隔膜电解法工艺，从根本上解决高能耗问题。对释放能量的操作过程，要将放出的能量充分利用。有的硫酸工艺过程安装了余热发电装置，利用燃烧硫黄余热生产的蒸汽驱动汽轮机。

运用两种转换的规律可以指导化工操作。首先，了解物料运行和能量运行的具体形式，以便及时掌握装置中物料运行和能量运行状况；其次，要学会物料衡算和能量衡算，以便准确地掌握两种转换的数量关系。

1. 物料运行通常有下列三种表现形式

(1) 物料的输入和输出　输入的有原料和辅助材料；输出的有产品、中间产品、副产品和"废料"。"废料"应尽量综合利用，作为另一生产过程的原料，极少数按有关规定处理排放。

(2) 物料的变化　物料在装置中发生化学变化和物理变化。

(3) 物料的循环　有些反应过程，反应物不可能完全转化成产物，因此，要将那些没有转化的反应物循环使用。

2. 能量运行的表现形式

能量的运行也包括输入、转换和输出三种表现形式。能量的输入一般包括随物料带进的能量和外加能量，而外加能量则表现为向生产装置供给水、电、汽、气、冷等五种动力资源。

(1) 水　指用于动力的水，如加热与冷却用的水。

(2) 电　包括用电力驱动生产设备，将电能转换为机械能；用电直接参与化学反应过程，如电解。

(3) 汽　指水蒸气。

(4) 气　指用于动力的压缩空气和仪表用气。

(5) 冷　指低温操作所需的冷量。

这五种动力资源一般由工厂公用工程部门负责供给，即深井、电站、锅炉、空压站、制冷站等。

综上所述，化工生产基本组成规律可以概括如下。

● 文字表述　化工生产过程的表现形式是由若干单元操作和单元反应串联组成的一套工艺流程，通过三个步骤，进行两种转换，将化工原料制成化工产品。

● 图示　用图 1-5 可以清晰地说明化工生产过程的概貌。

● 分析运用　运用化工生产基本组成规律分析实际生产过程的概貌。

【技能训练 1-1】　分析烧碱生产过程的基本组成

本次训练为认识型训练——认识生产。利用教学软件，观察隔膜电解法制烧碱的全过

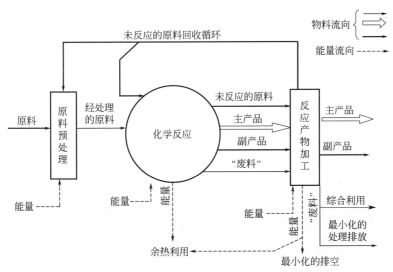

图 1-5 化工生产过程概貌示意

程，运用化工生产基本组成的规律对这个生产过程深入分析，初步掌握隔膜电解法制烧碱生产工艺的概貌，进一步研究该生产过程实现清洁生产的途径。

- 训练设备条件 教学软件：隔膜电解法制烧碱生产过程简介
- 相关技术知识

隔膜电解法制烧碱生产过程简介。

隔膜电解法制烧碱的原料是食盐，主产品为烧碱（NaOH），联产品为氯气（Cl_2）和氢气（H_2）。生产基本原理是：将直流电通入隔膜电解槽的食盐水溶液，发生离子迁移和放电现象，使食盐水分解为 NaOH、H_2 和 Cl_2。

主要反应式为

$$NaCl \longrightarrow Na^+ + Cl^-$$
$$H_2O \longrightarrow H^+ + OH^-$$
$$Na^+ + OH^- \longrightarrow NaOH$$

- 本工艺流程的三个基本步骤

（1）原料预处理步骤是盐水精制 它的任务是将工业食盐中含有的钙、铁、硫酸根等离子和机械杂质除去，制成符合电解反应条件的精盐水。

（2）化学反应步骤是电解 它的任务是使 NaCl 溶液在电解槽内发生分解反应。

（3）反应产物加工步骤是蒸发 它的任务是将电解液进行增浓、分离、澄清等一系列加工，制成合格的液碱成品。

- 本工艺过程的物质和能量转换情况

物料变化主要是电解反应发生的化学变化。输入的物料包括原料食盐和辅助材料，如精制时加入纯碱、烧碱，沉降时加入的助沉剂等。输出的物料包括主、副产品和回收后排出的少量废渣。废渣的主要成分是氢氧化镁。对氢氧化镁综合利用，目前国内的做法是，用它作为轻质氧化镁的原料（反应式和工艺流程在教学软件中介绍）。轻质氧化镁可用来制造水泥、地砖、人造大理石等。

物料循环主要是将各工序分离出来的食盐送回化盐工序回收再用。生产过程的各个步骤都要输入能量。除用交流电来驱动运转设备外，还要向电解槽输入大量的直流电。蒸发工序要输入大量蒸汽。输出的物料都要带出热量。

●训练内容与步骤

观看教学软件中的《烧碱生产过程简介》，然后对比化工生产过程的基本组成进行分析研究。

表 1-3   化工生产过程的基本组成分析报告

产品工艺名称			主产品名称及分子式	
生产过程的三个基本步骤	化学反应	主要反应设备		
		主要反应式		
		要求原料具备的条件		
	原料预处理	任务		
		主要单元操作		
	反应产物加工	任务		
		主要单元操作		
物质转换及能量转换	物料运行	输入物料（原料及辅助材料）		
		输出物料（主、副产品，废料的处理办法）		
		物料循环		
	能量运行	输入能量		
		输出能量与余热利用		

研究提纲：

① 该生产过程的三个基本步骤，每个步骤的原理、过程和所涉及的单元操作；

② 该生产过程"两个转换"的具体表现形式；

③ 该生产过程怎样实现零排放、清洁生产（可通过查阅资料、网上搜集，了解氢氧化镁综合利用的有关信息），提出你的看法、建议。

●实训作业：

① 填写《化工生产过程的基本组成分析报告表》，见表 1-3，绘框式流程图；

② 有条件的，可让学生在全班或小组宣讲自己的分析研究报告。

第三节   化工生产过程的有关基本概念

一、相和相变

化工生产过程有化学变化和物理变化，物理变化有相变和非相变之分，如结晶、溶解、蒸发等操作，物质的相态发生了变化，属于相变；粉碎、筛分等操作，只改变形态，没有相态的变化，属非相变。下面介绍有关相和相变的基本概念。

1. 系统和环境

在化学工程中，为了研究和计算的方便，人们常将要研究的部分从周围事物中划分出来，作为研究的对象。被划分出来的部分称为系统（也叫体系、物系、系），系统以外与系统有关的物质和空间称为环境（也叫外界）。系统可以是一个产品的整个流程，也可以是一个工序，一个设备。

系统可根据研究的需要来划分。比如，研究隔膜电解法制烧碱的工艺，若研究整个电解工艺流程（如图 1-6 所示），整个电解工序就作为系统；若研究一个电解槽，则电解槽就作为系统。

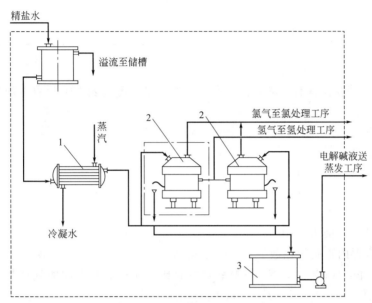

图 1-6　电解工序工艺流程示意

1—加热器；2—电解槽；3—电解液储槽

2. 相和相数

系统内的物质，具有相同物理性质和相同化学性质的并且完全均匀的部分，称为相。在不同的相之间有明显的界面，可以用物理方法把它们分开。系统中相的数目称为相数。例如一杯水，杯中各部分的水都具有相同的物理性质和化学性质，就整杯水来说，它的性质是均匀的。因此，若以水为系统，不论水量多少，它为一相。如果水中有几块冰，如图 1-7 所示，虽然水和冰有共同的化学性质，但在水和冰的界面上其物理性质发生了突变，若以水和冰为系统，它就是两相。显然，若以水、冰和水面上的气体为系统，它就是三相。

确定混合物相的数目，主要看其组成是否均匀。组成均匀的是一相，称单相混合物；否则就是多相，称多相混合物。气体混合物不论由几种气体组成，一般都是均匀的，所以是一相。液体混合物中，如果几种液体是完全互溶的，就是一相，比如酒精的水溶液是一相；如果不是完全互溶的，就不是一相，比如水和油混在一起是两相。固体混合物，一般情况只是掺和，无论粉碎得多么细，其组成也不均匀，所以每种固体各自成为一相（只有某些个别情况，几种固体熔化混合，凝固时形成固体溶液，才是一相）。同一种固体以不同晶形存在时，每种晶形为一相。例如，石墨和金刚石共存时是两相。一种物质可以有多个相，水、冰和水蒸气就是水的三相。物质三个相平衡共存时的温度和压力称为三相点。水的三相点就是指水、冰、水蒸气平衡共存时的温度和压力。这个点的温度是 273.16K，压力是 0.611kPa，这个点已作为国际单位制温度定义的依据。

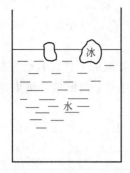

图 1-7　相的示意

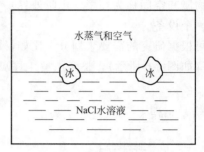

图 1-8　例题 1-2 图

【**例题 1-2**】　某容器盛有 NaCl 水溶液（见图 1-8），溶液表面上浮着两块冰，液面上方有空气和水蒸气。

① 如果以 NaCl 水溶液为系统（不包括冰和气体），求系统内的相数。

② 如果以整个容器作为系统，求系统内的相数。

解　① 求 NaCl 水溶液的相数。

由于 NaCl 水溶液无论从容器中任何一处取样，其物理性质和化学性质都完全一样，说明这种溶液的组成均匀。

所以，NaCl 水溶液为一相。

② 求整个容器内物质的相数。

在这个系统里，NaCl 水溶液为一相；冰块自成一相；液面上面的气体是空气与水蒸气的混合物，而气体混合物一般都是一相。

所以，整个容器内的物质为三相。

3. 相变和相平衡

物质从一个相转变到另一个相的过程称为相变过程。当外界条件变化时，才会发生相变。如水凝固成冰，冰融化成水；水汽化成水蒸气，水蒸气凝结成水，都是相变过程。

相变规律在化工生产中得到广泛应用。人们常常为了生产的需要，有意识地促使物质发生相变。例如，在硫黄制硫酸工艺中，只有当硫黄成为液态雾状，才能以较快的速率与氧反应生成二氧化硫，所以必须通过熔硫使硫黄由固相变为液相。在全循环法合成尿素工艺中，氨基甲酸铵脱水生成尿素的反应只有在液相方能进行，所以必须通过压缩等方法使氨基甲酸铵经常处于液相。许多气体混合物的分离，必须在液相的情况下进行。如石油化工中裂解气的分离，就是先通过深冷将裂解气变为液相，再用分馏的方法分离提纯，才能生产出高纯度的乙烯、丙烯等产品。

如果有两个以上的相共存，在较长时间内，从表面上看没有任何物质在各相之间传递时，可以认为这些相之间已达到平衡，称为相平衡。实际上，物质在各相之间的传递并没有中止，而是单位时间内互相传递的分子数大体相等，处于动态平衡。

相变和相平衡的规律有两种表达方法：一种是用数字公式表达；另一种是用几何图形来表达，表达相平衡体系中相态和它们所处条件之间关系的几何图形称为相图。例如，图 1-9 就是以温度为横坐标，以压力为纵坐标绘成的水的相图，它可以清晰地表示水的相变规律（该图的具体内容这里不再解释）。相图能将较复杂的相变规律直观地表示出来，因而它已成为研究相平衡的重要工具。例如，蒸馏、结晶、干燥等单元操作，利用相图可以清晰地阐明过程的原理，表示过程进行的程度，作为指导操作的依据。

二、过程的平衡关系和过程速率

化学工程中所说的"过程"有其特定的含义：当系统发生变化时，发生变化的经过视为过程。化工生产中的每一种物理变化或化学变化，每一种单元操作或单元反应，都可称为过程。研究过程的规律，目的是使过程的进行有利于生产。平衡关系和过程速率就是其中两条重要规律。

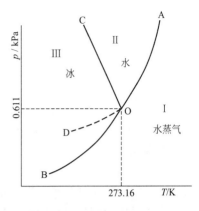

图 1-9　水的相图

1. 过程的平衡关系

过程的平衡关系是指任何过程都在变化着，都是在一定条件下由不平衡向平衡状态转化。平衡状态是变化的极限。下面讨论几个平衡状态的实例。

（1）溶解和结晶的平衡　以食盐溶于水的过程为例。在一定温度下，往一定量的水中不断地投入食盐，食盐分子均匀地分散到水中，这就是溶解；与此同时，有些溶于水的食盐分子又回到食盐表面上，这就是结晶（或淀积）。开始时，食盐溶解的速度比结晶的速度大得多，随着食盐浓度的增加，溶解的速度渐小，结晶的速度渐大，直到溶解速度和结晶速度大体相等时，食盐溶液的浓度不再增加了，这时溶解过程就达到了平衡。从表面看，溶解和结晶都停止了，实际上这两个过程都没有中止，而是处于动态平衡。

在一定温度下，溶解和结晶过程处于动态平衡的溶液，称为饱和溶液。

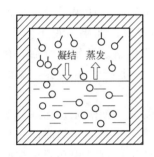

图 1-10　蒸发与凝结的平衡

（2）蒸发与凝结的平衡　如图 1-10 所示，将液体装在一个密闭容器中，保持一定的温度。分子离开液体表面逸向空间，成为蒸气，这就是蒸发；与此同时，逸向空间的分子又不断地返回液体表面，这就是凝结。起初，蒸发的速度比凝结的速度大，随着空间分子数的增加，返回液体的分子数随之增加，凝结的速度加快。在一定时间内，从液体表面逸出的分子数和从空间返回液体的分子数大体相等，也就是蒸发和凝结的速度相等，这时蒸发与凝结处于动态平衡。

蒸发和凝结处于动态平衡时，液体上面空间的蒸气达到了饱和，称为饱和蒸气。饱和蒸气的压力称为饱和蒸气压。

2. 过程速率

过程速率是单位时间内过程进行的变化量。如传热过程的速率，是单位时间内传递的热量；传质过程的速率，是单位时间内传递的质量。

任何过程速率都与过程的推动力成正比，与过程的阻力成反比。可用以下基本关系式表示：

$$过程速率 = \frac{过程的推动力}{过程的阻力}$$

过程的推动力的含义与力学的推动力不同。过程的推动力是指直接导致过程进行的动力。如流体流动过程的推动力是压力或位差，传热过程的推动力是冷热流体的温度差，吸收过程的推动力是浓度或分压差。过程的阻力因素很多，与过程的性质、操作条件都有关系。以后将逐步学到。

提高过程速率的途径是加大过程的推动力和减少过程的阻力。研究如何加大过程推动力和减少阻力，是提高产品收率的关键问题。

三、物料计算和能量计算

化工生产贯穿着物料转换和能量转换。准确地掌握这两种转换的数量关系，就要进行物料衡算和能量衡算。化工设计必须进行物料衡算和能量衡算，它是设计的重要依据。而化工操作也应进行简单的物料衡算和能量衡算，一般称其为物料计算和能量计算，它是班组核算的重要内容。依此可以判定操作优劣，分析经济效益，提供工艺数据，为严密地控制生产运行打下基础。

1. 质量守恒，物料计算

物料衡算的依据是质量守恒定律（也叫物质不灭定律）。即化学反应中，反应物的质量总和等于生成物的质量总和。这个定律用于化工生产过程，可表述为：任何一个生产过程，其原料消耗量应为产品量与物料损失量之和。即

输入的物料质量＝输出的物料质量＋损失物料的质量

这个公式是物料衡算（物料计算）的通式。

物料计算的步骤，按以下六步进行。

① 分析题意。

② 画示意图。将输入、输出的所有物料逐个标在图上，用箭头表示方向。在图上标出所有已知和未知数据。如有化学反应，还要在图上写出化学方程式。

③ 选择系统。系统中应包括尽可能多的已知量和尽可能少的未知量。如果系统选择得恰当，可以很简便地求出解来；如果选得不恰当，会使求解复杂化，甚至求不出解。选定系统后，在图上用虚线画出方框表示，虚线表示边界，见图1-11。

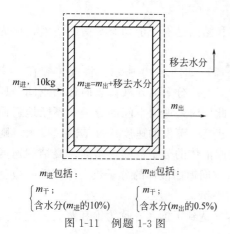

④ 选定衡算对象和基准。衡算对象就是对哪种物料进行平衡计算。基准可以是一定的时间，也可以是一定质量的物料，整个计算过程必须依据同一个基准。

⑤ 写出物料平衡方程式，并计算，求解。

⑥ 列出物料平衡表，并用平衡表验算。

图1-11 例题1-3图

注意：物料计算题，应按以上步骤进行；计算时使用的单位要统一；物料平衡是质量的平衡，物料平衡方程式只能用质量单位，不能用体积单位或物质的量单位。

【例题 1-3】 某实验室将一种10kg的固体物料放进烘箱内干燥，其水含量的质量分数为10%，干燥后，从烘箱取出的物料水含量降至0.5%。问出烘箱的物料量为多少千克？共移去水分有多少千克？并按规范步骤进行物料计算。

解 ① 分析题意。

设进烘箱的物料量为$m_进$，出烘箱物料量为$m_出$，绝干物料量为$m_干$。

根据题意，进烘箱物料和出烘箱物料中的绝干物料量$m_干$没有变化，则

进方 $m_进 = m_干 +$ 进烘箱物料中水分质量

进烘箱物料中水分质量＝$m_进 \times 10\%$

$m_干 = m_进 \times (1 - 10\%)$

出方 $m_出 = m_干 +$ 出烘箱物料中水分质量

出烘箱物料中水分质量 $= m_{出} \times 0.5\%$

$m_{干} = m_{出} \times (1 - 0.5\%)$

根据物料衡算通式：

$$m_{进} = m_{出} + 移去的水分质量$$
$$移去的水分质量 = m_{进} - m_{出}$$

② 画示意图。见图 1-11。

③ 选择系统。应以烘箱作为系统。

④ 选定计算对象和基准。进烘箱物料中的绝干物料和出烘箱物料中的绝干物料是等量的，因此，将 $m_{干}$ 作为衡算对象和基准，即：

$$进烘箱物料中绝干物料量 = 出烘箱物料中绝干物料量$$

⑤ 写出物料平衡方程式。

进烘箱物料中　$m_{干} = m_{进} \times (1 - 10\%) = 10 \times (1 - 10\%) = 9\,kg$

出烘箱物料中　$m_{干} = m_{出} \times (1 - 0.5\%)$

平衡方程式为　$10 \times (1 - 10\%) = m_{出} \times (1 - 0.5\%)$

解方程：

$$m_{出} = \frac{10 \times 90\%}{1 - 0.5\%} = 9.05\,kg$$

出烘箱物料量为 9.05kg。

移去的水分量 $= m_{进} - m_{出} = 10 - 9.05 = 0.95\,kg$

⑥ 列出物料平衡表。

干燥物料平衡表

输入的物料	质量/kg	输出的物料	质量/kg
进烘箱:物料	10	出烘箱:①物料	9.05
		②移去水分	0.95
合计	10	合计	10

2. 能量守恒，能量计算

能量衡算的依据是能量守恒与转换定律。其通俗地可表述为：能量不能创生和消灭，只能在各部分物质之间进行传递，或者从一种形式转换为另一种形式。在一个和外界没有能量交换的系统中，不论发生什么变化过程，能量的形式可以互相转换，但能量的总和保持不变。在一个和外界有能量交换的系统中，它的能量会有改变，但它增加（或减少）的能量一定等于外界减少（或增加）的能量。所以从整体上看，能量之和仍然不变。

这个定律用于化工生产过程，可表述为：一个稳定的生产过程，向系统输入的能量，等于从系统输出的能量与能量损失之和。即

$$输入的能量 = 输出的能量 + 能量损失$$

这个公式就是能量平衡方程式的通式。按照这一规律进行的计算称为能量衡算。本书将在流体输送、传热、蒸发等章节中对此作进一步的讨论。

第四节　化工生产常用的量和单位

一、量和单位

这里说的量是指物理量。对物质或现象进行定量确定的数值称为物理量。每种量都有规

定的符号，这些符号都是国际上认定和国家标准规定的。

物理量包括基本量和导出量。具有独立意义，作为其他物理量的基础的量称为基本量，由基本量导出的物理量称为导出量。国际单位制将长度（L）、时间（t）、质量（m）、热力学温度（T）、电流（I）、发光强度（I_v）、物质的量（n）确定为基本量；由这七个基本量导出的量，都是导出量，如速度、密度等。

用以度量同类量大小的标准量称为计量单位。基本量的主单位称为基本单位。在选定基本单位后，按照物理量之间的关系，用相乘、相除的形式构成的单位，称为导出单位。本节将介绍 25 种化工生产常用量和单位。

二、法定计量单位

由国家以法令形式规定允许使用的单位叫法定计量单位。它是在 1984 年由中华人民共和国国务院公布实施的。在此以前，国内曾使用过许多种单位制，如市制、绝对单位制、工程单位制和英制，这几种单位制现已不准使用。现在，世界各国普遍使用国际单位制。国际单位制是由米、千克、秒、安（培）、开（尔文）、摩（尔）、坎（德拉）等七个基本单位和一系列导出单位构成的完整的单位体系，简称 SI。它具有统一性、科学性、简明性、实用性、合理性等优点，是国际公认的较先进的单位制。

中国的法定计量单位是以国际单位制为基础，并根据本国实际情况适当选用了一些非国际单位构成的。其组成如表 1-4。

表 1-4　中国法定计量单位的组成

法定计量单位组成内容		举例		备注
		单位名称	单位符号	
1. SI 单位	(1) SI 基本单位	米	m	
		千克	kg	
	(2) 具有专门名称的 SI 导出单位	牛[顿]	N	
		焦[耳]	J	
	(3) 组合形式的 SI 导出单位	米每秒	m/s	在第 3 项中，凡由 SI 单位构成的组合单位均为 SI 导出单位
		帕[斯卡]秒	Pa·s	
2. 国家选定的 SI 制外单位		吨	t	
		升	L	
3. 由以上单位构成的组合形式单位		米每秒	m/s	其中，全由 SI 单位构成的，如 m/s 为 SI 导出单位；其余为 SI 制外导出单位
		千瓦[特小]时	kW·h	
4. 由以上单位加 SI 词头构成的倍数和分数单位		毫米	mm	SI 给出了用以构成 SI 单位的倍数和分数单位的词头，如 M、k(倍数单位词头)；c、m、μ、n(分数单位词头)等
		千焦[耳]	kJ	
		纳米	nm	

三、化工生产常用的法定计量单位

化工生产常用的法定计量单位有 25 种，见表 1-5。

1. 化工常用的 5 种 SI 基本单位

（1）长度　基本单位是 m（米），其倍数和分数单位有 km（千米）、cm（厘米）、mm（毫米）、μm（微米）等。

淘汰的有公尺、公分、里、丈、尺等。

（2）时间　基本单位是 s（秒）。国家选定的 SI 制外时间单位有 min（分）、h（[小] 时）、

d(日，天)。

（3）质量　法定计量单位有 3 种形式。

① kg(公斤，千克)是基本单位。

② g(克)及其部分倍数和分数单位，如 Mg(兆克)、mg(毫克)等（注意，不能用百克、十克、分克、厘克，不允许在 kg 前加词头，如 mkg）。

③ t(吨)及其倍数单位（注意，决不能写成"T"）。

淘汰的有市斤、公吨等。

（4）热力学温度　基本单位是 K(开[尔文])。其定义为开[尔文]等于水的三相点热力学温度的 1/273.16。

此外，SI 还有一个温度单位℃(摄氏度)。热力学温度（T）与摄氏温度（t）的换算公式为

$$\{t\}℃ = \{T\}K - 273.16\ K$$

（5）物质的量　基本单位是 mol(摩[尔])，其倍数、分数单位有 kmol、mmol 等。

表 1-5　化工生产常用法定计量单位简表

量的名称	量符号	SI 单位		SI 制外法定计量单位	
		单位名称	单位符号	单位名称	单位符号
长度	$l;L$	米	m		
时间	t	秒	s	分	min
				[小]时	h
				天(日)	d
质量	m	千克(公斤)	kg	吨	t
热力学温度	T	开[尔文]	K		
物质的量	n	摩[尔]	mol		
力	F	牛[顿]	N		
压力,压强	p	帕[斯卡]	Pa		
能[量]	E	焦[耳]	J	千瓦[特小]时	kW·h
功	W				
热[量]	Q				
功率	P	瓦[特]	W		
面积	A	平方米	m^2		
体积	V	立方米	m^3	升	L
速度	v	米每秒	m/s		
密度	ρ	千克每立方厘米	kg/cm^3		
相对密度	d	—	1		
黏度	$\eta(\mu)$	帕[斯卡]秒	Pa·s		
体积流量	q_V	立方米每秒	m^3/s		
比热容	c	千焦[耳]每千克开[尔文]	kJ/(kg·K)		
热导率	λ	瓦[特]每米开[尔文]	W/(m·K)		
传热系数	K	瓦[特]每平方米开[尔文]	W/(m²·K)		
摩尔质量	M	千克每摩[尔]	kg/mol		
B 的质量浓度	ρ_B	千克每立方米	kg/m^3	克每升	g/L
B 的[物质的量]浓度	$c_B;[B]$	摩[尔]每立方米	mol/m^3	摩[尔]每升	mol/L
B 的质量分数	w_B	—	1		
B 的摩尔分数	$x_B,(y_B)$	—	1		
B 的体积分数	φ_B	—	1		

2. 化工常用的具有专门名称的 4 种 SI 导出单位

（1）力、重力　N(牛［顿］) 及其倍数、分数单位，如 MN、kN、mN 等。

淘汰的有 dyn(达因)、gf(克力)、kgf(千克力) 等。

（2）压力、压强　Pa(帕［斯卡］) 及其倍数、分数单位，如 kPa、MPa 等。

淘汰的有巴、托、kgf/cm^2(千克力/每平方厘米)、mmH_2O(毫米水柱) 等。

（3）能［量］、功、热［量］　J(焦［耳］) 及其倍数、分数单位，如 kJ，mJ；以及 W·s(瓦［特］秒)、kW·h(千瓦［特小］时) 等。

淘汰的有卡、千克力·米等。

（4）功率　W(瓦［特］) 及其倍数、分数单位，如 kW、mW 等。

淘汰的有马力、尔格·秒、千卡·时等。

3. 化工常用的由以上单位构成的 16 种组合形式单位

详见表 1-5。

四、法定计量单位的使用规则

根据原国家计量局（现为国家质量监督检验检疫总局）公布的《中华人民共和国法定计量单位使用法》，主要有以下几条规则。

1. 用的规则

① 优先使用单位和词头的符号　在公式、报表、生产记录中必须使用符号；在叙述性文字中，尽量使用符号。如长度单位写成 1m、1mm，压力单位写成 1Pa，1MPa。

② 中文符号一般不能与国际符号混用　如速度单位 m/s，不能写成米/s 或 m/秒；功的单位 N·m，不能写成 N 米或牛 m。

③ 选用词头应使量值的数值处于 0.1～1000 的范围内　如 "12000m" 量值大于 1000，要写成 "12km"；"0.00394m" 量值小于 0.1，要写成 "3.94mm"；"25000000Pa" 量值大于 10^6，若选用词头 k，量值仍大于 1000，则应选用词头 M，写成 "25MPa"。

2. 写的规则

（1）量的符号用斜体字母写，单位的符号用正体字母写　单位符号一般为小写，不能写成大写，如 m 不能写成 M。而来源于人名的符号，其第一个字母用大写，如 Pa(帕［斯卡］)。但有一个例外，升的符号用大写 L。

词头符号所表示的因数小于 10^6 时小写，大于 10^6 时大写，如兆写为 M，1MPa 不能写成 1mPa；千写为 k，1kg 不能写成 1Kg。

（2）组合单位的书写　相除构成的组合单位用斜线形式书写时，分子、分母应在同一水平线上，如 m/s 不能写成 $^m/_s$。

3. 读的规则

（1）要按单位或词头的名称读音　如 "km" 读 "千米"；"mm" 读 "毫米"；"℃" 读 "摄氏度"。

（2）读的顺序与符号顺序一致　乘号按顺序读，如 "N·m" 读 "牛顿米"。

除号的对应名称是 "每"。如，速度 m/s 读 "米每秒"，不能读 "秒分之米"；传热系数 $W/(m^2·K)$ 读 "瓦特每平方米开尔文"。

幂指数读在单位之前，如加速度 m/s^2 读 "米每二次方秒"，不能读 "米每秒二次方"。

五、常用单位的换算

计量单位之间通常要进行以下两种换算。

1. **法定计量单位之间的换算**

化工最常用的几种换算关系式，在"化工生产常用单位换算关系简表"（表1-6）中标明。

2. **法定计量单位与非法定计量单位之间的换算**

过去一些书刊、资料中还存在着某些非法定计量单位。了解一些非法定计量单位与法定计量单位之间的换算关系，将能迅速把非法定计量单位换算成法定计量单位，可通过查表1-6进行换算。

表 1-6　化工生产常用单位换算关系简表

法 定 计 量 单 位			不 应 使 用 的 单 位			
量的名称	单位名称	单位符号	单位名称	单位符号	单位制	与法定计量单位的换算
长度	米	m	英尺 英寸	ft in	英制	1ft＝0.3048m 1in＝25.4mm
时间	秒	s 1min＝60s 1h＝3600s 1d＝86400s				
质量	千克(公斤) 吨	kg t(10^3 kg)	[市]斤	$kg \cdot s^2/m$	市制 工程	1 市斤＝500g 1$kg \cdot s^2/m$＝9.81kg
热力学温度 摄氏温度	开[尔文] 摄氏度	K ℃				
物质的量	摩[尔]	mol	克分子 克当量			按当量粒子相当于 mol
力	牛[顿]	N	千克力 达因	kgf dyn	cgs	1kgf＝9.81N 1dyn＝10^{-5}N
压力 压强	帕[斯卡]	Pa(N/m^2)	千克力每平方厘米	kgf/cm^2	cgs	1kgf/cm^2＝9.81×10^4Pa
			公斤每平方米	kg/m^2	工程	1kg/m^2＝9.81Pa
			毫米水柱	mmH_2O		1mmH_2O＝9.81Pa
			毫米汞柱	mmHg		1mmHg＝133.32Pa
			标准大气压	atm		1atm＝101.3kPa
能[量] 热[量]	焦[耳]	J(N·m)	千克力米 卡	kgf·m cal	cgs	1kgf·m＝9.81J 1cal＝4.1868J
功率	瓦[特]	W	公斤米每秒	kg·m/s	工程	1kg·m/s＝9.81W
密度	克每立方厘米	g/cm^3				
质量热容	焦[耳]每千克开[尔文]	J/(kg·K)	千卡每公斤摄氏度	kcal/(kg·℃)	工程	1kcal/(kg·℃)＝4.2kJ/(kg·K)

【例题 1-4】　下列量值的书写不符合法定计量单位使用规则的要求，请改写，使之符合要求，12000m，0.00394m，11401Pa，3200000Pa，19600J，1.2×10^4N。

解　12000m＝12km　　　　　　　　3200000Pa＝3200kPa＝3.2MPa

　　　0.00394m＝3.94mm　　　　　　　19600J＝19.6kJ

　　　11401Pa＝11.401kPa　　　　　　1.2×10^4N＝12kN

【例题 1-5】　原资料记载某房间的暖气片每小时放出的热量为 200cal，请将它换算成法定计量单位。

解　查表，1kcal＝4.2kJ

$$200cal＝\frac{200}{1000}＝0.2kcal$$

$$0.2kcal = 4.2 \times 0.2 = 0.84kJ$$

【例题1-6】 读出下列数量：

① 60mg，② 0.2MPa，③ 12℃，④ 5mol/m³；

⑤16kJ，⑥ 9.8m/s²，⑦ 1Pa＝1N/m²；

⑧ 某列管换热器内重油与水的传热系数是120W/(m²·K)；

⑨ 某厂输送硫酸管路，其体积流量为0.1m³/s。

解　① 60毫克，② 0.2兆帕，③ 12摄氏度，④ 5摩尔每立方米；

⑤ 16千焦，⑥ 9.8米每二次方秒，⑦ 1帕等于1牛每平方米；

⑧ 该传热系数是120瓦每平方米开尔文；⑨ 体积流量为0.1立方米每秒。

【例题1-7】 下列数量书写的方法有没有错？如正确，划"√"；如错误，划"×"。指出其错处，并改正。

① 3M，② 5公尺，③ 20t，④ 52m/秒，⑤ 52米/s，⑥ 25Kg，

⑦ 90mkg，⑧ 这个电动机的功率为7.5KW。

（此题由学生独立解）

【阅读1-2】

纳米技术与微化工技术

一、纳米与纳米技术

纳米是长度的计量单位，符号为nm。1nm＝10⁻⁹m，即：1nm是1m的十亿分之一。原子直径为0.1～0.3nm。

纳米粒子是指粒径在1～100nm的粒子，也称超微细粒子。1～100nm的超细粉末称为纳米材料。

纳米粒子实质上是一种介于固体和分子之间的亚稳态物质，它潜藏着极大的原始能量和极大的活性，呈现出许多特殊的优异性能。它的磁性、光学性、电磁波吸收、热阻、熔点、内压以及化学性能，都较普通粒子发生很大变化。实验研究证明，用钢的纳米微粒制成的钢材，硬度比普通钢材提高2～4倍。一般金属的熔点是1064℃，粒径10nm的金属粒子熔点降至940℃，粒径5nm降至820℃，粒径2nm降至33℃。催化剂铁、钴、镍、钯、铂制成纳米粒子，就大大提高催化效果。在环二烯加氢反应中，使用纳米微粒子催化剂，反应速率比一般催化剂提高10～15倍。

纳米技术还为塑料的增韧、增强、改善性能提供了全新的方法。中国一些科研、生产部门已成功地研制出纳米涤纶、纳米陶瓷和纳米抗菌塑料管材。国外一些研究部门已研制出能帮助医生诊断的纳米鼻，能发出断裂报警的智能纳米绳索。著名科学家钱学森指出，纳米和纳米以下结构的研究开发，"将是21世纪又一次产业革命。"

二、微型设备和微化工技术

纳米技术和微电子机械技术的快速发展，促使各国科学家对小尺度和快速过程的研究大大加强。种类繁多的微型设备、微制造技术迅速出现，自然科学和工程技术发展将向微型化迈进，微化工技术顺势兴起。微化工技术包括微热、微反应、微混合、微分离、微分析等技术和相应的微型设备，它是一种涉及物理、化学、化工、生物、材料、微电子以及微机械加工等多领域、多学科的交叉技术。

与常规化工系统相比，微化工系统具有微尺度、大比表面积、小体积、柔性生产、过程安全等优点，在传热、传质等方面表现出超常的能力。目前，微化工技术虽处于研究的初始阶段，但试验研究进展很快。对微反应的研究已取得初步成果。国外和国内一些研究部门用微通道反应器制备出多种聚合物微粒和半导体纳米微粒。和常规反应器相比，微通道反应器操作简便，流动均匀，控制精确，具有广阔的发展前景。

习　题

1. 化工生产过程主要有哪几个特点？

2. 化工生产过程的基本组成规律主要有哪三条？

3. 常用单元操作按过程的性质可分为五种类型：第一，＿＿＿＿＿＿＿＿的单元操作；第二，＿＿＿＿＿＿＿＿的单元操作；第三，＿＿＿＿＿＿＿＿的单元操作；第四，＿＿＿＿＿＿＿＿的单元操作；第五，＿＿＿＿＿＿＿＿的单元操作。

4. 在硫铁矿制硫酸工艺中，将块状硫铁矿矿石用机械加工成直径为3mm的颗粒，这种单元操作是＿＿＿＿＿＿。

a. 粉碎　　b. 沉降　　c. 过滤

5. 在全循环法制尿素工艺中，将常压 CO_2 气体加工成压力为20MPa的气体，这种单元操作是＿＿＿＿＿＿。

a. 吸收　　b. 气体压缩　　c. 液体输送

6. 中低压法制甲醇工艺中，下列岗位各属于哪个步骤：精馏属于＿＿＿＿＿＿；合成属于＿＿＿＿＿＿；压缩属于＿＿＿＿＿＿。（单项选择）

a. 原料预处理　　b. 化学反应　　c. 反应产物加工

7. 指出隔膜法制烧碱工艺中的几个岗位各属于哪个基本步骤：属于原料预处理的有＿＿＿＿＿＿；属于化学反应的有＿＿＿＿＿＿；属于反应产物加工的有＿＿＿＿＿＿。（多项选择）

a. 化盐　　b. 蒸发　　c. 过滤　　d. 蒸发后的盐碱分离　　e. 电解

8. 请用平衡关系解释以下两种过程：

（1）食盐溶解达到溶解与结晶平衡的状态。

（2）水蒸发达到蒸发与凝结平衡的状态。

9. 过程速率的基本式是＿＿＿＿＿＿＿＿＿＿，其中过程的推动力是指＿＿＿＿＿＿＿＿＿＿。提高过程速率的途径是＿＿＿＿＿＿＿＿＿＿。

10. 物料衡算是依据（　　　　　　）进行的平衡计算，能量衡算是依据（　　　　　　）进行的平衡计算。

11. 物料衡算的通式是（　　　　　　），能量衡算的通式是（　　　　　　）。

12. 某实验室将一种含水量（质量分数）为10％的物料500g放进烘箱干燥。干燥移去水分后，出烘箱的物料量为470.5g。问出烘箱物料含水量（质量分数）是多少？移去水分多少克？并用规范步骤进行物料计算。

13. 用隔膜电解法生产 1t 100％烧碱，理论上耗 100％NaCl 多少千克？

已知生产1t 100％烧碱，实际耗100％NaCl 1700kg，问原料利用率是多少？（相对原子质量：Na＝23，Cl＝35.5）

14. 将下列单位名称用单位符号表示：

（1）25公里，（2）40微米，（3）324千帕，（4）6.2吨，（5）7.5千焦，（6）32摩尔，

（7）904千克每立方米，（8）苯在323K下的黏度是0.44帕［斯卡］秒。

15. 读下列数值及单位，并用中文名称书写单位符号：

（1）$20\mu m$，（2）$0.56mol/L$，（3）$560mol/m^3$，（4）2.5kW，（5）kPa，（6）$789kg/m^3$，

（7）甲苯在293K时的密度为 $866kg/m^3$，

（8）水银的导热系数是 $8.36W/(m\cdot K)$，

（9）"第一宇宙速度"为7.9km/s，

（10）某列管换热器，轻油与水的传热系数为 $550W/(m^2\cdot K)$。

16. 下列各题有无错误？如正确，划"√"；如错误，划"×"。指出其错处，并改正。

（1）10mm，（2）32Kpa，（3）$25M^3$，（4）15T，（5）60Kg，（6）373k，

（7）200000g，（8）$1Pa\cdot s$，（9）$3^m/_s$，（10）$2W/(m^2\cdot k)$。

17. 将下列不应使用的单位换算成法定计量单位：

(1) 14000 卡（热量），(2) 5atm(标准大气压)，(3) 1.15cP(黏度)，

(4) 1.02 公斤/米^2，(5) 600 毫米汞柱（压力），(6) 5 千克力（力），

(7) 2 英寸（长度）。

18. 请进行下列法定计量单位之间的换算：

(1) 15×10^6 Pa＝ (   )MPa

(2) 0.2MPa＝ (   )kPa

(3) 3 小时等于多少秒？

(4) 将 20℃ 换算成热力学温度单位。

(5) 将 373K 换算成摄氏度。

(6) 7.22kg/s＝ (   )t/h

(7) 3500N·m＝ (   )kJ

(8) 450N/m^2＝ (   )kPa

第二章　流体的输送

液体和气体物质无一定形状，具有流动性，统称为流体。化工生产中所处理的物料，包括原料、中间产品或产品，大多数是流体，通常需要把它们从一个设备输送到另一个设备。因此，流体的输送是化工生产中最常见的操作。

第一节　流　体　力　学

一、流体的主要物理量

1. 密度

单位体积流体所具有的质量，称为流体的密度，用符号 ρ 表示。

即
$$\rho = \frac{m}{V} \tag{2-1}$$

式中　ρ——流体的密度，kg/m^3；

m——流体的质量，kg；

V——流体的体积，m^3。

不同流体，密度不同。同一流体的密度，随温度和压力而变化。

（1）液体的密度　温度升高，液体的体积增加，则密度变小。例如，纯水的密度在 277K 时为 1000kg/m^3，293K 时为 998.2kg/m^3，373K 时则为 958.4kg/m^3。因此，选用密度数据时，要注明温度。液体可视为不可压缩流体，压力对液体密度的影响很小，可忽略不计。

生产上常用到相对密度。相对密度是指某物体在一定温度下的密度与参考物体密度之比，用符号 d 表示（$d = \rho/\rho_0$）。液体的相对密度，指某种液体在一定温度下的密度与 277K、标准大气压❶下纯水的密度之比，表达式为

$$d = \frac{\rho}{\rho_\text{水}} \tag{2-2}$$

式中　ρ——被测流体在某温度时的密度，kg/m^3；

$\rho_\text{水}$——纯水在 277K 时的密度，kg/m^3。

由于水在 277K 时的密度为 1000kg/m^3，所以知道相对密度，就能用以下公式很快地算出该液体的密度：

$$\rho = d \cdot \rho_\text{水} = 1000d \tag{2-3}$$

工业上测定相对密度最简单的方法是用密度计。将密度计放入液体中，所显示的读数就是它的相对密度。

常见液体的密度，可以从有关手册中查到。混合液体密度的近似值，可由下式求得：

$$\frac{1}{\rho} = \frac{w_1}{\rho_1} + \frac{w_2}{\rho_2} + \cdots + \frac{w_n}{\rho_n} \tag{2-4}$$

---

❶　1 标准大气压＝101325Pa。

式中 ρ——混合液体的密度，kg/m^3；

 ρ_1，ρ_2，$\cdots$，ρ_n——混合液体中各组分的密度，kg/m^3；

w_1，w_2，$\cdots$，w_n——混合液体中各组分的质量分数。

【例题 2-1】 用密度计测得 293K 时 98％硫酸的相对密度为 1.84，求 293K 时 98％硫酸的密度和 10t 硫酸的体积。

解 已知 $m = 10t = 10000kg$，求 ρ、V

$$\rho = 1.84 \times 1000 = 1840 \ (kg/m^3)$$

根据式(2-1)得 $V = \dfrac{m}{\rho} = \dfrac{10000}{1840} = 5.44 \ (m^3)$

所以，293K 时，98％硫酸的密度为 $1840kg/m^3$，10t 酸的体积为 $5.44m^3$。

（2）气体的密度   气体具有可压缩性及热膨胀性，其密度随温度和压力有较大的变化。常见的密度可从手册中查到，或者根据气体的相对密度计算出密度。气体的相对密度是在标准状态下（温度 273K，压力 101.3kPa），该气体的密度与干燥空气密度之比值。干燥空气在标准状态下的密度为 $1.293kg/m^3$。氨的相对密度为 0.596，则氨的密度为

$$1.293 \times 0.596 = 0.771 \ (kg/m^3)$$

在通常的温度和压力下，气体的密度也可近似地用理想状态方程式求得：

$$pV = nRT = \frac{m}{M}RT$$

整理得：

$$p = \frac{mRT}{VM} = \frac{m}{V} \cdot \frac{RT}{M} = \rho \cdot \frac{RT}{M}$$

所以气体密度为

$$\rho = \frac{pM}{RT} \tag{2-5}$$

式中 p——气体的压力，kPa；

    T——气体的温度，K；

    M——气体的摩尔质量，kg/kmol；

    R——摩尔气体常数，$8.314kJ/(kmol \cdot K)$。

混合气体的密度，也可用式(2-5)计算，但应以混合气体的平均摩尔质量 $M_{均}$ 代替 M。$M_{均}$ 可按下式求得：

$$M_{均} = M_1 y_1 + M_2 y_2 + \cdots + M_n y_n \tag{2-6}$$

式中 M_1，M_2，$\cdots$，M_n——气体混合物中各组分的摩尔质量，kg/kmol；

     y_1，y_2，$\cdots$，y_n——气体混合物中各组分的摩尔分数（或体积分数）。

【例题 2-2】 已知空气组成的体积分数为 21％氧和 79％氮，求在 300K 和 110kPa 时空气的密度。

解 由于气体的体积分数即摩尔分数，空气的平均摩尔质量为

$$M_{均} = 0.21 \times 32 + 0.79 \times 28 = 28.84 \ (kg/kmol)$$

则密度为

$$\rho = \frac{pM_{均}}{RT} = \frac{110 \times 28.84}{8.314 \times 300} = 1.27 \ (kg/m^3)$$

2. 比体积

单位质量流体的体积，称为比体积，其表达式为

$$\nu = \frac{V}{m} = \frac{1}{\rho} \tag{2-7}$$

式中 ν——流体的比体积，m^3/kg；

V——流体的体积，m^3；

m——流体的质量，kg。

式（2-7）表明，流体的比体积与密度互为倒数。

3. 黏度

流体在流动时，由于分子间存在的吸引力，使流体内部存在一种影响流动的阻力，这种阻力称为内摩擦力。流体在流动时产生内摩擦力的这种性质，称为流体的黏性。把衡量流体黏性大小的物理量称为黏度，用符号 μ 表示。流体黏度大，流动时内摩擦力大，即液体阻力大，输送也较困难。例如，油的黏度比水大，流动时油的阻力比水大，流得比水慢，也就比水难输送。因此，黏度对流体的输送有很大的影响。

在法定单位制中，黏度的单位为帕秒，单位符号是 $Pa \cdot s$，$1Pa \cdot s = 1\dfrac{N \cdot s}{m^2}$。

流体的黏度与流体的性质和温度有关。对于气体，当温度升高时黏度增大。这是因为气体分子运动速度增大，分子间内摩擦力增加。对于液体，温度升高时黏度减小。这是因为分子间距离增大，引力下降，使内摩擦力减小。压力对流体黏度影响很小，一般可忽略不计。

4. 压力

流体垂直作用于单位面积上的力，称为流体的压强或压力（习惯上把压强称为压力），用 p 表示。在法定计量单位中，压力的单位是帕斯卡，简称帕，符号 Pa。若某流体的面积为 $A(m^2)$，垂直于这个面积上的力为 $F(N)$，则压力 p 为：

$$p = \frac{F}{A} \quad Pa \tag{2-8}$$

即压力 $1Pa$ 等于 $1N/m^2$。

工业上测量压力的仪表，称为压力计或压力表。从压力计上所测的压力数值，并不是设备内流体的真实压力，而是流体的真实压力与外界大气压力之差。流体的真实压力称为绝对压力，简称绝压。从压力计上读出的压力值称为表压力，简称表压。绝对压力与表压力的关系为：

绝对压力＝表压力＋大气压力

例如，压力计读数为 200kPa，若大气压力为 100kPa，则设备内流体的绝对压力为 300kPa。

若所测压力低于大气压力时，则用真空表进行测量。真空表上的读数称为真空度，是大气压力与流体的绝对压力之差，它们之间的关系为：

绝对压力＝大气压力－真空度

真空度的数值是表压的负值，故真空度也称负表压。从图 2-1 可以看出它们之间的关系。

例如，所测真空度为 60kPa，若大气压力为 101kPa，则设备内流体的绝对压力为 101－60＝41kPa。从上述关系式可以看出，设备内真空度越高，则绝对压力越低。大气压力随温度和地区的不同而变化，应用时应随时测量。

在工厂里，把压力计称为压力表，通常用表压表示压力的大小。

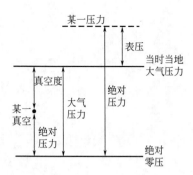

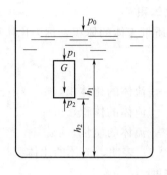

图 2-1　绝对压力、表压和真空度的关系　　　　图 2-2　静止流体内部力的平衡

二、流体静力学

1. 流体静力学基本方程式

静止的流体在重力和压力的作用下，达到静力平衡，因而处于静止状态，重力是不变的；但静止流体内各点的压力是不同的。流体静力学就是研究静止流体内部压力的变化规律。

在静止流体中，任意取一个垂直于容器底的长方体液柱，如图 2-2 所示。该长方体液柱上下底面积为 A，取容器底面为基准面，设液柱上下底与基准面的垂直距离分别为 h_1 和 h_2，作用在液柱上下端面的压力分别为 p_1 和 p_2。若液体的密度为 ρ，则在垂直方向此液柱所受到的作用力分别为：

作用于上底的力为 p_1A，方向向下；

液柱自身重力 $G = \rho g A(h_1 - h_2)$，方向向下；

作用于下底的力为 p_2A，方向向上。

当液柱处于静止状态时，在垂直方向所受的力相平衡，向上作用力之和等于向下作用力之和。

即

$$p_2 A = p_1 A + \rho g A(h_1 - h_2)$$

两边除以 A 得：

$$p_2 = p_1 + \rho g(h_1 - h_2) \tag{2-9}$$

若将液柱上底取在液面上，设作用在液面上的压力为 p_0，液柱高度 $h = h_1 - h_2$，则式 (2-9) 可改写为

$$p_2 = p_0 + \rho g h \tag{2-10}$$

式中　p_2——液体内部某处压力，kPa；

　　　p_0——液面上的压力，kPa；

　　　ρ——液体的密度，kg/m^3；

　　　h——液体内部测压点距液面的高度，m；

　　　g——常数，$9.81m/s^2$。

式 (2-9) 和式 (2-10) 均称为流体静力学基本方程式，从上述方程式可看出静止液体内部压力的变化规律：

① 静止液体内任一点的压力与液体的密度和深度有关，液体密度越大，深度越深，该点的压力越大。

② 在连通着的同一种液体内，同一水平面各点的压力相等，与容器形状无关，这个压力相等的水平面称为等压面。

③ 当液体内部任一点压力或液面上方压力发生变化时，液体内部各点的压力也发生同样大小的变化，即液体能把所受到的压力，大小不变地传递到液体内部各点。

式(2-9)、式(2-10) 虽然是由液体推导出来的，但也适用于气体，因此称为流体静力学方程式。

【例题 2-3】　储罐内装有相对密度为 0.88 的液体，深度为 3m，假设液面上压力为 100kPa，问距离液面 1.5m 处及储罐底的压力各是多少？

解　根据流体静力学方程式，距离液面 1.5m 处压力 p_1 为

$$p_1 = p_0 + \rho g h_1 = 100 + 1.5 \times 880 \times 9.81 \div 1000 = 112.95 \text{ (kPa)}$$

储罐底部的压力 p_2 为

$$p_2 = p_0 + \rho g h_2 = 100 + 3 \times 880 \times 9.81 \div 1000 = 125.9 \text{ (kPa)}$$

【看看想想 2-1】　看图，回答问题

观察教学光盘中的二组画面或图 2-3，然后回答问题。

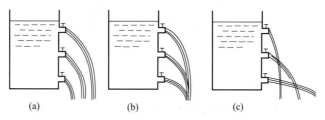

图 2-3　看看想想 2-1 图（1）

① 某储罐侧面有三个管径相同的出口管，如图 2-3 所示。罐内盛满水，将三个出口管阀门同时开启。三幅图表示出口管外的三种水流状态。正确的是_____，说明理由。

② 有三个容积、形状完全相同的储罐，分别储存硫酸、乙醇和水。罐内液位高度相同。今在三个罐同样高度 h 处通入测压管。如图 2-4 所示。比较测得压力值，结果为_____。

（密度：硫酸 1836kg/m³，乙醇 804kg/m³）

a. 水＞硫酸＞乙醇

b. 硫酸＞乙醇＞水

c. 硫酸＞水＞乙醇

d. 乙醇＞硫酸＞水

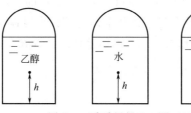

图 2-4　看看想想 2-1 图（2）

2. 流体静力学方程式的应用

流体静力学方程式在生产中广为应用，如水压机、油压千斤顶、虹吸管取水以及不少化工仪表都以流体静力学方程式为依据，尤其在以下几方面最为常用。

（1）测量压力　液柱压力计是利用液体静压平衡原理测量压力的。常用的是 U 形管压力计，结构如图 2-5 所示。在 U 形玻璃管内，装有密度为 $\rho_{示}$ 的指示液。使用时，将 U 形管两端分别与测压点 1、2 相连接，U 形管上方为被测流体，其密度为 ρ。若 1、2 两点的压

力相等，即 $p_1 = p_2$ 时，指示液两侧液面处于同一高度。当1、2点压力不相等时，如图中 $p_1 > p_2$，则指示液两侧的液面将出现液位差 R，压力大的一侧指示液液面较低，两点的压力差越大，液位差 R 值就越大。因此，在已知 R 值和指示液密度的条件下，根据流体静力学方程，可计算出1、2点之间的压力差。

根据流体静力学方程式可知，图中3、4两点在连通着的同一静止流体内，且在同一平面上，因此3、4两点压力相等。1、2两点虽在同一水平面上，但不在连通着的同一静止流体内，所以1、2两点的压力不相等。根据流体静力学方程式，可计算出3、4两点的压力：

$$p_3 = p_1 + (m+R)\rho g$$
$$p_4 = p_2 + m\rho g + R\rho_{示}g$$

因为 $p_3 = p_4$，所以

$$p_1 + (m+R)\rho g = p_2 + m\rho g + R\rho_{示}g$$

整理后得：

$$\Delta p = p_1 - p_2 = (\rho_{示} - \rho)gR \qquad (2\text{-}11)$$

当被测流体为气体时，由于气体的密度比指示液密度小得多，$\rho_{示} - \rho \approx \rho_{示}$，式(2-11)可简化为：

$$\Delta p = p_1 - p_2 = R\rho_{示}g \qquad (2\text{-}12)$$

由式(2-11)、式(2-12)可以看出，液柱压力计所测的压力差，只与读数 R、指示液和被测流体的密度有关，而与 U 形管的粗细和长短无关。

在生产中若要测量某一处的压力时，可将 U 形管一端与测压点相连，另一端通大气。如果测压点压力大于大气压，所测压力为表压力，R 读数在通大气一侧；若测压点压力小于大气压，所测值为该处的真空度 R 读数将在测压点一侧。

U 形管压力计中常用的指示液有水银、硫酸、四氯化碳和水等。被选用的指示液要求与被测压流体不发生化学反应，不互溶，且密度要大于被测流体密度。

（2）测量液位　为了控制容器内的液位或了解容器内流体储量，都需要测量液位。以下几种液位计是根据流体静力学原理设计的。

① 玻璃液位计。玻璃液位计是生产中常用的一种液位测量计，其结构如图 2-6 所示。在储液容器的上方和底部，各开一个孔，用一根玻璃管相连接，则玻璃管内液面高度，即为容器内液面高度。这种液位计构造简单，读数直观，但玻璃管易破损，且不能在远处观测。

② 液柱压差计。其结构如图 2-7 所示，将 U 形管压差计的一端与容器底部相接连，另一端与容器上部空间相连。由于容器底部所受液体静压力的大小与容器内的液位成正比，容器内液位越高，则压差计的读数 R 值也越大，故可由压差计的读数 R 值计算出容器内液面的高度。

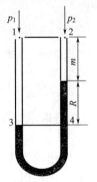

图 2-5　U 形管液柱压力计

图 2-6　玻璃液位计

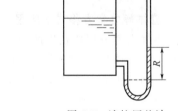

图 2-7　液柱压差计

三、流体动力学

由于化工生产具有连续性的特点，流体输送大多数是在稳定流动情况下进行的。稳定流动是指流体在管道中流动时，任一截面处的流速、流量、压力等物理量较为稳定，不随时间而变化；反之，则称为不稳定流动。不稳定流动通常在设备开停车时才能遇到。下面只讨论稳定流动过程的规律。

1. 流量和流速

（1）流量　单位时间内流经管道任一截面流体的量，称为流体的流量。流量可以用体积流量和质量流量两种方法表示。

① 体积流量。单位时间内流经管道任一截面的流体体积，称为体积流量。若以 q_V 表示体积流量，单位为 m^3/s 或 m^3/h，t 表示时间（s 或 h），V 表示 t 时间内流过某截面积流体的总体积（m^3），则：

$$q_V = V/t \tag{2-13}$$

生产中所说的流量，一般指体积流量。法定单位制规定体积流量的符号为 q_V。过去一些资料（如泵的铭牌）中常用 Q 表示体积流量，这里的 Q 即 q_V。

【**例题 2-4**】　某水泵在 3min 内，通过管道向水池注入 $36m^3$ 的水，求管道中水的体积流量。

解　已知 $V = 36m^3$，$t = 60s \times 3$

根据式（2-13），$q_V = \dfrac{V}{t} = \dfrac{36}{60 \times 3} = 0.2$（$m^3/s$）

② 质量流量。单位时间内流经管道任一截面积流体的质量，称为质量流量，以符号 q_m 表示，单位为 kg/s 或 kg/h。质量流量与体积流量的关系为

$$q_m = q_V \rho$$

【**看看想想 2-2**】　观察日常生活接触到的三种仪表

仔细观察日常生活可能接触到的压力计、液位计和流量计。

① 家庭安装的燃气表（即"煤气表"）属于以上三种仪表的哪一种？记下表上的读数、单位。

② 家庭安装的水表属于以上三种仪表的哪一种？记下表上的读数、单位。

③ 观察自行车"电打气"服务点所用空气压缩机上的压力表（压强计），记下表上的读数、单位。

④ 如果你有机会接触到锅炉房或供给热水的储水罐，观察锅炉或储水罐的压力计、液位计，记下表上的读数。

⑤ 如果你能看到氧气瓶，观察气瓶出口处的仪表，指出属于以上三种仪表的哪一种？记下表上的读数、单位。

⑥ 量血压用的水银柱血压表，属于以上三种仪表的哪一种？某患者测得收缩压-舒张压为 130～90mmHg。折合成法定计量单位各是多少帕？

【**技能训练 2-1**】　压力计、液位计、流量计使用练习

本次训练为在校内实习装置上进行实际操作。通过对实习装置上几种压力计、液位计和流量计的使用练习，掌握这几种仪表的使用方法。

● 训练设备条件

① 压力计：U 形管液柱压力计、弹簧管压力表、真空表，已安装在设备上，可以使用。

② 液位计：玻璃管液位计、液柱压差计，已安装在设备上，可以使用。

③ 流量计：转子流量计、孔板流量计，已安装在设备上，可以使用。

以上仪表若不全，有一部分也可进行训练。有的学校已购置流体流动、传热等化工原理实验装置，可利用实验装置上的仪表进行本次训练。

● 相关技术知识

使用孔板流量计，要将仪表上的读数换算成流量值。换算步骤如下。

① 测量入口管径 d_1、出口管径 d_2 及输送介质温度。若不在生产现场，则由教师给出以上数据。

② 将数据代入以下公式：

$$q_V = \frac{\pi}{4}d^2 \cdot C_0 \sqrt{\frac{2gR(\rho_{指} - \rho)}{\rho}}$$

式中，C_0 按 $0.6 \sim 0.7$，由教师给出；读数 R 依据学生识读记录。

③ 将计算结果填入数据记录表。

● 训练内容与步骤

① 训练前准备 学习有关知识，了解上述仪表的工作原理。

② 逐个观察上述仪表，初步了解其使用方法。

③ 逐个进行上述仪表的使用练习，将读数记在观测记录表上。

④ 注意事项

a. 观察玻璃管液位表示的读数时，要使眼睛保持与液面同样高度，平视液位，以免出现误差。

b. 记录数据要规范，使用法定计量单位。

c. 观测孔板流量计，要将观测的读数换算成流量值。

（2）流速　单位时间内流体在流动方向流过的距离称为流速。由于流体在管道截面上各点的流速不同，管中心速度最快，离中心越远，流速越慢，紧靠管壁处流速为零。因此，通常所说的流速是指整个管道截面上的平均流速，用符号 u 表示，单位为 m/s。若用 A 表示管道截面积，则流速与流量的关系如下：

$$u = \frac{q_V}{A} \tag{2-14}$$

或

$$q_V = Au$$

将上式代入质量流量与体积流量关系式 $q_m = q_V \rho$，得

$$q_m = Au\rho \tag{2-15}$$

对于圆形管道，若内径以 d 表示，则管子的横截面积 $A = \frac{\pi}{4}d^2$，代入式（2-14）得

$$q_V = \frac{\pi}{4}d^2 u$$

$$d = \sqrt{\frac{4q_V}{\pi u}} \tag{2-16}$$

由式（2-16）可知，当流量一定时，如果流速大，所需的管径就小，可节约基建费；但流体在管中流速过大时，摩擦损失大，动力消耗也大，使操作费用增大。因此，选用流速时，应使基建费与操作费之和为最小。根据生产经验，某些流体的常用流速范围如表 2-1 所示。

表 2-1　某些流体在管道中的常用流速

流 体 种 类	流速范围/(m/s)	流 体 种 类	流速范围/(m/s)
水及一般液体	1～3	饱和水蒸气	
黏性液体,如油	0.5～1	0.3kPa(表压)	20～40
常压下一般气体	10～20	0.8kPa(表压)	40～60
压力较高的气体	15～25	过热蒸汽	30～50

2. 流体的流动形态和阻力损失

（1）流体流动的类型　在流体充满管道做稳定流动的情况下,流体的流动形态可分为层流和湍流两种类型。在管径及流体性质已确定的情况下,影响流动类型的主要因素是流速。流速较小时,流体内各个质点始终沿着与管轴平行的方向作直线运动,质点之间互不混合,流体就如一层层薄薄的同心圆筒在平行地流动,层与层间互不干扰,不发生旋涡或扰动,这种流动形态称为层流或滞流。流速较大时,流体内各个质点不再保持平行流动,而是彼此碰撞,相互混合,做不规则的流动,流体总的流向虽然不变,但各质点的流速大小和方向都随时间发生变化,存在着旋涡或扰动,这种流动形态称为湍流或紊流。即便在管道内的流体主要处于湍流时,在紧靠管壁处还总存在着层流的薄层,这薄层称为层流内层。

实验证明,影响流体流动类型的因素,除流速 u 外,还有管径 d、流体密度 ρ 和黏度 μ。管径、流速、密度越大,则越容易发生湍流;而黏度越大,则越容易发生层流。雷诺把影响流动类型的主要因素,组合成一个数群 $du\rho/\mu$,此数群称为雷诺数,以符号 Re 表示。当 $Re \leqslant 2000$ 时,流体的流动类型是稳定的层流。当 $Re \geqslant 4000$ 时,流动类型是湍流。当 Re 数值在 2000～4000 时,流动类型不固定,可能是层流,也可能是湍流,通常称为过渡流。

流体处于湍流状态时,由于流体的质点相互混合,对提高传热和传质速率有利,且可增大流体的输送量。因此生产中一般要求流体处于湍流状态。在生产条件下,由于管径、流体的密度和黏度均已确定,影响流动类型的主要因素是流速,因而,减少流体的流速,流体的流动类型将为层流;增大流体的流速,流动类型将为湍流。

（2）流体的阻力损失　流体在流动过程中遇到的阻力,简称为流体阻力。流体阻力有直管阻力和局部阻力两种。直管阻力是指流体在管中流动时,由于内摩擦而造成的阻力损失。局部阻力是指流体通过管路中各种管件（如弯头、阀门等局部障碍物）时,由于流动方向和速度突然改变而引起的阻力损失。流体阻力的大小与流体的性质、流速及管道等因素有关。流体的黏度大、流速快、管径小、管道长、管壁粗糙、管件阀门多,则流体阻力大,能量损失也大,流体的压力降大。因此,在生产中应尽量减少流体在流动过程中的阻力。表 2-2 列出了工业用水的流量及阻力数据。

表 2-2　工业用水的流量及阻力数据

流速 u/(m/s)	管内径 d/mm					
	50	100	150	50	100	150
	流量 q_V/(m³/h)			阻力 $h_损$/(mH₂O/100m 长)		
1	7.1	28.3	63.6	2.9	1.3	0.84
1.5	10.6	42.4	95	6.1	2.8	1.8
2	14.1	56.6	127	10.5	4.9	3.2
2.5	17.7	70.7	159	16	7.5	4.9

表 2-2 为水在直管中的阻力数据。在实际生产中,流体流过管路中的管件（如三通、弯头等）、阀门及流量计等时,遇到的局部阻力远大于在直管中的阻力,因而能量损失（压头

损失）也远大于在直管中的能量损失。

将某一管件或阀门的局部阻力，折算成相当于相同直径的某长度的直管阻力，则这个直管长度称为此管件或阀门的当量长度，用符号 L_e 表示。当量长度由实验测定，也可从有关手册中查到当量长度 L_e 与管直径 d 之比值 L_e/d。几种管件及阀门的 L_e/d 值如下：90°弯头为 30～70、三通为 40～90、截止阀全开为 300、闸阀全开为 7、角阀全开为 145 等。例如，有一截止阀安装在管径为 114mm×4mm 的管路中，在全开时该截止阀的当量长度为

$$L_e = 300 \times d = 300 \times (114 - 2 \times 4) = 31.8 \text{（m）}$$

这就是说，当流体通过这个全开的截止阀时，因局部阻力所造成的能量损失，相当于流体通过直径相同的 31.8m 直管所产生的能量损失。

流体通过管路时的流体阻力越大，能量损失也越大。因此，在实际生产中应尽量降低流体阻力，从而减少流体输送过程中的能量损失。降低流体阻力的办法主要有以下几种：

① 在能满足生产需要的情况下，尽量缩短道路的长度，并尽量减少管件及阀门的数量；

② 适当放大管径；

③ 在流体中加入添加剂，如在水中加入聚氧乙烯化合物、羟基纤维等添加剂。

3. 稳定流动的连续性方程

当流体在如图 2-8 所示的变径管道中作稳定流动时，流体从截面 1—1 流入，从截面 2—2 流出。设 1—1 截面处流体质量流量为 q_{m1}，密度为 ρ_1，流速为 u_1，截面积为 A_1；2—2 截面处分别为 q_{m2}、ρ_2、u_2、A_2。由于在这段管道中，既未另加入流体，又无漏损，因此根据质量守恒原则，截面 1—1 处的质量流量，一定等于截面 2—2 处的质量流量。

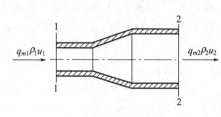

图 2-8 流体的稳定流动

$$q_{m1} = q_{m2} \tag{2-17}$$

根据式（2-15）
$$q_m = Au\rho$$

故
$$A_1 u_1 \rho_1 = A_2 u_2 \rho_2 \tag{2-18}$$

式（2-17）、式（2-18）称为稳定流动连续性方程式，也就是流体连续流动的物料衡算式。

对于同种流体，由于 $\rho_1 = \rho_2$，则式（2-19）可以写为

$$A_1 u_1 = A_2 u_2 \tag{2-19}$$

对于圆形管子，$A = \dfrac{\pi}{4} d^2$，则式（2-19）可改写为

$$u_1/u_2 = (d_2/d_1)^2 \tag{2-20}$$

从式（2-20）可知，流体在圆形管内做稳定流动时，流速与管道直径平方成反比。

【**例题 2-5**】 在稳定流动系统中，水连续地从粗管流入细管，已知粗管内径 100mm，细管内径 71mm，水在粗管内流速为 1.5m/s，求细管中的流速。

解 已知 $d_1 = 100\text{mm} = 0.1\text{m}$，$d_2 = 71\text{mm} = 0.071\text{m}$，$u_1 = 1.5\text{m/s}$

求 $u_2 = ?$

根据式（2-20）

$$\frac{u_1}{u_2} = \left(\frac{d_2}{d_1}\right)^2, \quad \frac{u_2}{u_1} = \left(\frac{d_1}{d_2}\right)^2$$

所以
$$u_2 = u_1 \left(\frac{d_1}{d_2}\right)^2 = 1.5 \times \left(\frac{0.1}{0.071}\right)^2 = 3 \text{（m/s）}$$

4. 流体流动过程中能量变化的规律

（1）流体流动具有的能量　流动着的流体具有一定的机械能，具体表现为位能、动能和静压能。

① 位能。在重力作用下流体质量中心位置高于基准水平面而具有的能量，称为位能。它相当于把流体从基准水平面升举到某一位置所做的功。

设有 m kg 的流体，其质量中心在基准水平面以上 h，m 处，则其位能 $E_{位}$（J）为

$$E_{位} = mgh$$

1N 流体所具有的位能称为位压头（m）。

$$位压头 = \frac{mgh}{mg} = h$$

② 动能。流体以一定速度流动而具有的能量，称为动能。若流体的质量为 m kg，流速为 u m/s，则所具有的动能 $E_{动}$ 为

$$E_{动} = \frac{1}{2}mu^2 \quad (J)$$

1N 流体所具有的动能称为动压头（m）。

$$动压头 = \frac{\frac{1}{2}mu^2}{mg} = \frac{u^2}{2g}$$

③ 静压能。与静止流体一样，流动着的流体内部任一点都具有一定的静压力。由于静压力的存在推动流体运动而具有的能量，称为静压能。质量为 m，压力为 p 的流体，所具有的静压能 $E_{静}$（J）为

$$E_{静} = \frac{mp}{\rho}$$

1N 流体的静压能称为静压头（m）。

$$静压头 = \frac{\frac{mp}{\rho}}{mg} = \frac{p}{\rho g}$$

以上三种压头之和称为总压头，以 H 表示。

$$H = h + \frac{p}{\rho g} + \frac{u^2}{2g}$$

它表示了距基准面为 h 处，流速为 u，压力为 p 的 1N 流体所具有的总机械能。

（2）外加能量　在流体输送管路中，若安装有输送设备（如泵或压缩机），则这种设备便把机械能输入流体中，对流体做了功，增加了流体的能量，以便提高流体的压力，把流体从一个设备输送到另一个设备。通常把流体从输送机械获得的机械能称为外加能量或外加功。1N 流体所获得的外加能量称为外加压头，用符号 H_e 表示，单位为 N·m/N 或 m。

（3）损失能量　流体在流动时，由于存在分子间的内摩擦，产生了摩擦阻力。为了克服这部分阻力，就消耗了流体的一部分能量，这部分能量称为系统损失的能量。1N 流体在流动中因摩擦阻力而损失的能量称为损失压头，以符号 $h_{损}$ 表示，单位为 m。有时还以压力降表示，即 $\Delta p_{损} = h_{损} \rho g$。

（4）流体在稳定流动下的能量衡算式　在如图 2-9 所示的液

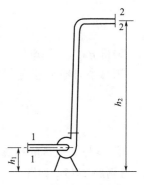

图 2-9　液体输送装置

体输送装置中，在截面1—1和2—2间装有泵，两截面中心离基准水平面的高度分别为h_1和h_2。液体在截面1—1和2—2处的流速和压力分别为u_1、u_2和p_1、p_2，流体密度为ρ。根据能量守恒原则，在截面1—1和2—2间的输送装置中，输入的总能量等于输出的总能量。

输入的能量有以下两项。

① 1N液体从1—1截面流进时带入的能量为H_1；

$$H_1 = h_1 + \frac{p_1}{\rho g} + \frac{u_1^2}{2g}$$

② 泵对液体做了功，1N液体所获外加能量为H_e。

输出的能量也有两项。

① 1N液体从2—2截面流出时带走的能量为H_2：

$$H_2 = h_2 + \frac{p_2}{\rho g} + \frac{u_2^2}{2g}$$

② 1N液体在流动中因摩擦阻力损失的能量为$h_{损}$。

根据能量守恒原则可得

$$h_1 + \frac{p_1}{\rho g} + \frac{u_1^2}{2g} + H_e = h_2 + \frac{p_2}{\rho g} + \frac{u_2^2}{2g} + h_{损} \tag{2-21}$$

式(2-21)是不可压缩流体在稳定流动下的能量衡算式，习惯上称为伯努利方程式。

（5）伯努利方程式的应用　利用伯努利方程可以解决生产中很多实际问题，如计算流体的速度、流量及输送机械的功率，测定管路阻力损失，流量计数值的换算等。下面列举两种应用实例。

① 管路中流体流速、流量的计算。

【例题 2-6】 如图2-10所示，高位槽水面保持稳定，水面距水管出口为5m，所用管路为ϕ108mm×4mm钢管，若管路压头损失为4.5m，求该系统每小时的送水量。

解　取水槽液面为1—1截面，水管出口为2—2截面，并以出口管中心线为基准水平面，列出截面1—1和2—2间的伯努利方程。

$$h_1 + \frac{u_1^2}{2g} + \frac{p_1}{\rho g} + H_e = h_2 + \frac{u_2^2}{2g} + \frac{p_2}{\rho g} + h_{损}$$

已知$h_1 = 5$m，$h_2 = 0$　$p_1 = p_2 = 0$（表压）。

$u_1 \approx 0$（高位槽截面很大，u_1很小，可忽略不计）。

$$H_e = 0 \quad h_{损} = 4.5\text{m} \quad d = 0.108 - 2 \times 0.004 = 0.1 \text{ (m)}$$

代入伯努利方程式，

$$5 = \frac{u_2^2}{2g} + 4.5$$

解得$u_2 = 3.13$m/s

则每小时输水量为

$$q_V = \frac{\pi}{4}d^2 \times u_2 \times 3600$$

$$= 0.785 \times 0.1^2 \times 3.13 \times 3600 = 88.5 \text{ (m}^3\text{/h)}$$

② 泵外加能量的计算。

【例题 2-7】 如图2-11所示为洗涤塔的供水系统。洗涤塔内压力为300kPa（绝压），储槽水面压力为100kPa（绝压），塔内水管与喷头连接处的压力为320kPa（绝压），塔内水管出

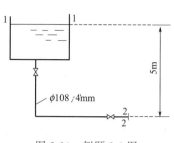

图 2-10　例题 2-6 图

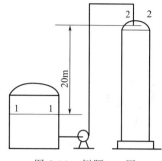

图 2-11　例题 2-7 图

口处高于储槽内水面 20m，管路为 $\phi 57mm \times 2.5mm$ 钢管，送水量为 $14m^3/h$，系统能量损耗 $4.3mH_2O$，求水泵所需的外加压头。

解　取储槽内水面为 1—1 截面，以此为基准面，塔内水管与喷头连接处为 2—2 截面，列出截面 1—1 与 2—2 间的伯努利方程式。移项整理得

$$H_e = (h_2 - h_1) + \frac{p_2 - p_1}{\rho g} + \frac{u_2^2 - u_1^2}{2g} + h_{损}$$

已知 $h_1 = 0$，$h_2 = 20m$，$p_1 = 100kPa$（绝压），$p_2 = 320kPa$（绝压），$u_1 = 0$，$h_{损} = 4.3m$

根据题意算出

$$u_2 = \frac{14}{\frac{\pi}{4} \times (0.052)^2 \times 3600} = 1.83 \ (m/s)$$

将已知值代入上式得

$$H = 20 + \frac{(320 - 100) \times 10^3}{1000 \times 9.81} + \frac{1.83^2}{2 \times 9.81} + 4.3$$
$$= 20 + 22.43 + 0.171 + 4.3 = 46.9 \ (m)$$

应用伯努利方程式时要注意以下几点。

第一，正确选定计算截面。一般将上游截面定为 1—1 截面，下游截面定为 2—2 截面，两截面间的流体必须连续，截面与流动方向垂直。

第二，合理确定基准水平面。把基准水平面定在一个较低的截面处可以简化计算。计算中的单位要统一，尤其是两截面间压力的表示方法要一致（同为表压或绝压）。

第二节　液体输送机械

化工厂通常用泵和管路组成的系统，将液体物料由一个设备输送到另一个设备。泵的作用是为液体提供外加能量，提高液体的压力，以便将液体由低处送往高处或送往远处。因此，习惯上把泵称为液体输送机械。

泵的种类很多，按其原理不同，可分为：叶轮式（非正位移式）泵，有离心泵、旋涡泵、轴流泵等；容积式（正位移式）泵，有往复泵、齿轮泵、螺杆泵等；还有不属于以上类型的其他形式泵，如喷射泵。化工厂应用最广的是离心泵。

一、离心泵及其操作训练

1. 离心泵的工作原理

离心泵主要由高速旋转的叶轮和蜗形泵壳构成，其装置如图 2-12 所示。叶轮上有 6～8 个叶

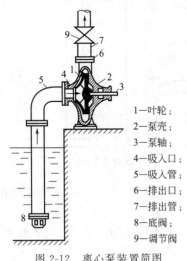

图 2-12　离心泵装置简图

1—叶轮；
2—泵壳；
3—泵轴；
4—吸入口；
5—吸入管；
6—排出口；
7—排出管；
8—底阀；
9—调节阀

片，叶轮安装在泵轴上，由叶轮和泵轴组成的转子置于泵壳内。泵的吸入口在泵壳中心，与吸入管相连接，吸入管末端装有底阀，以防止停车时泵内液体倒流。泵的排出口在泵壳的切线方向，与排出管相连接。在离心泵启动前，先用被输送的液体把泵壳和吸入管灌满。启动后，电动机通过泵轴带动叶轮高速旋转，叶轮带动叶片间的液体随之旋转，由于离心力的作用，液体从叶轮中心被甩向叶轮边缘，流速可增大至 15～25m/s，液体的动能增加。当液体进入泵壳后，由于蜗形泵壳中的流道逐渐扩大，液体的流速逐渐降低，其一部分动能转变为静压能，而以较高的压力被压出。这种依靠离心力作用输送液体的设备称为离心泵。

当泵内液体从叶轮中心抛向叶轮外缘时，在叶轮中心处形成了没有液体的局部真空，造成了储槽液面处与叶轮中心处的压力差。在这个压力差的作用下，液体便沿着吸入管连续不断地吸入叶轮中心，补充排出的液体。只要叶轮连续旋转，液体便不断地被吸入和排出。

改变离心泵排出管上调节阀的开度，可以调节泵的流量。关小调节阀时，流量减少；开大时，流量增大。

离心泵在启动前要灌满液体，以排出泵内的空气。如果泵内存有空气，即使叶轮高速旋转，由于空气的密度比液体小得多，泵内产生的离心力便很小，在吸入口处形成的真空度就很低，致使储槽液面与泵入口处的压差很小，而无法把液体吸入泵内。这时泵的叶轮虽然转动，但不能输送液体，这种现象称为"气缚"。在吸入管末端安装底阀的作用，就是为了在第一次开泵时灌入液体，或停泵后泵内存留的液体不漏掉。

2. 离心泵的性能和特性曲线

（1）离心泵的主要性能　有流量，扬程，功率和效率。

① 流量。离心泵的流量又称为送液能力，是指单位时间内泵能排出液体的体积，用符号 q_V 表示，单位为 m^3/s 或 m^3/h。泵的流量取决于它的结构、尺寸和转速。

② 扬程。指泵对单位质量的液体所提供的有效能量，以 H 表示，单位为 m 液柱。离心泵的扬程取决于泵的结构（如叶轮的直径、叶片的弯曲情况等）、转速 n 和流量 q_V，叶轮直径和转速固定时，流量越大，扬程越小。流量和扬程只能用实验方法来测定。

应当注意，不要把扬程和升扬高度等同起来。用泵将液体从低处送到高处的高度，称为升扬高度。升扬高度与泵的扬程和管路特性有关，泵运转时，其升扬高度值一定小于扬程。

③ 功率和效率。单位时间内泵对液体所做的功，称为有效功率，以 $P_效$ 表示（旧资料常用 $N_效$ 表示有效功率，用 N 表示轴功率），单位为 W。泵的有效功率可用下式计算：

$$P_效 = q_V H \rho g \tag{2-22}$$

式中　q_V——泵的流量，m^3/s；

　　　H——泵的扬程，m；

　　　ρ——被输送液体的密度，kg/m^3；

　　　g——重力加速度，$9.81m/s^2$。

泵轴从电动机获得的功率称为泵的轴功率，以 P 表示，单位为 W。由于离心泵运转时，泵内高压液体部分流回到泵入口，甚至漏到泵外，造成一部分能量损失；液体在泵内流动时，因克服摩擦阻力和局部阻力要消耗一部分能量；泵轴转动时，因机械摩擦也要消耗能量。上述三方面的能量损失，使泵的轴功率 P 大于泵的有效功率 $P_{效}$。有效功率与轴功率之比，称为泵的效率，以 η 表示。

$$\eta = \frac{P_{效}}{P} \times 100\% \tag{2-23}$$

离心泵效率与泵的大小、类型以及加工状况有关。一般小型泵的效率为 $50\% \sim 70\%$，大型泵可达 90% 左右。

（2）离心泵的特性曲线　离心泵的扬程 H、轴功率 P、效率 η 都随流量 q_V 变化而变化。为了便于了解泵的性能，生产厂常把 q_V 与 H、q_V 与 P 和 q_V 与 η 之间的关系绘在一张图上，这种图就称为离心泵的特性曲线或工作性能曲线。特性曲线一般是以水为试验液体，在一定转速下用实验的方法做出的。图 2-13 为 IS100-80-125 型离心泵的特性曲线。各种型号的离心泵，各有自己的特性曲线，但它们都具有以下特点。

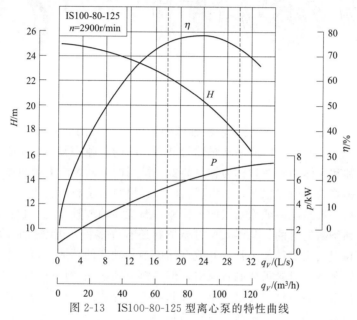

图 2-13　IS100-80-125 型离心泵的特性曲线

① q_V-H（Q-H）曲线。表示泵的流量与扬程的关系。流量越大，扬程越小。

② q_V-P（Q-N）曲线。表示泵的流量与轴功率的关系。轴功率随流量的增大而上升。流量为零时，轴功率最小。因此，离心泵启动时，应关闭出口阀门，减小启动功率，降低启动电流，以便保护电动机。

③ q_V-η（Q-η）曲线。表示泵的流量与效率的关系。泵的效率开始随流量的增加而上升，达到最大值后，又随流量的增加而下降。曲线上最高效率点即为设计点，对应该点的各性能的数值，一般都标注在铭牌上。泵在与最高效率相对应的流量及扬程下工作最为经济，因此与最高效率相对应的 q_V、H、P 值称为最佳工况参数。但在实验生产中，离心泵往往不可能正好在最佳工况下运转，而是在泵效率不低于最高效率 90% 的范围内运转，该范围称为离心泵的高效区或最佳工作范围，如图 2-13 中两条虚线间所示的范围。选用泵时，应尽可能使泵在此范围内工作。

3. 离心泵的结构和种类

（1）离心泵的主要部件　离心泵的种类很多，但都由叶轮、泵壳、轴封装置及密封环等主要部件组成。

① 叶轮。叶轮是离心泵的主要部件，它安装在泵轴上，当泵轴在电动机的带动下旋转

时，即带动叶轮旋转。叶轮有开式、闭式和半闭式三种形式，结构如图 2-14 所示。叶轮上有若干个向右弯曲的叶片。开式叶轮的叶片两侧无盖板，结构简单，不易堵塞，可用于输送含有固体悬浮物的液体；但液体在叶片间易发生倒流，效率低。半闭式叶轮是在靠电动机的一侧有盖板，另一侧无盖板。叶片两侧带有盖板的叶轮，称为闭式叶轮。在闭式叶轮中，不易发生液体倒流，因此效率高。

② 泵壳。泵壳也称为泵体，呈蜗壳状，如图 2-15 所示。它的作用是将叶轮封闭在一定的空间，汇集由叶轮甩出来的液体，导向排出管路，并将液体的大部分动能转化为压力能，即增加液体的压力。

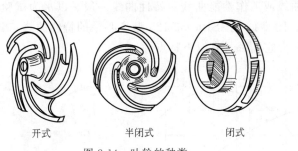

开式　　　　　半闭式　　　　　闭式

图 2-14　叶轮的种类

图 2-15　离心泵壳

③ 轴封装置。在泵轴伸出泵壳处，转轴和固定的泵壳之间必然有很小的间隙，否则泵轴就不可能旋转。为了防止泵内液体从泵轴与泵壳之间的缝隙中漏出，就必须在这里设置密封装置。通常把轴和泵体间的密封称为轴封装置。常用的轴封装置有填料密封和机械密封。

填料密封俗称填料函或盘根箱，是由填料函壳、填料、填料压盖等组成。填料函壳与泵壳连在一起。填料一般是浸油或涂石墨的石棉绳，缠绕在轴或轴套上，装在填料函内，用填料压盖压紧，达到密封的目的。其他新型材质填料还有许多种，近来研制的组合软土填料，摩擦因数低，耐高温、耐腐蚀能力强，并兼有保护轴和轴套的功能。填料密封的严密程度可由压盖的松紧加以调节。过紧虽能制止漏泄，但填料与轴之间磨损增加，功耗大，严重时会造成发热冒烟，甚至烧坏零件。反之，过松又起不到密封作用。合适的松紧程度是允许液体呈滴状从填料函中漏出来。这种密封装置构造简单，安装方便，但使用期短，需经常维修，并且总有一定的泄漏，不适用于易燃、易爆及有毒液体。

机械密封装置又叫端面密封，是依靠固定在泵壳上的静环和固定在轴上的动环之间紧密接触来达到密封。动环和静环的接触面称为端面，加工精度要求很高，并靠弹簧保持两端面间始终密合。这种轴封严密性好，泄漏量少，使用期长，功耗小，但结构复杂，对制造和安装要求较严。机械密封和填料密封比，各种性能有了很大提高，但运转到一定时间后，仍会因磨损而出现泄漏。近年来，一些无泄漏的新型泵相继研制出来，使用效果较好的是屏蔽泵和磁力驱动泵（参考本节阅读材料）。

④ 密封环。由于泵体内液体压力高于吸入口压力，因此泵体内液体总有流向叶轮吸入口的趋势。为了减少从叶轮出口与泵壳之间漏回吸入口的液量，提高泵的效率，在与叶轮出口端相对应的泵壳上，装有可更换的密封环。密封环与叶轮吸入口之间的间隙很小，既可减少液体回流，又可防止叶轮磨损泵壳。当密封环磨损严重，密封环与叶轮间的间隙过大时，应更换新的。

⑤ 轴向力平衡装置。在离心泵运行过程中，由于液体是在低压下进入叶轮，而在高压下流出，使叶轮两侧所受压力不等，产生了指向入口方向的轴向推力，会引起转子发生轴向窜动，产生磨损和振动，因此应设置轴向力平衡装置，以便平衡轴向力。

对于只有一个叶轮的单级泵，在叶轮后盖板上钻几个称为平衡孔的小孔，使部分高压液体漏到低压区，从而减小轴向推力，但这种办法也会降低泵的效率。

对于具有几个叶轮的多级水泵，通常在泵轴上安装一个平衡盘，随轴一起旋转，平衡盘与泵体间有一轴向间隙。当泵运转时，平衡盘一侧与泵出口的液体相通，压力较高；而另一侧的平衡室与入口相通，压力较低。由于平衡盘两侧所受压力不等，便产生一个与轴向推力方向相反的平衡力，从而防止泵轴的窜动。

（2）离心泵的种类　离心泵的种类很多。根据被输送流体性质的不同，可分为清水泵、耐腐蚀泵、油泵、杂质泵等；按叶轮吸液方式的不同，分为单吸泵和双吸泵；按叶轮数目不同，可分为单级泵和多级泵。

清水泵是化工最常用的泵型，适用于输送清水或黏度与清水接近、无腐蚀性、不含固体杂质的液体，其中又以 IS 型泵应用最广泛。IS 型泵的结构如图 2-16 所示，它只有一个叶轮，从泵的一侧进液，叶轮装在伸出轴承外的轴端上，好像伸出的手臂，故称单级单吸悬臂式离心泵。泵的型号由字母和数字组成。如 IS100-65-200 型，IS 表示单级单吸离心泵，100 表示吸入口直径为 100mm，65 表示排出口直径为 65mm，200 表示叶轮的名义直径为200mm。IS 是单级单吸悬臂式离心泵的代号。

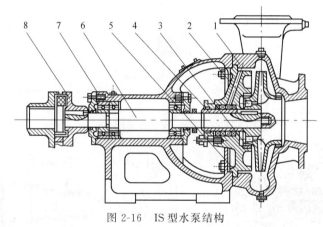

图 2-16　IS 型水泵结构
1—泵体；2—叶轮；3—密封环；4—护轴套；5—后盖；6—泵轴；7—托架；8—联轴器部件

如果需用扬程较高的水泵，可采用多级泵。这种泵实际上是将几个叶轮装在一根轴上串联工作，液体依次通过各个叶轮时，受离心力作用，能量逐渐增加，扬程较高。多级水泵的代号为 D，一般为 2～9 级，最多可达 12 级，全系列扬程范围为 14～650m，流量范围为$10.8～850m^3/h$。

若输送的液体流量较大，而所需的扬程并不高，可用双吸泵。这种水泵的特点是液体从叶轮的两侧同时吸入叶轮内，故流量较大，流量范围为 120～18000m^3/h，扬程范围为9～140m，双吸泵的代号为 Sh。

耐腐蚀泵用于输送酸碱等腐蚀液体，其结构与 IS 型泵基本相同，主要区别是泵内与液体接触的部件用耐腐蚀材料制造。耐腐蚀泵的代号为 F。油泵用于输送不含固体颗粒的石油及其制品，由于石油制品易燃易爆，因此油泵的密封要求完善可靠，油泵的代号为 Y。杂质泵用于输送含有固体粒子的悬浮液或稠厚的浆液，因此叶片少，流道较宽，不易堵塞，耐磨，容易清洗。如果输送的液体绝对不允许泄漏，可选用屏蔽泵或磁力驱动泵（详见阅读资料）。

离心泵具有结构简单、使用范围广、运转可靠、操作和维修方便等优点，所以在化工生产中得到广泛的应用，约占化工用泵的 80%～90%。

【阅读 2-1】

屏蔽泵和磁力驱动泵——两种无泄漏的离心泵

1. 屏蔽泵

屏蔽泵的叶轮和电机联为一个整体，密封在同一泵壳内，如图 2-17 所示，不需要轴封装置，也称无密封泵。它能在无泄漏的情况下输送各种易燃、易爆、有毒的液体，已广泛应用于石油化工企业。缺点是效率较低，不能用于大型生产。

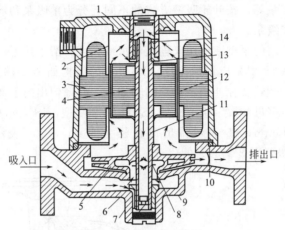

图 2-17 管道式屏蔽泵

1—电动机机壳；2—定子屏蔽套；3—定子；4—转子；5—闭式叶轮；6，13—止推盘；7—下部轴承；
8—止推垫圈；9—泵体；10—"O"形环；11—轴；12—转子屏蔽套；14—上部轴承

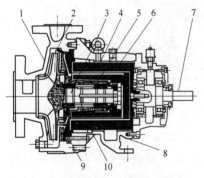

(a) 磁力驱动泵的结构

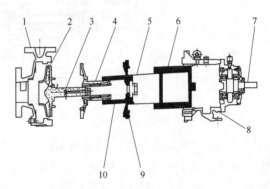

(b) 部件拉伸示意图

泵轴　内磁环

(c) 磁力联轴器

图 2-18 磁力驱动泵❶

1—泵壳；2—叶轮；3—泵轴；4—轴承座；5—隔离套；
6—外磁环；7—电动机轴；8—联轴器罩；
9—密封环；10—内磁环

---

❶ 依据胜达因公司的磁力驱动泵结构图。

2. 磁力驱动泵

磁力驱动泵没有密封装置，在泵轴和电动机轴之间安装一套磁力联轴器，联轴器内有用高质量稀土永磁材料制作的内、外瓷环。联轴器借助内、外磁环的强大引力，将电动机的功率传到泵轴和叶轮，使叶轮与电机轴完全隔开，从而实现了无泄漏。

磁力驱动泵的主要部件为泵体和磁力联轴器，如图 2-18 所示。

磁力联轴器由电动机轴 7、联轴器罩 8、外磁环 6、隔离套 5、内磁环 10 构成。泵体由泵壳 1、叶轮 2、泵轴 3、轴承座 4 和密封环 9 构成。正常工作时，磁力联轴器与电动机同步运转，电动机的功率透过隔离套传至泵轴。泵轴完全密封在隔离套内，带动叶轮高速运转。叶轮吸上的液体有一部分沿着内磁环与隔离套之间的间隙回流到泵轴周围，使泵轴、轴承浸润于液体之中，得到冷却和润滑。

磁力驱动泵除无泄漏外，还具有安全、清洁、高效、节能、运行稳定等优点，能适应高温、低温、易燃、易腐蚀的液体的输送。它克服了屏蔽泵的某些缺点，能用于各种大型生产。

4. 离心泵的安装高度

（1）离心泵的安装高度要受到一定的限制

离心泵吸入液体的推动力，来自泵运转时入口处出现的低压（p_1）和贮槽液面压强（p_0）之间的压力差（$p_0 > p_1$）。一般地说，安装高度越高，p_1 越低。表面看来，似乎 p_1 的值越低越好，但实际则不然。如果 p_1 的值低于液体的饱和蒸气压，就会发生"汽蚀"，轻则造成流量、扬程迅速下降，重则造成泵体损坏。因此，对泵的安装高度和 p_1 的值要有一定的限制，做到确保不发生汽蚀。

当泵入口处的压强（p_1）降低到液体的饱和蒸气压（$p_饱$）时，液体便沸腾、汽化，产生气泡。气泡进入高压区又被碾碎，形成真空。周围液体质点冲向真空，产生高频率高强度的冲击力，冲击频率可达每秒几千次，冲击力可达几百个大气压。强大的冲击力，能将叶轮、泵壳破坏，把叶轮打成蜂窝状，不能工作。这种液体在泵体内迅速汽化再液化的现象称为汽蚀现象。

为防止发生汽蚀，要求泵入口处的压强（p_1）必须大于液体的饱和蒸气压（$p_饱$），并留有一定的富余量。每种泵都规定了保证不发生汽蚀的最低压力差富余量，称为必需汽蚀余量，符号 NPSHr，单位 m 液柱。NPSHr 是生产厂写在样本上的统一符号。为计算简便，本书用 ΔH 表示必需汽蚀余量，它和 NPSHr 是同一概念。

必需汽蚀余量是泵的重要性能参数，其数值由生产厂在 20℃、101.3kPa 下用清水通过实验测定，并标在铭牌和样本上。

泵的安装高度必须确保 $p_1 \geqslant p_饱 + \Delta H$。每种泵都规定了保证不发生汽蚀的最大允许值，称为最大允许安装高度，符号 $H_大$。

（2）最大允许安装高度的求算方法

以液柱高度表示的贮槽液面压强 $\left(\dfrac{p_0}{\rho g}\right)$，减去液体的饱和蒸气压 $\left(\dfrac{p_饱}{\rho g}\right)$、必需汽蚀余量和吸入管道的压头损失，即得最大允许安装高度（$H_大$）。计算式为：

$$H_大 = \frac{p_0}{\rho g} - \frac{p_饱}{\rho g} - \Delta H - h_1$$

式中　p_0——贮槽液面压强（绝压），Pa；

　　　$p_饱$——操作条件下液体饱和蒸气压（绝压），Pa；

　　　ρ——操作条件下液体密度，kg/m³；

　　　h_1——吸入管道总压头损失，m。

有关标准还规定，实际安装高度（$H_实$）要比 $H_大$ 再低 0.5～1m，即：

$$H_实 = H_大 - 0.5m$$

过去有些泵的铭牌、样本还提供了"允许吸上真空高度"（$H_允$），它指的是能防止发生汽蚀的最大真空度。但近年来，已基本上不再用此参数，本书对此不再讨论。

【例题 2-8】 某厂安装一台 IS100-80-60 型离心泵，把 20℃的河水送到冷却器，铭牌和样本指出该泵的必需汽蚀余量为 4.0m，吸入管路的压头损失为 1m，当地大气压强为 101kPa，这台泵的实际安装高度不超过多少可以正常工作？

解 列出已知条件

$$P_0（当地大气压强）= 101kPa,$$

查表，水在 20℃时，$P_饱 = 2.3346kPa$，$\rho = 998.7kg/m^3$，

$$\Delta H = 4m, \quad h_1 = 1m$$

代入公式

$$H_大 = \frac{101 \times 1000}{998.7 \times 9.81} - \frac{2.3346 \times 1000}{998.7 \times 9.81} - 4 - 1$$
$$= 5m$$
$$H_实 = 5 - 0.5 = 4.5m$$

该泵实际安装高度不超过 4.5m 可以正常工作。

若最大安装高度为负值，表明该泵必须安装在贮槽液面以下。石化生产中，当液体温度较高或贮槽液面压强较低时，常遇到这种情况。

※**【例题 2-9】** 某丁烷贮罐的贮存温度为 30℃，贮罐内液面压强为 319kPa（绝压），安装一台向外输送液体的离心泵，必需汽蚀余量为 3.2m，吸入管道压头损失为 1.6m 液柱。查表得知，30℃时丁烷的饱和蒸气压为 304kPa，密度为 580kg/m³，现将泵安装在贮罐液面以上 2.4m 处，试求：

（1）此安装高度是否能保证泵正常工作？

（2）若将贮槽内液面压强改为 412kPa（绝压），此安装高度能否保证泵正常工作？

解 （1）列出已知条件

$$p_0 = 319kPa,$$

30℃下，$p_饱 = 304kPa$，$\rho = 580kg/m^3$，

$$\Delta H = 3.2m, \quad h_1 = 1.6m$$

代入公式

$$H_大 = \frac{319 \times 1000}{580 \times 9.81} - \frac{304 \times 1000}{580 \times 9.81} - 3.2 - 1.6$$
$$= -2.16m$$
$$H_实 = -2.16 - 0.5 = -2.66m$$

该泵应安装在液面以下 2.66m 处。题中的安装高度为 2.4m，不能保证正常工作。

（2）已知条件中，p_0 改为 412kPa。

代入公式

$$H_大 = \frac{412 \times 1000}{580 \times 9.81} - \frac{304 \times 1000}{580 \times 9.81} - 3.2 - 1.6$$
$$= 14.2m$$
$$H_实 = 14.2 - 0.5 = 13.7m$$

在此压强下，最大允许高度比题中的安装高度 2.4m 大得多，能够保证正常工作。

【**技能训练 2-2**】　离心泵安装训练

本次训练为利用教学软件进行模拟操作的训练，通过对离心泵的安装高度计算和模拟安装，培养施工组织、机泵安装试车、管路连接等综合能力。

● 训练课题

某车间排出的 70℃热冷却水流入泵房贮水池，用一台离心泵连续地将此热冷却水送到凉水塔上方喷头，如图 2-19 所示。贮水池地下部分 1.5m，喷头入口和水面的距离为 5m。离心泵的必需气蚀余量为 3m，吸入管路和压送管路的压头损失分别为 1m 和 1.5m。现设安装现场的四种海拔高度（见下表），要求选其一种，计算出安装高度，从所给的三处位置中选定适宜的安装位置，利用软件中提供的设备器件模拟安装、试车。

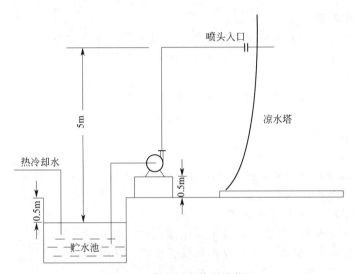

图 2-19　离心泵安装训练装置

安装现场四种海拔高度

海拔高度/m	0	200	400	1000
大气压强/kPa	101.33	98.95	96.60	89.82

● 训练设备条件

教学软件：离心泵的安装。

软件提供了模拟的泵房、离心泵和安装机泵用的设备、工具、材料，在泵房的水池旁给定三处安装位置（第一处为高于地面 0.5m 的泵台，第二处在地平面上，第三处在地下槽内，低于地平面 1m），并提供设备图和材料表。

● 相关技术知识

（1）离心泵安装步骤

① 确定安装高度，打好基础。依据计算的安装高度确定基础高度，用混凝土浇注基础，预埋地脚螺栓（软件已按照离心泵的尺寸在三处安装位置预埋螺栓）。

② 安装机座。将机座吊放在基础上，并将地脚螺栓穿进圆孔。找正：在基础上标出纵横中心线，使机座中心线与基础中心线重合。找平：将水平仪放在机座上，用增减机座下垫片的方法将机座找平，拧紧地脚螺丝。

③ 安装泵体。将泵体吊放到机座上，找好泵体的中心线位置、水平线位置和标高，把

泵体与机座的连接螺丝拧紧。

④ 以泵体为基准安装电机。把电机轴的中心线与泵轴的中心线调整到一条直线上，将联轴器找正，然后用联轴器将泵与电机连接起来。

（2）连接管路的方法

① 连接吸入管道：自吸入管接口至泵进口依次安装进口阀、接自来水的中小三通、接真空表的中小三通（均为80mm，法兰连接）。

② 连接自来水管道：先用螺纹法兰将进口管道的法兰连接改为螺纹连接，然后将管道连接至自来水接口，安装截止阀与活接头。

③ 连接压送管道：用大小头变径为法兰连接；接中小三通，装压强计；装出口阀和转子流量计；按施工图连接送水管道至喷头接口。注意尽量避免设架空管道（因距墙2m要设立柱支架）。

- 训练内容与步骤

（1）训练前准备 学习有关知识，熟悉机泵安装和管道连接知识。

（2）看教学软件有关内容，详细阅读设备图和安装步骤。

（3）进行模拟安装。

① 计算安装高度，从三处位置中选定最适宜的安装位置。

② 绘施工草图，写领料单，将设备、工具、材料运送到现场。

③ 按安装步骤安装机泵。

④ 按管路连接方法连接管路。

⑤ 试车：按规定程序开泵，将流量调至正常，试运行一段时间后停泵。

5. 离心泵操作技能训练

【技能训练2-3】 离心泵操作训练

本次训练为在校内实习装置上进行实际操作。通过对离心泵实训装置的动手操作，反复训练，掌握离心泵开车、停车、正常操作和设备维护的基本技能。

- 训练设备条件　离心泵实训装置，如图2-20所示。

安装实习装置所需实物如下。

① IS50-32-200型单级单吸式离心泵1台，转速2900r/min，流量$17m^3/h$，扬程15m。

② 三相鼠笼式异步电动机1台，功率1.5W，转速2900r/min。

③ 真空表、压力表、三相功率表和转子流量计各1只。

④ 涡轮流量变送器LW-40型1台，DTL-121型电动调节器1台。

⑤ 排出管和吸入管若干米，截止阀3只，电动调节阀1只，弯头及三通等管件若干个。

⑥ 水池1个。

上述装置为标准较高的实训装置。若达不到此要求，可降低标准，如：不设水池，改为水槽；不安装涡轮流量计，保留1个转子流量计；不设自动调节系统，调节器和从10号阀到13号阀的副线管路均不安装。

- 相关技术知识　离心泵操作要点

（1）离心泵的启动（开车）

① 开车前检查。

a. 检查各连接部分的螺栓是否松动，轴承内的润滑油是否充足、干净。

b. 盘车三圈，正转。目的是检查润滑、密封情况，是否有卡轴、堵塞现象，确保灵活运转。

c. 检查各阀门是否灵活好用，仪表是否灵敏准确。

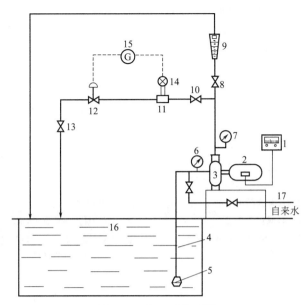

图 2-20　离心泵装置图

1—电源开关及功率表；2—电动机；3—离心泵；4—吸入管；5—底阀；6—真空表；7—压力表；8—出口阀；
9—转子流量计；10，13—截止阀；11—涡轮流量计；12—电动调节阀；14—差压变送器；
15—电动调节器；16—水池；17—加水管

② 灌泵。向泵内灌满水，排出泵内的空气。本装置的灌水方法是：关进口阀，开自来水阀，自来水进入泵腔，直至泵壳顶部排气嘴开启时有水冒出，关自来水阀，开进口阀。

③ 关出口阀，目的是防止启动时电流过大，在最小流量、最小功率下启动。但要注意关出口阀的时间要尽量短。

④ 启动电机。

⑤ 当电机达到正常转速后，即缓慢开出口阀，逐渐达到正常流量。

（2）正常运行操作

正常操作的要求是，严格控制各项操作指标，确保离心泵安全稳定运转，及时、准确地调节流量。正常操作主要做好以下三项工作。

① 严格检查。经常检查泵的运转情况，听运转声音是否正常，观察润滑是否良好。检查压力表、真空表的读数是否在正常范围内。

② 调节流量。当生产上要求改变流量时，要及时、准确地调节到要求的流量值。

手动调节流量：缓慢地开大或关小出口阀，同时观察流量计的变化，逐渐将流量调到规定的数值，稳定运行。

自动调节流量：先将调节器切换到手动，然后用人工拨动手操拨盘的方法，由调节器发出信号，开大或关小调节阀，并将给定值调至新设的给定位置上。手动操作过程完成后，将调节器切换到自动，投入自动操作。

③ 设备的日常维护保养。

按有关规定，泵的日常维护保养工作每天都要进行。离心泵日常保养的内容如下：

a. 检查轴承温度，不得超过 75℃；电机温升不能超过规定的温升值。

b. 检查填料密封的滴漏是否正常，若不正常，要调整填料函压盖的松紧程度，使液体呈滴状从填料函泄漏出来。机械密封，若有轻微滴漏，待运转一段时间后，滴漏量可能逐渐减小。如果运转 1～3h，滴漏量仍不减少，则需停车检查。

c. 定期更换润滑油。稀油应在运转 500h 后更换一次，黄油应在运转 2000h 后更换一次。

d. 运转过程中，若出现振动大、声音不正常、输水量减少等现象，要及时、妥善处理。

（3）异常现象的处理

离心泵常见异常现象如表 2-3 所示。可结合本校生产装置实际情况进行处理异常现象的练习。

表 2-3　离心泵常见故障及排除方法

故障现象	产生故障的原因	排除方法
启动后不出水	(1)启动前泵内灌水不足 (2)吸入管或仪表漏气 (3)吸入管浸入深度不够 (4)底阀漏水	(1)停车重新灌水 (2)检查不严密处,消除漏气现象 (3)降低吸入管,使管口浸没深度大于 0.5～1m (4)修理或更换底阀
运转过程中输水量减少	(1)转速降低 (2)叶轮阻塞 (3)密封环磨损 (4)吸入空气 (5)排出管路阻力增加	(1)检查电压是否太低 (2)检查并清洗叶轮 (3)更换密封环 (4)检查吸入管路,压紧或更换填料 (5)检查所有阀门及管路中可能阻塞之处
振动过大,声音不正常	(1)叶轮磨损或阻塞,造成叶轮不平衡 (2)泵轴弯曲,泵内旋转部件与静止部件有严重摩擦 (3)两联轴器不同心 (4)泵内发生汽蚀现象 (5)地脚螺栓松动	(1)清洗叶轮并进行平衡找正 (2)矫正或更换泵轴,检查摩擦原因并消除 (3)找正两联轴器的同心度 (4)降低吸液高度,消除产生气蚀的原因 (5)拧紧地脚螺栓
轴承过热	(1)轴承损坏 (2)轴承安装不正确或间隙不适当 (3)轴承润滑不良(油质不好,油量不足) (4)泵轴弯曲或联轴器没找正	(1)更换轴承 (2)检查并进行修理 (3)更换润滑油 (4)矫直或更换泵轴,找正联轴器

（4）停车

① 先关出口阀，以防止停泵后液体倒灌，使叶轮高速反转造成事故。

② 停电机。

③ 关闭压力表旋塞，关闭轴承冷却水系统。

④ 若停车时间较长，应将泵和管路内的液体放净。长期停用的泵，应拆卸开，将零件上的液体擦干，涂防腐油妥善保存。

- 训练内容与步骤

① 训练前准备。学习有关知识，熟悉离心泵的操作方法。

② 按照操作方法，在实训装置上进行开车、正常运行操作、停车和异常现象处理的实际操作练习。

- 实训作业

① 填写操作记录表。

② 写实习报告。

【技能训练 2-4】　离心泵性能曲线的测定

(1) 练习目的　在如图 2-20 所示的装置上，测定离心泵的流量、扬程、功率和效率，绘制该泵在固定转速下的特性曲线，学习离心泵特性曲线的测定方法，并确定该泵的最佳工作范围。

(2) 离心泵性能的测试方法　在如图 2-20 所示的装置中，将截止阀 10 关闭，利用出口阀 8 调节泵的流量。在一定转速下，测量出一个流量值，同时测量该流量下的扬程、功率和效率为一组数据。然后逐渐改变流量，测出 8 组数据。

① 流量 q_V 测定。用出口阀调节流量，用转子流量计测量其流量，单位为 m^3/s。

② 扬程 H 的测定。在离心泵进口真空表及出口压力表两测压点截面间列伯努利方程，并忽略测压点间的管路阻力损失（因管路很短）得

$$H = \frac{p_真}{\rho g} + \frac{p_表}{\rho g} + h_0 + \frac{u_2^2 - u_1^2}{2g} \tag{2-24}$$

式中　H——泵的扬程，mH_2O；

$\quad p_真$——真空表所测得真空度，Pa；

$\quad p_表$——压力表所测得表压力，Pa；

$\quad h_0$——泵进出口管路上两测压点间的垂直距离，m；

$\quad \rho$——被输送液体的密度，kg/m^3；

$\quad g$——重力加速度，$9.81 m/s^2$；

$u_1，u_2$——分别为被输送液体在吸入管和排出管中的流速，m/s。

在本装置中，因吸入管与排出管等径 $u_1 = u_2$，故

$$\frac{u_2^2 - u_1^2}{2g} = 0$$

③ 轴功率 P 的测定。泵的轴功率一般不易测量，因此改测电动机的输入功率 $P_电$。泵的轴功率 P 与电动机输入功率 $P_电$ 之间的关系式为

$$P = P_电 \cdot \eta_电 \cdot \eta_传$$

式中　P——泵的轴功率，kW；

$\quad P_电$——电动机输入功率，kW；

$\quad \eta_电$——电动机效率，一般取 0.9；

$\quad \eta_传$——传动装置的机械效率，一般取 1。

因此，泵的轴功率 P 与电动机输入功率 $P_电$ 的关系式可简化为

$$P = 0.9 P_电 \tag{2-25}$$

用图 2-19 中功率表 1 测出 $P_电$，再根据式 (2-25) 求出泵的轴功率 P。

④ 效率 η 的测定。泵的效率等于泵的有效功率 $P_效$ 与泵的轴功率 P 之比。

$$\eta = \frac{P_效}{P} \times 100\%$$

有效功率

$$P_效 = q_V H \rho g \tag{2-26}$$

所以

$$\eta = \frac{q_V H \rho g}{P} \times 100\% \tag{2-27}$$

式中　q_V——泵的流量，m^3/s；

　　　H——泵的扬程，m；

　　　ρ——被输送液体的密度，kg/m^3；

　　　P——泵的轴功率，kW。

（3）测量步骤

① 按启动步骤启动离心泵。

② 当泵达到正常转速后，读取并记录流量为零时的数据。然后逐渐开大图 2-19 中出口阀 8，在零与最大流量之间均匀地取 8 组数据（一定要包括流量为零和最大两组数据）。将读取的数据记录在表 2-4 中，然后使流量由大到小，再重复测量一次。在测量时，待操作稳定后再读数。

③ 记录泵的转速和水的温度，测量真空表与压力表间的垂直距离。

④ 测量结束后，按停车步骤停离心泵。

表 2-4　离心泵特性曲线测定数据记录

序号	转子流量计读数/(m^3/h)	压力表读数/kPa	真空表读数/Pa	功率表读数/kW
1				
2				
3				
4				
5				
6				
7				
8				

（4）绘制离心泵的特性曲线

① 根据表 2-4 中的数据，计算所测泵的性能参数，将计算结果填入表 2-5 中。

② 根据表 2-5 中的数据，在坐标纸上绘制离心泵的特性曲线。

③ 在泵的特性曲线图中，标出该泵的最高效率点及最佳工作范围。

表 2-5　测量数据计算结果表

序　号	流量 q_V/(m^3/s)	扬程 H/mH_2O	轴功率 P/kW	有效功率 $P_有$/kW	效率 η/%
1					
2					
3					
4					
5					
6					
7					
8					

【看看想想 2-3】　观察你接触到的泵

（1）先看教学光盘、教学软件

① VCD 教学光盘　第一盘《泵的种类和技术进展》

② 教学软件　第二章：设备列表，了解各类泵的外形和特点

（2）观察你能见到的泵，对照光盘、软件，想想你见到的泵属于哪一类。

① 如果你居住在农村，可观察田间、泵站使用的泵，找出它的进水口、出水口，指出泵的类别，记下主要规格。

② 如果你居住在城市，看看楼房内有没有向较高楼层送水的管道泵。若有条件，可看看居住小区锅炉房的给水泵。

③ 如果附近有建设工地，可看看抽地下水的泵。

④ 观察学校内的泵，如临时抽水的泵，锅炉房的给水泵，实习场内各类型泵。注意：后两种要在教师带领下观察。

⑤ 观察从其他途径可能接触到的泵。

观察运转的泵，要注意安全，严禁用手摸。

填下面的表：

类别（名称）	规 格 型 号	转速/(r/min)	流量/(m³/s)	扬程/m

二、其他类型泵

1. 往复泵

往复泵是依靠活塞在缸体中的往复运动依次开启吸入阀和排出阀，从而吸入和排出液体的。如图 2-21 所示，其主要部件为泵缸、活塞、活塞杆、吸入阀和排出阀。吸入阀和排出阀都是单向阀，吸入阀只允许液体由泵外进入泵，排出阀只允许液体由泵内排出泵外。吸入阀下面的吸入管插入储槽液面之下，排出阀上面的排出管，将液体送往高位设备或具有较高压力的容器。泵缸内活塞与吸入阀和排出阀间的容积称为工作室。

往复泵输送液体可分为吸入和排出两个过程。当活塞自左向右运动时，工作室容积增大，形成低压，排出阀在排出管中液体压力的作用下自动关阀，储槽内的液体受大气压力的作用，通过吸液管并顶开吸入阀进入工作室，直至活塞移动到右端点为止，这个过程称为吸入过程。当活塞自右向左运动时，工作室容积减小，由于活塞的挤压力使缸内液体压力增大，吸入阀受压关闭，高压液体则冲开排出阀进入排出管路中，这就是排液过程。活塞移到左端点，排液过程结束。当活塞不断地往复运动时，工作室就交替地吸液和排液，泵就能不断地输送液体。图 2-21 为单动泵。单动泵的吸液和排液是间断的，且排液量也很不均匀。为了改善排液的不均匀性，可采用双动泵或三动泵。

双动泵是在泵缸的两端（即活塞的两侧）均设有吸入阀和排出阀。活塞向泵缸的左端移动时，左侧排液，右侧吸液；活塞向右端移动时，右侧排液，左侧吸液。活塞往复运动一次，泵吸液两次，同时排液两次，故称为双动泵。双动泵排液是连续的，但每次排液量还是不均匀的。

三动泵是由三个单动泵组成，在一根曲轴上有三个互成 120°的三个曲拐，分别推动三个缸中的活塞。当曲轴每旋转一周时，三个泵分别进行一次吸液和排液，合起来有三次排液，所以排液量均匀。合成氨厂用的三柱塞铜铵液泵，就是一种三动泵。

往复泵吸入的液体，当活塞移动时，在泵缸内不能倒流，必须排出，故属正位移泵。凡正位移泵，在启动前或运转中，必须将出口阀打开，否则会因泵内的液体排不出去，使泵内压力急骤升高，造成事故。

往复泵在运转过程中不能关闭出口阀，因此就不能像离心泵那样，用启闭出口阀的方法调节流量。一般是在排出管与吸入管之间安装回流支路，如图 2-22 所示。从泵排出的液体一部分可经回流支路流回吸入管，达到调节液体流量的目的。

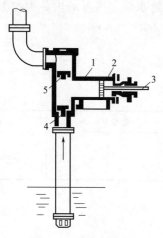
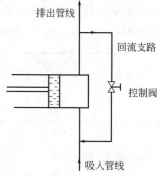

图 2-21　往复泵装置　　　　　　　　　　图 2-22　回流支路调节流量法

1—泵缸；2—活塞；3—活塞杆；4—吸入阀；5—排出阀

往复泵主要用于小流量、高压力的场合，输送高黏度液体的效率较离心泵好，但不能输送腐蚀性液体和有固体粒子的悬浮液，以免损坏缸体。

2. 旋涡泵

旋涡泵的结构及工作原理。旋涡泵是一种特殊类型的离心泵，如图 2-23 所示，主要由泵壳和叶轮组成。泵壳呈圆形，吸入口和排出口在泵的顶部，它们之间用隔板隔开。叶轮是一个圆盘，四周铣有凹槽，构成辐射状排列的叶片。泵壳与叶轮外缘间有一个等截面的流道，它的一端与吸入口相通，另一端与压出口相连。

旋涡泵的工作原理和离心泵一样，叶轮在充满液体的泵壳内高速旋转，产生离心力，将凹槽内的液体从叶片顶部抛向流道。与此同时，流道中一部分液体经过叶片根部流入叶片间的凹槽内，随着叶轮的旋转，液体在凹槽和流道间反复作涡旋状运动，到泵出口时可获得较高的压头而排出泵外。旋涡泵与离心泵一样，在启动前泵体要灌满液体。

旋涡泵的特性曲线如图 2-24 所示。q_V-H 和 q_V-η 曲线与离心泵相似，q_V 越大，则 H 越小；亦有一最高效率点。但 q_V-P 曲线与离心泵相反，q_V 越小，则 P 越大，当 $q_V=0$ 时 P 最大。因此，旋涡泵启动时，应打开出口阀，以免启动时功率过大而烧坏电机。旋涡泵与往复泵一样，调节流量时不能用调节出口阀开度的方法，只能采用回流支路调节流量。

旋涡泵的流量小，扬程高，体积小，结构简单，但效率比较低，一般为 15%～40%，最高在 45% 左右。旋涡泵适用于要求流量小，外加压头较高的清液，特别是在精馏操作中常用来输送回流液。

3. 齿轮泵

齿轮泵的结构如图 2-25 所示，泵壳内有两个相互啮合的齿轮，一个是由电动机驱动的

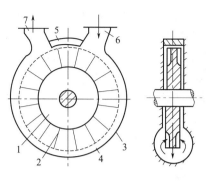 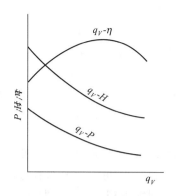

图 2-23　旋涡泵示意　　　　　　　　图 2-24　旋涡泵的特性曲线

1—叶轮；2—叶片；3—泵壳；4—流道；

5—隔板；6—吸入口；7—排出口

主动轮，一个是被动轮，两上齿轮旋转方向相反。两齿轮把泵体内分成吸入和排出两个空间。当齿轮转动时，吸入空间增大，形成低压而将液体吸入。被吸入的液体分两路沿壳壁被齿轮推着前进，压送至排出空间。在排出空间两齿轮相合拢，空间缩小，于是被挤压的液体压力增高而被排出。

齿轮泵属于正位移泵，它的压头高，流量小，可输送黏稠液体。

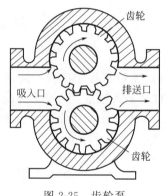 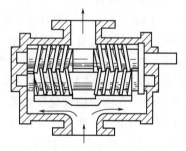

图 2-25　齿轮泵　　　　　　　　图 2-26　双螺杆泵

4. 螺杆泵

螺杆泵由泵壳和一根或多根螺杆构成，如图 2-26 所示。它与齿轮泵相似，用两根互相啮合的螺杆，推动液体做轴向移动。液体由螺杆两端进入，由中央排出。螺杆越长，则压头越高。

螺杆泵压头高，效率高，噪声小，适用于在高压下输送黏稠液体。

5. 计量泵

有些化工生产过程，要求精确地输送定量的液体，或要求将两种以上的液体按比例进行输送，这就需要使用计量泵。

计量泵又称比例泵，是一种可以调节流量的往复泵，除了装有一套可以准确调节流量的调节机构外，其结构与往复泵相似。计量泵是由转速稳定的电动机通过可变偏心轮带动活塞作往复运动。改变偏心轮的偏心距离，就能改变活塞冲程，从而改变流量。

6. 各类泵的比较与选用

要在初步了解各种化工常用泵的基础上，进一步对各类泵的性能特点分析比较，进行选型的初步练习。

离心泵由于其适应性广、检修方便、价格低廉，一直是化工生产应用最广泛的泵。它依靠高速回转的叶轮完成输送任务，易于大流量。产生高扬程相对难些，但这个局限性也在逐步扭转（近年来开发的离心泵扬程可达 650m 甚至更高）。往复泵易于产生高压头，但结构复杂，维修调节不便，所以近年来除计量泵外往复泵逐渐其他泵型替代。旋转泵具有流量小、扬程高、振动小、噪声低等特点，很适用于流量小的液体输送，对高黏度的料液尤为适宜。

泵的选型，是指依据工艺要求，从泵的众多品种中迅速、准确地选择一种最合适的泵。通过下面的训练，可以熟悉选型的知识和方法。

【技能训练 2-5】 泵的选型练习

本课题为利用教学软件模拟操作的训练。通过对泵的选型练习，熟悉常用泵选型的基本步骤和操作方法。

● 训练设备器材

(1) 泵的选型手册、样本

(2) 教学软件 第二章《泵的选型》

软件中包含了常用泵选型手册、样本中的主要数据、资料，各种泵的性能表和型谱图，相当于常用泵选型手册的压缩版，非常实用。

● 相关技术知识

泵选型的基本步骤

(1) 选型前的准备

首先，了解工艺上对泵的具体要求

① 根据工艺上对流量、扬程的要求，确定选型的额定流量与额定扬程。额定流量一般为最大流量。如果生产上的流量在一定范围内变动，应取其最大流量。若手下无此数据，则将正常流量的 1.1～1.15 倍作为最大流量，将最高扬程的 1.05～1.1 倍作为最大扬程。

② 了解输送介质的物理化学性质，如黏度、腐蚀性等。

③ 了解现场条件，如温度、湿度等。

其次，熟悉各类常用泵的性能特点。

(2) 选型的具体步骤

① 选类型。教学软件列出常用泵的五大类型（离心泵、旋涡泵、轴流泵、往复泵、旋转泵），根据以上条件，以及泵的性能特点，选择其中一种。

一般原则是，在满足工艺要求的前提下，尽量选用离心泵。

② 选系列。每个类型泵包括若干个系列，如离心泵有 5 小类 15 个系列。选择离心泵系列时，在满足工艺要求前提下，尽量选 IS 型泵，因为此系列泵比其他系列造价低得多。

③ 选型号。可通过型谱图来完成。型谱图的横坐标为流量，纵坐标为扬程。找出额定流量和额定扬程在型谱图上的交汇点，该点所在的扇形面就是所选泵的型号。

然后查阅性能表，对所选型号泵进行校核，比较表中所列数据与型谱图是否一致，并将性能表上符合工艺条件的几种相关的泵进行比较，最后确定效率最高、最经济合理的一种泵。

● 训练内容与步骤

(1) 训练前准备

① 学习有关知识

② 看教学软件，熟悉泵选型的方法步骤

（2）选型练习

先做软件中的例题，尽量独立做，然后独立完成软件中的练习题。

（3）实训作业

独立完成实训的课外作业。

第三节　气体的压缩和输送机械

在化工生产中，往往需要将气体物料从低压加压到所需要的高压，或需要将气体从一处输送到另一处，因此气体的压缩和输送是化工厂常见的操作。

气体压送机械按其终压（出口压力）或压缩比（气体压缩后与压缩前压力之比），可分为四类。

（1）压缩机　压缩比在 4 以上，终压在 300kPa（表压）以上。

（2）鼓风机　压缩比小于 4，终压在 15～300kPa（表压）。

（3）通风机　压缩比为 1～1.15，终压小于 15kPa（表压）。

（4）真空泵　在设备中造成真空，使设备中气体的压力低于大气压，压缩比根据所造成的真空度而定。

气体压送机械根据构造和工作原理的不同，分为往复式、离心式、旋转式和流体作用式等，其中往复式压缩机在中小型化工厂应用很广，离心式压缩机在大型化工厂应用较多。

一、往复式压缩机及操作

1. 往复式压缩机的工作原理

往复式压缩机的基本构造和工作原理与往复泵相似，主要由汽缸、活塞、进气阀、排气阀及传动机构等组成，是依靠活塞在汽缸内做往复运动来压缩气体的。

如图 2-27 所示是一单作用式压缩机汽缸示意图。进气阀与进气管相连接，进气管内为压缩前的低压气体。排气阀与排气管相连接，排气管内为压缩后的高压气体。进气阀与排气阀均为单向自动阀。活塞在汽缸内往复运动一次，经过吸气、压缩、排气和膨胀四个阶段。当活塞从最右端向左边移动时，汽缸内体积逐渐增大，压力下降，当压力稍低于进气管中气体的压力时，进气管中

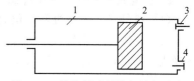

图 2-27　单作用式压缩机汽缸示意
1—汽缸；2—活塞；3—进气阀；4—排气阀

的气体便顶开进气阀被吸入汽缸。活塞不断移动，气体不断吸入，直到活塞移至最左端为止，这一过程称为吸气阶段。在吸气阶段，由于排气管中气体压力大于汽缸内气体压力，因此排气阀关闭。

当活塞调转方向由最左端向右移动时，汽缸内气体被压缩，体积不断缩小，压力不断升高，直到汽缸内气体压力上升到等于排气管内的气体压力为止，该过程称为压缩阶段。在压缩阶段，由于汽缸内气体压力高于进气管内气体压力，又低于排气管内气体压力，所以进气阀和排气阀均处于关闭状态。

活塞再继续向右移动，汽缸内气体压力升到稍高于排气管中气体的压力时，气体便顶开排气阀，汽缸内气体开始进入排气管中。活塞继续右移，缸内气体继续排出，而压力保持不变，直到活塞达到最右端为止，这一过程称为排气阶段。在排气阶段，进气阀仍然处于关闭

状态。

当活塞到达右端点时，排气过程停止，但在活塞与汽缸之间的缝隙（称为余隙）内，存留有与排气管内高压气体压力相同的少量气体。当活塞从右端点调转方向向左移动时，余隙内气体逐渐膨胀，同时压力也逐渐下降，直至等于进气管中气体的压力为止，这一过程称为膨胀阶段。在膨胀阶段，由于汽缸内残留气体的压力低于排气管内压力，因此排气阀关闭。同时因汽缸内气体压力高于进气管内压力，所以进气阀仍处于关闭状态。

当活塞再继续向左移动，余隙内残留气体的压力将低于进气管内气体的压力，进气阀自动开启，又进入吸气阶段。由于活塞在汽缸内不断往复运动，气体便循环不断地被吸入和压出，从而提高了气体的压力。活塞在汽缸中每往复运动一次，称为一个工作循环，而从一个端点移动到另一个端点所经过的距离叫做冲程。

在图 2-28 所示压缩机的一个工作循环中，只有一次吸气和一次排气，称为单作用式压缩机，也称为单动式。如果在汽缸两端都设有进气阀和排气阀，这样在一个工作循环中，将有两次吸气和两次排气，则称为双作用或双动式压缩机。

在压缩机中，活塞与汽缸盖之间必须留有余隙。原因是：

① 可避免活塞与汽缸盖因安装误差或受热膨胀，发生撞击损坏；

② 气体中所含的水蒸气在压缩过程中可能凝结为水，因水是不可压缩的，若无余隙容积时，活塞与汽缸盖将会发生"水击"现象而损坏机器，因此汽缸中的余隙不但应留，而且还应留得比可能由气体中凝结出的液体的体积大一些；

③ 残留在余隙内的气体膨胀后再吸入气体，这就起了缓冲作用，使吸入阀开关比较平稳，减轻了阀门和阀片的撞击作用。

由上述原因可见，汽缸中留有余隙容积，能给压缩机的装配、操作和安全使用带来很多好处，所以汽缸中要留有余隙；但余隙也不能留得过大，以免吸入气量减少，影响压缩机的生产能力。在一般情况下，余隙容积约为汽缸工作容积的 3％～8％，而在压力较高、汽缸直径较小的压缩机汽缸中，所留余隙容积通常为 5％～12％。

2. 往复式压缩机的主要性能

（1）排气量　压缩机在单位时间排出的气体量，称为压缩机的排气量，也称为生产能力或输气量。因为气体只有在吸入汽缸后才能排出，所以排气量均以吸入的气体量计算。对于往复式压缩机，理论上的吸气量应等于活塞所扫过的汽缸容积，即

$$q_{V理} = 0.785 D^2 sni \tag{2-28}$$

式中　$q_{V理}$——在吸入状态下的理论排气量，m^3/min；

　　　　D——活塞直径，m；

　　　　s——活塞的冲程，m；

　　　　n——压缩机每分钟的转数，r/min；

　　　　i——活塞往复一次吸气的次数，单作用式 $i=1$，双作用式 $i=2$。

由于汽缸留有余隙，余隙内高压气体膨胀后占有汽缸部分容积，同时由于填料函、活塞、进气阀及排气阀等处密封不严，造成气体泄漏，以及阀门阻力等原因，使实际排气量小于理论排气量。

即

$$q_V = \lambda q_{V理} \tag{2-29}$$

式中　q_V——实际排气量，m^3/min；

　　　　λ——送气系数，一般为 0.7～0.9。

压缩机的铭牌上，标出了在规定的吸入状态下的排气量，若实际操作时的吸气状态与铭牌上规定的吸气状态不符，则实际排气量就应校正。已知吸入状态下的实际排气量 q_V，那么，标准状态下的排气量可用下式计算：

$$q_{V0} = \frac{q_V p}{p_0} \times \frac{273}{273 + t} \tag{2-30}$$

式中　q_{V0}——标准状态下的排气量，m^3/min；

p_0——标准状态下大气压，取 101.3kPa；

q_V——吸入状态下的排气量，m^3/min；

p——吸入状态下气体的压力（绝对），kPa；

t——吸入状态下气体的温度，℃。

影响压缩机排气量的主要原因有以下几点：

① 余隙容积越大，残留气体膨胀后占有的容积越大，吸入的气量就越少，排气量下降；

② 活塞环、进气阀、排气阀、汽缸填料等密封不严，泄漏量增多，排气量下降；

③ 进气阀阻力越大，开启越迟缓，进入汽缸的气量减少，排气量也随之下降；

④ 进入汽缸的气体温度升高，密度下降，排气量下降；

⑤ 吸入气体压力越高，密度越大，排气量也增大。

（2）排气温度　排气温度是指经过压缩后的气体温度。气体被压缩时，由于压缩机对气体做了功，会产生大量的热量，使气体的温度升高，所以排气温度总是高于吸气温度。对于一定质量的气体，设压缩前的绝对压力、体积和绝对温度为 p_1、V_1、T_1，压缩后的分别为 p_2、V_2、T_2，则它们之间的关系可用下式表示：

$$\frac{p_1 V_1}{T_1} = \frac{p_2 V_2}{T_2} \tag{2-31}$$

由式（2-31）可以看出，气体的压力与体积成反比，与温度成正比。气体受压缩的程度越大，产生的热量越多，气体的温度升得越高。

气体被压缩时，理论上存在着等温过程和绝热过程，等温过程是指气体在压缩过程所产生的热量全部传到外界，气体的温度保持不变。绝热过程是指气体在压缩时与外界无热量交换，压缩产生的热量全部留在气体内部使气体温度升高。实际上气体被压缩时，很难做到不断移出产生的全部热量，成为等温过程；而压缩时产生的热量，也必然有一部分通过汽缸壁等部件传给外界，很难成为绝热过程。因此，实际压缩过程既非等温，又非绝热，而是介于两者之间，即气体的压力、体积、温度同时发生变化，而且又与外界环境发生热交换，这种过程称为多变过程。

压缩机的排气温度不能过高，否则会使润滑油分解以至碳化，并损坏压缩机部件。

（3）功率　气体被压缩时，由于压缩机对气体做了功，才使气体温度和压力都得到提高。压缩机在单位时间内消耗的功，称为功率。压缩机铭牌上标明的功率数值，为压缩机最大功率。气体被压缩时，压力与温度升得越高，压缩比越大，排气量越大，功耗也越大；反之，则功耗越小。

将气体在汽缸内体积与压力的变化描绘在图纸上，这种图称为压缩机示功图，如图 2-28 所示。图中 AB 线表示吸气阶段，BC 线表示压缩阶段，CD 线表示排气阶

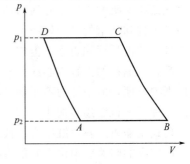

图 2-28　压缩机示功图

段，DA 线表示膨胀阶段。图形 ABCDA 表示压缩气体的一个工作循环。图形 ABCDA 面积的大小表示压缩气体时消耗功的多少，此图形面积越小，表示压缩气体时消耗的功也越少。

实际生产中，为了降低压缩过程的功耗，要及时移去压缩时所产生的热量，降低气体的温度。因此，一般在汽缸外壁设置水冷装置，冷却缸内的气体，并设置冷却器冷却压缩后的气体。冷效果越好，压缩机的功耗就越小。

（4）压缩比　气体的出口压力（即排气压力）p_2 与进口压力（即吸气压力）p_1 之比，称为压力比，用符号 ε 表示，则 $\varepsilon = p_2/p_1$。压缩比表示气体被压缩的程度。压缩比越大，说明气体经压缩后压力升得越高，排气温度也相应升得越高。

气体经过一个汽缸压缩后，压缩比一般不超过 6。若压缩比过大，会使气体温度升得很高，不仅使功耗增大，而且会使润滑油黏度降低，失去润滑作用，损坏设备；同时由于余隙容积中残留气体的压力很高，在膨胀后体积很大，占据汽缸有效容积多，使汽缸吸气量下降或不能吸气。因此，如果要求终压或压缩比很大时，就不能用一个汽缸一次完成压缩过程，必须采用多级压缩。

所谓多级压缩，就是由若干个串联的汽缸，将气体分级逐渐压缩到所需的压力。每压缩一次称为一级，在一台压缩机中连续压缩的次数，就是级数。气体经过每一级压缩后，在冷却器中被冷却，在油水分离器中除去所夹带的润滑油和水沫，再进入下一级汽缸。

采用多级压缩可以克服一个汽缸压缩比过大的缺点，降低功耗。但是若级数过多，压缩机结构复杂，附属设备多，造价高。超过一定级数后，所省之功还不能补偿制造费用的增加。因此，往复式压缩机的级数一般不超过 7 级，每级的压缩比一般为 3～5。

3. 往复式压缩的构造

（1）往复式压缩的分类及型号　往复式压缩机分类方法很多，通常有以下几种。

① 按所压缩气体的种类，分为空气压缩机、氧气压缩机、氢气压缩机、氢氮气压缩机、氨气压缩机和石油气压缩机等。

② 按活塞在往复运动一次过程中，吸气和排气的次数，分为单动和双动压缩机。

③ 按气体受压缩的次数，分为单级、双级和多级压缩机。

④ 按压缩机生产能力的大小，分为小型（$10m^3/min$ 以下）、中型（$10～30m^3/min$）和大型（$30m^3/min$ 以上）压缩机。

⑤ 按压缩机出口压力的高低，分为低压（98/kPa 以下）、中压（0.981～9.81MPa）和高压（9.81～98.1MPa，甚至更高）。

⑥ 按汽缸在空间排列的位置不同，分为立式、卧式、角式和对称平衡式等，这是一种最主要的分类方法。

立式压缩机的汽缸中心线与地面垂直，代号为 Z。由于活塞上下运动，对汽缸的作用力较小，汽缸和活塞的磨损较小。活塞往复运动的惯性力与地面垂直，因此振动小，基础小，整个机器的占地面积也小。但它的机身较高，要求厂房也高，操作和检修不甚方便。

卧式压缩机的汽缸中心线是水平的，代号为 P。整个机器都处于操作者的视线范围内，管理维护方便，但惯性力不平衡，转速受到限制。整个机组显得庞大而笨重，占地面积大，因此这种压缩机已逐步淘汰。

角式压缩机的各汽缸中心线彼此成为一定的角度，结构比较紧凑，动力平衡性较好，因而可取较高的转速。但由于有的汽缸是倾斜的，检修不便。角式又可分三种：有两条汽缸中心线，一条水平线，一条垂直线，中心线的夹角为 90° 的，称为 L 形；两缸中心线是倾斜的，其夹角一般小于 90°，称为 V 形；三条汽缸中心线，中间的垂直，两侧的倾斜，称为 W 形。

对称平衡式压缩机的汽缸对称地分布在电动机的两侧，活塞成对称运动，即曲轴两侧相对的两列活塞对称地同时伸长、同时收缩，因而称为对称平衡型。这种压缩机的平衡性能好，运转平稳，整个机器处在操作人员的视线范围内，操作和维修方便。如果电动机在各列（压缩机有一根汽缸中心线便称为一列）汽缸的中央，称为 H 形。如果电动机配置在压缩机各列的外侧，称为 M 形。图 2-29 为几种不同型号压缩机汽缸的排列示意图。

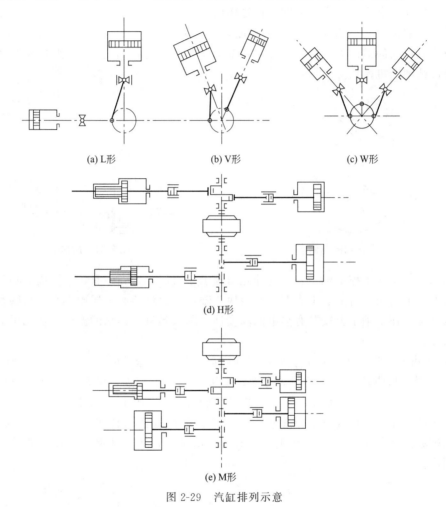

图 2-29 汽缸排列示意

压缩机的型号反映出压缩机的主要结构特点、结构参数及主要性能参数。一般往复式压缩机的型号由以下几部分组成。

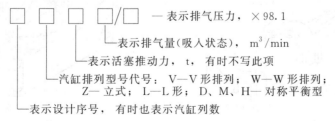

例如，L 3.3—17/320 型，即汽缸按 L 形排列，活塞推力 3.3t，吸入状态下的排气量为

$17m^3/min$，排气压力为 $320×98.1kPa$。又如 4M12—45/210 型，即汽缸为 4 列，活塞推力为 12t，吸入状态下排气量为 $45m^3/min$，排气终压为 $210×98.1kPa$，为电动机在一侧的对称平衡型压缩机。

（2）压缩机的主要部件　往复式压缩机主要由运动机构、汽缸部分和机身三部分组成。运动机构包括主轴、连杆、具有上下滑板的十字头、活塞杆等；汽缸部分包括汽缸、填料箱、出入阀门、活塞和活塞环等；机身包括机座、筒形滑道等。主要部件简述如下。

① 主轴和主轴承。主轴在压缩机中是重要的运动部件，电动机通过主轴输入动力，并由曲柄、连杆和十字头等转变为活塞的往复作用力。

往复式压缩机的主轴有两种：一种是曲柄轴，如图 2-30 所示，在曲柄上装有平衡铁，用以平衡造成震动的惯性力；另一种是曲拐轴，如图 2-31 所示，主轴用优质碳素钢锻制而成，并经过精细的机械加工。

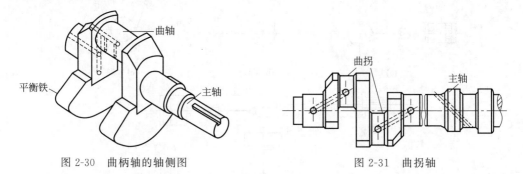

图 2-30　曲柄轴的轴侧图　　　　　　　　图 2-31　曲拐轴

主轴承的作用是支撑主轴。轴承的外壳由轴承盖组成，外壳中有铸钢制成的轴瓦。轴瓦一般分为上、下两块，若上、下、左、右四块。轴瓦表面浇铸有一层硬度小、耐磨和表面光滑的巴氏合金。在主轴承上安装有热电偶温度计，用以测量主轴承的温度。在轴承盖上有润滑油注入孔。

② 连杆和十字头。连杆和十字头是变圆周运动为往复运动的主要部件。连杆结构如图 2-32 所示。大头与曲轴相连，做圆周运动；小头与十字头相连，做往复运动；杆身随之摆动。连杆用优质碳素钢锻制而成，两头连接处均装有轴瓦，并有注油孔。

十字头的功能是连接连杆和活塞杆，并将连杆的往复摆动转变为活塞杆的直线往复运动，其结构如图 2-33 所示。十字头上、下有两块滑板，在机身的滑道上往复滑动。十字头用铸钢制成。

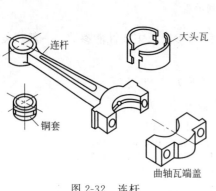

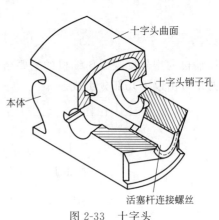

图 2-32　连杆　　　　　　　　　　　　　图 2-33　十字头

③ 汽缸与活塞。汽缸与活塞是压缩气体的重要部件，压缩气体的过程是依靠活塞在汽缸中做往复运动完成的。汽缸上装有进气和排气活门、填料箱、润滑油注入孔和水冷夹套。汽缸内有铸铁制成的汽缸衬套，这样可以保护汽缸本体，缸套损坏后可以更换。一般低压段汽缸是双作用的，由铸铁制成，并且体积较大；高压段汽缸是单作用的，用铸铁或优质碳素钢制成，体积较小。

活塞连在活塞杆上，活塞与汽缸之间用活塞环密封，以防漏气。

④ 汽缸阀门。汽缸进出口阀门的作用随着活塞的往复运动而自动、及时地开启或关闭，使气体均匀地吸入和排出汽缸。各段汽缸阀门的工作原理完全一样，其结构也大致相同，只是大小不同。

排气阀结构如图 2-34 所示。阀门由阀座、升高限制器、阀片和弹簧等组成。低压阀座的材料为铸铁，高压段为铸钢或合金钢。阀座上开有同心的环行通道，供气体通过。阀座与阀片的接触面经过精细加工，以使二者密合，减小漏气。阀片是采用高强度耐磨合金钢制成。升高限制器一般由铸铁或铸钢制成，其内装有弹簧，在装配时，依靠弹簧的弹力使阀片贴合在阀座上。阀座和升高限制器用螺杆和螺帽连接起来，为了防止螺帽松动用开口销固定之。

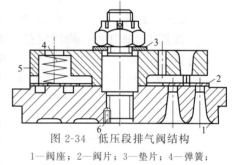

图 2-34　低压段排气阀结构
1—阀座；2—阀片；3—垫片；4—弹簧；
5—升高限制器；6—制动螺钉

在排气过程中，汽缸内压力大于出气管内的压力时，阀片被顶开，缸内气体排向出气管。当进入吸气和压缩过程时，缸内压力低于出气管压力，此时阀片被压向阀座，造成密封。

进出口阀的构造大致相同，只是阀座与升高限制器的位置要相互倒换。

⑤ 填料箱。在穿过活塞杆的汽缸盖上，装有阻止气体泄漏的填料箱。填料箱操作情况的好坏，不仅直接影响到压缩机排气压力和排气量，而且可以在生产中防止一些有毒、易燃、易爆气体的泄漏，以保证操作人员的安全。此外，填料只有在停车时才能更换，因而要求填料箱可靠和耐久。

由于压缩机的结构和操作压力不同，填料箱的结构也有差异。L 形压缩机高压段汽缸的填料箱如图 2-35 所示。填料箱体与汽缸本体铸成一体，其内放有 5 个填料盒，每个填料盒内放有一组由巴士合金或青铜组成的密封元件，它具有梯形的断面，并以宽的底边贴在活塞杆上。每组密封元件由开有径向切口的 T 形环及两个也具有径向切口与 T 形环紧密靠着的单斜面环所组成。在装配时，各环径向切口相互错开一定的角度。密封元件用钢制的固定垫圈和压圈紧压着，固定垫圈置于填料盒内小弹簧上面，受到弹簧压力和压缩气体的轴向力作用（主要是后者的作用力），然后将力再传给密封元件，使其对活塞杆产生径向压紧力，而达到密封的要求。

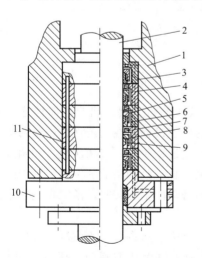

图 2-35　高压填料箱
1—填料箱体（缸体之一部分）；2—活塞杆；
3—填料盒；4—油孔；5—固定垫圈；6—压
圈；7—弹簧；8—单斜面环；9—T 形环；
10—填料压盖；11—定位螺钉

为了使填料箱工作良好，密封元件必须紧贴在活塞杆上。为此组成梯形截面的三个密封元件的侧面应同时加工，并仔细地与压圈及固定垫圈的锥形部分相配合；各填料盒及钢制压圈的端面也必须仔细磨合。这样，在密封轴向间隙的同时径向间隙也得密封，以此达到所需要的高度密封性。

润滑油通过填料压盖上的油孔，流入填料箱中，并沿着油孔分别进入几个填料盒。为了保证润滑油通到活塞杆，在填料盒上开有径向油孔。为了使润滑油通道保持畅通，可用定位销将各填料盒固定。

准备 L_2—10/8—I 型空气压缩机组一套，以及网状阀、环状阀、锥面填料函、活塞、活塞环、十字头各 1～2 个，结合实物讲授往复式压缩机的结构及工作原理。

【技能训练 2-6】 往复式压缩机操作训练

（1）往复式压缩机操作训练装置 如图 2-36 所示，装置中选用 L_2—10/8—I 型空气压缩机，也可选用 V—3/8—I 型、V—6/8—I 型或 2W—6/7 型空气压缩机。本节以 L_2—10/8—I 型空气压缩机为例，介绍往复式压缩机的开停车、正常操作和维修等内容。

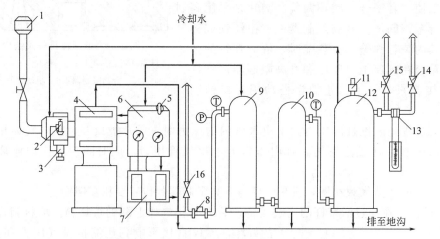

图 2-36 往复式压缩机操作训练装置

1—空气滤清器；2—压力调节阀；3—减荷阀；4—一级汽缸；5——级安全阀；6—中间冷却器；
7—二级汽缸；8—止逆阀；9—气体冷却器；10—油水分离器；11—二级安全阀；12—储气罐；
13—孔板流量计；14—排气阀；15—放空阀；16—止逆阀前放空阀

（2）压缩机装置工作过程概述 L_2—10/8—I 型空气压缩机主要由机身、曲柄连杆机构、活塞、汽缸等部分组成，为二级双缸复动式，气体的压缩过程是在两个汽缸中分两级完成的。在每个汽缸中有两个吸入阀和两个排出阀，活塞往复运动一次，有两次吸入和两次压出过程。两个汽缸互成直角，一级汽缸 4 是垂直的，二级汽缸 7 是水平的。两列汽缸中的活塞通过十字头、连杆与曲轴相连接。当电动机通过联轴器带动曲轴旋转时，活塞在汽缸中做往复运动，压缩气体。

压缩机工作时，空气经过空气滤清器 1 除去灰尘后，经吸入阀进入一级汽缸，被压缩到 177～216kPa 后，进入中间冷却器 6，冷却后进入二级汽缸，继续压缩到额定压力 785kPa，温度升到 120～150℃，进入气体冷却器 9 被冷却到 40℃以下，经油水分离器 10 除去气体中的油水，进入储气罐 12 以备使用。储气罐既起储存气体的作用，又起着缓冲和气液分离的作用。储气罐中的压缩空气经排气阀 14 送至用气工序，流量用孔板流量计 13 测定。止逆阀 8 的作用是在压缩机临时停车时，防止后系统的气体返回压缩机。

L_2—10/8—Ⅰ型压缩机是依靠气量调节机构自动调节排气量的。气量调节机构由减荷阀3和压力调节阀2两部分组成。减荷阀安装于一级汽缸进口处，用于控制压缩机的进气量，从而达到调节排气量的目的。气量调节机构对排气量的调节是通过储气罐中气体的压力变化而达到的，压力调节器通过管道与储气罐相连。当用气工序的用量减少时，储气罐中气体压力升高，高压气体通过管道进入压力调节器，压开阀片，高压气体通过压力调节器进入减荷阀的汽缸，推动减荷阀的阀芯上移，此时减荷阀关闭，压缩机停止吸气，进入无负荷运转，既停止排气，又降低了功率消耗。当储气罐中气体的压力降低到规定值时，压力调节器的阀片在弹簧的作用下关闭，气体不能进入减荷阀，减荷阀在弹簧力的作用下打开，空气进入一段缸，压缩机重新恢复正常工作。用调节手把调节压力调节器弹簧预紧力，可以改变压力调节器开启和关闭的压力。压力调节器的开启压力为799～834kPa，关闭压力为686～755kPa。在压缩机启动或用气工序发生故障时，可以旋转减荷阀的手轮使阀关闭，待压缩机正常运转或后工序故障排除后，再打开减荷阀，使压缩机进入正常工作状态。

除了利用减荷阀调节排气量外，还可利用放空阀调节排气量。当用气工序用气量减少后，打开放空阀15，将部分气体放空，从而减少排气量。利用放空调节气量的办法只适用于空气，对于其他气体，可采用回流支路法调节，即将末级排出的气体部分或全部经回流支路引回一级入口。

压缩机的冷却方式为水冷，冷却水先进入中间冷却器6，由中间冷却器出来后分为两路，分别进入一、二级汽缸进行冷却，由一、二级汽缸出来的冷却水经排水管排出。

压缩机运动机构的润滑，采用齿轮油泵循环润滑。储于机身底部油池内的润滑油，由过滤盒粗滤后进入油泵，加压到147～294kPa，再经滤油器精滤后，通过曲轴中央的油孔进入曲柄，同时部分油沿连杆中央的油孔送至连杆大头瓦、小头瓦、十字头及滑道的摩擦面。油压可用泵体上的阀门进行调节，油压过高，就会压缩弹簧，推开阀门，油溢流到油池。弹簧的预紧力可用调节螺钉进行调节，从而达到调节油压的目的。油泵上装有压力表，表下安装缓冲装置，以防表针震动损坏。

一、二级汽缸的润滑油由注油器供给，注油器由曲轴带动，油量可用调节杆调节。

为了保证压缩机安全运行，不因过载而引起事故，在每级压缩系统中都设有安全阀。一级安全阀装在中间冷却器上，其启跳压力为226～294kPa，关闭压力≥177kPa。二级安全阀设在储气罐上，它的启跳压力为823～902kPa，关闭压力≥706kPa。

当压缩机装置按要求安装完毕后，即可进行开停车、正常操作及故障排除等练习。

（3）往复式压缩机的开停车　压缩机的开车一般可分为原始开车和正常开车。前者是压缩机新安装或大、中修后的开车；后者是经过短期停车后的开车。原始开车比正常开车复杂，并且包括了全部正常开车的操作步骤，因此以下只练习压缩机的原始开车。原始开车的程序包括开车前的准备工作，空负荷试车，负荷试车和转入正常运转。

① 开车前的准备工作。

a. 全面检查压缩机各部件（特别是运动部件）、所属设备及全部管道是否完整无误，确认无问题后方可进行试车。

b. 接通水源，打开冷却水路上的阀门，使冷却水畅通。

c. 向油池中加入30号机油，油面保持在规定的高度范围内。

d. 向注油器中加入19号压缩机油，并将手动注油轮转动数十转，从油缸进油管接头处旋松螺母，观察到出油后再旋紧螺母，将注油器再摇几转。

e. 将压缩机的进气管道吹除干净。

f. 测量电动机的绝缘情况，然后断开联轴器，启动电动机，检查电动机旋转方向是否正确，运转有无阻碍和异声，电流、电压和电动机温度是否正常，检查完毕后装好联轴器。

g. 盘车数转，检查有无障碍、撞击、震动或其他声音。

h. 检查排气管、气体冷却器、油水分离器和储气罐有无堵塞现象，确保排气系统处于无压力状态。

i. 转动减荷阀手轮，使螺杆上升，关闭减荷阀，以减轻启动负荷。检查仪表及连锁装置是否正常。

② 空负荷试车。以上准备工作逐条检查无误后，方可进行空负荷试车。空负荷试车的目的是：使曲轴、连杆等运动机构的各部件有良好的转动配合，轴与轴瓦、填料与活塞杆、活塞环与汽缸等摩擦件之间得到良好的磨合；检查润滑系统和冷却系统的运转情况；检查和调整电气设备、仪表和连锁装置；及时发现压缩机的缺陷，为负荷试车创造条件。空载试车的步骤如下。

a. 将排气管路中的阀门打开，通向大气。

b. 开启冷却水。

c. 瞬时启动后立即停车，并检查数次，若无异常现象，再启动压缩机做空负荷运行。若发现下列问题之一，应立即停车：出口压力增高；压缩机运行中有杂音或音律不规则；电流不稳定，波动幅度过大，空载电流超过 103A；油压低于 99.1kPa，经调节无效；冷却水出口温度超过 40℃，经调节水量无效；电动机出现起火花、叩碰声、温度超过 65℃ 等不正常现象；各轴承及轴瓦温度超过 60℃；冷却水中断，排气温度高于 160℃。若发现上述故障，停车检修，然后再次启动，继续进行空载试车。若一切正常，可进一步连续运转。

d. 第二次连续空负荷运转 20min 后停车，打开机身侧窗孔和后窗孔，用手检查主轴承、曲拐颈、连杆大小头、滑道、活塞杆是否发热，若温度过高，则属不正常，须检修发热部件。若温度正常，也无其他不正常现象，可继续运转。

e. 第三次连续运转 4～8h（在实习过程，该项时间可适当缩短），停车检查，若一切正常，可进行负荷试车。

f. 在试车中，若发现油压表指针剧烈震摆，应旋松管接头，将余气排出后，再旋紧螺母。

③ 负荷试车。压缩机负荷试车（又称加压试车）的目的是在各段压力增加的情况下，继续检查和消除各种不正常现象，检查各连接部位的气密程度以及排气量、工作性能等是否符合规定要求。由此可见，负荷试车是决定压缩机能否投入生产的关键。负荷试车的步骤如下。

a. 接通电源，启动压缩机。

b. 待压缩机运转平稳后，用手轮打开减荷阀 3，同时调节排气阀 14，使压缩机在 196kPa 的压力下运行。若发现不正常现象应立即停车检修。若无异常现象，将出口压力逐渐提至 392kPa 运行 20min，无异常现象，方可将压力逐渐提至 7841kPa，运行 8h（在实习过程，该项目可适当缩短）。然后减压至 340kPa，进行压缩机装置的气密查漏试验。

c. 在负荷试车中要仔细检查各部件是否工作正常，各机件运行是否有异声。同时严密注意并仔细记录各种操作条件及控制指标。要求一级排气压力为177～216kPa、二级排气压力≤784kPa、排气温度≤160℃、冷却水排出温度≤40℃、电动机电流≤103A、油泵油压为147～294kPa。

d. 每8h将中间冷却器的油水排放一次。

负荷试车合格后，即可投入正式使用，或停车待命。

压缩机的停车也分为两种：正常停车和事故停车。正常停车前，要与有关工序和岗位联系，做好一切准备工作。停车时应先将各段压力卸掉，目的是防止各部件受力不平衡，发生冲击和扭转等事故。方法是停止进气和停止向用气工序供气，从高压级到低压级缓慢卸去各级压力（由放空阀排气卸压），注意阀门开关顺序不能颠倒搞错，并密切注意各级压力变化情况。

L_2—10/8—Ⅰ型压缩机正常停车步骤如下。

a. 打开中间冷却器的排污阀进行排污。

b. 逐渐关闭减荷阀，使压缩机进入无负荷运转。

c. 打开放空阀16，将二级排气系统的高压气体放空，卸掉二段压力。

d. 断开电源，使压缩机停止运转。

e. 关闭冷却水进水阀，打开放水阀，将汽缸、中间冷却器和气体冷却器中的水完全放掉，以防设备锈蚀和在冬季被冻裂。

f. 排放中间冷却器、气体冷却器、油水分离器和储气罐中的油水。

g. 长期停车时，需在压缩机的部件上涂油，以防锈蚀。

当压缩机系统发生设备损坏、停电、停水、超温和超压等事故时，应紧急停车。紧急停车时应首先切断电源，停止电动机运转，通知各有关工序，然后打开放空阀16卸压，其余按正常停车处理。

按上述步骤反复练习开停车操作方法，熟练掌握开停车操作技能。

(4) 往复式压缩机的正常操作

① 压缩机的正常操作要点。压缩机是化工厂重要的运转设备，结构较为复杂，传动部分也比较多，在运转中容易发生故障，因此压缩机的操作和维护是十分重要的。压缩机在运转过程中的操作任务是：将压缩系统各部分的工艺条件维持在规定的指标范围内，及时检查和排除各部分的故障，保证各摩擦部分有良好的润滑和冷却，从而保持压缩机正常、良好的运转。

在正常情况下，除用压力表、温度计及电流表等仪表测量压缩机各操作条件的变化外，也可用观察、倾听及探检等方法，检查机器的运转情况、响声、振动及温度，根据异常情况判断出故障点，及时进行处理。

按规定的开车步骤启动压缩机，并保证其安全正常进行，从而进行正常操作的技能训练。压缩机装置在运行过程中巡回检查及操作内容如下。

a. 稳定各级压力。当生产条件发生变化或压缩机汽缸、汽阀、活塞环及附属设备发生故障时，各级压力会发生波动和变化。遇到这种情况应判明情况，及时处理，将各级压力维持在工艺指标范围内。一级缸出口压力应维持在177～216kPa，二级缸出口压力不超过784kPa。若出口压力超过指标，可采用打开放空阀16或关闭减荷阀3的办法调节。

b. 冷却水系统的检查 冷却水系统的工作情况，可从各段汽缸出入口的气体温度反映出来。因此，在操作中既要检查汽缸水夹套和冷却器的冷却水流量以及进出口温度差，又要检查各级气体出口温度。如果不是由于汽缸部件故障引起进出口气体温度升高，即表示汽缸水夹套和中间冷却器的工作情况不好。要保持或降低各级出口的气体温度，就需要经常注意和调节各汽缸水夹套和中间冷却器的冷却效率，经常检查排水情况和排水温度。如果排水量少，并且排出的水温度升高，应开大冷却水进口阀，增加水量，加强冷却。但在增加水量以后仍不能使各级进出口气体温度降低时，即表示冷却器汽缸水夹套壁上污垢太厚，应停车清理。一般冷却水排出温度应控制在 35~40℃，各级排气温度不应超过 160℃。

c. 各摩擦部位的温度和润滑情况的检查。各摩擦部位的发热情况可表明其工作状况是否正常。摩擦部位温度过高，除配合不适当或零件损坏等原因外，另一个重要原因就是润滑不良。因此，必须十分重视对润滑系统的巡回检查和维护保养，保持良好的润滑。

ⅰ. 经常检查润滑油的品质，切忌加错油。检查注油器的储油量和滴油孔的滴油情况，保持规定的滴油量，防止倒气和油管泄漏。发现油止逆阀或注油器损坏，油管堵塞或滤网太脏，要及时停车检修。

ⅱ. 经常检查油泵出口处油压，如果油压波动，应查明原因及时排除。油压应保持在 147~294kPa，任何情况下都不能低于 98.1kPa。

油池内的润滑油应保持在油标的规定范围内。如果油位逐渐下降，可能是油路泄漏或挡油圈发生故障，引起润滑油被活塞杆带入汽缸所致。如果油位上升，油浑浊起泡，则可能是油冷却器水管泄漏，油中掺入了水。发现上述不正常现象应及时停车修理或换油。油池内的油温应不高于 60℃。

d. 运动部件的检查。压缩机在正常运转情况下，各运动部件发出的声音是有节奏的。当发出不正常的响声或敲击声时，表示运动部件出了故障，应及时查明原因，进行处理。有经验的操作人员，根据测量仪表的测量结果及看、听、摸的方法，能准确地判断故障所在的位置及其原因，然后进行正确处理。

气阀如果漏气或阀片损坏，也会发出噪声，并且温度升高。因此，应经常用听和摸的方法检查气阀工作是否正常。

e. 电动机的检查。必须经常检查电动机温度。所谓电动机温度，一般是指定子线圈的温度。当压缩机负荷增大，电动机的温度就要升高。电动机温度超过规定指标时，绝缘性能就会被破坏。本装置所用电动机的温度不能超过 65℃。

要经常注意电动机的电流变化情况。当电压不变时，电流升高，表示压缩机负荷增大；反之，说明压缩机的负荷减轻。每台电动机都有额定的电流指标，如果超过这个指标，就会使电动机线圈被烧坏。因此，在操作中，应防止电流超过指标。本装置所用电动机的电流不能超过 103A。若发现电动机电流过高或突然超指标时，应立即减轻压缩机负荷，再检查原因并处理之。

f. 定期排放油水。要定期排放各级中间冷却器、油水分离器及缓冲罐中的油水。若油水排放不及时，不但会使各段的压力波动，而且油水会被气体带到汽缸中，使汽缸遭到损坏。排放油水的速度要缓慢，绝不可突然将排油阀开大，以免大量气体冲出，对于易燃易爆气体容易造成静电着火或爆炸事故。在本装置中，每班至少排放一次油水。

g. 仪表和安全阀的检查。仪表不仅反映操作情况，也是安全运行的重要设施，应经常检查并按时记录指示数据，发现异常现象应立即判明处理，若仪表失灵须及时更换。检查压力调节器和减荷阀工作是否正常，将压缩机排气量调节在规定的范围内。检查安全阀是否被卡住或锈蚀，察听是否有气体泄漏声，如发现泄漏现象应及时修理。为确保安全阀灵敏好用，要定期校对，定期检修。

② 压缩机排气量的调节。由于用气工序的用气量经常发生变化，往复式压缩机的排气量也经常需要在一定的范围内进行调节。排气量的调节方法，主要有以下几种。

a. 改变转数法。用改变压缩机曲轴转数来改变排气量的方法，主要适用于蒸汽机或内燃机驱动的压缩机。对于用交流电动机驱动的压缩机，需要增设变速箱，经济性较差，除特殊情况外一般不采用。

b. 节流吸入法。在进气管路上装有节流阀，以降低吸入压力。这种方法可以连续调节气量，但并不经济。压缩易燃易爆气体时，因吸入管路呈负压容易漏入空气，会有爆炸危险，故此法在化工厂中应用较少。

c. 回流支路法。此法是将末级（或第一级）排出的气体，经过回流支路，部分或全部引回一级入口。这种方法可连续调节气量，但功率消耗大，不经济。

d. 顶开吸入阀法。在排气过程中，使吸入阀部分或全部地打开，可以在相当大的范围内调节排气量。此法简单且经济，应用较多。

e. 余隙阀调节法。在汽缸中连通一个余隙调节阀（也称为变容器），开大余隙调节阀，气缸内的余隙增大，余隙内已压缩的气体在吸气时由于膨胀而占的容积越大，吸入的新鲜气量越小，从而使压缩机的排气量下降。反之，关小余隙调节阀，余隙容积减小，吸入的气量增加，排气量随之增大。这种方法在化工生产中应用比较广。

f. 停止进气法。切断进气管路，使压缩机空转而排气量为零，此法的经济性较好。

本装置采用两种方法调节排气量，一种是利用减荷阀与压力调节器组成的气量调节机构调节气量。当用气工序的用气量低于压缩机的排气量时，储气罐压力升高，高压气体通过压力调节器，使减荷阀关闭，停止进气；当储气罐压力低于规定值时，减荷阀又自动打开，压缩机继续排气。这样就能使储气罐的压力保持在规定的范围内，从而将压缩机的排气量调节在规定的范围内。另一种调节气量的方法是利用放空阀15，将部分空气放空，达到调节排气量的目的。对于非空气介质，一般不能放空，而是通过回流支路，将部分气体引回一级入口。

在保持压缩机正常运转的情况下，练习压缩机的气量调节。调节压缩机排气量的练习内容如下：

i. 调节压力调节器的启闭压力，使储气罐的压力分别保持在 392kPa、588kPa、784kPa，在储气罐压力稳定的情况下，利用流量计 13 测量对应于上述三个压力等级条件下的排气量；

ii. 利用气量调节机构，将储气罐的压力调节在 785kPa，然后利用放空阀 15 调节排气量，使排气量分别为 $3m^3/min$、$6m^3/min$、$10m^3/min$。

（5）往复式压缩机的常见故障及其排除方法　往复式压缩机在试车和正常运转过程中，由于使用不慎、检修维护不及时或检修质量不佳等原因，会发生故障。L_2—10/8—Ⅰ型空气压缩机常见的故障、产生的原因及排除方法列于表 2-6。

压缩机故障排除练习内容如下：

① 在压缩机试车及正常操作过程中，若出现故障，应认真查明原因，并在教师指导下排除故障；

② 在不损坏压缩机的情况下，教师制造一些故障，由学生检查判断，并排除之。

表 2-6　压缩机常见故障及排除方法

故障种类	故障原因	排除方法
润滑油压力突然低于98.1kPa	(1)油池内润滑油不足 (2)过滤器或过滤网堵塞 (3)油压表失灵 (4)润滑油管路堵塞或破裂 (5)油泵失去作用,打不上油 (6)回油阀失灵	(1)应立即加油 (2)清洗 (3)更换油压表 (4)检修油管路 (5)检修油泵 (6)检修回油阀
润滑油压力逐渐降低	(1)油管连接不严密 (2)运动机构轴衬磨损过甚、间隙过大 (3)油过滤器太脏 (4)润滑油黏度降低	(1)紧螺母或加垫 (2)检修轴颈或轴套 (3)拆下清洗 (4)检查有无水或气漏入机身,更换润滑油
润滑油温度过高	(1)润滑油供应不足 (2)润滑油不符合规定 (3)润滑油太脏 (4)运动机构发生故障	(1)检查油管漏油情况,添加润滑油 (2)更换合格润滑油 (3)清洗运动机构和油池,并换油 (4)检修故障零部件
汽缸供油不良	(1)注油器止逆阀失灵 (2)注油器给油太少 (3)汽缸注油孔堵塞 (4)润滑油质量低劣 (5)吸入气体过脏	(1)检修注油器止逆阀 (2)拆下清洗检查 (3)清洗汽缸注油孔 (4)更换润滑油 (5)检查空气滤清器芯子
冷却水系统漏水或其他故障	(1)管路漏水 (2)缸垫不严,汽缸内有水 (3)中间冷却器水管破裂,汽缸内有水 (4)冷却器出水温度虽未超过40℃,但排气温度过高,多由于水垢过厚或水量不足	(1)修理或更换 (2)更换缸垫,拧紧汽缸连接螺栓 (3)修理中间冷却器芯子 (4)清理水路水垢,调整水量
安全阀故障	(1)开启不及时 (2)阀芯升不到应有高度 (3)关闭不严 (4)未达到额定压力就放气	(1)重新调准 (2)拆卸、洗涤、防锈、检修 (3)清除污垢或重新研磨阀门 (4)重新调整
轴承发热	(1)轴向配合间隙太小 (2)供油不良 (3)轴承过脏,卡死	(1)修配 (2)检修润滑系统 (3)清洗
不正常声音	(1)余隙过小 (2)汽缸内有水 (3)气阀松动 (4)汽缸或管路中有异物 (5)活塞螺母或活塞碰到缸盖或缸座 (6)中间冷却器芯子加强筋松脱 (7)阀片发生闷声,弹簧损坏 (8)活塞螺母松动 (9)连杆大小头瓦,十字头销与十字头销孔严重磨损,间隙过大 (10)轴颈椭圆度过大 (11)轴承间隙过大	(1)调整 (2)检查冷却系统严密性 (3)拧紧气阀上顶丝 (4)清除 (5)上下止点间隙不够,调整 (6)拆下焊牢 (7)清除碎片,更换零件 (8)拆下拧紧 (9)修配 (10)修磨 (11)更换轴承

故　障　种　类	故　障　原　因	排　除　方　法
气阀部件工作不正常	(1)气阀的弹簧力小或不均匀 (2)弹簧磨损、弹簧不平或阀片卡住 (3)阀座、阀片变形或破裂 (4)结炭或锈蚀严重,影响开启 (5)进气不清洁	(1)更换弹簧 (2)更换 (3)研磨、更换 (4)清理、洗涤 (5)清洗气阀和空气滤清器
填料箱不严密漏气	(1)刮油圈磨损、回油通道堵塞 (2)密封圈磨损,活塞杆磨损 (3)安装不正确,填料在隔圈中轴向间隙太小,受热胀死 (4)填料零件间夹有脏物	(1)检修或更换 (2)修磨或更换 (3)检查重新装配 (4)清除脏物
活塞环不正常磨损	(1)润滑油质量不符合要求 (2)材料松软,组织不严密,硬度不够 (3)活塞环开口间隙小,遇热咬死	(1)换油 (2)更换材质符合要求的活塞环 (3)修理
排气量不够	(1)进气阀温度过高,进气阀倒气 (2)排气压力不稳定 (3)活塞环泄漏 (4)填料箱泄漏 (5)安全阀不严 (6)空气滤清器堵塞 (7)减荷阀开度不够大 (8)局部不正常漏气	(1)根据第9条修理进气阀 (2)根据第9条修理排气阀 (3)检查活塞环漏光度 (4)根据第10条修理 (5)根据第6条修理 (6)清洗 (7)修理 (8)根据漏气情况,采取密封措施
排气温度超过160℃	(1)冷却水中断或水量不足 (2)进气阀泄漏倒气	(1)检查冷却水供应情况 (2)根据第9条修理
油压表指针震摆	油路内有气体	拧开表接头排尽余气

二、离心式压缩机

1. 离心式压缩机的基本原理

（1）工作原理　离心式压缩机又称为透平压缩机,工作原理与多级离心泵相似,它的主要工作部件是叶轮。叶轮上有若干个叶片,被压缩气体从中心进入叶轮,高速旋转的叶片带动气体随之作回转运动,并沿叶片的半径方向甩出来。因此,离心式压缩机对气体作功是通过装在叶轮上的叶片实现的。叶轮在驱动机械的带动下高速旋转,把所得到的机械能通过叶片传递给流过叶轮的气体。气体在叶轮内的流动过程中,由于受高速旋转离心力的作用,使气体的流速和压力提高。一方面由于受离心力作用增加了气体本身的压力；另一方面又得到了很大的速度能（动能）,气体离开叶轮后,这部分速度能在通过叶轮后的扩压器、回流器弯道的过程中转变为压力能,进一步使气体的压力得到提高。

气体经过一个叶轮压缩后压力的升高是有限的,因此在要求升压较高的情况下,通常都由若干个串接的叶轮一个接一个连续进行压缩,直到出口处达到所要求的压力为止。一个叶轮称为一个级,叶轮数就是压缩机的级数。一般若干个级安装在一外机壳内,叫作缸。一个缸最多只能装十级左右,更多的级需要采用多缸。气体压缩后温度升高,当要求压缩比较高时,常常将气体压缩到一定压力后,从缸内引出,在外设的冷却器内冷却降温,然后再导入缸内进入下一级继续压缩。这样依冷却次数的多少，将压缩机分成几个段。一段可以是一个级，也可以包括几个级。一个缸可以是一段，也可以分成几段。

离心式压缩机通常用工业汽轮机直接驱动，转速一般为 8000～20000r/min，小型、低压离心式压缩机也有用电动机驱动的，常用齿轮增速器提高转速，转速为 5000～10000r/min。目前离心式压缩机的最大生产能力可达 240000m³/h，出口压力最高可达 45MPa，但实际使用压力一般不超过 30MPa。

离心式压缩机与往复式压缩机相比，具有体积小、占地少、排气量大、供气均匀、运转平稳、调节方便、气体不被油污染等优点，多用于流量大、压力不是很高的大型化工厂。

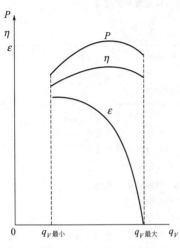

图 2-37　离心压缩机性能曲线

（2）性能曲线与气量调节　把离心压缩机在不同流量 q_V 下的压缩比 ε（或出口压力）、效率 η、功率 P 的变化规律绘成曲线，称为性能曲线。离心压缩机的性能曲线与离心泵的特性曲线相似，也是由实验测得的。图 2-37 所示为离心式压缩机典型的性能曲线。由性能曲线可看出，流量 q_V 增加时，压缩比 ε（或出口压力）下降，功率 P 增大，效率 η 开始随流量 q_V 的增大而上升，达到最高点后，又随流量的增加而下降。性能曲线上效率最高点为设计点，对应的流量为设计流量。若实际流量偏离设计流量越大，效率就越低。

性能曲线上往往标明最大流量 $q_{V最大}$ 和最小流量 $q_{V最小}$。当实际流量达到 $q_{V最大}$ 时，叶轮或叶片扩压器最小截面处气流速度达到音速，流量不能再增加，或者气流速度虽未达到音速，但叶轮对气体所做的功全部用来克服流动损失，气体压力不再升高，这个最大流量叫滞止（阻塞）流量。反之，当流量小于 $q_{V最小}$ 时，压缩机将出现不正常的喘振现象，$q_{V最小}$ 称为喘振点，是允许操作的最小流量。因此，实际流量只能在 $q_{V最大}$ 和 $q_{V最小}$ 之间进行调节。

离心压缩机输气量通常采用以下几种方法调节。

① 调节转速。改变叶轮的转速，可以改变压缩机的输气量。这种方法经济合理，简单有效，用蒸汽轮机驱动的离心压缩机，采用此法调节流量。

② 调节出口阀开度。此法很简便，但增加了出口阻力，功率消耗大。

③ 调节进口阀开度。这种方法调节气量范围广，操作稳定，消耗的功率较调节出口阀开度小，用电动机驱动的离心式压缩机一般用此法调节。

④ 回流支路或放空调节。把一部分出口气体由回流支路回到入口或放空，达到调节输送量的目的，但这种方法功耗大，一般只用于防喘振回路。

（3）喘振现象　当离心式压缩机的流量小于 $q_{V最小}$ 时，出口处的压力下降，不能送气，排气管内压力较高的气体就会倒流进入压缩机，压缩机内气量增大到大于 $q_{V最小}$，使机内压力又大于管道内气体压力，压缩机恢复正常工作，把气体压出去。但由于进口气体流量仍然不足，压缩机内气量又会减小，压力下降，排气管内的气体又会倒流入压缩机。这种气体倒流和排出现象重复出现，引起出口管低频、高振幅的气流脉动，并迅速波及各级叶轮，使整个压缩机产生噪声和强烈振动，这种现象称为喘振。喘振对压缩机不利，严重时会损坏叶轮、轴承和密封等部件。

为了防止发生喘振现象，实际流量应比喘振流量大 10%～15% 以上。具体办法是设置防喘振装置，当进口气量过小时，将压缩机出口的一部分气体经回流支路阀回流到压缩机进口，或者打开出口放空阀，降低出口压力。

2. 离心压缩机的结构

离心压缩机的结构与多级离心泵相似，由转子和定子两部分组成。

（1）转子　在压缩机内转动的部分称为转子，由主轴、叶轮、轴套、平衡盘、止推盘、联轴节等组成。除轴套外，其他部件用键固定在主轴上，轴套用于叶轮等部件之间的定位，轴端用锁紧螺母固紧。叶轮是离心压缩机的主要部件，其上有若干个叶片。叶片的弯曲方向大多数与叶轮的旋转方向相反，称为后弯型，这种形式的叶轮效率较高。叶轮材质一般为合金钢。

主轴是用合金钢锻压而成，分为阶梯形和光轴两种，所有的旋转部件都安装在主轴上。主轴通过联轴节直接与驱动机相连接。主轴的作用除了支持旋转部件外，最主要的是传递由驱动机输出的扭矩，使机械功转变为气体的压力能。

在多级离心压缩机中，由于每个叶轮两侧所受气体压力不一样，因而产生方向指向低压端的轴向推力，使转子向一端窜动，严重时可使转子与定子发生摩擦和碰撞。为了清除这种轴向推力，在高压端的外侧装有平衡盘，一边与汽缸出口高压气体相通，一边与汽缸进口低压气体相通，用两边压力差所产生的推力平衡一部分轴向力。另一部分轴向力由止推轴承来承担，将部分轴向力传递给止推轴承，使轴向力得到完全平衡。

（2）定子　定子是指汽缸、吸气室、隔板、固定导流叶片、密封、出口蜗壳、轴承等固定部分。汽缸又称机壳，一般为筒形，有水平剖分式和垂直剖分式两种。水平剖分式是将汽缸分成上、下两部分，上盖可以打开，便于安装和检修，但耐压性能较差，多用于低压。垂直剖分式是由圆筒形本体和端盖组成，如图2-38所示。这种形式耐压性能好，多用于高压，但安装检修较麻烦。

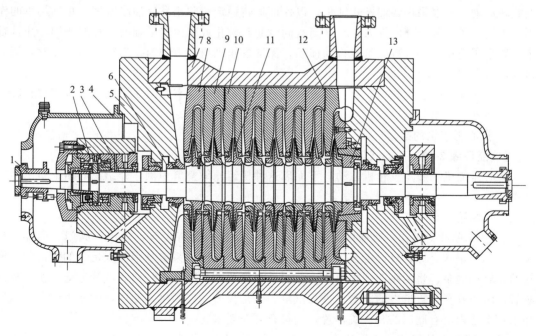

图 2-38　垂直剖分式离心压缩机

1—联轴节；2—止推轴承；3,4—浮环油封；5—汽缸端盖；6—迷宫密封；7—筒形汽缸；
8—进口隔板；9—中间隔板；10—主轴；11—叶轮；12—出口隔板；13—平衡盘

吸气室由进口隔板与端盖组成，作用是使进气管中的气体均匀地进入叶轮进口，汽缸内有各种隔板，隔板将各级叶轮隔开，隔板与隔板之间构成了扩压器、弯道和回流器等气体通道，如图 2-39 所示。扩压器内有若干个导流叶片，且截面逐渐扩大，气体流过扩压器时，速度降低，压力增加，再经弯道和回流器流入下一级。最后一级只有扩压器和蜗壳，蜗壳将末级叶轮的气体汇集起来，使气体流向输气管或冷却器。

为了防止气体在级与级之间倒流或从轴端漏出，在隔板与主轴的穿孔处设有隔板密封（或称级间密封），在轴端有外密封。密封的形式一般为迷宫式，由许多靠得很近的梳齿组成，常用的几种迷宫密封的结构如图 2-40 所示。气体流过这些梳齿时阻力很大，压力降也很大，因而用增加阻力的方法来减少或消除泄漏。在轴端一般采用浮环式密封，其原理是用压力高于气体压力的润滑油，通过轴与浮环的间隙而起到密封作用。

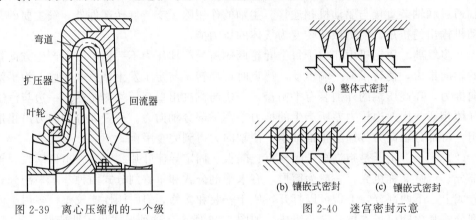

图 2-39　离心压缩机的一个级　　　图 2-40　迷宫密封示意

离心压缩机的轴承分为径向轴承和止推轴承。径向轴承又称支持轴承，作用是支持转子做旋转运动，一般采用四油楔式轴承，以保证运转稳定，防止发生油膜振荡。止推轴承的作用是承受转子一部分轴向推力，与平衡盘同时起到防止或减少转子轴向位移的作用。止推轴承一般采用叠块式，其特点是能自动摇动，保证各止推块受力均匀，当轴向力变化时，能起自动调节作用。

离心压缩机除主机外，还有一些辅助设备，如润滑油系统、密封油系统、防喘振系统、中间冷却器及气水分离器等。

3. 离心压缩机的操作

【技能训练 2-7】 离心式压缩机操作训练

离心压缩机一般用汽轮机驱动，下面以这种机组压缩空气为例，介绍离心压缩机的生产操作。

（1）原始开车

① 开车前准备工作。对照图纸，检查和验收系统内所有设备、管道、阀门、电器、仪表等，必须正常完好；对设备及管道用空气进行吹净；向油系统分别加入足量的润滑油和密封油，启动油泵，将油压调到规定压力；启动汽轮机的冷凝系统；向蒸汽管道通入蒸汽进行暖管，防止开车是管道内的冷凝水进入汽缸；全部仪表、连锁投入使用，中间冷却器通入冷却水；系统内所有阀门的开、关位置，应符合开车要求。

② 压缩机组的启动　机组从冷态进入工作状态称为启动，启动时应严格按操作规程进行。压缩机组起动的步骤如下。

a. 微开蒸汽入口阀，冲动汽轮机，待汽轮机运转后，立即停机，检查汽轮机和压缩机有无异常现象。如果设备正常，打开入口蒸汽阀，进行低速暖机，使各部件受热均匀，以免产生应力，损坏汽轮机。

b. 暖机结束后，逐渐升速和升压，升速时要迅速通过临界转速区。由于制造的原因，压缩机转子的重心与几何中心往往是不重合的，因此在旋转过程产生了周期变化的离心力，使转子产生强迫振动。当转速与转子自由振动频率相等时，就会由于共振而产生强烈振动，严重时会损坏机器，这个转速就称为临界转速。临界转速不止一个，因而分别称为第一临界转速、第二临界转速等。一般大型离心压缩机的工作转速都高于第一临界转速而低于第二临界转速。因此在启动时应迅速越过第一临界转速。

c. 启动时必须严格遵循升压先升速的原则，先将防喘振阀全开，当转速升到一定值后，再慢慢关小防喘振阀，使出口压力升到一定值，然后再升速，使升速、升压交替进行，直至达到所要求的转速和出口压力时，机组进入正常运行，以防在启动过程出现喘振现象。

（2）停车　停车时要逐渐降速和减少输气量，并严格遵循降压先降速的原则，先将防喘振阀打开一些，使出口压力降到某一数值，然后减少汽轮机入口蒸汽量进行降速，使降压、降速交替进行，防止操作不当发生喘振现象，直到出口压力泄完后停车。主机停车后，停冷却水，打开有关导淋阀，排放系统中积液。停车后汽缸和转子温度都很高，为防止转子弯曲，需要进行盘车，直到温度降至50℃左右为止。小型压缩机手动盘车，大型压缩机一般用电动机盘车。盘车结束后，停密封油泵和润滑油泵。

（3）正常操作及不正常现象的处理

① 经常检查和调节各级汽缸的进气温度和压力，排气温度和压力，以及压缩机的输气量，防止过高或过低。

② 定时巡回检查轴承温度、油压、油量、油温、冷却水温度和流量，发现不正常现象及时调节处理。

③ 要经常监测蒸汽的压力和温度，若蒸汽的质量不符合要求，不仅会降低汽轮机的效率，还会因产生冷凝而使叶片受到液击和腐蚀。要经常监测和调节汽轮机的转速。

④ 进入汽轮的蒸汽，有一部分也可从汽缸中部以一定压力排出，称为中间抽汽，供做他用，其余部分从汽缸尾部排出，进入冷凝器冷凝为水，冷凝器在真空下运行。中间抽汽压力及冷凝器真空度，是影响离心机组运行经济性重要因素之一。若真空度过低，不仅汽轮机效率低，而且影响机组的安全运行。造成真空度低的原因主要有冷却水量少、冷却水温高、冷凝器结垢、真空抽射器效率低等。但真空度也不宜过高，否则排汽压力过低，使排汽干度降低，造成末级叶片冲蚀。因此，操作中应经常检查和调节真空度。

⑤ 离心式压缩机在运行过程中，往往会出现转轴的振动值过大现象，称为轴振动。引起轴振动的主要原因之一是转子本身不平衡，质量不均匀造成的偏心，引起转子振动。因此，在安装前应对转子做静力平衡检查和动平衡试验，以消除偏心现象。油温和轴承润滑条件不当，也能引起轴振动。另外，操作不当也可能加剧转子振动，如启动时疏水不彻底、暖机不充分、升速和加负荷过快、停车后缓慢盘车不当使转子产生弯曲、发生喘振、转速接近临界转速等。安装检修质量不高，联轴器松动，基础不坚固，轴承损坏等，也可引起轴振动。

轴振动会使机械材料疲劳，强度降低，使命寿命缩短，严重的振动可能造成动静部分摩擦和碰撞，使机组部件损坏。大型压缩机组都设有轴振动监测仪表，操作人员应经常检查，若出现轴振动，应分析检查引起的原因，及时采取措施予以消除。

⑥ 离心压缩机运行时所产生的轴向推力，由平衡盘和止推轴承共同平衡。若平衡盘的梳齿密封损坏，间隙增大，可使平衡盘的平衡能力降低；或者由于润滑油量少和油温高等原因，使止推轴承因磨损而降低平衡轴向推力的能力，都可以使转子沿轴向推力的方向发生窜动，引起轴位移过大，使机组的动、静部分发生摩擦、碰撞而损坏。大型压缩机都设有轴位移监测仪表，操作人员应加强监护。出现轴位移过大现象后，应分析原因，及时消除产生轴位移的因素。

⑦ 喘振是离心压缩机运行过程易出现的一种不正常现象。若进口管道堵塞、进口气体温度过高，使进口气量减小，或者出口压力升高，开停车过程操作不当，均会引起喘振现象。为了避免出现喘振现象，操作中应遵循升压先升速、降压先降速的原则，严防出现进气量过小或出口压力升高现象，严格遵守操作规程，精心操作，喘振是可避免的。当发生喘振现象时，应立即开大防喘振阀，消除喘振，然后再分析原因，采取防止措施。

三、其他类型的气体输送机械

1. 液环压缩机

液环式压缩机也称纳氏泵，其结构如图 2-41 所示。它由一个略似椭圆的外壳和旋转叶轮所组成，壳中盛有适量的液体。当叶轮旋转时，在离心力的作用下，液体被抛向四周，沿外壳内壁形成一层椭圆形液环。椭圆短轴处充满液体，而长轴处液体不满，形成两个月牙形的空间。这两个月牙形空间均与泵的吸入口和压出口相通，当叶轮上的叶片处于短轴处时，叶片间充满液体，但叶片在向长轴旋转的过程，叶片进入月牙形低压空间，气体被吸入。当叶片转过长轴顶端之后，叶面间的月牙形低压空间逐渐缩小，气体被压缩，并由压出口排出。叶轮旋转一周，气体从两个吸入口进入机内，从两个排出口排出。

被液环压缩机所输送的气体，仅与叶轮接触，因此输送腐蚀性气体时，只有叶轮需用耐腐蚀材料制造。当然，机内所充的液体与所输送的气体应不起化学反应。例如，输送氯气时泵内充硫酸。液环压缩机所输送的气体压力可达 505～606kPa。

2. 罗茨鼓风机

罗茨鼓风机是化工生产中应用较广的鼓风机之一，通常用在压力不高、流量较大的场合。罗茨鼓风机的构造如图 2-42 所示。椭圆形机壳内有两个腰形转子，其中一个转子与电动机轴相连，称为主动转子，另一个称为被动转子。转子之间，及转子与机壳之间的间隙很

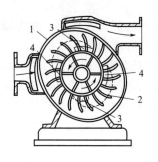

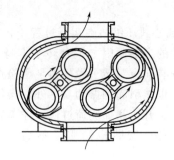

图 2-41　液环压缩机　　　　　　　　　　　图 2-42　罗茨鼓风机
1—机壳；2—叶轮；3—吸入口；4—压出口

小，使转子能自由转动而无过多的气体泄漏。两个转子的旋转方向相反，气体从机壳一侧吸入，经机壳与转子之间的间隙从另一侧排出。当转子的旋转方向改变时，则吸入口和排出口互换。

3. 通风机

通风机是一种依靠叶轮旋转、在低压下输送气体的设备，所产生的表压不大于14.7kPa，叶轮是单级的。工业用的通风机主要有轴流式和离心式两类。

（1）轴流式通风机 叶片的形状与螺旋桨相似，气体沿轴向进入和排出。气体经过叶片时，叶片推着气体，使其在与轴平行的方向流动，并且气体的压力略有增加。轴流通风机的压力不大而风量大，主要用于车间通风，也常用于空气冷却器和凉水塔等的送风。

（2）离心式通风机 其基本结构和工作原理与离心泵相似，是依靠蜗形外壳中高速旋转的叶轮所产生的离心力输送气体，并提高气体压力。离心通风机主要用于车间通风和输送气体。

4. 真空泵

能将空气由设备内抽至大气中，使设备内气体的绝对压力低于大气压的气体输送机械，称为真空泵。真空泵的类型很多，常用的有以下几种。

（1）往复式真空泵 往复真空泵的构造和工作原理与往复式压缩机基本相同，但它们的目的不同。压缩机是为了提高气体的压力，而真空泵是为了将设备内的气体排除，以便获得尽可能高的真空度。因此，与压缩机相比，真空泵要求所用的活门更轻巧，启闭更灵敏。同时，真空泵要求尽量降低余隙的影响，为此在汽缸壁的两端设置平衡气道，当活塞排气终了时，平衡气道在一个很短的时间内，通过活塞两侧，使余隙中残留的一部分气体流向活塞的另一侧，从而降低了余隙气体的压力。往复式真空泵所造成的绝对压力可达 1.33kPa。

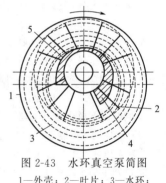

图 2-43 水环真空泵简图
1—外壳；2—叶片；3—水环；
4—吸入口；5—排出口

（2）水环真空泵 结构如图 2-43 所示，主要由外壳和偏心地安装在外壳内的叶轮组成，叶轮上有许多径向叶片。泵内充有约占机壳容积一半的水，当叶轮旋转时，形成水环。水环具有液封作用，与叶片之间形成许多大小不同的密封小室。叶轮旋转时，右边小室逐渐增大，气体从吸入口吸入室内，而左边的小室则逐渐缩小，使气体从排出口排出。

水环真空泵结构简单，操作可靠，使用寿命长，适用抽吸含有液体的气体和有腐蚀性的气体，可以造成最高真空度的 85% 左右。

（3）喷射式真空泵 喷射式是利用液体流动时能量的转变原理输送流体的，既可输送气体，也可输送液体。在化工生产中，常用于抽真空，故称为喷射式真空泵。

喷射泵的工作流体可以是蒸汽，也可以是液体。以蒸汽为工作流体的喷射式真空泵称为蒸汽喷射泵，其结构如图 2-44 所示。工作蒸汽在高压下从喷嘴以很高的速度喷出，在喷射过程中，蒸汽的静压能转变为动能，吸入口处产生低压，将气体吸入。吸入的气体与蒸汽混合后进入扩大管，流速逐渐降低，压力随之升高，然后从压出口排出。

单级蒸汽喷射泵可以产生绝对压力为 13.3kPa 的低压，若要获得更高的真空，可以采用多级喷射泵。

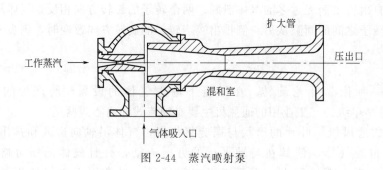

图 2-44　蒸汽喷射泵

习　　题

1. 液体和气体物质无一定（　　），具有（　　），统称为流体。

2. 单位体积流体的（　　），称为流体的密度。

3. 衡量流体（　　）的物理量，称为流体的黏度。

4. 已知水银在 293K 时的相对密度为 13.546，此温度下 $0.1m^3$ 的水银质量为（　　）。

　A. 13546kg　　　　B. 13.546kg　　　　C. 1354.6kg　　　　D. 135.46kg

5. 某地区大气压强为 100kPa，某设备需在真空度为 80kPa 条件下操作，则该设备的绝对压强是（　　）。

　A. 10kPa　　　　B. 20kPa　　　　C. 25kPa

6. 在大气压强为 100kPa 的地区，某真空精馏塔塔顶的真空表读数为 40kPa。若在大气压强为 90kPa 的地区，要求塔顶绝压仍维持相同数值，则此时真空表的读数应为（　　）。

　A. 50kPa　　　　B. 20kPa　　　　C. 30kPa

7. 判断以下说法是否正确。

　(1) 液体的黏度随着温度的升高而增大。（　　）

　(2) 表压强等于绝对压强与大气压强之差。（　　）

8. 已知甲醇水溶液中甲醇的质量分数为 90%，277K 时甲醇的相对密度为 0.8，求此甲醇水溶液在 277K 时的密度。

9. 某种变换气的成分为：N_2 含量 18%，H_2 含量 54%，CO_2 含量 28%，求：(1) 该变换气的平均摩尔质量；(2) 质量为 7800kg 的变换气在 300K、100kPa 时的体积。

10. 写出流体静力学基本方程式，并说明方程式的物理意义。

11. 静止流体内部压力的变化规律主要有哪几点？

12. 玻璃管液位计原理是（　　）。

　A. 毛细现象　　　B. 虹吸现象　　　C. 流体静力学连通器原理　　　D. A、B、C、均不是

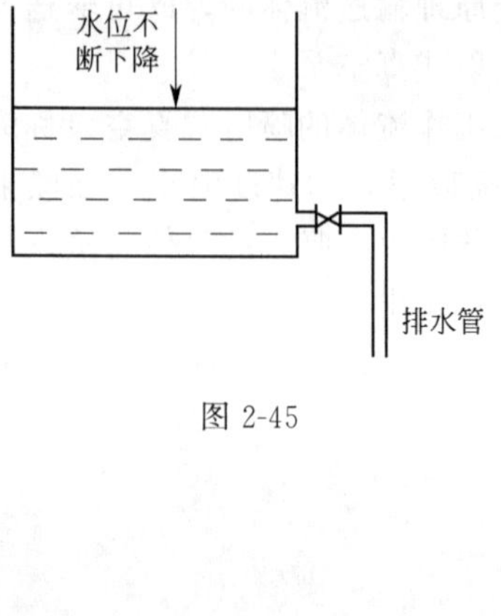

13. 如图 2-45，槽中水位随着水被放出不断降低，则排水管中任一截面的流速随时间（　　）

　A. 不断变化　　　　　　　　　　B. 不变化

14. 静止流体中，液体内部某一点的压强与（　　）有关

　A. 液体的密度与深度　　　　　　B. 液体的黏度与深度

　C. 液体的质量与深度　　　　　　D. 液体的体积与深度

15. 在静止的连通着的同一种液体内，（　　）各点的压强都相等。

16. 在蓄水池中，距水面 5cm 深处的压强为 p_1，10cm 处的压强

水位不断下降

排水管

图 2-45

为 p_2，则 p_1（　　）p_2。

17. 贮槽内盛有相对密度为 1.2 的某种溶液，液面距槽底的高度为 8m，液面处的压力为 100kPa，求距槽底 2m 处的压力。

18. 稳定流动是指流体在管道中流动时，（　　　　　　　　）较为稳定，不随（　　　　　　）而变化。

19. 在流体充满管道做稳定流动的情况下，流体的流动形态可分为（　　）和（　　）两种类型。即便管道内流体主要处于湍流时，紧靠管壁处还总存在着层流的薄层，称为（　　　）。

20. 影响流体流动类型的因素，除流速外，还有（　　）、（　　）、（　　）等。雷诺把这些影响流动类型的主要因素组合成一个数群（　　），此数群称为雷诺数，用符号（　　）表示。

21. 管子内径为 100mm，当 277K 水的流速为 2m/s 时，水的体积流量 q_v 为（　　）m^3/s
A. 0.0157　　　　B. 56.2　　　　　　C. 1.57

22. 某管子内径为 200mm，则流体流道截面积为（　　）m^2。
A. 0.04　　　　　B. 0.0314　　　　　C. 0.157

23. 277K 水在内径为 100mm 的钢管中流动，流速为 1m/s，黏度为 1mPa·s 此时水的流动类型为（　　）
A. 层流　　　　　B. 湍流　　　　　　C. 过渡流

24. 如图 2-46 所示，流体在管道中流动，已知 $u_1=1m/s$，可求出 $u_2=$（　　）m/s
A. 0.5　　　　　B. 2　　　　　　　C. 4　　　　　　D. 0.25

25. 影响流体阻力的因素主要有（　　）、（　　）、（　　）和（　　）等。

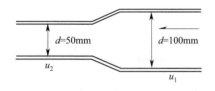

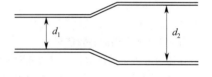

图 2-46　　　　　　　　　　　　　　　图 2-47

26. 如图 2-47，异径水管 $d_1<d_2$，质量流量 $q_{m1}=q_{m2}$，若流速用 u 表示，则 u_1（　　）u_2。

27. 流体在流动过程中具有的能机械，可用下表说明。

序　号	名　　称	定　　义	计算式（用/N 流体所具有的能量计算）
1	位能		
2	动能		
3	静压能		

28. 流体动力学的两个主要公式可用下表说明。

公式的性质	公式的习惯名称	表 达 式	式中各项的物理意义
稳定流动流体连续流动的物料衡算式			
不可压缩流体稳定流动下的能量衡算式			

29. 如图 2-48，将高位槽内的水通过水管输送到某容器中，若槽内水面保持稳定，管出口处和水槽液面处均为大气压，管路全部压头损失为 3.6m，当出水管中水的流速为 1.5m/s 时，水槽液面应比管口高多少？

30. 如图 2-49 所示，用水箱送水，水箱液面至水出口管垂直距离保持在 6.2m，管子内径为 100mm，若在流动过程中压头损失为 6m 水柱，试求管路的输水量。

31. 将原料液从高位槽送入精馏塔中，高位槽液面维持不变，塔内压强为 10kPa（表压），管子为

Φ38×2.5mm 钢管，原料液相对密度为 0.85，损失能量为 29.4m，欲使流量为 5m³/h，高位槽液面与塔进口处的垂直距离应为多少米？

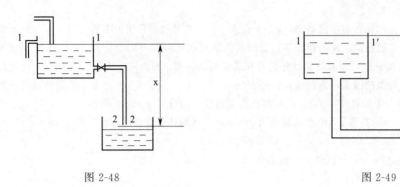

图 2-48   图 2-49

32. 离心泵在启动前要灌满液体，排出泵内的空气。如果泵内存有空气，由于空气的密度比（   ），产生的（   ）很小，在吸入口形成的真空度（   ），贮槽液面与泵入口的（   ），无法（   ）。这种现象称为（   ）。

33. 离心泵的主要部件有（   ）、（   ）、（   ）和（   ）。

34. 离心泵的特性曲线包括（   ）、（   ）和（   ）。

35. 离心泵扬程的意义是（   ）。

A. 离心泵的扬升高度

B. 贮槽液面与吸入口之间的垂直距离

C. 泵对 1N 液体提供的有效能量

D. 液体出泵和进泵的压差换算成的液面高度

36. 离心泵扬程曲线 H 与流量曲线 q_V 的关系是（   ）。

A. q_V 增大，H 也增大   B. q_V 增大，H 减小

C. q_V 增大，H 先增大后减小   D. q_V 增大，H 先减小后增大

37. 离心泵效率曲线 η 与流量曲线 q_V 的关系是（   ）。

A. q_V 增大，η 也增大   B. q_V 增大，η 减小

C. q_V 增大，η 先增大后减小   D. q_V 增大，η 先减小后增大

38. 可直接用出口阀门调节流量的泵是（   ）

A. 齿轮泵   B. 离心泵   C. 往复泵

39. 现进行离心泵性能测定实验，以恒定转速开泵输水，当流量为 71m³/h 时，泵吸入口真空表读数为 0.029MPa，泵出口压强表读数为 0.31MPa，两测压点的垂直距离为 60mm，泵进出口的管径相同，此时泵的轴功率为 10.4kW。

（1）则此泵的扬程为（   ）。

A. 15.2m   B. 20.8m   C. 30.4m   D. 34.56m

（2）泵的效率为（   ）。

A. 70%   B. 75%   C. 64%   D. 58%

40. 离心泵必需汽蚀余量的意义是（   ）。

A. 液体在操作条件下的饱和蒸气压

B. 保证泵不发生汽蚀的安装高度最大允许值

C. 为保证泵不发生汽蚀而规定的每种泵入口压强和液体饱和蒸气压压差的最低富余量

41. 用 IS65-40-250 型离心泵将 20℃的水由敞口贮罐送往高位槽，泵铭牌上标明必需汽蚀余量为 2.5m，吸入管道压头损失为 1m，当地大气压强为 80kPa（绝压），这台泵的实际安装高度应为（   ）m。

A. 4.9   B. 4.5   C. 3.9   D.3.5

42. 计算出泵的安装高度值为负值，这说明该泵必须装在所吸贮槽液面之（   ）

A. 上　　　　　　　B. 下

43. 离心泵启动前要（　　）。

A. 开出口阀，开进口阀　　　　　　B. 关出口阀，开进口阀

C. 开出口阀，关进口阀　　　　　　D. 关出口阀，关进口阀

44. 判断下列说法是否正确。

（1）离心泵停泵时，应先停电机后关出口阀。（　　）

（2）调节离心泵的流量是通过调节出口阀开度大小来完成的。（　　）

（3）扬程为 20m 的离心泵，不能把水输送到 20m 的高度。（　　）

（4）当离心泵发生气缚或汽蚀现象时，处理的方法相同。（　　）

（5）离心泵的实际安装高度应在最大安装高度以上 0.5～1m 处。（　　）

（6）漩涡泵启动时，应先打开出口阀。（　　）

（7）往复泵在启动前必须打开旁通阀，运转正常后再用出口阀调节流量。（　　）

45. 输送流量一般，扬程不高，不含颗粒的清夜，适合用（　　）。

A. 双吸离心泵　　B. 多级离心泵　　C. 往复泵　　　　　D. 单级单吸离心泵

46. 输送扬程较高、流量不大、不含颗粒的清夜，适合选用（　　）。

A. 双吸离心泵　　B. 多级离心泵　　C. 旋涡泵

47. 某输水系统要求流量为 $100m^3/s$，外加压头为 80m，经选择，最后确定用（　　）。

A. 65W50 型旋涡泵　　　　　　　　B. IS100-65-250 型离心泵

C. 150S50A 型双吸泵　　　　　　　D. IS80-65-160 型离心泵

48. 气体压缩和输送机械按其终压和压缩比可分为四类，如下表：

序　号	类　别	压　缩　比	终压（表压）
1	压缩机		
2	鼓风机		
3	通风机		
4	真空泵		

49. 简要叙述单作用往复式压缩机活塞在汽缸中一个工作循环的四个阶段。

50. 往复式压缩机汽缸为什么要留有余隙？余隙过大有什么危害？

51. 往复式压缩机包括运动机构和汽缸部分。运动机构的主要部件有（　　）、（　　）、（　　）、（　　）等；汽缸部分的主要部件有（　　）、（　　）、（　　）、（　　）等。

52. 多级压缩，就是由若干个串联的（　　）将气体（　　）压缩到所需的压力。多级压缩的级数是指（　　）。

53. 判断下列说法是否正确。

（1）离心压缩机的"喘振"现象是由于进气量超过上限所引起的。（　　）

（2）离心式压缩机的气量调节严禁使用出口阀来调节。（　　）

（3）往复式压缩机启动前应检查返回阀是否处于全开位置（　　）。

（4）往复压缩机的实际工作循环是由压缩—吸气—排气—膨胀四个过程组成的。（　　）

54. 压缩机的活塞和汽缸盖之间必须（　　）。

A. 留有为汽缸容积 3%～8% 的余隙

B. 留有为汽缸容积 13%～16% 的余隙

C. 接触严密，不能留有余隙

55. 往复式压缩机十字头的作用是（　　）。

A. 将电机的动力输入到曲柄、连杆

B. 将主轴的圆周运动转变为往复摆动

C. 将连杆的往复摆动转变为活塞杆的直线往复运动

56. 气体输送与压缩机械中，终压>300kPa，压缩比>4 的，属于（　　）。

A. 鼓风机　　　　B. 通风机　　　　C. 真空泵　　　　D. 压缩机

57. L3.3-13/320 压缩机为双作用式压缩机，一段活塞直径 0.382m，活塞冲程 0.2m，压缩机转数 379r/min，排气系数 0.756，求在吸入状态下的排气量。

第三章　非均相物系分离

第一节　概　述

一、混合物的分离

混合物分离是化工生产的重要过程。自然界的天然物质绝大多数是以混合物形式存在，只有通过分离才能成为有用的物质。空气通过多次分离才能得到氧气、氮气、氩气……石油和煤通过多次分离才能得到数以万计现代生活不可缺少的有机化学品。

混合物分离技术包括传统分离技术和新型分离技术。传统分离技术有均相物系分离与非均相物系分离。目前工业上的分离过程绝大多数使用传统分离技术。新型分离技术有多种，其中很重要的一种是膜分离技术。科技的迅速发展，对混合物分离的要求越来越高。有些超纯、超细的分离，用传统分离技术很难实现，必须采用新型分离技术。现代电子工业（如集成电路、二氧化硅的生产）要求提供的 CO_2 和 H_2 纯度达到 99.99％ 和 99.9999％。为保证宇航员长时间在太空生活、工作，必须在宇宙飞船内设立空间实验室，安装绝对可靠的生命保障系统，包括二氧化碳的收集、分离，氧气的制造，生活污水的分离、回用。这些要求主要依靠新型分离技术来实现。

本书主要讨论传统分离技术，并对新型的膜分离技术做一些简单介绍。

二、均相物系和非均相物系

物系，即系统。只含有一个相的物系叫均相物系，也叫单相物系；含有两个或两个以上相的物系叫非均相物系，也叫多相物系。比如，以空气作为物系，由于它只有一个相，所以是均相物系。若以烟尘作为物系，由于它是多种气体和固体颗粒的混合物，存在多个相，所以是非均相物系。

【例题 3-1】　指出下列物系是均相物系还是非均相物系？

序号	物　系	均相物系或非均相物系	备　注
1	清澈的自来水	均相物系	清澈，可视为不含固体颗粒
2	含有沉淀的墨汁	非均相物系	
3	硫铁矿制硫酸生产过程中净化后的炉气	均相物系	净化后可视为不含尘的气体混合物
4	正在沸腾的水	非均相物系	正在沸腾必定有气泡
5	由硝酸、硫酸和水混合的混酸溶液		这几种液体互溶
6	碘酒（碘溶于酒精的溶液）		
7	刚打开瓶的汽水		
8	完全溶解的氢氧化钠溶液		
9	过滤后的清澈海水		
10	硫铁矿制硫酸生产过程中，从沸腾炉出来尚未净化的炉气		未净化的炉气为含尘气体

注：序号 5～10 的答案由学生写。

三、非均相物系的分离

1. 混合物分离过程的种类

混合物分离包括均相物系分离和非均相物系分离两大类。

均相物系分离是指分离单项混合物的操作过程。例如,蒸馏、吸收等是分离液相或气相等单项混合物的操作过程,故属于均相物系分离。均相物系分离一般属于传质分离过程。

非均相物系分离是指分离多相混合物的操作过程。例如,过滤、沉降,是分离液-固混合物或气-固混合物等多相混合物的操作过程,故属于非均相物系分离。非均相物系分离主要靠力学原理来实现混合物的分离过程,因此也称混合物的机械性分离。非均相物系分离过程一般不涉及相变。

2. 非均相物系分离的类型

若按连续相和分散相❶的物质相态划分类型,非均相物系分离主要有液-固分离、液-液分离、液-气分离、气-固分离、气-液分离等五种类型,如表 3-1 所示。本章只讨论液-固分离和气-固分离两种类型。液-液分离采用的方法和液-固分离基本相同,在液-固分离中一并介绍。气-液分离的方法在气-固分离中介绍。

表 3-1　非均相物系分离过程的主要类型

类　型	所分离的混合物			主要分离方法	备　注
	连续相	分散相	状　态		
液-固分离	液体	固体	悬浮液	过滤、沉降、离心分离	
液-液分离	液体	液体不互溶	乳浊液	离心分离、沉降	液体非均相混合物分离
液-气分离	液体	气体	泡沫	除沫	
气-固分离	气体	固体	含尘气体,烟	过滤、沉降、湿法除尘、静电除尘	气体非均相混合物分离
气-液分离	气体	液体	雾	除雾	

3. 非均相物系分离在化工生产中的应用

非均相物系分离在化工生产中的应用很广。在原料预处理中,要将多相混合物原料进行较彻底的分离,使之符合化学反应的条件;在反应产物加工中,要将从反应器出来的多相混合物进行分离,加工成为符合质量要求的成品;在排放物料的处理中,要将排放的气体、液体中的有害物质彻底分离出去,使之符合环境保护的规定标准。

第二节　液-固分离

化工生产中,常常要将含有不溶性固体颗粒的料液进行处理,这种料液称为悬浮液,将悬浮液中固体颗粒分离出去的操作称为液-固分离。液-固分离的目的有的是为净制液体,除去固体颗粒;有的是为回收固体颗粒,将液体排除。工业上常用的液-固分离方法有沉降法、过滤法和离心分离法。

---

❶　以流体为主体的非均相混合物由连续相和分散相组成。分散相也叫分散物质,指的是混合物中呈微粒状态被包围于连续相的部分;连续相则指包围分散物质的部分。

一、沉降法液-固分离

1. 重力沉降

（1）重力沉降的原理　悬浮液中的固体颗粒在重力的作用下，慢慢地降落而被分离出来的单元操作称为重力沉降，也叫沉淀或澄清。

在日常生活中，如果将一桶含有泥沙的浑水澄清，就将它放置一段时间，泥沙颗粒慢慢沉积到桶底，上层的水变得较为清澈，这就是简单的重力沉降过程。这是因为泥沙颗粒的密度比水大，所受的地心引力也大，因而会慢慢地沉降下来。

化工生产中的沉降过程也是这个道理。图 3-1 是一种典型的沉降设备示意图。从图中可以看出，悬浮液从入口 1 进入沉降筒，固体颗粒逐渐沉淀到筒底部成为泥状物，经过泥耙 2 的缓慢拨动，泥状物被集中到锥形筒底，从出口 5 排出。澄清液进入溢流槽 3，从澄清液出口 4 流出。

（2）沉降速度与助沉剂　提高沉降速度是沉降操作中的一个关键问题。沉降速度通常以单位时间内颗粒下降的距离来表示，单位 m/s。固体颗粒的沉降速度与固体颗粒的大小、密度、液体的密度、黏度以及流动状态有关。固体颗粒直径和密度越大，液体流速越慢，则颗粒沉降的速度越快；液体的密度和黏度越大，流速越快，则固体颗粒的沉降速度越慢。

在沉降操作中常常用加入凝聚剂和絮凝剂的办法来提高沉降速度，凝聚剂和絮凝剂统称助沉剂。凝聚和絮凝都是使悬浮液或胶体中的微细粒子变成较大粒子的过程，以提高颗粒的沉降速度，但二者的原理有所不同。凝聚的原理是将一种无机物电解质即凝聚剂加入到悬浮液中，通过电荷中和的作用，使微细颗粒互相黏附，成为较大的粒子。絮凝的原理是将一种高分子聚合物电解质即絮凝剂加入到悬浮液中，通过高分子聚合物长链的作用，使微细颗粒凝结成较大的絮状凝块。常用凝聚剂有硫酸铝、硫酸铝钾（明矾）、硫酸铁、氢氧化铁、氢氧化镁、硫酸钙等。常用絮凝剂有天然的和合成的两类。天然的有淀粉、单宁、麸皮、纤维素、动物胶以及微生物絮凝剂；合成的有聚丙烯酰胺、聚丙烯酸钠等。

（3）重力沉降在化工生产中的应用　重力沉降适用于处理含固体颗粒较少、处理量较大的悬浮液，不适宜做最终分离用。常用来进行悬浮液的预处理，以节省进一步处理时的能量消耗。例如，在烧碱工艺中，先用沉降器将盐水中的大部分沉淀物分离出去，再送到过滤器作最后处理。又如，在联合制碱工艺中，先将氯化铵悬浮液通过重力沉降予以增稠，再送入离心机分离。

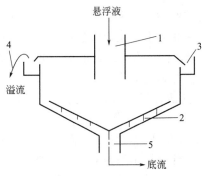

图 3-1　重力沉降示意

1—入口；2—泥耙；3—溢流槽；
4—澄清液出口；5—泥浆出口

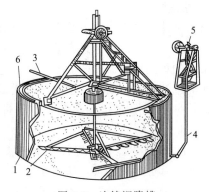

图 3-2　连续沉降槽

1—槽；2—耙；3—悬浮液送液槽；4—沉淀排出管；
5—泵；6—澄清液流出槽

（4）**重力沉降设备** 沉降槽是用重力沉降法进行液-固分离的主要设备，分为间歇式、半连续式和连续式三种。化工生产最常用的是连续式沉降槽，其结构如图3-2所示。它是一个底部略成圆锥形的圆槽，其优点是构造简单，处理量大，便于机械化和自动化，沉淀物均匀；缺点是占地面积大，分离效率低。

2. 离心沉降

（1）**离心沉降的原理** 液-固离心沉降法是利用离心力的作用，使液-固非均相物系中的固体颗粒与液体发生相对运动而使固体颗粒从液体中分离出来的方法。

当固体颗粒随着液体高速旋转时，由于固体颗粒的密度大于液体的密度，它所产生的惯性离心力也大于液体，在惯性离心力的作用下固体颗粒被甩向器壁而沉降下来。由于固体颗粒受到的离心力比重力大得多，因此离心沉降速度比重力沉降大得多，其分离效果也好得多。

（2）**离心沉降设备** 最常用的离心沉降设备是旋液分离器。旋液分离器的主体由圆筒部分和圆锥部分构成，如图3-3所示。悬浮液由进口管沿切线方向进入圆筒部分，呈螺线形旋转而下，形成一次旋流。此时，大部分固体颗粒在离心力的作用下被甩向器壁，并随旋流下沉到锥底，

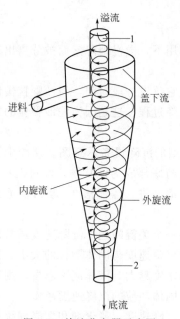

图 3-3 旋液分离器示意图
1—溢流口；2—底流口

与少量液体一起从底部出口流出，称为底流。澄清的液体和少量微细颗粒则形成二次旋流，从锥底上升到顶部排出，称为溢流。

旋液分离器结构简单，制造方便，处理能力大，效率高，分离的颗粒范围较广，它能分离悬浮液中直径为 $1 \sim 200 \mu m$ 的固体颗粒，可将一般悬浮液中绝大部分颗粒分离出去，还能处理腐蚀性悬浮液和用于粒子分级。它的缺点是阻力损失较大，对设备的磨损较严重，泵的动力消耗较大。

二、过滤法液-固分离

在化工生产中，有时要求将悬浮液较快、较完全地分离，尤其是当悬浮液中固体颗粒很小时，用沉降法很难分离，这时常用过滤法来满足生产的要求。

1. 过滤原理

（1）**过滤的含义** 过滤是以一种具有很多毛细孔道的物体作为过滤介质，在介质两侧压力差的作用下，使液体通过介质小孔，固体颗粒截留在介质上，从而将悬浮液中的固体颗粒分离出来的单元操作。如图3-4所示是过滤操作示意图，待分离的悬浮液称为滤浆，通过过滤介质的澄清液称为滤液，被过滤介质截留的固体粒子称为滤渣或滤饼。

（2）**过滤操作过程** 一个完整的过滤操作过程包括过滤、洗涤、去湿、卸料等四个阶段。

① 过滤。即过滤正常进行阶段，悬浮液通过过滤介质成为澄清液。由于过滤介质的小孔一般比一部分颗粒稍大，所以在过滤开始时往往有一部分细小颗粒通过了过滤介质，使得滤液有些浑浊，此滤液要送回悬浮液再行过滤。随着过滤的继续进行，当介质表面开始积有滤渣时，有些颗粒便在介质孔道上形成如图3-5（a）所示的"架桥"现象，从而逐渐形成滤饼。由于滤饼孔道比介质孔道小得多，事实上滤饼本身已起到过滤介质的作用。因此，在滤

饼形成之后滤液才开始澄清，这时的过滤才是有效的操作。

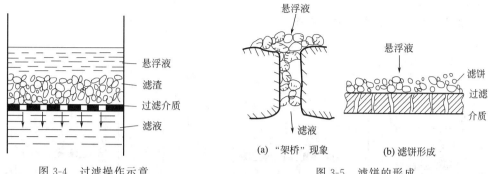

图 3-4　过滤操作示意

(a) "架桥" 现象　　(b) 滤饼形成

图 3-5　滤饼的形成

② 洗涤。滤饼增至一定厚度，过滤速度就变得很慢，这时如果再进行下去是很不经济的，应该将滤饼清除，重新开始。在清除饼之前，滤饼的空隙还存有滤液。为了充分回收这部分滤液，或者由于滤渣是有价值的产品，不允许被滤液玷污，常常要将这部分滤液从滤渣中清洗出来，这种操作就是洗涤。在洗涤阶段，要用水或其他溶剂清洗滤渣，洗涤后得到的液体叫洗液。

③ 去湿。洗涤之后，将滤饼用压缩空气吹干或用真空吸干，这种操作叫去湿。

④ 卸料。将洗涤去湿后的滤渣卸下并输送出去。

（3）影响过滤速度的因素　过滤操作要求有尽可能高的过滤速度。而过滤速度要受很多因素的影响，主要有以下三点。

① 悬浮液体性质。悬浮液的黏度对过滤速度影响很大，黏度小可以提高过滤的速度。悬浮液的温度升高可使黏度下降，因此，某些热的液体物料最好不要等冷却以后再过滤。但当真空过滤时，温度升高会使真空度下降，反而会降低速度，所以对此要统筹考虑。

② 过滤介质。过滤介质选择不当会使过滤速度降低，还会影响滤液的澄清度。

③ 滤饼性质。较大颗粒形成的疏松滤饼能提高过滤速度，微小颗粒形成的细密滤饼会降低过滤速度。对细密的滤饼，通过加压可提高过滤速度，但在加压时一定要考虑到滤饼的可压缩性，对可压缩滤饼加压时要添加助滤剂。

（4）提高过滤速度的措施　针对上述影响因素，生产上常采取以下三项措施来提高过滤速度。

① 选用适当的过滤介质。对过滤介质的要求是：孔隙多，阻力小；有足够的强度，耐腐蚀，耐高温；表面光滑，剥离滤饼容易；资源丰富，造价低廉。工业上常用的过滤介质有以下三种。

a. 粒状介质，如细沙、石砾、木炭、骨灰、酸性白土等颗粒状物质，堆积成层，借助这些颗粒间微细孔道使滤液通过，使悬浮液中的固体颗粒截留在堆积层上。

b. 织物介质，用天然纤维、人造纤维或金属丝编织而成。用纤维编织的称为滤布，用金属丝编织的称为滤网。不同材料编织的织物介质适应不同的温度、腐蚀等情况。

c. 多孔性固体介质，用多孔陶瓷、多孔玻璃、多孔塑料等制成的微孔管或微孔板。这种过滤介质孔隙小，耐腐蚀，适用于处理固粒颗粒粒径小，含量少或腐蚀性强的悬浮液。

② 增大过滤的推动力。增大过滤的推动力可以促使滤液通过滤饼，从而提高过滤速度。过滤的推动力来自过滤介质两侧的压力差。按照产生压力差方法的不同，可将过滤操作分为以下四种类型。

a. 常压过滤。利用悬浮液本身液柱压力作为过滤的推动力，也叫重力过滤，如图 3-6 (a) 所示的砂滤器。

b. 加压过滤。在悬浮液上面加压，一般加压压力小于 1MPa，如图 3-6(b) 所示的压力过滤器。

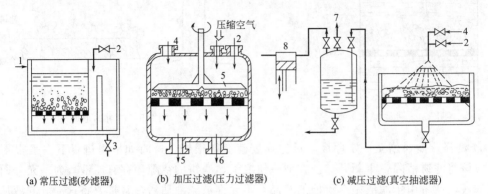

(a) 常压过滤(砂滤器)　　(b) 加压过滤(压力过滤器)　　(c) 减压过滤(真空抽滤器)

图 3-6　按推动力划分的三种过滤

1—脏水入口；2—洗涤水入口；3—被净化的水出口；4—悬浮液入口；
5—母液出口；6—洗涤液出口；7—排气口；8—真空泵

c. 减压过滤。在过滤介质下面抽真空，也叫真空过滤，如图 3-6(c) 所示的真空抽滤器。

d. 离心过滤。利用离心力作为过滤的推动力，将在下一部分具体介绍。

③ 加入助滤剂　滤饼分为可压缩和不可压缩两种。可压缩的滤饼，会在过滤过程中逐渐变形，使孔道变小，以至堵塞。为避免这种情况发生，可在介质表面铺一层颗粒均匀、质地坚硬、不可压缩的粒状材料，或将这种材料按一定比例加入到滤浆中，然后再过滤。加入的这种物质叫助滤剂，它能构成疏松的滤饼骨架，使滤液畅通无阻。常用的助滤剂有硅藻土、活性炭、珍珠岩、纤维素、石棉、锯屑、木炭粉、炉渣等。

2. 过滤设备

(1) 压滤机　压滤机是一种经济、高效、简便的过滤设备，它的结构紧凑，过滤面积大，操作压力高，对各种物料适应能力强，因而一直被广泛应用。板框压滤机是一种具有较长历史现在仍继续沿用的压滤机，新型压滤机都是在板框压滤机的基础上发展的。下面着重讨论板框压滤机的结构和工作原理。

① 板框压滤机的结构。板框压滤机由下列部件组成。

a. 滤板和滤框。板框式压滤机的主要部件是滤板和滤框，见图 3-7(b)。它们是按一定顺序排列，安装在机架上的，见图 3-7(a)。滤板具有棱状表面，滤布覆盖其上，形成许多沟槽形通道。装合时，每两块板和一块滤框构成一个过滤空间，叫作滤室。滤板包括非洗板和洗涤板。非洗板、滤框和洗涤板侧面铸有 1、2、3 等数字符号，称作一钮、二钮、三钮，它们按图 3-8 所示的顺序排列。板和框的两个上角都有小孔，装合后就连成两条通道，一条是进料通道，另一条是洗涤水通道。框的上角有一暗孔，通进料通道，洗涤板的上角有一暗孔，通洗涤水通道。非洗板和洗涤板的下角都有排放滤液或洗涤液的出口旋塞，见图 3-7(b)。

b. 移动装置。滤板和滤框靠旁边的把手支撑在两边横梁上，可以移动。机架主梁的一端是固定端板，另一端是可以来回滑动的活动端板。过滤时，压紧活动端板，所有板、框就

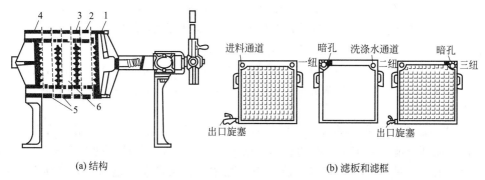

(a) 结构　　　　　　　　　　(b) 滤板和滤框

图 3-7　板框压滤机结构示意

1—活动端板；2—滤框；3—滤板；4—固定端板；5—滤布；6—滤室

随之压紧。过滤结束，松开活动端板，即可卸掉滤饼。

c. 压紧装置。压紧装置有手动、半自动和自动，手动的用机头的手轮、螺旋压紧；半自动和自动的用液压或电动装置压紧。

② 板框压滤机的工作循环过程

a. 装合。将滤板、滤框按小钮 1、2、3、2、1、2、3、2、1…顺序装合，形成滤室。压紧活动端板，使之紧密接合。

b. 过滤。悬浮液在一定压力下从进料通道经过滤框上方暗孔进入滤室。滤液通过滤布沿滤板上的沟槽移动，进入排放通道，经旋塞排出，见图 3-8(a)，滤渣聚集在滤室内，形成滤饼。

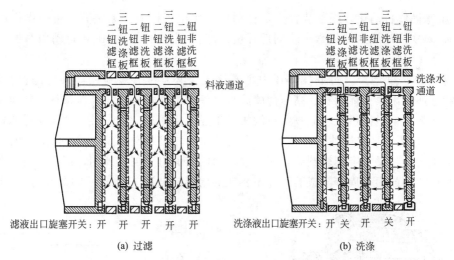

(a) 过滤　　　　　　　　　　　(b) 洗涤

图 3-8　板框压滤机内液体流动路线

c. 洗涤滤饼。当所有滤室都充满滤饼时，就要洗涤滤饼。关闭悬浮液进口阀和洗涤板的出口旋塞，打开洗涤水进口阀，洗涤水在一定压力下从洗涤水通道经过洗涤板上方暗孔进入洗涤板，经过滤布进入滤室，如图 3-8(b) 箭头所示，再通过另一侧滤布进入非洗板，从非洗板的出口旋塞排出。

d. 卸除滤饼。洗涤毕，松开各板、框，取出滤渣，并将滤布洗净，然后重新装合，开始下一个工作循环。

卸除滤饼和洗净滤布，过去多由人工操作，现已逐步改为机械操作。如有的自动压滤机，滤布形成一个整体，由一个菱形轴带动，自动卸除滤饼、洗净滤布；有的还增加了高压吹气装置，将滤饼吹干；有的全自动板框压滤机已实现板框的开合、压紧、进料、洗涤、卸料、清洗滤布、吹气等作业全部由计算机控制运行。

③ 压滤机的技术进展。近年来，压滤机技术、设备迅速革新，不仅克服了板框压滤机存在的劳动强度大、处理量小等缺点，而且体现出更大的优越性。技术革新的内容主要有以下三个方面。

a. 厢式压滤机的开发。厢式压滤机外表和板框压滤机相似，但它仅由若干块厢式滤板组成，没有滤框。滤板被带中心孔的整体式滤布覆盖。每块滤板凹进的两个表面与相邻的滤板压紧形成滤室（见图 3-9）。料液从滤板中心孔相连构成的料液道进入，滤饼截留在滤室内，滤液从下角排出。

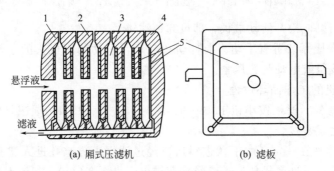

(a) 厢式压滤机　　(b) 滤板

图 3-9　厢式压滤机示意图

1,4—端头；2—滤板；3—滤饼空间；5—滤布

b. 压滤操作自动化。压紧装置实现自动化，使用程控液压紧装置，可使操作压力达到 1.6MPa，每次压滤装合滤板数十块到近百块。卸料实现自动化，配备自动曲张振打式卸料装置。

c. 采用高强度滤板。过滤操作压力不断增大，必须配合相应的高强度滤板。近年来，中国已相继研制出聚丙烯滤板、高压薄膜滤板（滤板表面加一层耐高压特种材料薄膜）。

(2) 转鼓真空过滤机　转鼓真空过滤机是工业上应用很广的一种连续操作过滤机。

① 结构。转鼓真空过滤机依靠真空系统形成的转鼓内外压差进行过滤。如图 3-10 所示，它的主要部件是一个回转圆筒，叫转鼓，筒的表面有一层金属网，网上覆盖滤布，下部浸入滤浆中。转鼓沿圆周分隔成若干互不相通的扇形格，图 3-11 所示的是有 18 个扇形格的

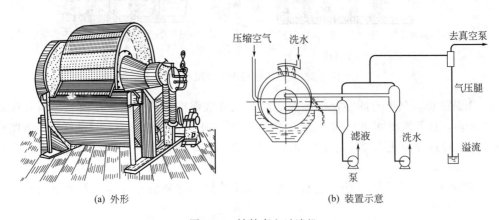

(a) 外形　　　　　　　　　(b) 装置示意

图 3-10　转鼓真空过滤机

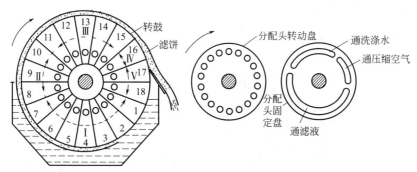

图 3-11　转鼓真空过滤机结构及工作循环

转鼓，每格都有单独的孔道，与分配头转动盘上相应的孔相连。分配头由紧密贴合的转动盘与固定盘构成，转动盘与转鼓连成一体随着转鼓旋转，固定盘固定在机架上。固定盘与转动盘贴合的一面有三个凹槽，分别与滤液、洗涤水以及压缩空气的管道相连。转鼓转动时，借分配头的作用使扇形格的孔道依次与几个不同的管道相通，从而在回转一周的过程中，使每一个扇形格都可依次进行过滤、吸干、洗涤、吹松、卸饼等五个步骤的循环操作。

② 工作循环过程。由于转鼓的转动，使过滤过程按以下五个步骤循环运行，称为五个区，用Ⅰ、Ⅱ…表示。

Ⅰ. 过滤区。扇形格 1～7 浸入滤浆，进入图 3-11 所示的位置，转动盘小孔与抽气的真空管道相接。在负压的作用下，滤液被吸入转鼓内，滤渣被阻挡，黏附在转鼓表面而形成滤饼。

Ⅱ. 吸干区。扇形格 1～7 露出液面，转至图 3-11 中的 8、9 位置，孔道仍与真空管道相通，在负压的作用下，将滤饼中剩余滤液吸干。

Ⅲ. 洗涤区。扇形格转到图 3-11 中的 12～15 位置，上方的洗涤喷嘴开启，将洗涤水喷到滤饼上。扇形格孔道与固定盘上吸洗涤水的凹槽 4 连通，在负压的作用下洗涤液被吸走。

Ⅳ. 吹松区。扇形格转到图 3-11 中的 16 位置，与固定盘连接压缩空气管道的凹槽 5 相通，格内变为正压，压缩空气从扇形格穿过滤布向外吹，将滤饼吹松。

Ⅴ. 卸料区。在图 3-11 中的 17 位置，滤饼被刮刀刮下，用螺旋输送器送走；同时将水或蒸汽、空气吹入格内，将滤布洗净、复原。然后，重新浸入滤浆，开始下一个工作循环。

（3）其他过滤设备

① 粒状介质过滤设备。一般为圆形槽或方形池，底部有一多孔假底或筛板，在筛板上铺沙、石等过滤介质。多数为常压重力过滤，如图 3-12 所示的重力砂滤器。当滤渣积存过多时，可由底部打入清水反洗。这种设备多用于给水净化。

② 真空叶滤机。由若干组滤叶和数个锥形槽组成，如图 3-13（a），滤叶悬挂在单轨吊车上，可以提起和左右移动。滤叶由滤框和滤布组成，如图 3-13（b）。操作时，先将滤叶浸入过滤槽，启动与滤框相通的真空装置，使其内部形成负压，滤液就被吸进滤框，滤渣黏附在滤叶表面。当滤渣达到一定厚度时，将滤叶提起，移动，放到洗涤槽内洗涤。洗涤后，继续抽真空，用吸入的空气使滤渣干燥。最后，将滤叶移至滤渣槽上方，如图 3-13（a）所示，并将负压改为正压，

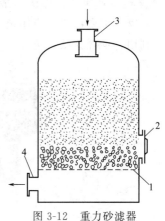

图 3-12　重力砂滤器
1—筛板；2—人孔；
3—入口；4—出口

将附在滤叶上的滤渣吹落槽中。

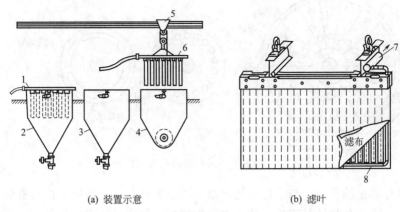

(a) 装置示意   (b) 滤叶

图 3-13 真空叶滤机

1—滤叶；2—过滤槽；3—洗涤槽；4—滤渣卸出槽；5—吊车；6—滤叶；7—排出管；8—滤框

③ 微孔管过滤器。介质为用陶瓷、玻璃、塑料等材料制成的微孔管，管表面有大量细小的孔。若干微孔管装在密闭容器内的一块有通道的铸铁板上。使用时，滤液穿过微孔管壁进入孔内，再汇集流出器外，滤渣被截留在管壁外形成滤饼。这种过滤器适用于滤渣较细、含量小、腐蚀性强的滤浆。

（4）新型过滤设备的开发 为适应生产的迅速发展，近年来有许多新型设备开发出来。

开发了组合型过滤机，它的特点是做到多项功能一体化，如带式过滤机（见图 3-14）就实现了过滤功能和压榨功能一体化。还开发了多种高精度、高纯度的过滤机（如精密管式过滤机、纸板式精滤机），以及全密闭操作、无污染、无损耗的过滤机（如全自动板式密闭过滤机）。

对于新型过滤机的更多信息，可通过教学软件提供的资料和从互联网上搜集的信息进一步了解研究。

【看看想想 3-1】 搜集过滤机技术进展的信息

① 观看学习《教学软件》中"设备列表"提供的有关过滤机的新技术信息。

② 从互联网上搜集过滤的新技术信息。可登录"中国化机网"或其他相关网站查阅。

③ 至少搜集两种你认为最有特色的新型过滤机，将这两种过滤机的名称、规格型号、生产厂家、主要特点、应用范围记录下来，向老师、同学推荐（如能下载该过滤机的图样资料，利用它推荐介绍，更好）。

图 3-14 带式过滤机

3. 过滤机的操作

【技能训练 3-1】 厢式压滤机的操作

此次训练利用教学光盘模拟操作，要求熟悉厢式压滤机的操作方法。

本次训练为通过看 VCD 盘了解化工操作的训练。通过观察某车间污水处理工序利用厢式压滤机除掉排放液体中固体颗粒的操作过程，熟悉厢式压滤机的操作方法。

● 训练设备器材 VCD 教学光盘第二盘

教学光盘中的装置为某化工厂污水处理工序用于处理排放液体的厢式压滤机。工序任务是将生产车间排出泥浆中的固体颗粒分离出去，使滤液达到环保规定的标准。由于不回收滤饼，不需要洗涤滤饼，故操作过程没有洗涤阶段，对滤饼没有质量要求。

● 相关技术知识

（1）开停车与正常操作步骤

① 检查准备。检查各部件是否完好，冲洗滤板、滤布。

② 装合。装好滤布，将滤布的一片从中心孔穿过，然后用两片滤布覆盖整个滤板；将装好滤布的滤板摆放在机架上；压紧手轮，使滤板紧密接触。形成滤室。

③ 循环调整。开泵，把料液打入压滤机，循环流动；调整滤板的松紧程度，达到有少量滴漏；观察滤液，在出口取样，到澄清度符合规定指标，即停止循环开始压滤。

④ 压滤。打开进料阀，到所有滤室充满滤饼时停止进料；缓慢转动手轮，进行加压过滤；观察压力表，保持压力正常；检查滤液，若发现浑浊要停下来检查滤布。

⑤ 卸料。当滤室内阻力加大，过滤速度减慢时，停止过滤，卸料；卸下来的料送滤渣贮槽；松开端板手轮，准备下一循环。

（2）常见异常现象的处理

序 号	异常现象	原 因	处 理 方 法
1	板框漏液	板框变形	更换变形板框
		滤布没上好，没压紧	重新上滤布、压紧
2	滤液澄清度不合格	没做好循环调整	重新进行循环调整
		滤布破损	检查滤布，如有破损，及时更换

● 训练内容与步骤

① 观看 VCD 教学光盘。

② 讨论研究实训作业提出的问题。

● 实训作业

① 简要叙述厢式压滤机开车与正常操作的步骤。

② 为保证压滤机安全稳定运行，在开车和正常操作中应注意的问题是什么？

【技能训练 3-2】 转鼓真空过滤机的操作

本次训练为通过看 VCD 盘了解化工操作的训练。通过观察某纯碱生产装置过滤工序利用转鼓真空过滤机制取碳酸氢钠颗粒的操作过程，熟悉转鼓真空过滤机的操作方法。

● 训练设备器材 VCD 教学光盘第二盘

● 相关技术知识

（1）转鼓真空过滤机的开停车与正常操作程序

① 开车前检查准备。

a. 检查滤布是否完好、整洁，滤浆槽内有无沉淀物、杂物；

b. 检查转鼓与刮刀之间的距离，一般调节到 1～2mm；

c. 检查真空系统和压缩空气系统，真空度和压力是否符合工艺要求；

d. 检查各管道是否严密，不得漏气；

e. 检查分配头、主轴瓦、轴承等部位是否加足润滑油。

② 开车。

a. 点车启动，试空车 15min，观察各传动装置运转是否正常；

b. 开启滤浆阀门，向滤槽注入滤浆；

c. 当滤浆液面上升到滤槽的 1/2 时即可开车，打开真空、洗涤、压缩空气等阀门启动转鼓，开始正常运转。

③ 正常运行操作要点。

a. 经常观察转鼓转向是否正常，是否沿着五个区域有序地运行，发现区域紊乱，应立即处理；

b. 转鼓正常运转时，滤浆液面控制在滤槽的 $\frac{3}{5}$～$\frac{3}{4}$；转鼓浸没部分应占其总截面积的 30%～40%；

c. 按时检查各管路、阀门有无漏液和堵塞，分配头是否严密，搅拌、变速器的运转是否正常，滤布有无破损，真空度是否达到规定要求，洗涤液是否分布均匀，洗涤后的水是否合格；

d. 定时分析过滤效果，如不符合指标，应及时采取措施；

e. 经常保持滤浆液面正常，真空度和压缩空气压力正常；转鼓转速一般为 0.1～0.3 r/min；滤饼厚度为 40mm 以内，难过滤物料滤饼厚度以 10mm 为宜。

④ 停车程序。不同型号的设备停车程序有所不同。按照所实习设备的操作规程停车。

（2）常见异常现象的处理

序 号	异常现象	原 因	处 理 方 法
1	操作区域紊乱	分配头不严密，漏气	调整，解决漏气问题，分配头注足油
2	料槽内液面下降	滤布破损	停车更换滤布
3	滤饼吸不厚，抽不干	真空度达不到要求	检查真空管路有无漏气，解决漏气

● 训练内容与步骤

① 观看 VCD 教学光盘

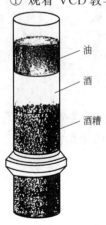
图 3-15

② 讨论研究实训作业提出的问题

● 实训作业

① 简要叙述转鼓真空过滤机开车与正常操作的步骤。

② 为保证过滤机安全稳定运行，在开车和正常操作中应注意的关键问题是什么？

【看看想想 3-2】 观察几种生活中的液-固分离现象

观察以下液-固分离现象，指出属于沉降法、过滤法和离心分离法的哪一种，并简述其原理。

① 图 3-15 是一种简易的分离油、酒和酒糟混合物的方法。它属于哪一种液-固分离？

② 城市自来水厂和农村供自来水装置，都使用以下两种净化原水的方法：第一种，将原水引入一个水池，静置，泥沙慢慢沉入池

底；第二种，将原水引入一个装有细砂、粗砂和卵石的水槽，截流细小颗粒，流出清水。这两种方法各属于哪种液-固分离？

③ 家用洗衣机的甩干操作属于哪种液-固分离？说说它的原理。

④ 过去农村还没安装自来水时，生活用水要靠挑河水、池水、井水，储存在家庭的水缸里。向缸里加一些明矾，能使水中泥沙迅速沉到缸底，缸里的水变得很清澈。这种做法属于哪种液-固分离？加明矾的原理是什么？

⑤ 煎好中药，必须把药渣分离出去，收取无渣滓的药液。对这种液-固分离，人们常采用哪种分离方法？

⑥ 再举一两件你了解的液-固分离的实例，并指出属于哪种液-固分离。

三、离心分离法

1. 离心分离的基本原理

离心分离是在离心力的作用下分离悬浮液的单元操作，实现离心分离的设备叫离心机。

离心机的主要部件为一高速旋转的转鼓。悬浮液加到转鼓内，物料就随着转鼓作高速旋转运动。由于悬浮液中的固体颗粒密度比液体大，产生的离心力也大，使颗粒从悬浮液中分离出来。前面介绍的离心沉降也是一种离心分离，由于它只是悬浮液在设备中旋转，设备本身并没有转动，所以习惯上把它归到沉降法。

（1）离心分离的类型　离心分离可分为两大类：利用离心力进行过滤操作的，称为过滤式离心分离，相应的设备为过滤式离心机；利用离心力进行沉降操作的，称为沉降式离心分离，相应的设备为沉降式离心机。当悬浮液随转鼓高速旋转时，若转鼓上不开滤孔，固体被抛向鼓壁而沉降，液体向上溢流出去实现分离，如图 3-16（a）所示，这是沉降式离心分离。若转鼓壁上钻有许多小孔，再衬以金属网或滤布，旋转中的液体通过网、布和小孔，甩至鼓外，固体颗粒被滤布截留在鼓内，成为滤饼，如图 3-16（b）所示，这是过滤式离心分离。还有一种用来分离不互溶液体的沉降式离心机，它是在转鼓旋转时，两种液体因密度不同被分为外内两层，分别排出，从而实现液-液分离。

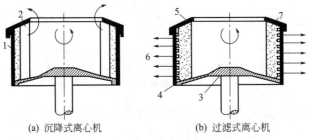

(a) 沉降式离心机　　　　(b) 过滤式离心机

图 3-16　离心分离原理示意

1—固体；2—液体；3—鼓底；4—鼓壁；5—顶盖；6—滤液；7—滤饼

（2）离心机的分离因数　分离因数是离心机性能的一个重要参数，它是反映离心机分离能力大小的指标。离心机的分离因数是指物料在离心力场中所受离心力与在重力场中所受重力的比值，用符号 a 表示。其值可近似的用下式计算：

$$a = \frac{Rn^2}{900} \tag{3-1}$$

式中　R——旋转半径，可近似地取转鼓内半径，m；

n——转鼓每分钟的转数，r/min。

【例题 3-2】 SS-600 离心机转鼓的内径为 600mm，转数为 1600r/min，试计算其分离因数。

已知 $R = \dfrac{D}{2} = 0.3\text{m}$，$n = 1600\text{r/min}$

求 a

解 将 R、n 代入式(3-1)：

$$a = \frac{Rn^2}{900} = \frac{0.3 \times 1600^2}{900} = 853$$

工业常常按分离因数给离心机分类。$a < 3000$ 的，称常速离心机；$a = 3000 \sim 5000$ 的，称高速离心机；$a > 5000$ 的，称超高速离心机。

2. 常用离心分离设备

(1) 三足式离心机

① 结构和工作原理。三足式离心机是一种过滤式离心机。图 3-17 是 SS 型三足式离心机的外形与结构简图。符号"SS"分别表示三足和上部卸料，全名为三足式上部卸料离心机。这种离心机的转鼓和机座借助摆杆悬挂在三个支柱上，故称三足式离心机。为了减轻转动时的震动，摆杆上套有缓冲弹簧，使转鼓的摆动不通过轴传到机座上，从而减轻了主轴和轴承的动力负荷。操作时，悬浮液置于转鼓内，电动机通过三角带带动转鼓高速旋转，滤液甩至外壳内经排液口排出，滤渣截留在滤布上，用人工从上部卸出。

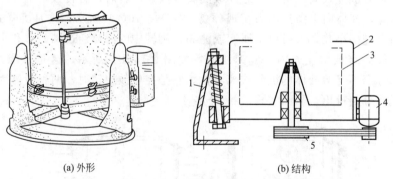

(a) 外形   (b) 结构

图 3-17　上部卸料三足式离心机

1—支脚；2—外壳；3—转鼓；4—电动机；5—皮带轮

SS 型三足式离心机虽是人工卸料，但因其具有结构简单，操作方便，过滤时间可随意掌握，滤渣能充分洗涤，颗粒不被破坏等优点，目前仍被广泛应用。它特别适用于过滤周期较长，处理量不大，品种较多的物料分离。主要缺点是体力劳动繁重，由于传动机构置于转鼓下面，拆装检修不便，腐蚀性滤液可能流入传动机构。

② 常用三足式离心机的型号。按卸料方式分为人工上部卸料的 SS 型，人工下部卸料的 SX 型，刮刀下部卸料的 SG 型三种。常用机型有：

SS300-N 型，SS450-N 型，SS600 型，SS800 型，SS800 型，SS1000 型；

SX800-N 型，SX1000-N 型，SGZ1000-N 型，SGZ1200-N 型；

SG800-N 型，SG1000-N 型，SG1200-N 型等。

符号含义：第一个 S——三足式；第二个 S——上部卸料；X——下部卸料；G——刮刀卸料；N——耐腐蚀；字母后面的数字，表示转鼓直径，mm。

（2）卧式刮刀卸料离心机

① 结构和工作原理。如图 3-18 所示，这种离心机的转鼓安装在水平轴上，滤浆通过自动进料阀门流入转鼓内，滤液通过转鼓的小孔被甩到鼓外，经机壳排液口排出。固体颗粒被滤布截留，均匀分布在滤布上，形成滤饼。当滤饼达到一定厚度时，进料阀门自动关闭，洗涤液阀自动打开，冲洗滤饼。洗涤一定时间后，洗涤液阀自动关闭，再经过一段时间甩干脱湿，刮刀自动上升将滤饼刮下，通过倾斜的卸料斗排出机外。刮刀升到最高位置后，自动退下，逐渐返回原位。同时，洗涤液阀门自动打开，冲洗滤布，洗完后复原。

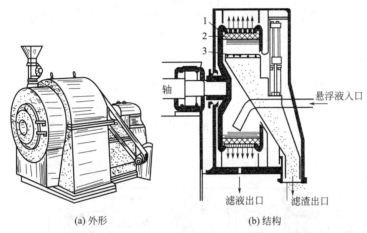

(a) 外形　　　　　　　(b) 结构

图 3-18　卧式刮刀卸料离心机

1—转鼓；2—过滤隔层；3—刮刀

这种离心机可自动、连续操作，加料、卸料均不停机，可以按调好的时间自动进行进料、过滤、洗涤、卸料等四个程序的操作；也可用手动控制各阶段的时间。由于连续操作，减少了非生产时间和能耗，减轻了劳动强度，故很适合大规模生产。缺点是刮刀卸渣会使固体颗粒破损，噪声大。

② 常用卧式刮刀卸料离心机的型号：

GK450-N 型，GK800-N 型，GK1600-N 型，GKF1200-N 型。

符号含义：G——刮刀卸料；K——宽刮刀；N——耐腐蚀；字母后面的数字——转鼓内径，mm。

（3）碟片式离心机　碟片式离心机是一种典型的沉降式离心机。这种离心机转鼓内装有许多倒锥形碟片，碟片直径一般为 0.2～0.6m，碟片数目为 50～100 片。碟片式离心机最适用于二相乳浊液的液-液分离，如油料脱水，牛奶脱脂（将原料奶分离为奶油和脱脂奶）；也可用于含少量微细颗粒黏性液体的液固分离，如涂料、油脂中少量 0.5μm 以下杂质颗粒的清除；以及含重液、轻液和微细颗粒的三相乳浊液的分离。

三相乳浊液分离的工作原理如图 3-19（a）所示。

料液从空心轴顶部进入，流到碟片组底部。碟片上有小孔，料液通过小孔分配到各碟片通道之间。在离心力作用下，重液及夹带的少量微细颗粒被甩到碟片下方，其中重液流向转鼓边缘，经汇集后由重液出口连续排出，微细颗粒沉积到排渣口间歇排出；轻液则流向轴

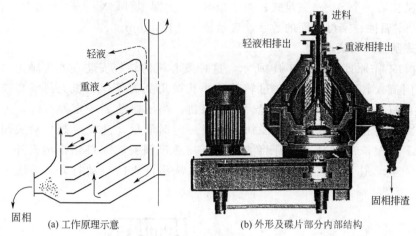

图 3-19　碟片式离心机

心，由轻液出口连续排出。

（4）卧螺沉降离心机　卧螺式沉降离心机的转鼓内装有螺旋轴，轴外为螺旋叶片，轴内有一段中空部分为进料通道。这种离心机可用于二相液-固分离（如化工生产中的浆料脱水，环保工程中的污泥脱水）；也可用于悬浊液的三相分离，即将其中的固相、重液和轻液同时分开。

二相液-固分离的工作原理如图 3-20 所示。

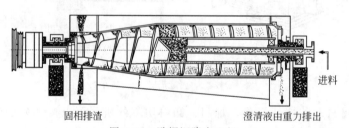

图 3-20　卧螺沉降离心机

料液从进料通道连续加入，流至转鼓内螺旋叶片之间。在离心力的作用下，固相甩到转鼓边缘，被螺旋叶片推到排渣口连续排出；液相流至轴心，汇集后流往排液口，在重力作用下排出。

四、液-固分离设备的比较

对液-固分离的方法、设备初步了解后，要进一步对设备进行综合分析比较。可参照表 3-2，进行液-固分离设备比较和选用的初步练习。

选用液-固分离设备的依据主要有以下三点。

（1）分离的目的　是处理原料还是加工产物；是回收滤饼还是回收滤液，如转鼓真空过滤机、离心机多用于回收滤饼，沉降器、旋液分离器多用于回收滤液；是初步分离还是最终分离，如沉降器多用于初步分离，离心机多用于最终分离。

（2）悬浮液的性质　悬浮液的浓度、温度，固体颗粒的含量、粒度、形状，液体的密度、黏度、pH 值、腐蚀性等。如在选用离心机时，固体颗粒含量高、粒度较大的悬浮液，选用过滤式离心机；固体颗粒含量低、粒度较小者，则选用沉降式离心机。

（3）分离的工艺要求　如生产规模的大小（小规模不适宜用连续式分离设备，大规模不适宜用间歇式分离设备）；分离的物料是否有挥发性、易爆、有毒等。

表 3-2　常用液-固分离设备比较表

设备类型		分离主要目的	要求悬浮液性质	设备与操作特点	费用	适用范围
沉降法	重力沉降器	对处理量大的悬浮液初步分离	回收澄清液或增稠	颗粒含量低并能自由沉降	处理能力大,连续操作;但分离效率低	低	用于分离的预处理
	旋液分离器		回收澄清液或分级	分离的颗粒范围广,耐腐蚀	处理能力大,结构简单,操作便利;但要用泵输送	低	适用范围广,能耗大
过滤法	粒状介质过滤器	要求悬浮液分离较完全	回收澄清液	颗粒含量较低	操作便利	低	适用范围小,多用于水净化
	板框压滤机		回收滤饼或滤液	各类悬浮液,颗粒含量高的淤浆	推动力大,结构简单,操作便利;但劳动强度大,处理量不能太大	较低	广泛使用,尤其是量小的泥浆
	转鼓真空过滤机		回收滤饼	多种悬浮液,要求滤渣能沾在转鼓上	处理能力大,连续、自动操作;但推动力小,滤饼洗涤不彻底	高	适用范围广,但滤渣阻力大(如膏状),不适用
	真空叶滤机		回收滤饼或滤液	多种悬浮液	操作简便,检查容易,滤饼洗涤较彻底;处理能力小	较高	处理量小,要求滤饼干燥的场合
离心分离法	上部卸料三足离心机	要求固体颗粒与母液的最终分离效果较高	固体物料脱水	颗粒≥0.01mm,含液量较低	过滤时间可随意掌握,颗粒不破坏,洗涤充分;劳动强度大,间歇操作	低	过滤周期长,处理量小,要求滤渣干燥场合
	卧式刮刀离心机		固体物料脱水	颗粒≥0.01mm,含液量较低	操作自动进行,时间可调节,滤饼洗涤充分;但颗粒可能被破碎	较低	生产规模较大的场合
	卧式螺旋卸料沉降离心机		固液分离或液液分离	颗粒较细(0.005mm)、含固量低的悬浮液或乳浊液	处理量大,操作自动进行	较高	悬浮液颗粒易堵滤网滤布者

【例题 3-3】　某氯碱联合企业,生产规模大,自动化程度高,该厂聚氯乙烯生产过程最后一个工序是气提干燥工序,从气提出来的悬浮液(料浆)含固量较低,固体颗粒较小(易堵塞滤网滤布),要选用一种分离设备,将大部分液体除掉,将回收的微细颗粒送往干燥器,该厂选用了卧式螺旋卸料沉降式离心机。试述选用这种设备的依据。

解　选用依据主要有以下三点。

① 由于是加工产物,对分离的要求较高,适宜用离心机。

② 由于生产规模大,要求设备的自动化程度高,不宜用间歇操作的离心机。

③ 由于悬浮液的含固量低,颗粒小,易堵塞滤网滤布,不宜用过滤式离心机,选用卧式螺旋卸料沉降式离心机最为适宜。

【例题 3-4】　某厂硫酸法制二氧化钛(钛白粉)生产过程中,要将还原后粗钛液中所含的固体杂质(不溶性硅酸、未分解的矿粒等)除掉,进行初步分离,成为较澄清的液体,再送往后面的结晶过滤等工序进一步加工(该悬浮液外观浑浊,该厂生产规模较大,除掉杂质处理量大)。

① 从下面四种设备中选择一种最适宜者。

a. 板框压滤机; b. 转鼓真空过滤机; c. 沉降器; d. 离心机。

② 指出选用这种设备的主要依据。

解 ① 选用 c. 沉降器。

② 选用依据。由于是处理原料,不是最终分离,故不宜用离心机;由于不是回收滤饼,不宜用过滤机;由于处理量大,而且是对粗钛液进行初步分离,选用沉降器最适宜。

【阅读 3-1】

膜分离技术简介

膜分离是一种新型高效的物质分离技术。

近二三十年,膜分离技术迅速发展,和生产实践、日常生活的关系日益密切。安全可靠的纯净水正是超滤、反渗透等膜分离技术的杰作;全世界数十万尿毒症患者正在接受血液透析、血液过滤人工肾等膜技术的精心治疗;膜技术与生物技术结合制成的膜生物反应器,使北京长安街上的二百多座公厕实现了生活污水循环使用……

膜分离是指借助膜的选择渗透作用对混合物分散系中的分散质和分散剂进行分离、分级、提纯和富集的方法。

膜,是一种能起选择性栅栏作用的物质。它具有选择渗透的能力,能将混合物中的各组分透过一部分,拦截一部分。膜的种类很多,按其材料划分,包括无机膜(如陶瓷膜、玻璃膜、金属膜、沸石膜)和高分子聚合膜(如乙酸纤维素膜、聚丙烯腈膜、聚砜类膜、聚酰胺类膜),其厚度可以从几毫米到几微米。生产上使用时,要将这些膜材料制备成膜组件和膜装置。

膜分离和传统的分离方法相比有许多不同之处。它能进行非均相混合物和均相混合物的分离。它不但能分离最浊液中的固体微粒,而且能分离溶液或胶体中的溶质、胶粒(包括分子集合体、大分子、小分子、离子);它既能分离液体混合物,也能分离气体混合物。

膜分离过程有多种类型。按推动力划分,可分为以压力差为推动力的膜分离和以浓度差、温度差、电位差为推动力的膜分离。

以压力差为推动力的膜分离,包括微滤(MF)、超滤(UF)、纳滤(NF)、反渗透(RO)等。它们的共同点是,当膜的两侧存在一定的压力差时,一部分小于膜孔径的组分能透过膜,另一部分大于膜孔径的组分则被截留下来。这四种膜分离的区别是:截留粒子的大小有所不同。微滤,即微孔过滤,截留 $0.1\sim10\mu m$ 的微粒,主要为固体悬浮颗粒,实质上是一种澄清过程。超滤,截留 $0.01\sim0.1\mu m$ 的微粒,主要用于分离大分子有机物和细小胶粒。纳滤、截留 $1\sim5nm$ 的微细粒子,主要用于分离小分子有机物和重金属离子,NF 膜多为电荷膜,可通过膜电荷与溶质电荷的相斥作用分离二价盐。反渗透,能截留所有的非溶剂组分,包括一价无机盐,NaCl 截留率可达 99% 以上,参看图 3-21。

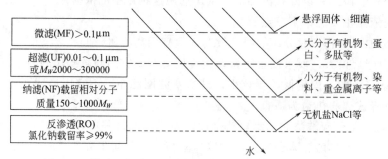

图 3-21 微滤、超滤、纳滤与反渗透截留分子大小范围比较

以浓度差为推动力的膜分离有渗析、乳化液膜;以电位差为推动力的膜分离有电渗析;兼有压力差和浓度差两种推动力的膜分离有气体分离、渗透汽化。

膜分离具有很多优点，如：无相变化，节省能源；没有复杂的传热设备；多数膜分离在接近室温条件下操作，特别适宜热敏物质的处理；操作过程不会出现新的污染；操作简便，易于控制。因而它的应用范围不断扩大，现已遍及海水淡化、石油化工、环境保护以及生物、医药、轻工、食品、电子、冶金、纺织等领域。

第三节　气-固分离

化工生产中，常常要将含有固体微粒的气体进行处理。这种含有固体微粒（灰尘）的气体称为含尘气体，将含尘气体中的固体微粒分离出去的操作称为气-固分离，也称净化、除尘。气-固分离的目的，主要是为净化气体，除去灰尘，也有的是为回收固体颗粒或环境保护。工业上常用的气-固分离方法有沉降法、过滤法、湿法和静电除尘法。

一、沉降法气-固分离

1. 重力沉降

重力沉降是利用悬浮物与气体密度的不同，使悬浮物沉降下来，以实现气-固分离的方法。

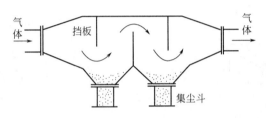

图 3-22　降尘室

降尘室是一种重力沉降设备，其种类很多，最常用的是图 3-22 所示的降尘气道。它安装在气体管道的某段，将管道的截面积扩大，并装上挡板，使气体通过的流速减慢、时间增加，这就使一部分较大的固体颗粒有足够的时间降到室底部；另一部分较小颗粒碰在挡板上，流速变为零，也落到室底部。

这种设备具有结构简单、维护管理容易等优点，适于处理较大的固体颗粒；但其分离效率较低，一般不超过 40%～70%。因此，它只能用于含尘气体的初步净化。有些工艺流程在处理含尘气体时，先用降尘室将容易除掉的颗粒分离出去，再用其他分离方法进一步净化。

2. 离心沉降

离心沉降是利用离心力的作用使含尘气体中的固体颗粒分离出去的方法。

旋风分离器是离心分离法的主要设备，工作原理和旋液分离器基本相同。其结构由两个相套的圆筒组成，外筒下部为圆锥形，如图 3-23 所示，含尘气体由上部入口沿切线方向高速进入，形成旋转气流，到底部又向上返回。气体中的尘粒被甩向筒壁后失去动能，沿壁面落至锥底的除尘管排出，净化后的气

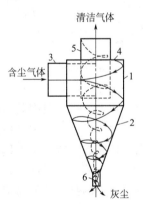

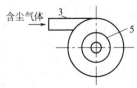

图 3-23　旋风分离器

1—外壳；2—锥形底；3—气体入口管；4—盖；5—气体出口管；6—除尘管

体自下而上运动，由顶部气体出口管排出。

旋风分离器结构简单，制造、安装和维护管理容易，分离效率较高，约为 70%～90%，可分离小到 5μm 的颗粒，并可分离温度较高的含尘气体。缺点是对 <5μm 的颗粒分离效率较低，耗能较高，内壁磨损较重，不易处理黏性、潮湿的含尘气体。

二、过滤法气-固分离

过滤法是使含尘气体经过过滤介质除去粉尘而使气体净化的方法。常用的气体过滤设备有袋滤器、颗粒层除尘器等。

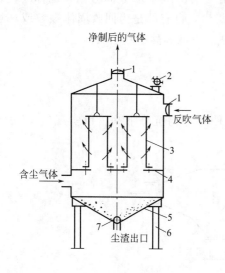

图 3-24　机械振动式袋滤器

1—活门；2—振动装置；3—布袋；4—花板；

5—灰斗；6—支架；7—密封插板

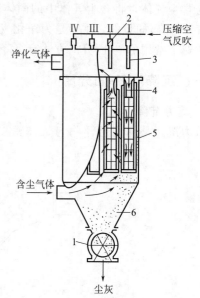

图 3-25　脉冲式袋滤器

1—排灰阀；2—电磁阀；3—喷嘴；4—文丘里管；

5—滤袋骨架；6—灰斗

（布袋Ⅱ在过滤，布袋Ⅰ在清灰）

袋滤器也叫布袋除尘器，其构造如图 3-24 所示。

袋滤器的外壳内悬吊着许多滤袋，袋的下端套在花板的短管上，上端吊在一个可以振动的框架上。操作过程分为两个阶段。

（1）过滤　含尘气体由进口送到花板下面，从下端进入袋内，尘粒被截留在滤袋内，净化气体穿过滤袋，由上部出口管排出。

（2）清灰　过滤操作进行一段时间，袋内积聚灰尘较厚，需要清灰。清灰装置按其方式不同分为四种：即简易清灰式、脉冲喷吹式、回转反吹式和气环反吹式。简易清灰式是用振动机构使滤袋抖动，将袋内灰尘抖落，然后从下部锥形灰斗排走。简易清灰式袋滤器结构简单，操作方便，但布袋磨损快，占地面积大，目前已逐渐被脉冲式袋滤器所代替。脉冲式袋滤器如图 3-25 所示，在每个滤袋上面装一个文氏管，压缩空气通过脉冲阀，经文氏管定期进行反吹，使袋滤器成为连续操作，除尘效率可达 99%。

三、湿法（洗涤除尘法）

这种方法是用洗涤液（一般为水）与含尘气体充分接触，进行洗涤，将气体浸湿，使气体中的粉尘转移到液体中的除尘方法。

1. 文丘里除尘器

文丘里除尘器又称文氏管洗涤器，其结构由文丘里管和除尘器组成，如图 3-26 所示。文丘里管包括渐缩管、喉管和渐扩管。一定流量的气体进入渐缩管，其流速逐渐增加，到达喉管处时，流速可达 $50\sim100\mathrm{m/s}$。水通过喉管外围夹套上许多均匀分布的小孔喷入喉管内，被高速气体撞击，散成许多雾滴，这些雾滴使气体中的粉尘湿润，凝聚成较大的颗粒，与气体一起进入旋风分离器（除尘器）中被分离掉，使气体得到净化。

文丘里除尘器的优点是结构简单，操作方便，分离效率高（对 $0.5\sim1.5\mu\mathrm{m}$ 的尘粒，分离效率可达 99%）；可单独使用，也可串级使用。缺点是能耗大，消耗水量大；净化后的气体含湿量大；排除的含尘废水可能造成污染。

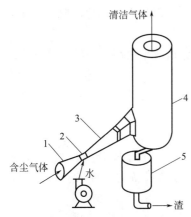

图 3-26　文丘里除尘器

1—渐缩管；2—喉管；3—渐扩管；

4—旋风分离器；5—沉降槽

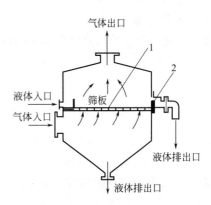

图 3-27　单层泡沫除尘器

1—筛板；2—溢流挡板

2. 泡沫除尘器

泡沫除尘器又称泡沫塔，是一种使含尘气体通过泡沫将固体微粒洗涤分离的湿法除尘器。内设筛板，有单层筛板和多层筛板。单层筛板的泡沫除尘器如图 3-27 所示，外壳为圆形或方形，分上、下两室，中间设有筛板，下室有锥形底。水或其他液体由上室的一侧靠近筛板处进入，受到筛板上升气体的冲击，产生很多泡沫，在筛板上形成一层流动的泡沫层。含尘气体由下室进入，当它上升时，较大的灰尘被下降的液体冲走，由器底部排出；较细小的灰尘通过筛板后被泡沫层截留，并随泡沫层经除尘器另一侧的溢流挡板排出。净化后的气体由上室顶部的气体出口排出。泡沫除尘器的气、液两相接触面积较大，分离效率很高，若尘粒直径大于 $5\mu\mathrm{m}$，分离效率可达 99%；但同样存在耗水多，易污染环境等问题。

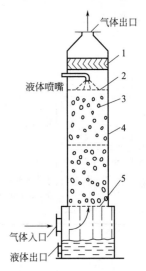

图 3-28　湍球塔

1—捕沫板；2—挡球筛板（上栅板）；3—空心浮球（填料球）；

4—塔体；5—支撑筛板（下栅板）

3. 湍球塔

湍球塔又称浮动层洗涤器，其结构如图 3-28 所示。塔内设有两块筛板，靠下的是支撑筛板，板上堆放着轻质空心浮球（填料球）；靠上的是挡球筛板；塔上部还有液体喷嘴和捕沫板。含尘气体从塔下部进入，穿过支撑筛板向上流动，液体同时从喷嘴喷出。由于向上流动气体的吹动和向下流动液体的喷淋，浮球在两块筛板之间作自由的条流运动。在这种条流运动的冲击下，含尘气体和液体在润湿的浮球表面和整个浮动空间充分接触，从而使气体中的尘粒转移到液体中，使气体得到净化。清洁气体从塔顶送出，含尘污水从塔底部排出。

湍球塔除尘效率较高，对 $2\mu m$ 以上的尘粒，其分离效率可达 99.5% 以上；处理能力大，占地面积小，而且不易堵塞，对易黏结性物料都能使用。缺点是耗水多，压力降较大，还不适于湿度过高的物料。

四、静电除尘法

这种方法的原理是利用高压电场使气体发生电离，含尘气体中的粉尘带电，带电尘粒在强电场的作用下积聚到集尘电极（阳极）上，从而使气体得到净化。静电除尘法的设备有电除尘器、电除雾器等。

静电除尘法能有效地分离 0.1mm 的粉尘或雾滴，分离效率很高，一般可达 99%，最高可达 99.99%；而且阻力较小，处理量大，可用于高温、高压等场合，能连续、自动操作。其缺点是设备费用大，消耗钢材多，对操作管理要求高。因此只有在确实需要时才选用此法。

五、气-固分离设备的比较

在对气-固分离的主要方法和设备有了初步了解后，可对气-固分离设备进行分析比较，其要求与液-固分离设备基本相同。表 3-3 为常用气-固分离设备的性能特点和适用范围。运用此表，可结合前面所学内容，进行设备比较练习。

表 3-3　常用气-固设备比较表

设　备　类　型		要求含尘气体的性质	设备与操作特点	费　用	适用范围
沉降法	重力沉降；降尘室	粒度 $50\sim100\mu m$ 的尘粒，耐高温、耐腐蚀	操作简单，分离效率为 40%~70%	较低，但设备庞大	用于初步除尘，除去较大的颗粒
	离心沉降；旋风除尘器	粒度 $5\mu m$ 的尘粒，耐高温、耐腐蚀	操作简单，处理量大，分离效率 95% 以上；但耗能多	低	是最常用的除尘设备；对 $<5\mu m$ 分离效率低，耗能较多
过滤法	袋滤器	粒度 $1\mu m$ 以上的尘粒，不耐 120℃ 以上的高温，尚耐腐蚀	操作简便，分离效率一般为 79%~84%，最高达 99%	较低	适用范围广，常用于除尘的最终处理；不适于高温、潮湿、易黏结的含尘气体
湿法	文丘里除尘器	粒度 $0.1\mu m$ 以上的尘粒，耐高温耐腐蚀	结构简单，分离效率可达 95%~99%，但阻力大，气体压力损失较大	设备费用低，但动力费用高	是高效的除尘设备，但由于阻力大、耗能大，使用不普遍
静电除尘法	电除尘器	粒度 $0.1\mu m$ 以上的烟尘或雾滴，适用于高温、高压，能连续、自动运行	分离效率高，一般为 95%~99%，最高达 99.99%；对安装维护要求高，清灰不便	高，耗钢材多，耗能多	适用于处理除尘要求很高的气体，使用不普遍

习　　题

1. 解释下列概念，并各举一例说明。

均相物系，非均相物系，非均相物系分离。

2. 下列混合物属于非均相物系的有＿＿＿＿＿＿＿＿＿＿。其中，悬浮液有＿＿＿＿＿＿＿；乳浊液有＿＿＿＿＿；含尘气体有＿＿＿＿＿；含雾气体有＿＿＿＿＿；含泡沫液体有＿＿＿＿＿。

a. 体积分数为 96％的工业酒精　　　　　　b. 质量分数为 42％的液体 NaOH

c. 洁净的空气　　　　　　　　　　　　　d. 除尘处理不合格的锅炉烟囱冒出的烟

e. 浓雾天气时的室外空气　　　　　　　　f. 起泡沫的肥皂水

g. 医用注射药液　　　　　　　　　　　　h. 浑浊的河水

i. 硫酸生产中夹带酸雾的 SO_3 混合气

3. 填写各小题后面的括号，下列混合物中的组分，属于连续相还是分散相？属前者在括号内填 a，后者在括号内填 b。

(1) 浑浊河水中的泥沙 (　　　　)。

(2) 硫铁矿制硫酸，含尘炉气中的灰尘属于 (　　　　)，含尘炉气中的气体属于 (　　　　)；

(3) 隔膜电解法制烧碱盐水精制工序，含沉淀物盐水中的沉淀物属于 (　　　　)；盐水溶液属于 (　　　　)。

4. 下列分离操作，属于非均相物系分离操作的有＿＿＿＿＿＿。

a. 烧碱生产过程中的沉降、过滤（将粗盐水中的固体颗粒除去制成精盐水）

b. 烧碱生产过程中的盐碱分离（将蒸发后碱液中的食盐颗粒分离出去，制成液碱产品）

c. 硫酸生产过程中的吸收（用浓硫酸吸收 SO_3，使转化后混合气中的 SO_3 与其他气体分离）

d. 甲醇生产过程中的精馏（将溶解在液体粗甲醇中的液体杂质分离出去，制成精甲醇）

e. 碳酸氢铵生产过程中将碳酸氢铵颗粒与母液分离

5. 固体颗粒的沉降速度与固体颗粒的大小、密度，液体的密度、黏度以及流动状态有关。当固体颗粒的＿＿＿＿＿＿和＿＿＿＿＿＿＿越＿＿＿＿＿＿，以及液体流速越＿＿＿＿＿＿＿时，则沉降速度越大；当液体的＿＿＿＿＿＿和＿＿＿＿＿＿＿越＿＿＿＿＿＿＿时，则沉降速度越小。

6. 填下表说明凝聚与絮凝的共同点和主要区别，并各举一例。

类　别	举　例	共　同　点	主　要　区　别
凝聚			
絮凝			

7. 下列操作中加入的物质，属于凝聚剂的有＿＿＿＿＿＿，属于天然絮凝剂的有＿＿＿＿＿＿，属于人工合成絮凝剂的有＿＿＿＿＿＿。

a. 烧碱生产中盐水精制的澄清操作，为提高沉降速度而加入的麸皮、淀粉

b. 烧碱生产中盐水精制的澄清操作，为提高沉降速度加入聚丙烯酸钠

c. 钛白生产钛液制备的沉降操作，加入硫化铁、氧化锑以帮助沉降

d. 钛白生产上述沉降操作，加入聚丙烯酰胺、以帮助沉降

e. 制作豆腐时加入石膏（硫酸钙）

f. 净化水时，加入明矾以加速水中固体杂质沉淀

8. 图 3-29 为旋液分离器示意图。

(1) 填图　用蓝色标出一次旋流路线和底流排出路线；用红色标出二次旋流路线和溢流排出路线，并标出适当的文字。

(2) 填空　随底流排出的有＿＿＿＿＿＿＿＿等；随溢流排出的有＿＿＿＿＿＿＿＿。

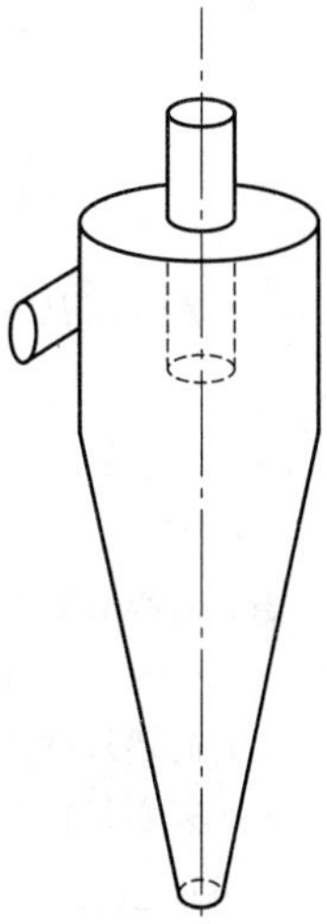

9. 在过滤操作中，待分离的悬浮液称为＿＿＿＿＿＿，通过过滤介质的液体称为＿＿＿＿＿＿，被过滤介质截留的固体颗粒称为＿＿＿＿＿＿或＿＿＿＿＿＿。一个完整的过滤器操作过程可分为＿＿＿＿＿＿、＿＿＿＿＿＿、＿＿＿＿＿＿、＿＿＿＿＿＿四个阶段。

图 3-29　习题 8 附图

10. 过滤操作的推动力是_____。

按照产生压力差方式方法的不同，可将过滤操作分为_____、_____、_____、_____等四种类型。

11. 对过滤介质的要求是什么？常用过滤介质有哪几种？

12. 助滤剂在什么情况下使用？其作用是什么？

13. 钛白生产过程净化工序的过滤操作，要先将粒度60～80目的木炭粉用水调成悬浮液，用泵送入板框压滤机内，然后才打入滤浆开始过滤。木炭粉属于何种辅助材料？这样做的目的是什么？

14. 填表　将下表中所示的四种过滤设备，按推动力分类并在表中填写其所属类型的序号以及分类理由。类型序号：a. 加压过滤　b. 减压过滤　c. 常压过滤　d. 离心过滤

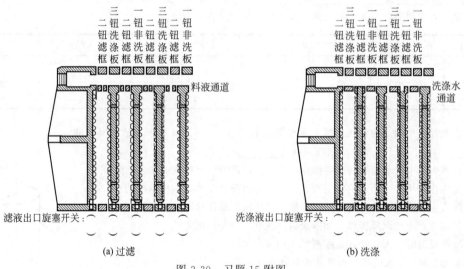

名　　　称	板框压滤机	转鼓真空过滤机	重力砂滤器	三足式离心机
示意简图				
类　　　型				
分类理由				

15. 填图　在图3-30中标出板框压滤机过滤和洗涤阶段的物料流动路线。

图（a）中，用蓝色标出滤浆和滤液的流动路线，并将滤液出口旋塞的开或关填入括号。

图（b）中，用红色标出洗涤水和洗涤液的流动路线，并将洗涤液出口旋塞的开或关填入括号。

图 3-30　习题 15 附图

16. 离心分离的基本原理是固体颗粒产生的惯性离心力_____液体产生的惯性离心力。

a. 小于　　　　b. 等于　　　　c. 大于

17. 简述过滤式离心机和沉降式离心机的原理、结构有何区别。

18. 离心机按分离因数 α 的大小可分为：

（1）α_____称为常速离心机；

（2）α_____称为高速离心机；

（3）α_____称为超速离心机。

19. SS-800 型三足式离心机，"800" 表示_____。

a. 转鼓直径　b. 转鼓高度　c. 机壳直径

20. SS-800 型离心机，每分钟转速为 1200 转，求该机的分离因数。

21. GK-450N 型离心机，每分钟转速为 2000 转。

(1) 该离心机的分离因数是＿＿＿＿＿＿＿＿＿。

(2) 它属于＿＿＿＿＿＿＿＿＿。

a. 常速　b. 高速　c. 超速

22. 某厂隔膜电解法制烧碱生产过程盐水精制工序，要将精制后粗盐水中大量沉淀物［$CaCO_3$、$Mg(OH)_2$］和其他固体杂质除掉，进行初步分离，然后送往后面的过滤岗位进一步加工（该粗盐水外观浑浊，该厂生产规模大，除掉杂质的处理量大）。

(1) 从下面四种气-固分离设备中选择一种最适宜者。

a. 板框压滤机　b. 沉降器　c. 真空叶滤机　d. 离心机

(2) 指出选用这种设备的主要依据。

23. 下列气-固分离操作的目的，属于净化气体的是＿＿＿＿＿＿＿＿＿＿＿＿＿＿，属于收集固体颗粒的是＿＿＿＿＿＿＿＿＿，属于环境保护的是＿＿＿＿＿＿＿＿＿。

a. 炭黑生产中，使含炭黑的烟气通过旋风除尘器和袋滤器，排出气体，收集炭黑

b. 无水亚硫酸钠生产中，含尘 SO_2 的混合气通过旋风分离器，除掉粉尘，制成洁净气体

c. 氟化铝生产中，用旋风分离器和气体洗涤器将粉尘除掉，然后排空

d. 冰晶石生产中，将干燥后的物料，送进旋风分离器，回收冰晶石颗粒，排掉尾气

e. 硫酸生产中，含尘炉气通过旋风分离器、电除尘器和洗涤塔，除掉灰尘，制成洁净的炉气

24. 比较旋风分离器和旋液分离器有何相同点和不同点？

第四章 传 热

第一节 传热有关的基本概念

一、传热

传热，从物理学角度讲，是指热传递，即由于温度差而产生的能量由高温区向低温区的转移；从化学工程角度讲，**是指传热过程，即由于存在温度差而发生热传递的化工过程，是一种重要的单元操作**。本章所说的传热主要指传热过程。

传热是化工生产中使用得非常普遍的单元操作。加热和冷却都属于传热。无论是化学反应过程还是物理变化过程，都要求在一定温度下进行，为达到和保持所要求的温度，就需要传热。在化学反应过程中，吸热反应要经常不断地供给热量以达到反应温度，放热反应要及时取走热量以保持反应温度。例如，聚氯乙烯生产，单体在聚合釜中反应时，要求温度控制在 325～333K。在单体进入聚合釜时，要供给热量，用蒸汽加热达到以上温度；而聚合反应又是放热反应，为保持反应温度不变，就要连续用冷却水把放出的热量取走。在物理变化过程中，许多单元操作都离不开传热，溶液的蒸发，湿物料的干燥，液体混合物的精馏，以及结晶、溶解，都需要传热与之配合。减少热量和冷量的损失，也是传热过程的一部分。为此，化工厂的许多设备、管路要进行保温（绝热），特别是蒸汽管路、冷冻盐水管路，必须要有完善的保温设施。

生产中的传热过程，通常是在两种流体之间进行的，**参与传热的流体称为载热体**，温度较高并在传热过程中失去热量的流体，称为热载热体；温度较低并在传热过程中得到热量的流体，称为冷载热体。如果传热的目的是将冷载热体加热或汽化，则所用的热载热体称为加热剂；如果传热的目的是将热载热体冷却或凝结，则所用的冷载热体称为冷却剂或冷凝剂。

若在传热过程中，温度仅随传热面上各点的位置变化而不随时间改变，这种传热称为稳定传热，其单位时间所传递的热量不变。若在传热过程中，温度不仅随位置变化，而且随时间变化，称为不稳定传热，其单位时间所传递的热量随时间而变化。在化工生产中，除间歇生产和连续生产中的开停车阶段外，多数传热过程都属于稳定传热。本章只讨论稳定传热。

二、热现象、热量、比热容

学习传热原理，必须清楚地理解热现象的几个基本概念。

1. 热现象

热现象是物质运动的一种表现，它是物体内部大量分子无规则运动的宏观表现，这是人们通过长期探索、反复实验、对热的本质所作出的科学结论。

2. 物体的内能

物体内部所有分子做无规则运动的动能和分子势能的总和叫做物体的内能。内能是不同于机械能的另一种形式的能量。一切物体都有内能。内能可以与机械能、电能等其他能量形式相互转化。

内能同温度有密切关系，温度越高，表明分子的无规则运动越激烈，分子无规则运动的动能越大，则内能也越大；反之，则内能就越小。因此，人们常把物体内部大量分子的无规则运动称为热运动，把内能称为热能。热能是内能的一个通俗名称。

内能可以变化。有两种方式可以改变物体的内能——做功和热传递。

3. 温度

表示物体冷热程度的物理量叫温度。从分子运动论的观点看，温度是分子热运动（即无规则运动）的平均动能的标志。温度的计量标准叫温标。

4. 热量

在热传递过程中，高温物体放热，温度降低，内能减少；低温物体吸热，温度升高，内能增加，这部分增加或减少的内能（即吸收或放出的能量）就是热量。**热量指的是热传递过程中传递能量的多少。**热量的符号是 Q，单位是 J(焦［耳］) 或 kJ(千焦)。

热量是与过程有联系的量。有传热过程才有热量。如果没有热传递过程，物体只处于某一状态时，只能说它"含有多少内能"，不能说它"含有多少热量"。

5. 比热容

单位质量的某种物质温度升高或降低 1K 时所吸收或放出的热量，叫做这种物质的比热容，用符号 c 表示，单位是 kJ/(kg·K)。如水的比热容一般取 4.187kJ/(kg·K)，即 1kg 的水当其温度升高 1K 时，需吸收 4.187kJ 的热量。

每种物质都有各自的比热容，同一种物质的比热容又与它的压力、温度有关。物质的比热容可以从手册中查到。常见气体、液体的比热容可查本书附录五（注意：查比热容值，要用流体的定性温度，即流体进出口温度的平均值）。知道比热容，就可以计算物体的热量。热量的基本计算公式是

$$Q=cm(T_高-T_低)$$

式中　　　 Q——在不发生相变时，物体吸收或放出的热量，kJ；

　　　 c——物体的比热容，kJ/(kg·K)；

　　　 m——物体的质量，kg；

$(T_高-T_低)$——热传递过程先后物体的温度差，K。

在使用此公式时，应注意公式中的热量 Q，是指使质量 m 的物体由温度 $T_低$ 升至 $T_高$ 吸收了多少热量，它没有涉及单位时间，与今后传热计算中的"单位时间内的传热量"是有区别的。

三、显热和潜热

显热是物质在没有相变的情况下温度变化时所吸收或放出的热量。例如，将一壶冷水加热，随着时间的推移，水吸收热量，温度升高，在水未烧开之前，水的相态没有变，它所吸收的热量即称为显热。显热可以通过温度变化而被人感知。

潜热是在温度压力不变时物质发生相变所吸收或放出的热量。例如，在常压下对水加热到 373K 时，水开始沸腾，虽继续加热，水温仍保持在 373K，这时，所提供的热量都被用于水变成蒸汽的相变，此时水所吸收的热量就是潜热。若停止加热，则汽化过程也随之停止。潜热用温度计无法测量，人体也无法感觉到。潜热的数值可从有关手册中查到（见附录六）。潜热的具体表现形式有汽化潜热或液化潜热，符号为"r"；熔化热或凝固热，符号为

L，潜热的单位是 kJ/kg。

【例题 4-1】 硫黄制硫酸生产中，熔硫工序开车要先"化黄"，即把粉粒状硫黄熔化为液体硫黄。硫黄的熔点是 392K。化硫黄时，要将 418K 左右的饱和水蒸气（压力 0.35～0.45MPa）通入熔硫池内的蛇形加热管，使池内的固体硫黄升温、熔化，直至完全化成液体，如图 4-1 所示。请回答下列问题。

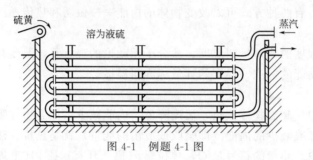

图 4-1 例题 4-1 图

（1）这个过程有没有热传递过程现象？为什么？

解 这个过程有热传递现象，主要是：

① 对固体硫黄加热升温至 392K，这阶段，硫黄吸收热量，温度升高；饱和水蒸气虽然温度没有变化，但冷凝成水放出了汽化潜热，把热量传递给了硫黄；

② 硫黄温度升至 392K 后，从开始熔化到完全熔化。这阶段，硫黄温度虽然没有变化，但吸收了大量熔化热。饱和水蒸气继续放出汽化潜热，把热量传递给硫黄。

（2）指出下面几种说法，是否正确？为什么？由学生独立回答。

① "化硫黄"的第二阶段，温度升到 392K，硫黄开始熔化，温度不再升高，直至完全熔化。这时既然没有升温，所以没有吸热。

② 熔硫工序正常运行时，为保持液体硫黄不凝固，水蒸气温度要经常稳定在 418K 左右。温度虽然没有升降，但水蒸气冷凝一直在放热。

第二节 传热的方式与原理

一、传热的三种基本方式

热传递就是在有温度差的情况下，能量从温度高的物体转移到温度低的物体，或者从物体的高温部分转移到低温部分的过程。像一杯热水放在空间，水的温度逐渐下降，说明水的热逐渐传递给周围的空气。那么，能量是怎样由高温区向低温区转移呢？

图 4-2 是锅炉内水管两侧热传递的示意图。从这个图中可以看到，温度高的火焰怎样把热量传递给温度低的流水。这一传热过程分为三步进行：第一步，在水管外，火焰将热量直接传给管外壁，这是辐射传热；第二步，在管壁内部，热量从较热的管外壁传递到较冷的管内壁，这是传导传热；第三步，在水管内，依靠水的流动，热量从管内

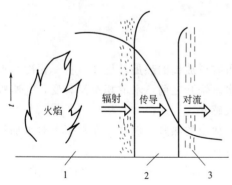

图 4-2 锅炉内传热基本方式的分析
1—炉膛（水管侧）；2—管壁；3—水管内

壁传递到管内的流水，使水的温度上升，这是对流传热。

传导、对流、辐射，就是传热（热传递）的三种基本方式。所有传热过程，都不外乎这三种基本方式。实际过程中，这三种方式常同时出现。下面，分别介绍这三种基本方式的传热原理。

1. 传导传热

（1）热传导的原理 把铁条的一端插进炉内，不一会儿，铁条的另一端也随着热起来，这种现象就是热传导。这是因为物体内部存在温度差，高温区的分子、原子、电子振动得较为激烈，并与相邻的能量较低的分子、原子、电子相互碰撞，将热量以动能的方式传递过去，使低温区的分子、原子、电子振动逐渐加快，温度逐渐升高，直到高温区与低温区的温度达到均衡。在传导过程中，物体内部分子、原子、电子振动的速度发生了变化，但宏观上并未产生相对位移。

当物体存在温度差时，靠大量分子、原子、电子之间的相互碰撞作用，使热量由高温物体（或物体的高温部分）传向低温物体（或物体的低温部分）的传热过程，称为热传导，或传导传热，简称导热。导热主要在固体和静止流体中进行。

（2）物质的导热性能与热导率 把刚开的水倒进铝饭盒，因其烫手而不能用手去端；把开水倒进瓷碗，则因其不烫手而很容易端起来。这种现象说明铝比瓷的导热性能好。

再做如图4-3所示的实验，用熔化的石蜡将火柴固定在金属棒的一端，另一端用热源加热。金属棒有4根，它们分别是：铜棒、铁棒、铝棒、黄铜棒。热量经过金属棒的传导，棒的另一端的温度升高，石蜡熔化，铜棒上的火柴最先落下，其余依次为铝、黄铜、铁。这个实验表明，各种物质导热的性能是不一样的。导热性能强的物质叫热的良导体，导热性能弱的物质叫热的不良导体。

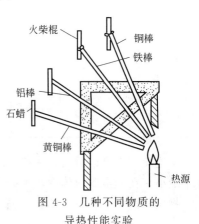

图4-3 几种不同物质的
导热性能实验

物质导热性能的好坏用热导率表示。其物理意义是：当导热面积为 $1m^2$，壁厚为 $1m$，两壁面之间的温度差为 $1K$ 时，单位时间内以导热方式所传递的热量。热导率用符号"λ"表示，单位为 $J/(s \cdot m \cdot K)$，或 $W/(m \cdot K)$。热导率是物质的重要物理性质之一。热导率的数值越大，表明物质的导热能力越强。它不仅因物质的性质、结构不同而有区别，而且随温度、压力的变化而变化。固体的热导率一般随温度升高而增大，如表4-1、表4-2、表4-3所示。

表 4-1 某些固体在 273～373K 时的热导率

金 属 材 料		建筑或绝热材料		金 属 材 料		建筑或绝热材料	
物料	$\lambda/[W/(m \cdot K)]$	物料	$\lambda/[W/(m \cdot K)]$	物料	$\lambda/[W/(m \cdot K)]$	物料	$\lambda/[W/(m \cdot K)]$
铝	204	石棉	0.15	不锈钢	17.4	保温砖	0.12～0.21
青铜	64	混凝土	1.28	铸铁	46.5～93	85%氧化镁粉	0.07
黄铜	93	绒毛毡	0.047	石墨	151	锯木屑	0.07
铜	384	松木	0.14～0.38	硬橡胶	0.12	软木片	0.047
铅	35	建筑用砖	0.7～0.8	银	412	玻璃	0.7～0.8
钢	46.5	耐火砖	1.05[①]				

① 温度在 1073～1373K 时。

表 4-2　某些液体在 293K 时的热导率

名称	λ/[W/(m·K)]	名称	λ/[W/(m·K)]	名称	λ/[W/(m·K)]	名称	λ/[W/(m·K)]
水	0.6	苯胺	0.175	甲苯	0.139	乙酸	0.175
30%氯化钙盐水	0.55	甲醇	0.212	邻二甲苯	0.142	煤油	0.151
水银	8.36	乙醇	0.172	间二甲苯	0.168	汽油	0.186(303K)
90%硫酸	0.36	甘油	0.594	对二甲苯	0.129	正庚烷	0.14
60%硫酸	0.43	丙酮	0.175	硝基苯	0.151		
苯	0.148	甲酸	0.256				

表 4-3　某些气体在大气压下热导率与温度的关系

T/K	$\lambda \times 10^3$/[W/(m·K)]									
	空气	N_2	O_2	蒸汽	CO	CO_2	H_2	NH_3	CH_4	C_2H_4
273	24.4	24.3	24.7	16.2	21.5	14.7	174.5	16.3	30.2	16.3
323	27.9	26.8	29.1	19.8	24.4	18.6	186		36.1	20.9
373	32.5	31.5	32.9	24.0		22.8	216	21.1		26.7
473	39.3	38.5	40.7	33.0		30.9	258	25.8		
573	46.0	44.9	48.1	43.4		39.1	300	30.5		
673	52.2	50.7	55.1	55.1		47.3	342	34.9		
773	57.5	55.8	61.5	68.0		54.9	384	39.2		
873	62.2	60.4	67.5	82.3		62.1	426	43.4		
973	66.5	64.2	72.8	98.0		68.9	467	47.4		
1073	70.5	67.5	77.7	115.0		75.2	510	51.2		
1173	74.1	70.2	82.0	133.1		81.0	551	54.8		
1273	77.4	72.4	85.9	152.4		86.4	593	58.3		

从这几个表可以看出，一般金属的热导率最大，固体非金属次之，液体较小，气体的热导率最小。在非金属液体中，水的热导率最大。

物质的热导率有重要的实际意义。化工厂选用设备材料时，就要参考各种材料的热导率。在需要传热的场合，如锅炉的水管，换热器内的换热管，要选用热导率大的材料；而在需要阻止传热的场合，如设备管路的保温层，要选用热导率小的材料。

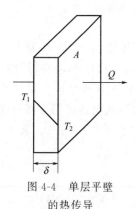

图 4-4　单层平壁的热传导

导热在化工生产中应用很广。换热器的管壁、壳壁所进行的传热都是导热。真空耙式干燥器和滚筒干燥器，就是以传导方式加热筒壁来干燥湿物料的。橡胶工业中的硫化机，有的也以传导方式来加热。

（3）导热速率　导热速率是指物体在单位时间内以导热的方式传递的热量。

图 4-4 是一个由均匀固体物质组成的平面壁，即单层平壁，面积为 A(m²)，热导率为 λ[W/(m·K)]，壁厚度为 δ(m)，壁面两侧温度为 T_1 和 T_2。假设 $T_1 > T_2$ 热量以传导的方式沿着与壁面垂直的方向，从 T_1 平面传到 T_2 平面。实验证明，单位时间内物体以传导方式传递的热量 Q 与该固体壁的热导率 λ，壁面积 A，以及壁面两侧温差（$T_1 - T_2$）成正比，而与壁面厚度 δ 成反比。

即：

$$Q = \frac{\lambda}{\delta} A (T_1 - T_2) \tag{4-1}$$

式(4-1)称为导热速率方程式，可改写成式(4-2)：

$$Q = \frac{T_1 - T_2}{\dfrac{\delta}{\lambda A}} = \frac{\Delta T}{R} = \frac{\text{导热的推动力}}{\text{导热阻力}} \tag{4-2}$$

从式(4-2)可以看出，壁面两侧温度差 $T_1 - T_2$ 即 ΔT，是导热过程的推动力；$R_{导} = \dfrac{\delta}{\lambda A}$ 是导热过程的阻力（简称热阻）。如果要提高导热速率，就要设法增大导热推动力，减少热阻。

实际生产中的传热设备，多数是多层平壁、单层圆筒壁或多层圆筒壁，其导热速率的基本原理与单层平壁相同。

2. 对流传热

（1）对流传热的原理 从图4-5看到：用水壶烧水，虽然炉火只加热壶的底部，但最后全壶水都被烧开，这是因为靠近壶底部的水首先得到热量，温度升高，受热膨胀，密度减小，就向上流动；而壶上部水温较低，密度较大，就自动下降。由于水的上下循环流动，将热量从流体的一部分传到另一部分，最后将整壶水烧开，这种现象就是对流传热。从图4-6的实验看，当盛满水并放有几粒高锰酸钾的烧瓶底部受热时，便从颗粒处生出两条紫红色条纹。这就形象地表明了流体受热后其内部质点的移动路线，并且在质点移动时传递了热量。

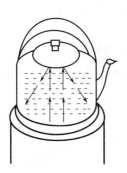

图 4-5 对流现象示意

图 4-6 对流原理实验
烧瓶底部受热，从高锰酸钾颗粒
处生出两条紫红色条纹

由于流体内部质点的相对位移而将热量从流体中某一处传递至另一处的传热过程，称为对流传热，简称对流。对流是液体、气体传热的主要方式。对流传热可分为自然对流和强制对流。由于流体各处温度不同引起密度差别而产生的对流，称为自然对流。像前面讲的水壶烧水的过程，以及大气因下层受热而产生的上下循环流动等，都是自然对流。由于受到外力的作用而产生的对流称为强制对流。像用泵把流体送到换热器，用搅拌使反应釜内液体产生对流等，都是强制对流。由于强制对流形成的流体流动，能得到较好的传热效果，故工业上的对流传热多数为强制对流。

对流传热在生产中应用相当广泛。例如，气流干燥器、喷雾干燥器、厢式干燥器，都是以对流为主的干燥器；锅炉水暖系统，主要利用对流原理将热量从锅炉传递到散热器；换热器则充分运用对流原理实现热交换。

（2）给热过程 在化工生产中，对流传热通常指流体和它直接接触的固体壁面相互之间的热量传递过程，如图4-7所示，冷、热两种流体通过一层隔壁进行传热，热量从热流体传至隔壁，再从隔壁传至冷流体，这种传热过程也叫给热过程。

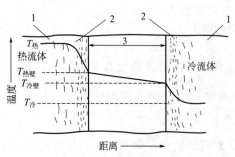

图 4-7 流体在壁面两侧流动及温度分布情况
1—湍流主体；2—层流内层；3—固体壁面

在流体流动过程中，靠壁面处会产生一个边界层，如图 4-7 所示，叫层流内层。层流内层的流体处于滞流（层流）状态。边界层以外的主体流体，其流动常处于湍流状态，称为湍流主体。湍流主体中的分子出现剧烈的扰动并产生相对位移，热传递以对流方式进行，传热速率高，温度下降很小，温度曲线接近水平线。靠壁面的层流内层，流体流动是作平行的直线运动，热传递以传导的方式进行。由于流体的热导率要比金属低得多，所以层流内层内传热速率很低，温度下降很大，温度曲线的变化很大。热量传至金属固体壁，仍以传导方式进行，由于金属热导率较高，温度下降不大，温度曲线变化平缓。

由以上分析可以看出，给热过程包括边界层外的对流和边界层内以及固体壁的导热两种方式的传热过程，给热过程的阻力主要在层流内层。如果要强化对流传热，就要设法降低阻力，加大湍流程度，减小层流内层的厚度。

（3）对流传热速率和对流传热膜系数　对流传热速率是指在单位时间内以对流方式所传递的热量，也叫给热速率。由于给热是个较复杂的综合过程，很难进行严格的数学计算，目前工程上用半经验的方法来处理。

大量实践证明，在单位时间内以对流方式传递的热量（给热速率）Q，与固体壁面积 A 成正比，与壁面温度和流体主体平均温度之差 $T_{冷壁} - T_{冷}$ 成正比。当引入系数 α 后，就得出以下公式：

$$Q = \alpha A (T_{冷壁} - T_{冷}) \tag{4-3}$$

式中　Q——对流传热速率（给热速率），J/s 或 W；

A——固体壁面积，m^2；

α——对流传热膜系数（或给热系数），$J/(m^2 \cdot s \cdot K)$ 或 $W/(m^2 \cdot K)$；

$T_{冷}$——冷流体主体平均温度，K；

$T_{冷壁}$——冷流体一侧壁温，K。

式 (4-3) 称为对流传热速率方程式。

当流体主体温度高于壁温时，式 (4-3) 也可改写成：

$$Q = \frac{T_{热} - T_{热壁}}{\frac{1}{\alpha A}} = \frac{\Delta T}{R} \tag{4-4}$$

式中　ΔT——给热过程的推动力；

$T_{热}$——热流体主体平均温度，K；

$T_{热壁}$——热流体一侧壁温，K；

$\frac{1}{\alpha A}$——即 R，给热过程的热阻。

对流传热膜系数（给热系数）α 是一个重要的比例系数，只要提高 α 值，就能提高对流传热的速率。在实际生产中，强化传热的重要手段之一就是设法提高 α 的值。提高 α 值的最有效方法是加大湍流程度，减小层流内层厚度。提高流体的流速，可以起到加大湍流的作用。

【例题 4-2】 用对流传热原理分析以下两个生产中的问题。

① 图 4-8(a) 是夹套换热器的示意图，试分析其换热情况，并用箭头标出器内液体的流动方向。

② 沉降器的作用是固-液分离，如图 4-8(b) 所示。当所处理的悬浮液温度高于外界气温时，就要求沉降器的外壁有良好的保温措施，这是为什么？

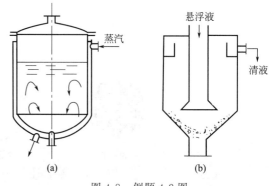

图 4-8 例题 4-2 图

解 ① 如图 4-8(a) 所示，蒸汽在夹套内放热，首先将靠近器壁的液体加热。这部分液体受热，温度升高，密度减小，向上流动；器内中间的液体则向下流动，形成如图中箭头所示的自然对流传热，从而使换热器内液体温度均匀。由于流体传热膜系数较小，为了提高传热效率，常在器内装上搅拌器，以使器内液体处于强制对流状态，强化传热效果。

② 由学生独立解此题。

提示：沉降器操作最怕发生"返混"现象，即将沉淀下来的颗粒又搅动起来。

3. 辐射传热

(1) 辐射传热的原理 当人站在火炉旁打开炉门时，虽未与火焰接触，却感到有一股"热气"逼人，这就是热量以辐射方式"射"到人体的现象。这种现象的实质是，高温物体将内能转化为辐射能，借助电磁波以辐射线的形式发射出去；低温物体部分或全部地吸收这种辐射能，并转化为内能，使其温度上升，热量就这样从高温物体传递到低温物体。

借助电磁波以发射和吸收辐射线的形式进行的热传递，称为辐射传热，或热辐射。

发射和吸收辐射能是物体固有的特性。各种物体，只要温度高于绝对零度，都会不断地借助电磁波向外界发射辐射能，同时，又不断地吸收来自外界其他物体的辐射能。

辐射传热具有以下三个特点。

① 辐射传热不需要任何介质做媒介。导热、对流传热都必须靠冷热物体直接接触或通过中间介质来传递热量，而辐射传热则不依靠任何媒介或接触，而是通过自身发射的辐射线来传递热量，这种辐射线能通过真空传递出去。如太阳的能量传至地球，就是借助电磁波发射强大的辐射线，穿过接近真空的辽阔太空，而射到地面。

② 辐射传热过程伴随着两次能量转化。第一次是物体的内能转化为辐射能发射出去；第二次是这种辐射能射至另一物体表面被吸收，又转化为内能。

③ 辐射传热不是单方面的能量传递，而是物体之间相互交换的结果。当两种物体存在温度差时，高温物体和低温物体都在不断地发射和吸收辐射能，但高温物体发射给低温物体的能量大于低温物体发射给高温物体的能量，因此，总的结果是高温物体把能量传给了低温物体。

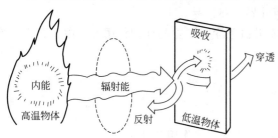

图 4-9 辐射能投射到物体表面的示意

(2) 物体对辐射线的吸收与辐射能力 当辐射能投射到物体表面时，投射的总能量可分为三部分：一部分被物体吸收，一部分被物体反射，另一部分透过物体，见图 4-9。能吸收全部辐射能的物体，称为绝对黑体，或黑体；能反射全部辐射能的物体，称为绝对白体，或白体，镜体；能全部透过辐射能的物体，称为透热体，如图 4-10 所示。实际上绝对的黑体、白体、透热体并不存在，但建立这几个概念对实际工作很有用处。

图 4-10　绝对黑体、绝对白体与绝对透明体

　　表示物体吸收与辐射能力的数值称为吸收率，或黑度。吸收率大的物体叫良吸收体，吸收率小的物体叫不良吸收体。例如，纯黑的煤，以及没有光泽的黑漆表面吸收率很大，近似为黑体，是良吸收体。银色涂料表面，吸收率很小，是不良吸收体。吸收能力强的物体，其辐射能力也强。物体对辐射线吸收与辐射的能力，除了和物体的种类有关外，还和以下两种因素有关。

　　① 物体表面越黑暗、粗糙，其吸收与辐射能力越强；反之，白色、光滑的物体表面，吸收与辐射的能力很弱。太阳能热水器的表面涂成黑色，为的是尽可能地吸收太阳辐射的能量。化工厂设备和管路的保温层外常加一层银白色的有光泽的金属薄板，其作用不仅是为加固、美观，更重要的是，这层薄板表面吸收能力最小，反射能力最大，可以更有效地阻止设备内部与外界的辐射传热。

　　② 物体温度越高，吸收与辐射的能力越大。化工生产中，在常温和低温的场合，热辐射不作为主要的传热方式；而在高温场合，热辐射乃是主要的传热方式。例如，炼油厂的加热炉，炉膛温度高达 800℃左右，热辐射作为主要的传热方式。大多数管式加热炉，辐射室的热负荷约占全炉总热负荷的 70%～80%。因此，在高温的生产岗位操作时，更要深刻理解热辐射规律在生产上的作用。

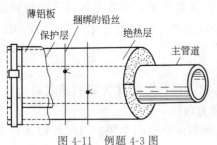

图 4-11　例题 4-3 图

　　【例题 4-3】　如图 4-11 所示，保温的内层为绝热层，外层为保护层，（采用银白色金属薄板或用玻璃布外边刷白色涂料）。试分析它们都运用了哪些传热原理？

　　解　保温综合运用了以下几种传热方式。

　　绝热层，选用 λ 值小的保温材料，有效地阻止了内部与外界的热传导。

　　保护层，外部用银白色金属薄板或涂上光滑白色涂料，除起保护作用外，由于其吸收率很小，能有效地阻止内部热量的辐射与吸收。

　　【看看想想 4-1】　观察生活中的传热

观察以下现象。

1. 仔细观察暖水瓶，特别注意：

① 瓶胆的结构，瓶胆由两层玻璃构成，中间抽空，其作用是什么？

② 瓶胆表面有一层银色镀膜，其作用是什么？

③ 瓶塞的材质，为什么用这种材质？

说说其中道理，暖水瓶保温运用了几种传热方式？

2．向暖水瓶中灌水有两种方法：第一种，灌满水，直到水接触瓶塞；第二种，不灌特别满，顶部留出部分没有水的空间。那种方法保温效果好？为什么？

3．中国北方工厂、学校、住宅的暖气及其管道表面涂一层银白色涂料，其作用是什么？若用一种银色薄膜紧贴在暖气及其管路上，不久室内温度便升高 2℃，说说其中道理。

再看看本节教材中讲的化工设备保温外层有一银色的外罩，有的用金属薄板，有的用银色、光滑的专用塑料膜，以上两种现象的原理有没有相似处？

4．中国东北地区房屋的窗户都安装两层玻璃窗扇，是何道理？

5．举出两个生产、生活中使用银白色外表面或内表面的实例，讲讲其中的原理。

二、工业上的换热方法

在工业生产中，由于换热的目的和工艺条件不同，换热方法有多种。按其原理和设备类型，常用的换热方法有以下三种。

1．直接混合式换热

直接混合式换热即冷、热流体直接接触，在混合过程中传热。像凉水塔（如图 4-12 所示）、喷洒式冷却塔、混合式冷凝器（如图 4-13 所示）等，都属于这种类型。它们的结构简单，传热效果好，但只适用于两股流体允许直接接触的场合，适用范围很小。

2．间壁式换热

冷、热两种流体被固体壁面隔开，传热时，热量从高温流体传给壁面，壁面再传给冷流体，这种换热方式称为间壁式换热。这种方法适用于冷、热两股流体不允许直接接触的场合。化工生产中，冷热两股流体多数不能直接接触，因此间壁式换热是化工生产中应用最广泛的换热方法。用这种方法换热的设备称为间壁式换热器。

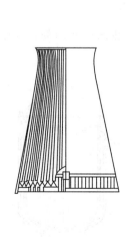

图 4-12　凉水塔

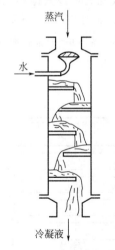

图 4-13　混合式冷凝器

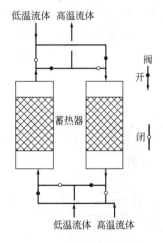

图 4-14　蓄热式裂解炉

3．蓄热式换热

这种换热方法通常是在蓄热器中进行的，蓄热器内装有耐火砖或专门制作的蓄热体。操作时，首先通入热流体，将热量传给填充物储存；然后改通冷流体，填充物将所储存的热量释放出来传给冷流体，冷流体温度升高，从而达到冷热流体换热的目的见图 4-14。这种方法效率很高，但难免在交替时出现两股流体混合，因此使用不多。

第三节　间壁式换热器的原理及操作

化工生产中使用的换热器绝大多数是间壁式换热器。本章重点介绍间壁式换热器的基本原理和操作方法，它对其他类型的换热器也基本适用。

一、间壁式换热器传热原理

1. 间壁式换热器的种类

用间壁式方法换热的设备称为间壁式换热器，最常用的间壁式换热器有以下四种。

（1）列管式换热器　列管式换热器是最典型的间壁式换热器。它主要由管束与壳体构成，如图 4-15 所示，故也称管壳式换热器。它具有坚固、处理能力大、适应性强等优点，是化工生产中使用最广的换热设备。管子的表面积之和即为它的传热面积。

（2）套管式换热器　如图 4-16 所示，由两种直径大小不同的直管焊成的同心圆套管组成，内管的表面积可视为传热面积。

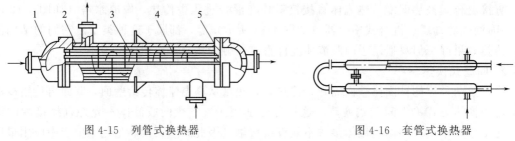

图 4-15　列管式换热器　　　　　　　　　　　图 4-16　套管式换热器

1—封头；2—壳体；3—换热管；4—折流挡板；5—管板

（3）蛇管式换热器　主要部件是盘成螺旋形或其他形状的直管。它又分为两种，一种是沉浸式，如图 4-17 所示；另一种是喷淋式，如图 4-18 所示。

（4）夹套式换热器　如图 4-19 所示，容器的外部装有夹套，加热剂或冷却剂在器壁与夹套之间流动，容器内壁就是换热器的传热面积。

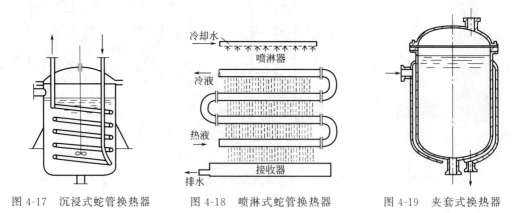

图 4-17　沉浸式蛇管换热器　　　图 4-18　喷淋式蛇管换热器　　　图 4-19　夹套式换热器

2. 间壁式换热器的传热过程

间壁式换热器是依据对流传热原理和热传导原理实现热交换的，是上述两种方式相结合的传热过程。用图 4-20 所示实例可对这种传热过程作进一步分析。图 4-20(a) 是套管换热

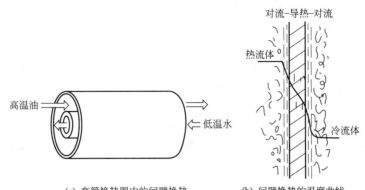

(a) 套管换热器中的间壁换热　　　　(b) 间壁换热的温度曲线

图 4-20　间壁式换热原理示意

器的一部分，低温流体走管内，高温流体走管隙，二者逆向流动。其换热过程如图 4-20（b）所示，高温油先以对流传热方式将热量从管隙传至内管外壁，再以传导方式传给内管内壁，最后又以对流方式从内管内壁传给内管里的低温水。因此，间壁式换热器的传热过程实际上经历了"对流-传导-对流"三个阶段，这个过程可用框式图概括说明。

$$\boxed{热流体的热量} \xrightarrow{对流给热} \boxed{器壁一侧} \xrightarrow{导热} \boxed{器壁另一侧} \xrightarrow{对流给热} \boxed{冷流体}$$

3. 传热过程的基本计算

传热过程的基本计算主要有以下两种。

（1）传热过程的热量衡算　热量衡算是能量衡算的一个方面，要依据能量衡算通式

$$输入的能量＝输出的能量＋能量损失$$

这个通式用于传热过程可表述为，热流体向系统输入的热量等于冷流体从系统带走的热量加热量损失：

$$Q_{进}＝Q_{出}＋Q_{损} \tag{4-5}$$

或

$$Q_{热}＝Q_{冷}＋Q_{损} \tag{4-6}$$

如果换热器保温良好，忽略热损失，则可写成：

$$Q_{热}＝Q_{冷} \tag{4-7}$$

式（4-6）和式（4-7）就是传热过程的热量衡算式。

（2）传热速率的计算　传热速率是指换热器在单位时间内所交换的热量，以 Q 表示，单位为 J/s 或 W。传热速率方程式为

$$Q＝KA\Delta T \tag{4-8}$$

式中　K——传热系数，$W/(m^2 \cdot K)$；

　　　A——间壁的传热面积，m^2；

　　　ΔT——冷热流体主体的平均温度差，K。

传热速率方程式与热量衡算式被称为传热过程的两个基本方程，它们不仅是工程计算的基础公式，也是生产中进行经济核算的基础公式。

二、传热过程的热量衡算

热量衡算是重要的化工基本计算，不仅化工设计必须进行热量衡算，而且日常生产操作也经常要计算各个工序、设备的热量消耗和载热体的用量，目的是准确掌握能耗现状，考核

各车间、班组的耗能水平，挖掘生产中的节能潜力，制定有效的节能措施。

1. 热负荷 Q 的计算方法

生产工艺上要求换热器具有的换热能力，称为换热器的热负荷。一台能满足工艺要求的换热器，应使其传热速率等于或略大于热负荷。所以知道了换热器的热负荷，便可确定其他的传热速率。要注意，热负荷与传热速率，其数值相同或相近，但含义并不一样。热负荷是指生产上要求换热器应具有的换热能力，传热速率则是换热器本身具有的换热能力。

针对传热过程中有无相变，热负荷的计算方法有以下三种。

(1) 温差法 当流体在换热过程中无相变而只有温度变化时，则热负荷计算用温差法，公式是

$$Q_热 = q_{m热} \cdot c_热 (T_{热1} - T_{热2}) \tag{4-9}$$

$$Q_冷 = q_{m冷} \cdot c_冷 (T_{冷2} - T_{冷1}) \tag{4-10}$$

式中　$q_{m热}$，$q_{m冷}$——热流体和冷流体的质量流量，kg/s；

　　　$c_热$，$c_冷$——热流体和冷流体的比热容，kJ/(kg·K)；

　　　$T_{热1}$，$T_{热2}$——热流体最初和最终温度，K；

　　　$T_{冷1}$，$T_{冷2}$——冷流体最初和最终温度，K。

(2) 潜热法 当流体在换热过程中仅有相变化时，热负荷计算用潜热法。这种情况所传递的热量是潜热，沸腾汽化吸收的热量为汽化潜热，冷凝放出的热量为液化潜热（即冷凝潜热）。汽化潜热的符号为 r，其物理意义是**质量 1kg 的某物质，在一定压力下，由液体完全转变为同温度的蒸气所吸收的热量**，单位为 kJ/kg；反之，则为该物质的冷凝潜热。**同一种物质的冷凝潜热和汽化潜热数值相等**。潜热法计算公式是

$$Q_热 = q_{m热} \cdot r_热 \tag{4-11}$$

$$Q_冷 = q_{m冷} \cdot r_冷 \tag{4-12}$$

式中　$q_{m热}$，$q_{m冷}$——热流体和冷流体的质量流量，kg/s；

　　　$r_热$，$r_冷$——热流体和冷流体的汽化潜热，kJ/kg。

(3) 焓差法 焓，也称热焓，物质在某一状态（温度，压力等）下的焓值，就是使该物质由基准状态变为现状态时所需的热量。在热量计算中，物质在某温度下热焓的数值，一般指 1kg 流体由 273K 加热至某一指定温度（包括相变）时所需的热量。热焓的符号为 H (h)，单位 kJ/kg。

在热负荷的计算过程中，不论有没有相变，都可用焓差法。特别是在既有相变又有温度变化时，用焓差法计算很方便。公式是

$$Q_热 = q_{m热}(H_1 - H_2) \tag{4-13}$$

$$Q_冷 = q_{m冷}(h_2 - h_1) \tag{4-14}$$

式中　H_1，H_2——热流体最初、最终的热焓，kJ/kg；

　　　h_1，h_2——冷流体最初、最终的热焓、kJ/kg。

饱和水蒸气的焓值可从附录七、八中查到。

【例题 4-4】 在某换热器中，用 373K 饱和水蒸气做热源来加热一种冷流体，已知蒸汽用量 $q_{m热}$ 为 200kg/h，求换热器应具有的传热速率 $Q_热$。

解 从已知条件看，饱和水蒸气冷凝有相变，无温度变化，可用潜热法。

$$q_{m热} = 200\text{kg/h} = 0.0556 \text{ kg/s}$$

从附录八饱和水蒸气表中查得，373K 饱和水蒸气的汽化潜热 $r_热 = 2256.8\text{kJ/kg}$

$$Q_热 = q_{m热} \cdot r_热$$

$$=0.0556 \times 2256.8$$
$$=125 \text{ (kJ/s)}$$

【**例题 4-5**】 某化工厂用一台换热器冷却一种高温气体，冷却水进口温度为 303K，出口温度为 313K，冷却水用量 $q_{m冷}$ 为 1100kg/h；气体进口温度为 363K，出口温度为 323K，求换热器的热负荷 Q。

解 此题无相变，但有温度变化，可用温差法。换热器的热负荷可以从热流体单位时间内放出的热量，或冷流体单位时间内吸收的热量来确定，但因题中热流体流量未知，故以冷流体为基准计算。

冷却水的比热容为 $c_冷 = 4.18 \text{kJ/kg}$

$$Q_冷 = q_{m冷} \cdot c_冷 (T_{冷2} - T_{冷1})$$
$$= 0.306 \times 4.18 \times (313 - 303)$$
$$= 12.79 \text{ (kJ/s)}$$

【**例题 4-6**】 在列管换热器中，用 373K 水蒸气加热某冷流体。已知蒸气流量 $q_{m热}$ 为 950kg/h，蒸汽放热冷凝并冷却至出口处的 353K。求蒸气冷凝并冷却后所放出的热量 Q（或求该换热器单位时间内所传递的热量）。

解 从已知条件看，用水蒸气加热，既有相变又有温度变化，用焓差法。从附录八中查得

373K 水蒸气的热焓 $\quad H_1 = 2675.5 \text{kJ/kg}$

353K 水的热焓 $\quad H_2 = 335 \text{kJ/kg}$

$$Q = q_{m热}(H_1 - H_2)$$
$$= 0.264 \times (2675.5 - 335)$$
$$= 618 \text{ (kJ/s)}$$

此题也可用温差法和潜热法分别计算，然后叠加。

2. 传热过程的热量计算（衡算）的步骤

（1）弄清题意 明确衡算的目的要求，有哪些已知条件，根据冷、热流体有无相变，确定采用哪种方法计算 Q 值。

（2）画示意图 把所有数据都标在图上，用箭头表示流体进、出方向，哪些数据属于进方或出方，见图 4-21。

（3）确定基准 先确定进方（热流体一方）或出方（冷流体一方），再将要加热到的某一温度作为基准，计算达到此温度所需的热量。

（4）做计算准备 为热量衡算做好一切准备，将衡算式中所必需的每个数据逐个计算出来（有的要查表，有的要推算），使衡算式中有足够的已知数。

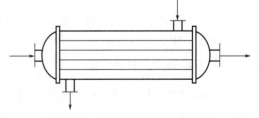

图 4-21 热量计算示意图的画法

（5）列出热量衡算式并计算、求解 注意单位统一。

（6）填写热量平衡表 用平衡表验算。

3. 热量计算应注意的几个问题

① 热量计算的系统，可以是整个产品，也可以是一个工序、一个设备。本章介绍的传热过程热量计算主要是对一个设备的计算。

② 以上步骤，是热量计算的完整、规范的步骤。为了计算方便，可以简化。本书中凡明确指出要求热量计算的习题，应按完整步骤进行。

③ 传热过程热量计算的步骤，也适用于其他过程的热量计算。如，蒸发、结晶等单元操作。但 $Q_{热}=Q_{冷}+Q_{损}$ 衡算式对其他过程不适用。其他过程应遵循 $Q_{进}=Q_{出}+Q_{损}$ 热量衡算通式。

【例题 4-7】 某列管换热器用 110kPa 的饱和水蒸气加热苯，使其从 293K 加热至 343K，苯走管内，蒸汽走管外（由于蒸汽走管外，热损失按 5% 考虑），已知苯的体积流量为 $5m^3/h$，试对此列管换热器进行热量计算，并求出每小时蒸气消耗量 $q_{m汽}$。

解 （1）分析题意 本题热流体一侧有相变，采用潜热法，$Q_{热}=W_{汽}\times r_{汽}$，冷流体一侧无相变，有温度变化，采用温差法，$Q_{冷}=q_{m苯}\cdot c_{苯}\cdot(T_{冷2}-T_{冷1})$

若热损失为 5%，则

$$Q_{热}=Q_{冷}\cdot(1+5\%)$$

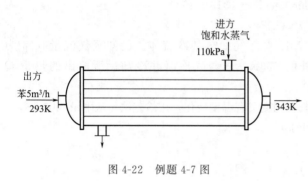

图 4-22　例题 4-7 图

（2）画示意图（见图 4-22）

（3）确定基准 因出方已知条件较多，故以出方苯所达到的温度 343K 为基准。这样，整个衡算式就只有一个未知数 $q_{m汽}$。

（4）做计算准备

① 先算出方，$Q_{冷}=q_{m苯}\cdot c_{苯}(T_{冷2}-T_{冷1})$。

a. 查表，苯的密度 $\rho=900kg/m^3$，求 $q_{m苯}$。

$$q_{m苯}=\frac{5}{3600}\times900\ kg/s$$

b. 定性温度 $=\dfrac{293+343}{2}=318K$，求 $c_{苯}$。

查附录五，$c_{苯}=1.756kJ/(kg\cdot K)$

c. $(T_{冷2}-T_{冷1})=(343-293)K$

② 再算进方，$Q_{热}=q_{m汽}\cdot r_{汽}$。

求 $r_{汽}$：查附录七，110kPa 水蒸气的汽化潜热 $=2245kJ/kg$

则 $Q_{热}=W_{汽}\times2245$

（5）列出热量衡算式　$Q_{热}=Q_{冷}\times(1+5\%)$

$$q_{m汽}\times2245\times10^3=\left(\frac{5}{3600}\times900\right)\times1.756\times10^3\times(343-293)\times(1+5\%)$$

$$q_{m汽}\times2245\times10^3=110\times(1+5\%)\times10^3$$

$$q_{m汽}=0.0514kg/s=185.2kg/h$$

（6）写出热量平衡表

用蒸汽加热苯的热量平衡表

进　方（$Q_{热}$）			出　方（$Q_{冷}$）		
名　　称	质量流量/(kg/s)	热量/(kJ/s)	名　　称	质量流量/(kg/s)	热量/(kJ/s)
蒸汽	0.0514	115.5	苯带走 热损失	1.25	110 5.5
合计		115.5	合　计		115.5

三、传热速率方程式的计算与应用

生产操作中进行传热速率方程式计算，主要是测算换热器传热系数 K 值，以鉴别其传热效果的好坏，为提高传热效率提供依据。为计算方便，可将传热速率方程式 $Q=KA\Delta T$ 改写成下式：

$$K = \frac{Q}{A\Delta T} \tag{4-15}$$

传热系数 K 的物理意义是：当冷、热流体主体的温度差为 1K 时，单位时间内 $1m^2$ 传热面积所传递的热量。 由式(4-15)看出，K 值是衡量换热器传热性能好坏的重要参数。如果工艺条件对 Q 和 ΔT 的值已经确定，那么提高 K 值就是提高传热效率的关键因素。

测算 K 值的具体步骤是，首先逐个求出 Q、ΔT、A，然后代入式(4-15)算出 K 值。下面介绍 ΔT 和 A 的求算方法。

1. 平均温度差 $\Delta T_{均}$ 的求算方法

在换热器中，由于冷、热流体的温度沿着壁面不断变化，两股流体的温度差在各处都不一样，因此只能取其平均值，即平均温度差 $\Delta T_{均}$。$\Delta T_{均}$ 的求算方法，又分恒温传热与变温传热。

（1）恒温传热 $\Delta T_{均}$ 的求算　在换热过程中，两种流体沿换热器壁面的任何位置、任何时间的温度都相同，这种传热称为恒温传热。换热器器壁两侧都发生相变时的传热过程是恒温传热。例如，在蒸发器中，用恒温的饱和水蒸气加热一种沸点恒定的溶液，器壁的一侧是蒸汽冷凝，温度恒定不变；器壁的另一侧是液体沸腾，温度也恒定不变，如图 4-23 所示，水蒸气在蒸发器内各处的温度都是 $T_{热}$，被加热溶液在蒸发器内各处的温度都是 $T_{冷}$，冷、热流体的温度差 $T_{热}-T_{冷}$ 是不变的。因此，恒温传热的平均温度差为

$$\Delta T_{均} = T_{热} - T_{冷} \tag{4-16}$$

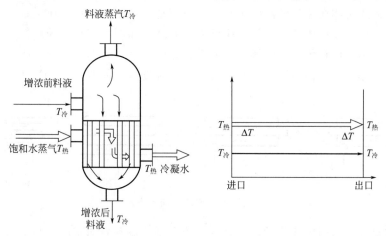

图 4-23　恒温传热示意

（2）变温传热 $\Delta T_{均}$ 的求算

① 变温传热。在换热过程中，冷、热两种流体或其中一种流体沿换热器壁面任何位置上的温度都在不断变化，这种传热称为变温传热。变温传热有两种情况：一种情况是器壁两侧都没有相变；另一种情况是一侧没有相变，另一侧有相变。例如某冷却器，用 278K 的冷水来冷却 423K 的高温油，如图 4-24(a) 所示，高温油的温度由进口处的 $T_{热1}$423K 逐渐下

降，一直降到出口处的 $T_{热2}$ 333K；而冷水的温度由进口处 $T_{冷1}$ 278K 逐渐上升，一直升到出口处的 $T_{冷2}$ 323K，这种传热是变温传热。再如，有些换热器用饱和水蒸气加热冷流体，热流体饱和水蒸气的温度 $T_热$ 不变，冷流体的温度则逐渐上升，由进口处 $T_{冷1}$ 升到出口处 $T_{冷2}$，如图 4-24(b) 所示，这种间壁一侧有相变另一侧无相变的传热也是变温传热，其热流体在两端的温度都用 $T_热$ 表示。

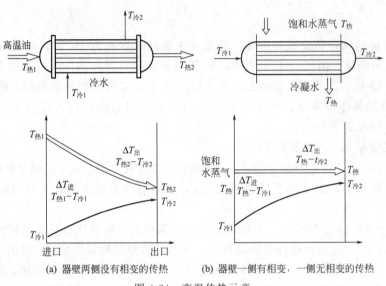

(a) 器壁两侧没有相变的传热　　(b) 器壁一侧有相变，一侧无相变的传热

图 4-24　变温传热示意

在变温传热中，冷、热两股流体进出口端的温差 $\Delta T_进$、$\Delta T_出$，以及沿换热器壁面各点的温差，都不相同。因此两股流体的温差，只能求其平均值 $\Delta T_均$。

② 换热器内流体的流动方向。换热器内冷、热两股流体的流动方向有四种类型。

并流　冷、热流体在传热壁两侧按同一方向流动，如图 4-25(a) 所示；

逆流　冷、热流体在传热壁两侧按相反方向流动，如图 4-25(b) 所示；

错流　冷、热流体在传热壁两侧彼此成垂直方向流动，如图 4-25(c) 所示；

折流　冷、热流体在传热壁两侧并流或逆流交替进行，如图 4-25(d) 所示。

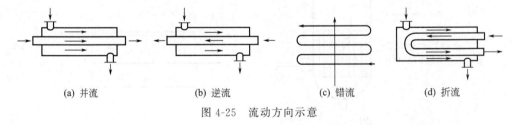

(a) 并流　　　　(b) 逆流　　　　(c) 错流　　　　(d) 折流

图 4-25　流动方向示意

这四种流动方向对两股流体的温度差有直接影响。流动方向不同，其平均温度差的求算方法也不同。

③ 变温传热中逆流和并流平均温度差的求算方法。设热流体进口温度为 $T_{热1}$，出口温度为 $T_{热2}$；冷流体进口温度为 $T_{冷1}$，出口温度为 $T_{冷2}$。计算前先要比较换热器两端冷、热流体的温差值，确定出温差值大者 $\Delta T_大$ 和温差值小者 $\Delta T_小$。

并流时，如图 4-26(a) 所示，$\Delta T_大 = T_{热1} - T_{冷1}$，$\Delta T_小 = T_{热2} - T_{冷2}$。

逆流时，如图 4-26(b) 所示，左端两股流体的温度差 ΔT 为 $T_{热1} - T_{冷2}$，右端两股流体

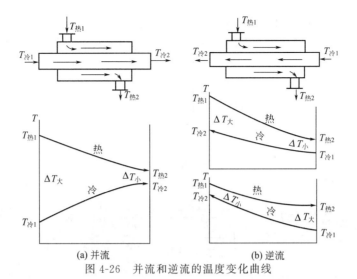

(a) 并流　　　　　　　　　(b) 逆流

图 4-26　并流和逆流的温度变化曲线

的温度差 ΔT 为 $T_{热2}-T_{冷1}$，比较二者，确定 $\Delta T_大$ 和 $\Delta T_小$。

然后，将 $\Delta T_大$ 和 $\Delta T_小$ 代入平均温度差公式(4-17) 计算：

$$\Delta T_均=\frac{\Delta T_大-\Delta T_小}{\ln\dfrac{\Delta T_大}{\Delta T_小}}\qquad(4\text{-}17)$$

式中　$\Delta T_均$——对数平均温度差，K；

　　　$\Delta T_大$——差值较大一端的冷、热流体温度差，K；

　　　$\Delta T_小$——差值较小一端的冷、热流体温度差，K。

当 $\dfrac{\Delta T_大}{\Delta T_小}\leqslant2$ 时，可按算术平均值计算。

即：
$$\Delta T_均=\frac{\Delta T_大+\Delta T_小}{2}\qquad(4\text{-}18)$$

如果间壁一侧流体有相变，则 $T_{热1}=T_{热2}=T$

$$\Delta T_大=T_热-T_{冷1}\qquad\qquad\Delta T_小=T_热-T_{冷2}$$

④ 错流和折流平均温度差的求算。错流和折流在换热器中很常见，如图 4-27 所示。双管程以上或双壳程以上的换热器都属于错流或折流。当遇到错流或折流时，先按逆流的情况计算平均温度差，然后乘以校正系数 φ。校正系数 φ 值，可通过有关参数的计算和查图求得，本书不做详细介绍。

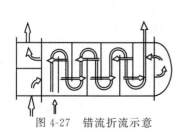

图 4-27　错流折流示意

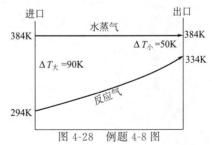

图 4-28　例题 4-8 图

（3）平均温度差求算方法的应用

【例题 4-8】　某换热器，用压力为 0.145MPa 的饱和水蒸气加热某种反应气，气体由进口的294K升温到334K，试计算该换热过程冷热流体的平均温度差 $\Delta T_{均}$。

解 因为用饱和水蒸气冷凝所放出的潜热来加热气体，属于间壁一侧流体有相变的情况，即 $T_{热1}=T_{热2}=T_{热}$（见图4-28）。查饱和水蒸气表，0.145MPa饱和水蒸气的温度 $T_{热}=384$K。

$$
\begin{array}{ll}
热流体 & T_{热} \longrightarrow T_{热} \\
冷流体 & T_{冷1} \longrightarrow T_{冷2}
\end{array}
$$

$$
\begin{array}{ll}
\Delta T_{大}=T_{热}-T_{冷1} & \Delta T_{小}=T_{热}-T_{冷2} \\
\quad=384-294 & \quad=384-334 \\
\quad=90 \text{ K} & \quad=50 \text{ K}
\end{array}
$$

$$\Delta T_{均}=\frac{\Delta T_{大}-\Delta T_{小}}{\ln \dfrac{\Delta T_{大}}{\Delta T_{小}}}=\frac{90-50}{\ln \dfrac{90}{50}}=68.1 \text{ K}$$

又因 $\dfrac{\Delta T_{大}}{\Delta T_{小}}=\dfrac{90}{50}<2$，故可用下式：

$$\Delta T_{均}=\frac{90+50}{2}=70 \text{ K}$$

比较计算结果，其误差为2.8%，在工程上是允许的。

【例题4-9】 如图4-29所示，某冷、热两种流体在一列管换热器内换热。已知热流体进口温度为493K，被降至出口温度的423K；冷流体从进口的323K，升至出口的363K。求冷、热两种流体在换热器中采用逆流和并流时的平均温度差，并将结果加以比较。

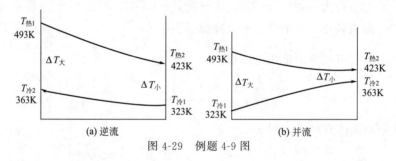

图4-29 例题4-9图

解 ① 逆流时

$$
\begin{array}{ll}
热流体 & T_{热1} \longrightarrow T_{热2} \\
冷流体 & T_{冷2} \longleftarrow T_{冷1}
\end{array}
$$

$$
\begin{array}{ll}
\Delta T_{大}=T_{热1}-T_{冷2} & \Delta T_{小}=T_{热2}-T_{冷1} \\
\quad=493-363 & \quad=423-323 \\
\quad=130 \text{ K} & \quad=100 \text{ K}
\end{array}
$$

$$\Delta T_{均}=\frac{\Delta T_{大}-\Delta T_{小}}{\ln \dfrac{\Delta T_{大}}{\Delta T_{小}}}=\frac{130-100}{\ln \dfrac{130}{100}}=114.4 \text{ K}$$

又因 $\dfrac{130}{100}<2$，故可用 $\Delta T_{均}=\dfrac{\Delta T_{大}+\Delta T_{小}}{2}=\dfrac{130+100}{2}=115 \text{ K}$

② 并流时

$$热流体 \quad T_{热1} \longrightarrow T_{热2}$$
$$冷流体 \quad T_{冷1} \longrightarrow T_{冷2}$$

$$\Delta T_大 = T_{热1} - T_{冷1} \qquad \Delta T_小 = T_{热2} - T_{冷2}$$
$$= 493 - 323 \qquad\qquad\quad = 423 - 363$$
$$= 170 \text{ K} \qquad\qquad\qquad = 60 \text{ K}$$

$$\Delta T_均 = \frac{\Delta T_大 - \Delta T_小}{\ln \dfrac{\Delta T_大}{\Delta T_小}} = \frac{170 - 60}{\ln \dfrac{170}{60}} = 105.8 \text{ K}$$

③ 并流时与逆流时之平均温度差的比较 逆流 $\Delta T_均$(115K)＞并流 $\Delta T_均$(105.8K)。此结果说明：当冷、热流体的进出口温度相同时，逆流的传热推动力比并流要大。在热负荷一定的情况下，逆流所需传热面积较小，设备费用较低。因此，实际生产中的换热器一般都选择逆流操作。但某些特殊情况（如被加热流体的终温不得高于某一定值时）下，利用并流比较容易控制。

2. 传热面积 A 的求算方法

传热面积 A 的计算，有两种情况。

（1）已知换热器的结构尺寸，计算传热面积 若换热器为列管式和套管式，则计算公式为

$$A = n \cdot \pi \cdot d \cdot l \tag{4-19}$$

式中 n——管子的根数；

$\quad\quad d$——管子的直径，一般取管子的平均直径，$d_均 = \dfrac{d_内 + d_外}{2}$，m；

$\quad\quad l$——管子的长度，m。

（2）已知 Q、K、ΔT，求传热面积 根据传热速率方程式 $A = \dfrac{Q}{k \Delta T}$ 求算。这种情况主要用于换热器的设计或选型，日常生产中常用的则是第一种情况。

3. 传热系数 K 的求算方法

（1）现场测定 K 值的方法步骤 前面讲到，知道了 Q、A、ΔT 等数值后，就能很简便地用式(4-15)求得 K 值。生产中常用的现场测定法求 K 值，就是利用现场测取数据，求出 Q、A、$\Delta T_均$ 值后再计算 K 值的方法。

现场测定 K 值的方法步骤是：

① 根据换热器的结构尺寸算出传热面积 A；

② 测定冷、热两股流体的进出口温度（$T_{热1}$、$T_{热2}$、$T_{冷1}$、$T_{冷2}$），求得平均温度差 $\Delta T_均$；

③ 测定流体的体积流量或质量流量；

④ 按照热量衡算式和所给的各项参数，求得 Q 值；

⑤ 根据测算的 Q、A、$\Delta T_均$ 等数值，运用式(4-15)计算 K 值。

【例题 4-10】 有一单程固定管板式列管换热器，用于热水和冷水的换热，现场测得：

热水流量 5.28kg/s；

热水进口温度 $T_{热1} = 336\text{K}$；

热水出口温度 $T_{热2} = 323\text{K}$；

冷水进口温度 $T_{冷1} = 292\text{K}$；

冷水出口温度 $T_{冷2} = 303\text{K}$；

换热管规格为 $d_0 = 25\text{mm} \times 2.5\text{mm}$ 的无缝钢管，管子根数 $n = 38$，管长 $l = 1.5\text{m}$。

两流体逆流换热，求换热器的传热系数 K。

解 （1）计算换热器的传热面积

$$d_均 = \frac{d_内 + d_外}{2} = \frac{0.025 + 0.020}{2} = 0.0225 \text{ m}$$

$$A = n\pi dl = 38 \times 3.14 \times 0.0225 \times 1.5 = 4.03 \text{ m}^2$$

（2）热负荷 $Q = q_{m热} \cdot c_热 (T_{热1} - T_{热2})$

$$= 5.28 \times 4.18 \times 10^3 \times (336 - 323)$$

$$= 288000 \text{ W}$$

（3）平均温度差

336K ⟶ 323K

303K ⟵ 292K

$$\Delta T_大 = 33\text{K} \qquad \Delta T_小 = 31\text{K}$$

$$\Delta T_均 = \frac{33 + 31}{2} = 32 \text{ K}$$

（4）传热系数 $K = \dfrac{Q}{A\Delta T_均} = \dfrac{288000}{4.03 \times 32}$

$$= 2233 \text{ W/(m}^2 \cdot \text{K)}$$

※（2）计算换热器 K 值的其他方法简介　除了现场测定法外，工程设计上常用的求 K 值方法还有经验数据法和理论计算法。这两种方法生产操作中并不常用，但为了从中研究提高 K 值的规律，对这两种方法也要了解。

① 经验数据法。主要是通过查表，参阅工艺条件相仿、设备类似的经验数据来了解 K 值的大致范围。表 4-4 列出了常用换热器 K 值的大致范围。其他类型换热器可查有关手册。

表 4-4　常用换热器的总传热系数

形　式	流体的种类和条件		$K/[\text{W}/(\text{m}^2 \cdot \text{K})]$
	内　管	外　管	
列管式换热器	气体(101.3kPa)	气体(101.3kPa)	5～30
	气体	气体(20～30MPa)	150～400
	液体(20～30MPa)	气体(101.3kPa)	15～60
	液体	气体(200～300atm)	200～600
	液体	液体	15～1000
	蒸汽	液体	30～1000
	内　管	外　管	
套管式换热器	气体(101.3kPa)	气体(101.3kPa)	10～30
	气体(20～30MPa)	气体(101.3kPa)	20～50
	气体(20～30MPa)	气体(20～30MPa)	150～400
	气体	液体	200～500
	液体	液体	30～1200
	蛇　管　内	容　器　侧	
盘管式换热器	气体(20～30MPa)	水	150～400
	气体(101.3kPa)	水、盐水	20～50
	液体	水、盐水	200～600
	冷凝蒸汽	水、盐水	300～800

续表

形　式	流体的种类和条件		$K/[W/(m^2 \cdot K)]$
	管　内	管　外	
液膜式换热器	气体(101.3kPa) 气体(20～30MPa) 液体 冷凝蒸汽	冷水淋注	20～50 150～300 250～800 30～1000
板式换热器	气体-水		20～50
	液体-水		30～1000
夹套式换热器	夹套侧	容器侧	
	冷凝蒸汽 冷凝蒸汽 冷水、盐水	液体 沸腾液 液体	40～1200 60～1500 150～300

② 理论计算法。主要是利用公式，通过 α、λ、δ 等参数求得 K 值。较重要的一个公式是：

$$K = \cfrac{1}{\cfrac{1}{\alpha_1}+\cfrac{1}{\alpha_2}+\cfrac{\delta}{\lambda}+R_{垢}} \tag{4-20}$$

式中，α_1 和 α_2 是指冷、热流体的 α 值。当 α_1 和 α_2 相差较大时，K 值接近于其中较小的数值，即 $K \approx \alpha_{小}$。由于常用换热器多为金属材料，λ 值较大；而且管壁较薄，δ 值较小，故 $\dfrac{\delta}{\lambda}$ 可以忽略。因此，α 值是使 K 值提高的重要因素；换热器垢层热阻 $R_{垢}$ 是使 K 值降低的重要因素。

【技能训练 4-1】 列管换热器传热系数的测定

本次训练为实验型训练。利用列管换热器实习装置进行测定列管换热器传热系数的练习，熟悉各种数据测取方法与测量仪表的使用方法，并对测量数据综合处理，根据计算结果判断传热过程的好坏。

● 训练设备条件

列管换热器实习装置，见图 4-30；教学光盘化工操作仿真软件《换热器》。

● 训练内容与步骤

① 列管换热器开车，按照［技能训练 4-3］中的列管换热器开车步骤，将列管换热器开至正常运行。通过水流量调节阀调节水流量自 200L/h 升至 800L/h 左右。

② 打开放气嘴，排放不凝性气体，少时关闭，通过蒸汽调节阀调节蒸汽压力稳定在 0.15MPa(表压)。在整个测定过程中，要经常调节蒸汽阀门，使蒸汽压力稳定在规定的范围。

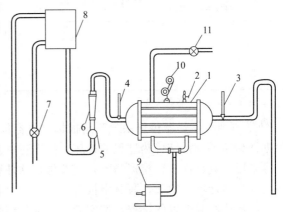

图 4-30　列管换热器实习装置

1—列管换热器；2—放气嘴；3,4—温度计；
5—水流量控制阀；6—转子流量计；7—上水阀；
8—高位槽；9—冷凝水排除器；
10—弹簧管压力计；11—蒸汽控制阀

③ 调节水流量控制阀，使水流量从 200 L/h 升至 800 L/h。并在此范围内取四组数据，分别记录水的流量、水进出口温度及蒸汽压力。填入表 4-5。为了使所测数据准确，必须在操作稳定后读取数据。为此，在改变每次流量 10min 后，开始记录数据，隔 1～2min 以后再记录 1 次。如果记录数据没有明显变化。即可认为已达到稳定。

在测定过程中，为了避免不凝气体被带入壳程积聚而使传热系数 K 值下降，每隔一段时间要打开放气嘴，把不凝气体排出。

按表 4-5 的要求，每人将所测 4 组数据记全，检查准确无误。

④ 列管换热器停车，按［技能训练 4-3］指出的步骤安全停车。

⑤ 将测算传热面积的有关数据记下。

设备名称＿＿＿＿＿＿＿＿＿＿　　列管直径＿＿＿＿＿＿＿＿＿＿＿

列管长度＿＿＿＿＿＿＿＿＿＿　　列管根数＿＿＿＿＿＿＿＿＿＿＿

⑥ 进行数据处理。

a. 将测得数据整理填入表 4-5。

b. 将以上测量数据进行整理，分别计算和换算表 4-6 中所列的各项内容［水的比热容 4.18kJ/(kg·K)］，填入表 4-6。

表 4-5　传热系数测定数据记录表

序号＼项目	转子流量计读数 /(L/h)	水温度/K		蒸汽压力/MPa
		进口（$T_{冷1}$）	出口（$T_{冷2}$）	
1				
2				
3				
4				

表 4-6　传热系数测定数据处理结果

序　号	水温度/K		蒸气温度/K	水质量流量 /(kg/s)	热负荷 /(J/s)	平均温差 /K	传热面积 /m^2	传热系数 /[W/(m^2·K)]
	进口（$T_{冷1}$）	出口（$T_{冷2}$）						

注：注意用仿宋字制表及填写。

⑦ 写列管换热器传热系数测定报告，内容包括：简述测算原理，测算过程，测定结论，根据计算结果分析该传热过程的好坏，提出建议。

若用仿真软件进行模拟测定，应按仿真软件所提要求进行模拟操作，依据所得数据，参照上述表格计算、填表，写测定报告。

有传热实验装置的学校，按实验要求进行传热系数测定。

4. 强化传热的途径

强化传热，就是尽可能地增大传热速率，提高换热器的生产能力。从传热速率方程 $Q = KA\Delta T$ 可以看出，提高等式右边 A、ΔT、K 三项中的任何一项，都可以增大传热速率 Q，强化传热。

（1）增大传热面积 A，可以提高传热速率　从实际情况看，单纯地增大传热面积，会使设备加大，材料增加，开支加大，增加操作、管理的困难。因此，增大传热面积不应靠加大换热器的尺寸来实现，而应改进换热器的结构，增加单位体积内的传热面积。

采用翅片管（见图 4-31）或螺纹管代替光滑管，或使用板式换热器（如图 4-32 所示），都可增加单位体积内的换热面积。每 $1m^3$ 列管换热器可提供 $40\sim160m^2$ 的换热面积；而每 $1m^3$ 板式换热器可提供 $250\sim1500m^2$ 的换热面积。

（2）增大传热平均温度差 $\Delta T_{均}$ 由传热速率方程得知，当其他条件不变时，平均温度差越大，则传热速率越大。生产上从以下两个方面来增大平均温度差。

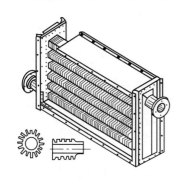

图 4-31 翅片管换热器

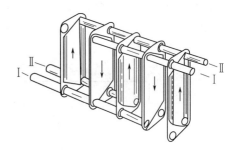

图 4-32 板式换热器

① 在条件允许的情况下，尽量提高热流体的温度，降低冷流体的温度。加热，条件允许时尽量采用温度较高的热源，如用高温烟道气、熔盐、高沸点有机物作加热介质，用饱和水蒸气加热，尽量提高蒸汽压力。冷却，则尽量使用深井水以降低进口温度。生产中流体的温度通常是由工艺条件决定的，其可变的范围很有限；提高水蒸气的压力也要受设备材质的限制，这些方面都没有很大的余地。

② 当冷、热流体进出温度一定时，逆流操作可以获得较大的平均温度差。

（3）增大传热系数 K 根据传热系数计算式，要想提高传热系数 K，主要从提高给热系数 α 值和减小垢层热阻两个因素来考虑。

① 提高两股流体的给热系数 α 值，尤其要提高 α_1、α_2 中较小的数值。加大湍流程度，减小层流内层厚度，有利于提高 α 值。增加管程或壳程数，加装折流挡板可使流程加长，流速加大，湍流程度随之加大。增加搅拌，如夹套换热器加搅拌，也可增大流速和湍流程度。改变流动方向，可以在较低的流速下达到湍流程度。但采用以上方法会加大流体的阻力，因而在采用时应综合考虑。

② 防止结垢和清除垢层。污垢的存在会大大降低传热系数 K。在生产中，要千方百计防止结垢，及时清垢。

5. 传热过程实现节能的途径

当前实际生产中，传热过程的能耗很大，在传热过程中实现节能还有很大潜力。依据实践经验，传热过程实现节能的途径主要有以下几方面。

（1）前面讲的强化传热能的措施也是实现节能的措施。如，使用能增大湍流程度和单位体积内传热面积的新型高效换热器，既可提高传热效率，又可降低能耗。

（2）充分利用反应放出的热量。化工生产中的反应过程很多是放热反应，许多生产工艺对反应放出的热量进行合理设计，综合利用，有的利用它预热需要升温的冷流体；有的利用它生产蒸汽输入管网；有的利用它进行余热发电。

（3）充分利用低温余热。低温余热，指温度较低的蒸汽、热水等，对这部分余热的回收利用往往被忽视。据统计，我国化工企业约有百分之四十几的低温余热未被回收利用。充分利用这部分余热是实现传热节能的重要途径。

（4）改进工艺，优化管理。如，优化操作，防止结垢；严格设备检查，杜绝跑冒滴漏；采用高效的保温措施，减少热损失等。

下面，研究几个这方面的实例。

【看看想想 4-2】 利用传热原理实现节能的几个实例

实例一，甲醇合成工段对反应放热的利用。

甲醇生产过程中的合成工段，是充分利用反应放出热能的一个典型实例。先回忆学过的知识，搜集有关资料，弄懂合成工段的反应原理和换热过程，然后完成以下练习：

1. 观察研究本书第 1 章 "中低压法制甲醇流程图" 和有关说明，并仔细研究本题附图（图 4-33）。

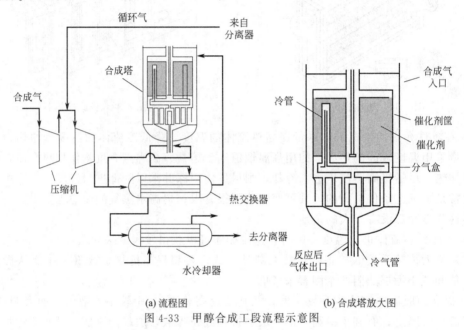

(a) 流程图　　　　　　(b) 合成塔放大图

图 4-33　甲醇合成工段流程示意图

提示：

（1）合成气在塔外换热器与从合成塔出来的高温气体换热后，温度升高，但还没有达到反应要求；进入合成塔后，再经过塔内换热器，温度进一步升高，接近反应要求。

（2）气体在催化剂层发生反应时，迅速放出大量的热，必须立即将其移走。插入催化剂层的许多 "冷管" 起了什么作用？

2. 在本题图 4-33(b) "合成塔放大图" 上画出合成气从进塔到反应后出塔的运行路线。

3. 指出在本工段反应放出的热与温度较低气体进行热交换共有几处？写出每处所在的设备名称、具体部位和冷、热流体的名称。

实例二，某 MTBE 生产装置的节能技术改造。

某石油化工厂 MTBE 生产装置，以甲醇与含异丁烯的 C_4 馏分为原料，在温度 $40\sim100℃$、压力 $0.7\sim1.4MPa$ 和离子交换树脂催化剂存在下，进行催化醚化反应，经过分离、提纯，制得产品。

原设计的流程为，使用一台蒸汽预热器，原料在预热器内用 $0.6MPa$ 蒸汽加热后进入催化蒸馏塔。由于蒸汽温度高，而反应控制温度在 $100℃$ 以下，就要不断调节，使温度控制难度很大，并使管程内易发生水击。为防止水击，常常打开预热器排水阀放掉热水和蒸汽，不仅浪费能源，而且影响生产稳定和催化剂的活性。

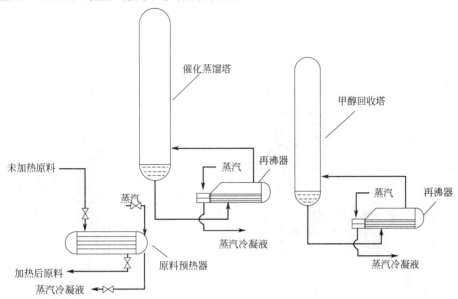

图 4-34 原料预热器流程改造示意图

有的员工建议：在生产装置中，催化蒸馏塔的再沸器和甲醇回收塔的再沸器（图 4-34）排出的蒸汽冷凝液温度都在 90～100℃，利用它预热原料完全可以使原料达到催化反应的要求。同时，又使高温的蒸汽冷凝液得到冷却，不仅节省了加热蒸汽用量，还节省了冷却剂用量。按此设计对生产装置中的预热器流程进行改造，既使能耗大大降低，又节约了成本，而且使发生水击的问题得到根本解决，整套装置运行稳定，反应良好。

请你仔细研究这个实例，完成以下练习。

（1）绘出预热器改造流程示意图，可以在课本上面补画改造后的流程管线，并画出控制阀门，也可重新绘制"原料预热器流程改造示意图"。

（2）对原有的蒸汽加热管应如何处置？提出你的意见。

【看看想想 4-3】 研究换热器的几个有关问题

1. 图 4-35 是两种改型换热管的照片，图（a）为翅片管，图（b）为钉头管。普通金属管改为这种形式的管对传热起了什么作用？叙述它的原理。

2. 图 4-36 是列管换热器的示意图，准备通过这台换热器用饱和水蒸气加热 293K 的苯。水蒸气从上方入进口管，走管隙；苯走管内。你认为苯从哪一端进口管进入可使传热速率更高？理由是什么？并将苯的流动路线和相关文字标注在图上。

3. 板式换热器比列管换热器的传热速率大得多，原理是什么？

4. 上述三个实例，各运用了传热速率方程式中 K、A、ΔT 的哪些项？并说明理由。

四、换热器的操作技能训练

换热器操作的主要任务是为各工序提供适宜的温度条件。虽然换热器一般不是独立的生产岗位，但多数岗位都有换热器。所以各岗位操作人员都要熟悉换热器的操作，不仅要熟悉其开停车和正常操作的方法，而且要了解各类换热器的结构特点。下面进行列管换热器结构的认识和生产操作的技能训练。

【技能训练 4-2】 列管换热器结构的认识

本次训练为认识型训练—认识设备。通过观看教学光盘、模型、实物，认识常用列管换热器的类型和内部结构。通过练习，能辨认二管程、四管程与二壳程换热器的结构特点和流体流动路线，能按热补偿方法辨别换热器的四种类型。

(a) 翅片管

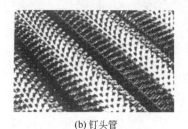

(b) 钉头管

图 4-35   两种改型换热管

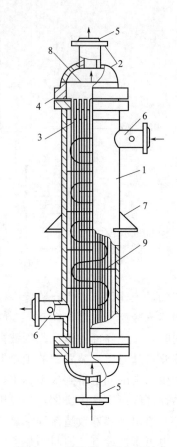

图 4-37   单管程、固定管板式
列管式换热器

1—壳体；2—端盖；3—管束；4—管板；
5,6—连接管口；7—支架；
8—管箱；9—挡板

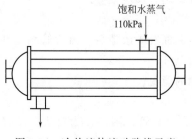

图 4-36   冷热流体流动路线示意

- 训练设备器材

VCD 教学光盘第二盘《间壁式换热器》，《列管换热器的热补偿》；

各类列管换热器有机玻璃模型；

旧列管换热器实物。

- 相关技术知识

（1）列管换热器的构造　如图 4-37 所示，列管换热器由壳体、管束、封头（也叫端盖）、管板等四个主要部件组成。管板和封头当中的空间叫管箱（也称分配室）。封头两端的顶部接有进口管和出口管，走管内的流体由这两个管进出；壳体也装有进口管和出口管，走管隙的流体由这两个管进出。换热管束的两端，焊接（或胀接）在两边的管板上。有的换热器内装有折流挡板，形状如图 4-38 所示。

（2）列管换热器的程数　流体每经过管束的管内 1 次，称为一个管程；每通过管隙 1 次，称为一个壳程。

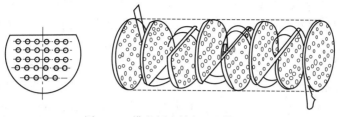

图 4-38 横向折流挡板（圆缺形）

① 壳程。如图 4-37、图 4-38 所示，流体进入壳内，绕过不同形状的挡板，从出口管流出。只在壳体经过一次，称为单壳程。若在壳体中加一块纵向挡板，如图 4-40 所示，流体从一端进入，到另一端折回，再从进入端的另一侧流出，则称为双壳程。

② 管程。如图 4-37 所示，流体从封头进口管流入，经过管束内部，从另一端封头出口管流出，在管束内经过 1 次，称为单管程。再如图 4-39 所示，流体从进口管 6 先流入右端第一个管箱，进入管束，再进入左端管箱；接着又流入管束，折回右端第二个管箱，从出口管 7 流出，在管束内经过两次，称为双管程。图 4-37 是单管程列管换热器，图 4-39 则是双管程列管换热器。

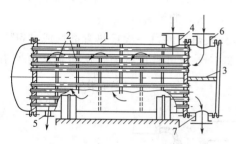

图 4-39 双管程列管换热器
1—外壳；2—挡板；3—隔板；4,5—走管隙流体的
进出口管；6,7—走管内流体的进出口管

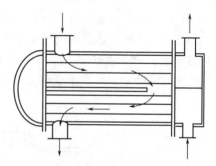

图 4-40 装有纵向折流挡板的列管换热器

换热器增加管程数和壳程数，以及加设折流挡板，都可以提高流速，增大给热系数 α 值，但也会使阻力加大，结构变得复杂，故程数不宜过多，图 4-40 是装有纵向折流挡板的列管换热器。管程数，一般有单管程、双管程、四管程、六管程等四种；壳程数绝大多数为单壳程，此外还有双壳程。图 4-41 为四管程双壳程浮头式换热器。

（3）列管换热器的热补偿装置 在列管换热器中，由于走管程和走壳程两股流体温度不同，管束与壳体的温度也就不同，其热膨胀的程度也不一样。当两者温差很大时，可能引起管子变形，甚至断裂，造成内部泄漏；从管板上松脱，严重

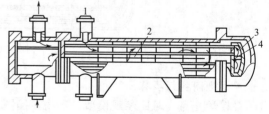

图 4-41 四管程双壳程浮头式换热器
1—隔板；2—纵向挡板；3—浮头；4—浮动管板

的可能毁掉换热器。因此，当壳体与管子的温度差超过 50K 时，就必须采取措施克服热膨胀的影响，这种措施叫热补偿。常采用的热补偿措施有补偿圈、浮头补偿和 U 形管补偿。根据所采用的补偿措施，可将列管式换热器分为以下四种。

① 固定管板式列管换热器。如图 4-15、图 4-37 所示，都属于这一种。所谓固定管板式，是指管束两端的管板和壳体焊接成一体。这种换热器结构简单，造价低。但由于没有补偿装置，仅适用于冷、热两流体温差不大，不易结垢的物料。

② 具有补偿圈的固定管板式换热器。如图 4-42 所示。它是在管板式换热器壳体壁的适当部位焊上一圈波形补偿圈（又称膨胀节）如图 4-43 所示。当外壳与管子膨胀程度不同时，补偿圈可以发生弹性变形以适应之。这样就能适用于温差小于 60～70K，壳程压力小于 0.6MPa 的情况。

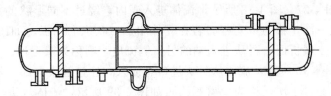

图 4-42　具有补偿圈的固定管板式换热器

③ 浮头式列管换热器。图 4-42 是浮头式换热器。这种换热器两端的管板有一端不与壳体相连，而是连接在一个可以沿着管长方向自由移动的封头上，这个封头称为"浮头"。浮头能在壳盖里边自由移动。壳体与管束温差较大时，管束连同浮头可以自由胀缩，从而解决了热补偿问题。这种换热器可用于温差较大（70～120K）的场合。

④ U 形管式列管换热器。如图 4-44 所示。这种换热器的每一根换热管都弯成"U"形，固定在同一块管板上。当管子受热或冷却时，每根管子均可自由胀缩，从而解决了热补偿问题。

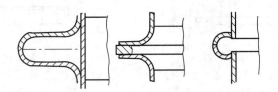

图 4-43　几种补偿圈（膨胀节）

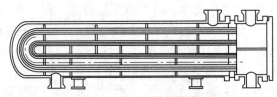

图 4-44　U 形管换热器

● 训练内容与步骤

看教学光盘，对照参观模型、实物和插图，进行三项练习。

（1）认识换热器的结构　先回答列管换热器由哪几个部件组成？指出其所在位置；然后作书面作业第①题。

（2）认识换热器的程数　先回答单管程、二管程、四管程、单壳程、双壳程各是哪种换热器？并指出其流体流动路线；然后作书面作业第②题。

（3）认识换热器的补偿装置　先回答固定管板式、带补偿圈、浮头式、U 形管各是哪种换热器? 然后作书面作业第③题。

• 实训作业

① 在图 4-45(填图①) 内的括号中填上设备部件的名称。

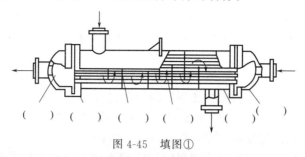

( )　( )　( )　( )　( )　( )

图 4-45　填图①

② 在图 4-46(填图②) 内用不同颜色标出两股流体的流动路线,并在括号内填上设备部件的名称。

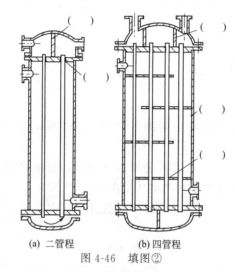

(a) 二管程　　(b) 四管程

图 4-46　填图②

③ 在图 4-47(填图③) 内的括号中填上设备部件的名称,并用不同颜色标出两股流体的流动路线。

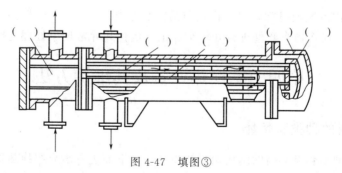

图 4-47　填图③

【技能训练 4-3】 列管换热器操作训练

本次训练为在校内实习装置上进行实际操作的训练,或利用化工操作仿真软件进行模拟操作。通过练习,熟悉列管换热器的开停车、正常操作的方法。

• 训练设备条件

列管换热器实习装置，见图 4-30；化工操作仿真软件《换热器》。

● 训练内容与步骤

（1）在实习装置上进行换热器操作练习

① 换热器的开车练习。列管换热器的开车要特别注意冷、热流体的进入次序：一定要先通入冷流体，再缓慢地通入热流体。还要注意按照操作规程稳步升温、升压。

实习装置开车步骤如下：

a. 开车前应先检查装置上压力表、温度计、流量计等测量仪表各阀门是否完好、齐全；

b. 打开冷凝水排放阀门，排除换热器中的积水和污垢；

c. 打开放空阀嘴，排放换热器中积存的空气和不凝性气体；

d. 打开上水阀，向高位槽内注水，至有溢流产生；

e. 先开冷流体入口阀，当液面达到规定位置或换热器冷水出口有液体流出时，缓慢开启蒸气阀门或其他热液体阀门，做到先预热后加热；

f. 根据工艺要求调节冷、热流体的流量，使之达到所需温度。

② 换热器的正常操作练习。实习装置正常操作要点：

a. 经常保持各项指标符合规定，换热器运行正常、稳定；

b. 经常注意两种工作介质的进出口温度变化，定期测定流体的出口温度；

c. 经常注意两种工作介质的压力变化，尤其是蒸汽压力变化，发现异常情况，要及时查明原因，排除故障；

d. 在操作过程中，换热器的一侧若为蒸汽的冷凝过程，应定时排除冷凝液和不凝性气体以免影响传热效果；

e. 要保持主体设备外部整洁，保温层和油漆完好，要随时检查外部有无损伤，特别是覆盖在外部的防水层，检查外面涂料的劣化情况；

f. 保持压力表、温度计、液位计等测量仪表齐全、灵敏、清晰、准确。按时填写操作记录表。

③ 换热器的停车练习。实习装置的停车步骤如下：

a. 换热器停止使用时，应先关闭蒸汽控制阀或其他热流体控制阀；

b. 待壳方蒸汽冷凝排出或冷水液体进出口温度相同时，关闭冷水或冷流体控制阀，关闭上水阀；

c. 将换热器内冷凝液排除，以防换热器锈蚀及冻裂。

（2）利用化工操作仿真软件进行开停车、正常运行和异常现象处理的模拟操作

第四节　换热设备及其维护方法

一、换热器的种类和性能

上一节对典型列管换热器的结构做了初步介绍，下面进一步介绍换热器的种类和性能。

1. 换热器分类

按冷、热流体的接触方式分类，可分为间壁式、混合式、蓄热式三类。按换热器的工艺功能分类，可分为加热器、预热器、过热器、蒸发器、再沸器、冷却器、冷凝器等，见表4-7。生产中经常采用的分类的方法是按换热器的结构分类，可分为管式换热器和板式换热器两大类，见表 4-8。

2. 管式换热器

管式换热器通过管子壁面进行传热。上节介绍的几种间壁式换热器（列管式、套管式、蛇管式），除夹套式外，都属于管式换热器。管式换热器虽然存在结构不紧凑、单位容积提供的换热面小、金属消耗量大等缺点，但由于结构坚固、处理能力大、适应性强、可在高温、高压下使用，目前仍被广泛应用。

3. 板式换热器

板式换热器通过板面进行传热。按传热板的结构形式，可分为以下几种。

（1）平板式换热器

简称板式换热器，由一组长方形薄金属板排列构成。它具有很多优点，现已发展成为高效紧凑的新型换热设备，但由于垫片材料的限制，目前主要用于温度、压力不太高的场合（详见后面阅读材料）。

（2）螺旋板式换热器

如图 4-48 所示，它由两块金属薄板卷制而成。在换热器中心用隔板隔开，形成两个同心的螺旋形通道。冷流体由外层接管进入，沿螺旋通道流向中心，由中心的接管流出；热流体由中心接管进入，沿螺旋通道和冷流体作逆向流动，由外层接管流出。这种换热器的主要优点是：结构紧凑，单位体积的传热面积很大，流速高，不易堵塞；缺点是：操作压力、温度不能太高，修理困难。

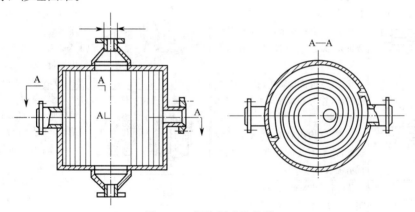

图 4-48 螺旋板式换热器

（3）板翅式换热器

这种换热器的结构如图 4-49 所示，在两块平行金属薄板之间，夹入波纹状的翅片，将两侧豁面封死，形成一个换热的基本元件。将多个基本元件适当排列，制成逆流或错流式板束，再将板束放入集流箱，就成为板翅式换热器。这种换热器结构高度紧凑，传热系数高，允许操作压力较高；缺点是易堵塞，阻力大且清洗检修困难。

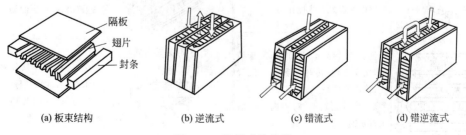

(a) 板束结构　　(b) 逆流式　　(c) 错流式　　(d) 错逆流式

图 4-49 板翅式换热器

表 4-7　换热器按工艺功能分类一览表

类　别	名　称	说　明	类　别	名　称		说　明
升温或气化	加热器	加热设备的统称	降温或液化	冷却器		冷却设备的统称
	预热器	将流体预先加热		冷凝器	全凝器	将可凝气体全部冷凝
	过热器	将液体加热到过热状态			分凝器	将可凝气体部分冷凝
	蒸发器	蒸发过程的主要设备		废热锅炉		回收余热
	再沸器	蒸馏过程的附属设备				

表 4-8　常用换热器类型和主要性能一览表

换热器类型	主要性能(优缺点)	换热器类型	主要性能(优缺点)
列管换热器 — 固定管板式列管换热器	优点:结构简单,坚固,处理能力大,使用广泛 缺点:冷热流体温差不宜过大,≤60K 更换管子及壳程清洗较困难	沉浸式蛇管换热器 流体B入口 流体A入口 流体A出口 流体B出口	优点:结构简单,价格便宜,能承受高压,操作管理方便 缺点:传热系数较小,平均温差小,换热效果较差,可在容器内装搅拌器
列管换热器 — 具有补偿圈的固定管板式列管换热器	具有温差补偿,适用于温差≤60~70K,不耐高温,壳程压力不能太大	板式换热器	优点:传热效率高,结构紧凑占地面积小,耗用材料少,易于拆卸,清洗,修理,能精确控制换热温度 缺点:不易密封,易泄漏,使用温度、压力不能过高;流道小,易堵塞
列管换热器 — 浮头式列管换热器	优点:具有浮头热补偿,可用于温差较大场合,检修清洗方便 缺点:结构较复杂,金属耗量多,造价高,温差≥120K 时,内垫片易渗漏		
列管换热器 — U形管换热器	优点:结构比较简单,质量轻,造价较低,管程耐高压,可用于温差较大场合 缺点:结构不紧凑,管板利用率较低,管子不易进行更换,管内机械清洗难	螺旋板式换热器	优点:制造简单,结构紧凑,传热面积大,传热效率高,不易结垢,可用于带颗粒物料 缺点:不耐高压、高温,检修清理困难
套管换热器	优点:传热系数较高,能耐高压,制造方便,不易堵塞,传热面积易于增减 缺点:阻力降较大,金属耗量大,占地面积大,检修工作量大	板翅式换热器 错流 液体	优点:结构紧凑,体积小,金属耗量少,传热效率高,可多股物料同时热交换 缺点:流道狭小,易堵塞,阻力损失大,制造工艺较复杂,清洗和检修困难
夹套换热器 夹套	优点:构造简单,造价低,占地面积小 缺点:传热系数较小,传热面积受容器限制,夹套内难清洗,可在容器内加设蛇管或搅拌	翅片管式换热器	优点:传热面积较大,可增加气体的湍流程度,传热效率高 缺点:不宜用于两载热体给热系数相差较小的场合
喷淋式蛇管换热器 冷却水　喷淋器 冷液 热液 排水　接收器	优点:结构简单,造价低,易于清垢,检修方便,传热系数高于沉浸式,传热效果好 缺点:占地较大,对周围环境有水雾腐蚀	空冷器(翅片管式) 流体入口管束 送风机 流体出口　钢结构支架 电动机	优点:投资和操作费用一般较水冷低,维修容易 缺点:受周围环境空气温度影响大,局限性大

【阅读 4-1】

板式换热器

板式换热器最早用于食品工业，20 世纪 50 年代逐渐推广到化工和其他工业部门，近年来发展迅速，应用范围越来越广泛。

(1) **板式换热器的构造** 板式换热器由多块叠在一起的平板式换热片（简称板片），以及密封胶垫、压紧挡板，框架等部件构成，如图 4-50 所示。板片的四角各有一个大圆孔，孔周围设有密封沟槽。组装时，每相邻两块板片的整个周边及角孔周边都用胶垫密封，使每两块密封板片之间的空隙构成流体的换热空间。各个密封板片相连，固定在框架上，成为一个整体，两端分别用固定挡板和压紧挡板压紧，各个角孔相连构成流体的进出通道。

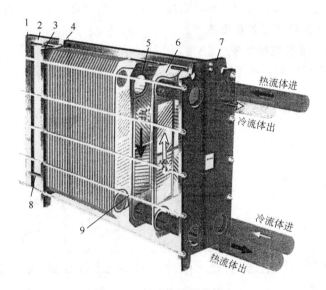

图 4-50　板式换热器的构造
1—后支架；2—上导轨；3—压紧挡板；4—滚轮；5—密封垫片；
6—板片；7—固定挡板；8—下导轨；9—紧固螺栓组

(2) **冷热流体的换热过程** 换热时，热流体从上方一个角孔进入热流体通道，分别进入热流体换热空间（由板片构成的冷热流体换热空间相隔排列）；冷流体由下方角孔进入冷流体通道，分别进入各冷流体换热空间。冷、热流体在各自的换热空间（即每两块板片间的空隙）逆流连续流动，互不混合，通过板片实现间壁换热。最后，冷、热流体分别从上、下方另一侧的通道流出。

(3) **板片的材质与形式** 板片选用优质耐腐蚀不锈钢板或钛合金板，厚 0.6～0.8mm，用大型液压机在其表面压出特殊设计的波纹。

板片作为板式换热器的心脏，其型式设计是否科学，决定了换热性能的优劣。目前较常用的板片波纹形式有人字形波纹、水平波纹、球形波纹、斜波纹和竖直波纹等（见图 4-51）。

(4) **板式换热器的优缺点** 板式换热器优点很多。首先，传热效率高。冷、热流体从两片波纹板的缝隙通过，

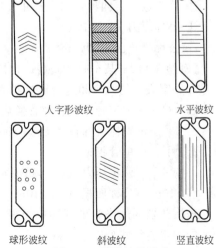

人字形波纹　　水平波纹

球形波纹　　斜波纹　　竖直波纹

图 4-51　板片波纹形式

这些波纹不断改变流动方向，形成湍流，提高了传热速率；板面的波纹，使实际换热面积增加了百分之几十；而体积只有列管换热器的 1/4，这些因素使其单位体积的换热面积比列管换热器高好多倍。其次，刚性和受压能力强。板片组合压紧后，相邻两板间的波纹突出点互相接触，形成很多支撑点，能够承受相当大的压力。第三，调整，维修方便。每个密封垫上设有信号孔，能及时发现与排除泄漏。需要清洗或更换板片、垫片时，只需松开压紧螺母即可。

板式换热器也存在某些缺点。由于结构的局限性，造成使用上受到制约。比如，板片间的间隙较小，对流体介质的要求相对较严。有些板片时间久了会产生积垢。高温介质会使密封胶垫老化、龟裂，故流体温度不能过高。

二、列管换热器的规格型号和初步选型

为了适应现代化工技术工人应具有提出技改建议、修理建议能力的需要，应熟练掌握换热器的规格型号，学会换热器的初步选型。

1. 换热器系列标准与规格型号

列管换热器已有较完整的系列标准。附录九摘录了管板式换热器系标准，要熟悉并会查阅，看懂其规格型号。下面介绍换热器型号的表示方法。

根据 GB 151—1989 的规定，换热器的型号由一排字母和数字构成，其意义如下：

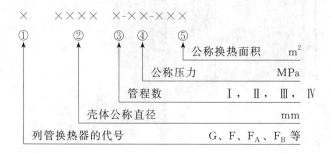

① 列管换热器的代号，固定管板式换热器代号为 G，浮头式换热器代号为 F，其中又分为 F_A、F_B 和 F 三种，F_A 和 F_B 为单壳程，F 为双壳程；F 和 F_A 采用换热管 d_0 为 19mm×2mm 的无缝管，F_B 采用 d_0 为 25mm×2.5mm 的焊管。

② 壳体公称直径 D，mm。

③ 管程数，有四种，用 Ⅰ、Ⅱ、Ⅳ、Ⅵ 表示。

④ 公称压力 p，MPa。

⑤ 公称换热面积 A，m^2。

【例题 4-11】 某车间新安装一台换热器，型号 G800Ⅰ-0.6—110，请指出该型号中每个符号和数字表示的内容和这台换热器的规格。

解 G——固定管板式、列管换热器；

　800——壳体公称直径 D 为 800mm；

　　Ⅰ——单管程；

　0.6——公称压力 p 为 0.6MPa；

　110——公称面积 A 为 110m^2。

该换热器的规格为单管程单壳程，壳体直径 800mm，公称压力 0.6MPa，110m^2 公称面积的固定管板式列管换热器。

注：G 型换热器全是单壳程。

2. 选择换热器的一般原则

（1）确定换热器的型式

应根据操作温度、压力，冷热两流体的温度差和检修清理等因素综合考虑。例如，两流体的温度差较小，又较清洁，不需经常检修，可选择结构简单的固定管板式换热器。否则，考虑选择浮头式换热器。从经济角度看，只要工艺条件允许，优先选用固定管板式换热器。

（2）确定换热器的流径

哪种流体走管程，哪种流体走壳程，要合理安排，一般考虑以下原则：

① 不清洁和易结垢的流体宜走管程，便于清洗。

② 压力高的流体宜走管程，可减小对壳程的机械强度要求。

③ 饱和蒸汽宜走管程，易于排除冷凝水。

④ 被冷却的流体宜走壳程，利用外壳散热可增强冷却效果。

⑤ 腐蚀性流体宜走管程，以免管束和壳体同时受到腐蚀。

（3）流向的选择

流向有并流、逆流、错流和折流四种基本类型。在流体的进、出口温度相同的情况下，逆流的平均温度差大于其他流向的平均温度差，所以若工艺上无特殊要求，一般采用逆流操作。

（4）加热剂、冷却剂的选择

化工生产中使用最广泛的加热剂是饱和水蒸气，安全性能好，调节压力就能很好地控制温度，加热蒸汽、冷凝水或废热水的余热也可利用。高温加热可选用烟道气，也可选用联苯醚。水是最常用的冷却剂之一，用空气作冷却剂来源充足，可避免水源紧张和水质污染。当冷却要达到低温时，可选用冷冻盐水，但冷冻盐水为含有一定量氯化钠和氯化钙的水溶液，有一定的腐蚀性，使用时要注意。

3. 选择型号的具体步骤

要围绕换热器规格型号所列的五个符号（①类型代号、②直径、③管程数、④压力、⑤传热面积）来选择型号。逐个求出这五个符号的数据，就能依照这些数据，从系列标准表中查到你所需要的换热器的规格型号。

第一步，初步估算"⑤传热面积"。换热面积是选型的关键数据，必须首先初步估算。初步估算，就是计算工艺条件所需要的换热面积，以后再进一步校核。计算步骤为：

（1）选取基本数据，列出工艺条件所给的数据，查表列出有关物性参数；

（2）算出热负荷、平均温度差（按逆流传热）、用经验数据法从表 4-4 查传热系数 K 值；

（3）依据公式算出传热面积。

第二步，确定"①类型"和"③管程数"。依据已求出的平均温度差确定是 G 型还是 F 型（绝大多数选 G 型）。如果选 G 型，此类换热器的壳程数均为"Ⅰ"。

第三步，确定"②直径"和"④压力"。直径，根据生产工艺要求和生产现场的具体情况确定。压力，依据生产工艺中的压力加上适当的安全系数。

4. 换热器的初步选型练习

※**【例题 4-12】** 某合成氨厂变换工段为回收变换气的热量以提高饱和塔的热水温度，需选一台列管式换热器。给出以下数据，请初选一台合适型号的换热器。

已知：变换气流量为 $8.78 \times 10^3 \text{kg/h}$，变换气进换热器温度为 230℃，压力为 0.6MPa，热水流量为 $45.5 \times 10^3 \text{kg/h}$，热水进换热器温度为 126℃，压力为 0.65MPa。要求热水升温8℃。

解 （1）选取基本数据

水和变换气在定性温度下的物性数据如下：

介质	密度 $\rho/(\text{kg/m}^3)$	比热容 $C_p/[\text{kJ/(kg} \cdot ℃)]$	黏度 $\mu/\text{Pa} \cdot \text{s}$	热导率 $\lambda/[\text{W/(m} \cdot ℃)]$
水	934.8	4.266	21.77×10^{-5}	0.686
变换气	2.98	1.86	1.717×10^{-5}	0.0783

（2）求算热负荷、平均温度差，选 K 值

① 计算热负荷：
$$Q = q_{m热} \cdot C_热 (T_{热1} - T_{热2})$$
$$= 45.5 \times 10^3 \times 4.266 \times (134 - 126)$$
$$= 1.55 \times 10^6 \text{ (kJ/h)}$$

② 计算平均温度差：

热量衡算后得变换气出口温度 135℃

逆流平均温差。

$$230℃ \longrightarrow 135℃$$
$$134℃ \longleftarrow 126℃$$

$$\Delta T_大 = 96℃ \quad \Delta T_小 = 9℃$$

$$\Delta T_均 = \frac{\Delta T_大 - \Delta T_小}{\ln \dfrac{\Delta T_大}{\Delta T_小}} = \frac{96-9}{\ln \dfrac{96}{9}} = 36.8℃$$

③ 选 K 值，估算传热面积。根据生产经验，查表 4-4，取 $K = 200 \text{W/m}^2 \cdot ℃$

（3）计算传热面积 A：

$$A = \frac{Q}{K \cdot \Delta T_均} = \frac{1.55 \times 10^6 \times 10^3}{200 \times 36.8 \times 3600} = 58.42 \text{m}^2$$

（4）根据条件，采用 1.0MPa 的公称压力等级，由于两流体温差小于 50℃，可不考虑热补偿，故采用固定管板式换热器；管程数为 I，热水走管程，变换气走壳程。查附录九，初选 G600-I-1.0-60 型换热器。

（5）再根据所选换热器结构参数进行校核，证明该换热器比较适宜。

三、换热器的维护与检修

1. 换热器的日常维护

换热器的日常维护主要有检查，保养，防垢三项工作。

（1）设备检查

① 查泄漏。各静密封点有无泄漏，如法兰螺栓是否松动，填料、密封垫是否损坏；有无隐含的泄漏，如砂眼、裂纹等。要特别注意有没有内部换热管泄漏，这种情况不能直接看到，要通过工艺上的异常现象分析判断。比如，定期取冷却水检查，若水中含有被冷却介质，则证明有泄漏处。

② 查蚀损。细心查看由于腐蚀、锈蚀、冲刷造成的损伤，有无老化、脆化、变形、减薄等现象。

③ 查松动。检查有无异常振动。如整个换热器振动，要分析是由于物料流动造成，还是由于支架不稳造成。

（2）日常保养　化工企业的保养工作有日常保养、一级保养和二级保养。日常保养（日保）由操作人员负责，每天都要进行。日常保养的要求有两点：一是巡回检查，看设备运行状态及完好状态；二是保持设备清洁，稳固。

（3）注意防垢。防垢有以下三方面：一是在开车时对载热体预先处理，加入防腐剂；二是在操作时控制好流速、温度和温差；三是清除污垢，在停车时用化学方法或机械方法清洗。

2. 换热器的检修

换热器检修通常有以下内容，操作人员要了解这些内容，做好配合工作。

① 对管壁、壳壁的腐蚀程度全面检查；

② 修理换热管，如只有个别漏管可将漏管堵死，如有漏管较多、要换管修复；

③ 修补壳体，对于漏处和减薄处补焊；

④ 清除污垢；

⑤ 更新部分螺栓、螺母、法兰垫片、密封圈及填料；

⑥ 检查修理换热器的各个附件；

⑦ 修理保温。

【技能训练 4-4】　换热器的日常维护与检修

本次训练为利用教学软件进行模拟操作的训练，通过某工段换热器维护的模拟操作，熟悉换热器日常维护、检查、小修的基本方法。

● 训练设备条件

教学软件：变换工序换热器的日常维护与检修

● 相关技术知识

某工段流程概况

气体混合物进入反应器，在催化剂存在的情况下，发生放热反应。生成的气体物质带有大量的热，必须迅速降温，将热量移走。流程中有以下换热措施：

首先，反应器的生成气体与将要进反应器的反应气体换热，既使生成气体降温，又为反应气体预热；

然后，生成气体与将要进饱和塔的水换热，提高了进塔水的温度；

最后，生成气体进冷凝器进一步降温，送气柜储存。

换热器是该工段的重要设备。共有三台换热器（参看教学软件中的附图）：

（1）热交换器　反应气体（走壳程）与生成气体（走管程）进行热交换；

（2）水加热器　生成气体（走壳程）与热水（走管程）进行热交换；

（3）冷凝器　从热水塔出来的生成气体进入冷凝器（走壳程），用水（走管程）进一步降温。

工段操作人员要经常对这几台换热器检查维护，小故障及时修理，较大故障提出修理建议。

● 训练内容与步骤

利用教学软件，模拟进行巡回检查与日常维护。

（1）检查时带扳子、抹布（或棉纱）、油壶、听棒、取样烧杯、记录表。

（2）按巡回检查路线仔细检查，检查重点为：查松动，查蚀损，查渗漏。对不清洁处立即擦拭。

（3）如实填写设备巡回检查记录表；

设备巡回检查记录表　　　　_____车间_____工序　检查人_____

检查日期	设备名称部位	检查结果		处理意见	处理结果		
		正常	发现问题		完成日期	修理人	验收人

3. 对检查发现的问题进行处理，并填入检查记录表

（1）发现第二台换热器输水的泵出口管法兰有的螺丝松动，轻微渗漏。用板子将松动的螺丝拧紧，直至法兰口不再渗水；并对其他螺丝普遍摸一遍，使整个法兰均匀受力。

（2）泵体及管道表面油污较多，立即擦拭。

（3）检查第三台换热器，怀疑换热管漏，取样测试，水中含有少量生成气体，说明有的换热管漏，建议维修部门在停车时适当处理。

（4）检查第一台换热器，发现下部壳程连接管有两个螺丝松动（带压，不能自己修理），上部和下部连接管有两处法兰口稍有蚀损。

对后两个问题除填写查检记录表外，还要提出修理建议，按下列格式填表。

设备维修建议表　　　　_____车间_____工序　制表人_____

检查日期	设备名称	设备部位	存在问题	维修建议	领导审批

【阅读 4-2】

换热器的技术进展

纵观国内外换热器市场，管壳式换热器仍占主导地位。但管壳式换热器存在着结构不紧凑、金属消耗大、传热面积小等缺点（在相等的流动面积中，圆形管的表面积最小）。工业的发展要求尽快开发出能克服这些缺点的新型换热器。近年来，换热器技术在以下两方面有了迅速发展，一是开发新型管壳式换热器；二是从根本上摆脱圆管，开发出多种板式换热器。

首先，开发新型管壳式换热器。采取多种措施，增大传热面积和传热系数，强化传热。强化传热的措施包括强化管程传热和强化壳程传热。

1. 强化管程传热主要是改进传热元件的结构形式，提高传热效率

通过改变表面处理方法和增加内插件，改变换热管等传热元件的表面形式，形成粗糙表面和扩展表面，既增大了传热面积，又提高了湍流程度。由这类新型换热管构成的换热器有以下几种。

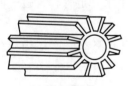

(a) 纵向翅片管　　　(b) 横向翅片管

图 4-52　翅片管

（1）翅片管式传热器　翅片管是在普通金属管的外表安装各种翅片制成的。常用翅片由横向与纵向两种，如图 4-52 所示。使用翅片管不仅增大了传热面积，而且由于流向不断变化，流程加长，加大了湍流程度，使传热过程得到强化。

（2）内波纹外螺旋管换热器　这种换热管是在普通光管上用机械压制加工成的外凹内凸波纹状异型换热管，如图 4-53 所示。它的传热系数大，单台换热面积大，换热效果良好。由于该换热器管束内外呈螺旋状波纹，使介质经过的流道形状也有规则地变化。当介质在管内外流动时，流道截面积大小发生周期性变化，管内外流体介质的流速也随之变化，流动方向不断改变又促使流体的湍流程度加大，从而使管内外的传热同时强化。又由于管内外流体不断地变速、变

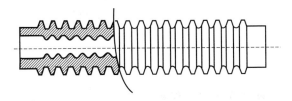

图 4-53 内波纹外螺旋换热管结构示意图

向，结垢的机会大大减少。

（3）麻花管（螺旋扁管）换热器 螺旋扁管的制造过程包括"压扁"与"热钮"。改进后的螺旋扁管换热器与传统的管壳式换热器原理相同，但由于管束结构的变化，改变了流体的流向和流速，增加了湍流程度，强化了传热，减少了污垢，并可不使用折流元件，降低了成本。

2. 强化壳程传热，主要是改进折流挡板的结构型式

近几年开发的螺旋折流板换热器，改进和弥补了弓形折流板换热器有死角和出现反混的缺陷。它的原理很简单（见图 4-54）：将圆截面的特制板安装在"拟螺旋折流板系统"中，相邻折流板的周边相接，与外圆组成连续螺旋状。由于流体螺旋运动，可减少污垢沉积，尤

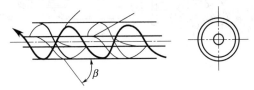

图 4-54 螺旋面折流板流场示意

其适用于黏稠介质，并可降低热阻，减少停车清洗次数，提高壳程介质的流速，增大介质的传热能力，延长设备的运行周期。

其次，开发板式换热器，包括普通板式换热器、螺旋板式换热器、板翅式换热器等。

第五节 设备与管路的保温

一、保温的意义和目的

在化工生产中，当设备、管道和外界环境存在一定温差时，就要在其外壁上加设一层隔热材料，阻止热量在设备与环境之间传递，这种措施称为保温，也叫绝热。绝热包括"保温"与"保冷"两个方面：设备温度高于环境温度，要防止热量散失，这是"保温"；设备温度低于环境温度，要防止从环境吸收热量，也就是防止"冷量"损失，这是"保冷"，习惯上将二者统称保温。

保温或保冷的目的：使设备和管路散失或吸收的热量减少到最低限度，它对生产有四方面作用。

（1）保持化工过程所需要的适宜温度 通过传热操作，为各个化工过程提供了适宜的温度条件，为稳定地保持住这种适宜温度，就要靠保温。

（2）使物料保持化工过程所要求的适宜状态 有些常温下为固态、气态的物料需形成液态后方能参与化工过程。这些物料，必须有良好的保温才能长时间、稳定地保持其液态。如果保温受损，温度改变，就会凝固或汽化，不仅过程无法进行，而且会发生危险。为防止这些现象发生，必须保温。

（3）保证安全，改善劳动条件 若高、低温设备裸露在外，很可能造成烫伤、冻伤；某些易燃物料泄漏到裸露的高温管道上，很可能燃烧引起火灾，为保证安全，必须进行保温。

（4）防止损失，减少浪费　如果没有良好的保温，热和冷大量损失，必定造成能源浪费，消耗加大，成本增高，从经济和节能的角度看，必须保温。

二、保温的内容和技术要求

1. 保温结构

保温的内部结构，主要由绝热层和保护层组成，保冷还要加防潮层，如图4-55所示。有的保温结构中还加设伴热管，如图4-56所示。

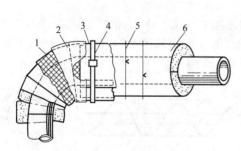

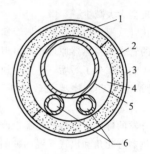

图 4-55　保温结构示意
1—金属丝网；2—保护层；3—金属薄板；
4—箍带；5—铁丝；6—绝热层

图 4-56　伴热管
1—绝热层；2—薄铝板；3—保护层；4—间隙
（空气）；5—主管道；6—蒸汽伴热管

（1）绝热层　是保温的内层，由各种保温材料构成。它的作用是阻止设备与外界环境之间的热量传递，是起绝热作用的主体部分。

（2）防潮层　保冷设备管路应在保冷层外加防潮层。防潮层要求严密地包在干燥后的保冷层上，起到防水作用。

（3）保护层　是保温的外层，具有固定、防护、美观等作用。

保温层所用材料依据实际需要确定。有的只缠绕玻璃布；有的要先抹保温灰浆再缠绕油毡或玻璃布，外涂铅油；有的需要加金属外壳（0.25～0.5mm铁皮或0.5～1mm铝皮）。

2. 保温材料

（1）对保温材料的技术要求　主要有：

① 热导率小，当平均温度等于或小于350℃时，热导率不得大于0.14W/(m·K)；

② 孔隙率大，密度小，吸湿性小，机械强度大，膨胀系数小；

③ 化学稳定性能好，被保温的金属表面无腐蚀作用，耐火性能好；

④ 经济，耐用，施工方便，无污染。

（2）保温材料的选择　可参照图4-57。在选择时应注意以下几点。

① 热保温材料。当介质在373K以下者，可先考虑有机保温材料，如碳化软木、塑料、木质纤维等，在373K以上者，则应使用无机保温材料，如玻璃纤维制品、矿渣棉、矿渣棉毡、粉状或糊状硅藻土等，石棉曾被经常使用，但最近研究证实，石棉纤维严重污染环境，对人体有潜在危险，不宜再用。

② 冷保温材料。它含有封闭性的气泡，具有很好的保温作用。主要使用塑料，特别是泡沫塑料。

3. 保温厚度

保温层越厚，热损失越小，但费用也随之增加。确定保温层厚度，要将工艺要求、经济因素和经验因素等结合起来考虑。

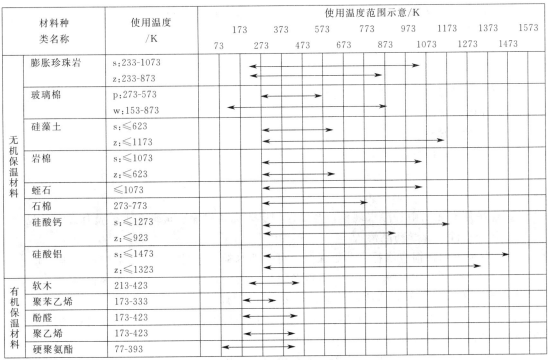

材料种类名称		使用温度/K	使用温度范围示意/K
无机保温材料	膨胀珍珠岩	s:233-1073 z:233-873	
	玻璃棉	p:273-573 w:153-873	
	硅藻土	s:≤623 z:≤1173	
	岩棉	s:≤1073 z:≤623	
	蛭石	≤1073	
	石棉	273-773	
	硅酸钙	s:≤1273 z:≤923	
	硅酸铝	s:≤1473 z:≤1323	
有机保温材料	软木	213-423	
	聚苯乙烯	173-333	
	酚醛	173-423	
	聚乙烯	173-423	
	硬聚氨酯	77-393	

注：使用温度栏中，s表示散料，z表示制品，p表示普通，w表示无碱。

图 4-57 常用保温材料的使用温度

三、保温的施工操作和日常维护

绝大多数化工设备都涉及保温，化工操作人员要了解保温施工与维护的基本方法。

1. 保温施工的方法步骤

（1）施工准备

① 设备、管道、伴管、套管要试压，不漏方可施工。

② 焊接固定脚爪。

③ 清除表面和防腐，将设备、管道上的灰尘、油污、铁锈清理干净，涂防腐层。

（2）绝热层的施工　施工方法一般有下列五种。

① 涂抹法。泥浆状保温材料要用这种方法。操作时，将保温灰等材料调成黏性胶泥状，用专用工具均匀涂抹。

② 填充法。粉粒状、纤维状的保温材料多用此法。将矿渣棉、玻璃棉、珍珠岩等散料填充于设备外壁的夹层内。

③ 捆扎法。毡状、绳状以及各种柔性保温材料用此法。可将毡、绳状材料缠绕在设备、管道的外壁上。

④ 浇灌法。将发泡材料在现场浇灌到被保温设备的模壳内，经现场发泡即成为绝热层。

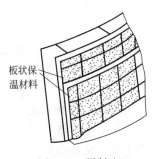

图 4-58 预制法

⑤ 预制法。将保温材料按标准规格制成各种尺寸、形状的预制块，用钩钉或铁丝固定，捆绑在设备、管道外壁上，形成绝热层，如图4-58所示。施工时，预制块之间横向接缝应保持水平，纵向接缝错开50mm，预制块每20m要留20～30mm宽的膨胀缝，所有缝隙用石棉绳或玻璃布填塞。

（3）防潮层的施工　防潮层有两种做法，一种是用油毡或玻璃布包裹，内外各涂一层沥青油膏或 PU-Ⅰ阻燃防水涂料；另一种是粘贴 PU-Ⅱ型防水卷材。

（4）保护层的施工

① 如设备在室内，保护层可用玻璃布或轻质防水布；如在室外，保护层应涂防潮涂料或加金属防护壳。

② 用玻璃布做保护层时，以螺纹状缠绕应搭接一半，垂直管线应自下而上缠绕。用玻璃布外表面刷醇酸漆两遍。

2. 保温的日常维护

（1）日常巡回检查的要点

① 绝热层、保护层有无破损处，保冷防潮层有无开裂，表面有无结霜、结水珠现象；

② 保护层有无漏雨、渗水现象，金属保护层表面防腐漆、玻璃布上漆膜有无明显脱落；

③ 是否有油、化学药品渗入。

（2）发现个别缺损应修补 若是保温，可立即修补；若是保冷，可集中在停车时修补。

（3）正规检修 如有较大缺损，造成散热损失较大，则应提出进行正规检修。

【技能训练 4-5】 保温的认识、维护与保温材料的选用

此次训练为利用教学软件模拟操作的训练。初步认识保温的结构、保温材料和保温施工的方法，进行选领材料和日常维护模拟练习。

● 训练设备条件 有条件的学校，可在校内实习场设置供教学用的典型保温结构和各类保温材料实物。

教学软件：设备与管路保温实训。

● 训练内容与步骤

一、认识保温

若校内实习厂有保温设施，先参观保温结构与保温材料实物，然后观看教学软件。若校内没有保温设施，主要通过观看教学软件，认识保温结构、保温材料和保温施工方法。

二、练习

1. 选择题 指出下列保温材料的名称

教学软件中共有 10 题，每题先展现一种保温材料图片，然后设三个选择项，确定一项。

2. 选择题 指出下列保温施工属于哪种施工方法

教学软件中共有 5 题，每题先展现一种保温施工方法的录像，然后设三个选择项，确定一项。

3. 选择题 选择下列设备管道绝热层保温最适宜的材料

教学软件中共有 5 题，每题先列出设备管道的具体条件，然后设三个选择项，确定一项。

4. 选领保温施工材料模拟操作

（1）某生产装置室外气体管道用预制法做保温（参看教学软件中的施工简图），根据条件确定保温材料的种类并填写领料单，准备好施工材料。

该管道直径 300mm，输送 300℃的气体，保温层总厚度不小于 50mm。要求施工前先在管道外壁涂一层防锈漆，干燥后装预制的保温材料，接缝处填充适当材料，外面先捆铁丝固定，再包裹 22# 拧花铁丝网，用扁铁箍带箍紧。铁丝网外抹保温灰浆干后裹油毡，再缠绕玻璃布，最后刷两道铅油。

① 按下表格式写保温施工材料明细表领料（数量不填）

年　　月　　日	**领用材料明细表**			＿＿＿车间＿＿＿工序　领料人＿＿＿		
材料名称	材料用途	规格型号	单位	数量	备注

② 利用教学软件，将每种材料的样品模拟摆放到施工现场。

※（2）某低温分离器做保冷结构（参看教学软件中的施工简图），先考虑施工方法，再根据施工方法选用、领用施工材料。

该设备直径 1500mm，设备内介质温度－130℃，保冷总厚度不小于 50mm。

要求保冷层可用预制法或现场浇注法。保冷层外捆铁丝，裹铁丝网，与上题同。铁丝网外先做防潮层，可涂刷 PU-Ⅰ阻燃防水沥青油膏，也可粘贴 PU-Ⅱ阻燃防水卷材，最后上金属防护板。

① 写保冷施工材料明细表领料（表式与上题同，数量不填）。

② 利用教学软件，将每种材料样品模拟摆放到施工现场。

5. 保温日常维护模拟练习

现对某生产装置气体管道保温进行模拟检查。该管道直径 300mm，管道内气体温度 200℃，管道保温结构见教学软件中的示意图。

通过检查，发现一些问题，如教学软件所示。针对发现的问题进行以下工作：

① 填写保温检查维护记录表，格式如下。

检查日期	检查时间	检查发现问题	处理意见	处理结果		
				完成日期	修理人	验收人

② 对立即修复的项目，模拟进行修复操作。

习　　题

1. 下列说法正确的划"√"，错误的"×"。
(1) 热总是从高温物体传递到低温物体。（　　）
(2) 物体放出热量，温度一定降低。（　　）
(3) 热载热体和冷载热体的区别，就在于温度高低。（　　）
(4) 两种改变物体内能的方法是做功和热传递。（　　）
(5) 水既可作加热剂，也可作冷却剂。（　　）
(6) 25g 的水，温度 323K 时，含有 5.23kJ 的热量（　　）
(7) 对流给热过程的阻力主要在层流内层。（　　）

2. 把质量、温度都相等的铝块、铁块、铜块同时浸没在开水中，过一段时间，吸收热量最多的是（　　）。
a. 铝块　　b. 铁块　　c. 铜块。

3. 固体壁进行热传导的推动力主要决定于（　　）。
a. 壁面较高一侧的温度　　b. 壁面较低一侧的温度　　c. 壁面两侧的温度差

4. 对流传热的推动力主要决定于（　　）
a. 流体主体的温度　　b. 壁面温度　　c. 流体主体温度与壁面温度的差值

5. 给热（对流传热）过程的传热方式是（　　）。
a. 导热　　b. 对流　　c. 导热与对流两种方式结合。

6. 传热是指（　　　　　　　　　　　　）。在传热过程中，高温物体温度（　　　　　　），内能（　　　　　　）；低温物体温度（　　　　　　），内能（　　　　　　）。

7. 温度是（　　　　　　）的物理量。从分子运动论的观点看，温度是（　　　　　　）的标志。

8. 热导率大的材料热阻（　　　　　），导热能力（　　　　　）。

9. 将钢、铝、石棉、石墨、玻璃、松木、铜等七种材料按热导率大小，依次排列，其次序是：
① 　　 ② 　　 ③ 　　 ④ 　　 ⑤ 　　 ⑥ 　　 ⑦

10. 对流传热可分为自然对流和强制对流。它们的共同点，都是靠（　　　　　）而实现的热传递。它们的不同点，自然对流是（　　　　　）而引起的，强制对流是（　　　　　）而产生的。

11. 传热的基本方式有（　　　　　）、（　　　　　）和（　　　　　）三种。

12. 工业上换热方法，主要有（　　　　　）、（　　　　　）和（　　　　　）三种。其中使用最多的是（　　　　　）。

13. 湍流主体和层流内层的传热方式一样吗？

14. 有时你在煤炉或暖气旁边搭上一条洗净的手绢，手绢会微微飘动，并且干得很快，这是什么原因？

15. 填写下列各表：

（1）比较三种系数，填入下表。

	符　号	单　位	物　理　意　义
热导率			
给热系数			
传热系数			

（2）比较三个方程式，填入下表。

	公　式	式中,Q 的意义	式中,ΔT 的意义
导热速率方程式			
给热速率方程式			
传热速率方程式			

（3）将三种计算热负荷的方法和公式填入下表。

情　况	方　法	计　算　公　式
有相变,无温度变化		
温度有变化,无相变		
有温度变化及相变		

16. 使 1g 水温度升高 1K 需要多少热量？1kJ 的热可以使 1kg 水的温度升高多少摄氏度？

17. 质量为 3kg 水，把它从 288K 加热到 363K 需要多少热量？

18. 已知某种 CO_2 反应气体，流量为 15kg/s，欲将其从 310K 加热至 320K，在定性温度下的比热容值为 0.92kJ/(kg·K)，此时所需的热量为多少？

19. 使 20g 冰的温度从 263K 升高到 273K，但未熔化成水，需要多少热量？如果这些热量是由温度从 278K 降低到 273K 的水来供给的，需要多少克 278K 的水？

20. 如果换热器内冷、热两股流体在换热过程中的温度都是不变的，这种传热称为（　　）。

a. 逆流传热　　b. 恒温传热　　c. 变温传热

21. 换热流体流动情况如图 4-59 所示，计算蒸汽消耗时，（　　）热损失。

a. 最好考虑　　b. 必须考虑　　c. 不考虑

22. 在某换热器内，硝基苯的进口温度 $T_{热1}$=410K，出口温度 $T_{热2}$=310K，冷却水的进口温度 $T_{冷1}$=290K，出口温度 $T_{冷2}$=300K，两股流体逆流换热时 ΔT=（　　　　）K。

a. 52.8　　b. 65　　c. 130

23. 假定两个流体的进出口温度一定，在同样的传热量时，逆流时的传热面积（　　）并流时的传热面积。

a. 大于　　b. 等于　　c. 小于

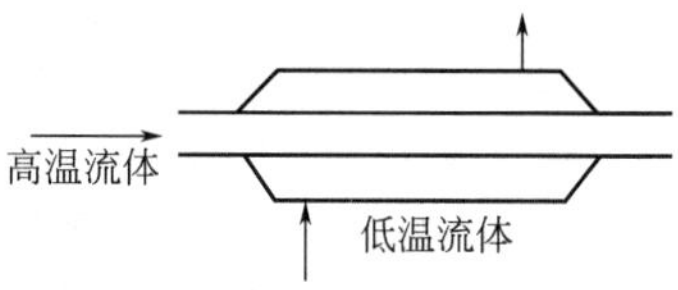

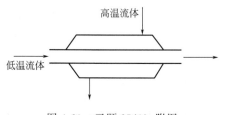

图 4-59　习题 21 附图

24. 在下列换热器中，热补偿效果最好，所适用冷热流体温差最大的是（　　）。

a. 固定管板式列管换热器　　b. 具有补偿圈的固定管板式列管换热器　　c. 浮头式列管换热器

25. 是非题

(1) 间壁两侧流体朝相反方向流动为并流。（　　）

(2) 间壁两侧流体朝相同方向流动为逆流。（　　）

图 4-60　习题 25(3) 附图

(3) 如图 4-60 所示为一套管式换热器，由于高温蒸汽走管外，所以在计算加热蒸汽消耗量时应考虑热损失，其热量衡算式 $Q_冷 = Q_热 + Q_损$。（　　）

(4) 恒温传热的传热温度差 $\Delta T = T_热 - T_冷$。（　　）

(5) 强化传热最有效的途径是提高传热系数 K。（　　）

(6) 所谓传热面积就是隔开冷、热流体的间壁面积。（　　）

(7) 列管换热器单管程与双管程的区别是管子的根数不同。（　　）

(8) 换热器中加设挡板的目的是为提高给热系数 α。（　　）

26. 间壁换热的传热速率方程式 $Q = K \cdot A \cdot \Delta T$，其中 K（　　），单位（　　），A（　　），单位（　　），ΔT（　　），单位（　　）。

27. 间壁换热中的传热推动力为（　　）；热阻为（　　）。

28. 流体的流动方向有以下四种（　　）。

29. 间壁换热的过程是由（　　）三个阶段完成的。

30. 传热系数 K 与 α_1 和 α_2 有关，当 α_1、α_2 相差较大时，K 值与（　　）接近，欲提高 K 值，也要设法（　　）值。

31. 何谓换热器的热负荷？它与传热速率是一个概念吗？它们的符号一样吗？

32. 欲将某溶液在列管式换热器中从 290K 加热至 340K，以 165.5kPa 的饱合水蒸气为加热剂，蒸汽走管外，已知溶液的流量为 1008kg/h，溶液的比热容为 2.5kJ/(kg·K)。试求每小时的蒸汽消耗量。

33. 在某换热器内，用冷却水将 2520kg 的硝基苯由 350K 冷却至 306K，冷却水进口温度为 288K，进出口温差控制在 10K 以内。试求冷却水消耗量。

34. 对下列冷凝过程，按规范步骤进行热量计算，最后要列出热量平衡表，并求出该过程的冷却水用量。

在一冷凝器中，利用 300K 的冷却水将精馏塔上升的有机混合物蒸汽全部冷凝下来，已知水的出口温度 305K，上升的有机混合物蒸汽的组成和物性参数如下表。

组　　成	苯酚	丙酮	水
质量分数/%	2	95	3
质量流量 q_m/(kg/h)	22.8	2706	80.4
汽化潜热 γ/(kJ/kg)	510	488	2257

注：此题应先求进方热量 $Q_热$，分别算出苯酚、丙酮和水的热量 $Q_{苯酚}$、$Q_{丙酮}$、$Q_水$，然后相加，即为 $Q_热$。

35. 利用一冷凝器来冷凝 390K 的某塔顶上升的饱合水蒸气，已知冷却水的进口温度为 287K，进出口温差控制在 15K 之内，试求冷热流体的平均温度差。

36. 今欲利用石油裂解中裂解产物的热量来预热原油，已知原油从 298K 预热至 453K，热裂解产物的温度则从 573K 降至 473K，试求热裂解产物与原油成并流和逆流时的平均温度差，并加以比较。

37. 现欲测定一列管换热器的传热系数。已测定数据如下：高温气体进口温度为 330K，出口温度 310K，质量流量为 2580kg/h。冷却水进口温度为 285K，出口温度为 300K。该换热器的传热面积为 33.3m^2，逆流操作。请核算该换热器的传热系数？

38. 有一列管换热器，逆流操作，其换热面积为 10m^2，今测得冷流体的流量为 0.72kg/s，进口温度为 308K，出口温度为 348K，热流体的进口温度为 383K，出口温度为 348K，并查得冷流体的平均比热容为 4.18kJ/(kg·K)。试计算该换热器的传热系数。

39. 一新型列管式换热器。已知该换热器无缝钢管的规格为 25mm×2.5mm，1100 根，管长 4m，管内走 CO_2 气体，流量为 18kg/s，进口温度为 325K，出口温度为 315K，管外为冷却水，与 CO_2 呈逆流流动，进口温度为 305K，流量为 6kg/s，冷却水比热容为 4.18kJ/(kg·K)。试计算该换热器的传热系数。

40. 现有一台换热器，型号为 G273Ⅱ-2.5-4.7，指出该型号中每个字母和数字所表示的内容，并画示意图说明。

41. 简述对保温材料的技术要求主要有哪几点。

第五章　蒸　发

第一节　概　述

一、基本概念

蒸发通常是指液体表面的汽化现象；在化工生产中，**蒸发指的是将不挥发性物质的稀溶液加热沸腾，使部分溶剂汽化，以提高溶液的浓度的单元操作**。进行蒸发的设备称为蒸发器。

蒸发是属于传热过程的单元操作。虽然蒸发的目的是将溶剂从溶液中分离出去，但从蒸发过程的机理看，只有在不断供给汽化所需热量的条件下才能将溶剂分离，因此它属于热量传递过程。蒸发处理的溶液，由具有挥发性的溶剂与不挥发的溶质组成，所以蒸发只是溶剂汽化，溶质的质量不变，这是蒸发过程的一个显著特点。

二、蒸发的应用

蒸发是化工、轻工、医药工业生产中常用的单元操作，主要应用于以下三个方面。

(1) 使溶液增浓，制取浓溶液　例如，隔膜电解法制烧碱，最初制得的电解液，NaOH含量只有 10%左右，经过蒸发操作，使 NaOH 浓度达到产品质量要求的 42%。

(2) 回收固体溶质，制取固体产品　通过蒸发将溶液浓缩到饱和状态，然后冷却使溶质结晶分离，例如，蔗糖、食盐的精制。

(3) 除去不挥发性杂质，制取纯净溶剂　例如，海水淡化就是用蒸发的方法，将海水中的不挥发性杂质分离出去，制成淡水。

蒸发的操作，必须具备两个条件：第一，持续不断地供给溶剂汽化所需的热量（汽化潜热），使溶液经常保持沸腾状态；第二，随时将汽化出来的蒸汽排除，否则，沸腾溶液上面空间的蒸汽压力会逐步增大，当增大到与溶剂的饱和蒸气压平衡时，就会使蒸发过程终止。

蒸发操作要将大量的溶剂汽化，需要消耗大量的热能，所以蒸发的节能问题比一般传热过程更为突出。

蒸发操作的溶液绝大多数是水溶液，汽化出来的是水蒸气。为了将蒸发过程中的蒸汽加以区别，通常将用作热源的蒸汽称为加热蒸汽或生蒸汽，将溶液汽化出来的蒸汽称为二次蒸汽。排除二次蒸汽常采用冷凝的方法。

三、蒸发的分类

根据二次蒸汽是否被利用，蒸发操作分为单效蒸发和多效蒸发。如果二次蒸汽不再利用，经冷凝后弃去，这种蒸发称为单效蒸发；如果二次蒸汽继续利用，引至其他蒸发器作为加热蒸汽，并将多个这样的蒸发器串联起来，这种蒸发称为多效蒸发。多效蒸发可以是二效、三效、四效等，视二次蒸汽串联利用的次数而定。

根据蒸发时压力的不同，蒸发操作可分为常压蒸发、加压蒸发和减压蒸发。常压蒸发可利用敞口设备，二次蒸汽直接排到大气中。加压蒸发，主要是为了提高二次蒸汽的温度，以提高热能的利用率；同时提高溶液沸点，加大溶液的流动性，以改善传热的效果。工业上的蒸发操作多数采用减压蒸发，这是因为减压蒸发具有以下优点。

① 使溶液的沸点降低。在加热蒸汽压力相同的情况下，可使蒸发器的传热推动力加大，在热负荷一定时，蒸发器的传热面积可以相应减小。

② 可以采用低压蒸汽，或利用废蒸汽做加热蒸汽。

③ 可以蒸发热敏性溶液，即在高温下容易分解、聚合、变质的溶液。

④ 由于操作温度低，热量损失也相应要小。

但采用减压蒸发就要增加真空泵、缓冲罐等辅助设备，并存在着由于沸点降低，溶液黏度增加，导致总的传热系数下降等缺点。尽管如此，工业上的蒸发操作大部分仍是在减压下进行的。

第二节　单　效　蒸　发

一、单效蒸发的基本原理和流程

单效蒸发的基本原理是通过蒸发器的间壁传热，用饱和水蒸气加热料液，使料液经常保持沸腾状态，将溶剂连续不断地蒸出，料液浓度逐渐提高，从而实现溶液增浓。蒸发器实质上是一种列管换热器，由加热室和分离室组成，加热室内排列着许多加热管，饱和水蒸气进入加热管的管隙，料液进入管内，饱和水蒸气便通过管壁将热量传给料液，同时自身被冷凝。料液受热后，一部分溶剂汽化成为二次蒸汽，从蒸发器顶部移出，余下的则成为浓缩的溶液，称为完成液，从底部引入完成液储槽。

单效蒸发有常压、加压和减压（即真空）等流程。图 5-1 是一个典型单效真空蒸发流程。在加热室 1 中，加热蒸汽在加热室的管隙中冷凝，料液从蒸发室 2 进入管内，一部分受热汽化，成为二次蒸汽，从器顶逸出，进入汽液分离器 3 分离，料液返回到蒸发室内，蒸汽

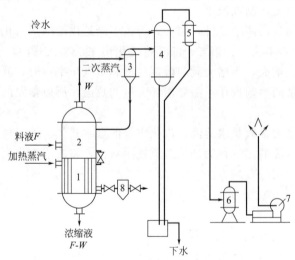

图 5-1　单效真空蒸发流程

1—加热室；2—蒸发室；3—二次分离器；4—混合冷凝器；5—分离器；6—缓冲罐；7—真空泵；8—冷凝水排除器

进入冷凝器 4 与冷却水混合冷凝排掉。余下的完成液从蒸发器底部排出。真空泵 7 对缓冲罐 6 抽气，使系统内形成负压，并将冷凝器内未被冷凝的气体抽出，经汽水分离器 5 进一步分离后排入大气。

蒸发操作可以间歇进行，也可连续进行。工业上大多数蒸发操作是连续进行的。

二、单效蒸发的计算

日常生产中常用的蒸发计算主要有溶剂的蒸发量计算、加热蒸汽消耗量计算和蒸发所需传热面积计算。这三项计算，可以依据物料衡算、热量衡算和传热速率方程式来解决。由于工业上蒸发的溶液绝大多数是水溶液，所以下述讨论都按水溶液计算。

1. 水的蒸发量——物料计算

图 5-2 是单效蒸发时物料计算和热量计算的示意图。由于在蒸发过程中，仅溶剂汽化，溶质在蒸发前后的质量不变。因此，以溶质为基准对蒸发器进行物料计算。

设 F——单位时间内进入蒸发器的原料液量，kg/h；

W——单位时间内所蒸发的水量，kg/h；

w_1——原料液溶质的质量分数；

w_2——完成液溶质的质量分数。

由于原料液中溶质含量等于完成液中溶质含量，

则：
$$Fw_1=(F-W)w_2 \quad (5-1)$$

将式(5-1) 变换，即可得出单位时间内蒸发水量的计算公式，

$$W=F\left(1-\frac{w_1}{w_2}\right) \quad (5-2)$$

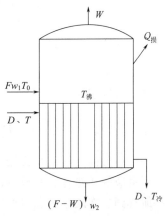
图 5-2 单效蒸发的计算

并可变形得出完成液浓度的计算公式：

$$w_2=\frac{F}{F-W}w_1 \quad (5-3)$$

【例题 5-1】 某车间用一单效蒸发器将质量分数为 12% 的 NaOH 溶液浓缩至 30%，已知每小时的处理量为 2t，问所需要蒸发的水量 W 和完成液的质量各为多少？

解 将已知的 $F=2000$kg/h、$w_1=0.12$、$w_2=0.30$ 数值代入式(5-2) 得

$$W=F\left(1-\frac{w_1}{w_2}\right)=2000\times\left(1-\frac{0.12}{0.30}\right)=1200\text{kg/h}$$

完成液的质量 $F-W=2000-1200=800$ kg/h

答：蒸发的水量为 1200kg/h；完成液的流量为 800kg/h。

2. 加热蒸汽的消耗量——热量计算

(1) 加热蒸汽消耗量的计算方法 通过对蒸发器的热量衡算可求得加热蒸汽消耗量。依据能量衡算通式，蒸发器的热量衡算。可用下式表述：

输入蒸发器热量＝输出蒸发器的热量＋热量损失

一般地说，热量衡算应列出进出蒸发器热量的所有因素，进行平衡计算。

设 D——加热蒸汽消耗量，kg/h；

T_0——原料液初温，K；

$T_沸$——溶液蒸发时的沸点，K；

$T_冷$——冷凝水温度，K；

      c——原料液比热容，$kJ/(kg \cdot K)$；

      $Q_{损}$——损失于周围的热量，kJ/h；

      R——加热蒸汽的汽化潜热，kJ/kg；

      r——二次蒸汽汽化潜热，kJ/kg。

具体分析，输入蒸发器的热量有原料液带进的热量 FcT_0 和加热蒸汽带进的热量 $DR+D \cdot c_水 \cdot T_冷$；输出的热量有二次蒸汽带出的热量 $W \cdot r + W \cdot c_水 \cdot T_沸$，完成液带出的热量 $(F \cdot c - W \cdot c_水)T_沸$，加热蒸汽的冷凝水带出的热量 $D \cdot c_水 \cdot T_冷$ 和热损失 $Q_{损}$。若不考虑溶液的浓缩热，可列出以下热量衡算式：

$$F \cdot c \cdot T_0 + DR + D \cdot c_水 \cdot T_冷 = W \cdot r + W \cdot c_水 \cdot T_沸 + (F \cdot c - W \cdot c_水)T_沸 + D \cdot c_水 \cdot T_冷 + Q_{损}$$

但日常生产中的计算，常用较简便的算法，本书主要介绍简便的热量计算方法。从蒸发操作的实际情况看，输入蒸发器的热量主要来源于加热蒸汽冷凝放出的潜热 $D \cdot R(kJ/h)$，这部分热量输送到以下三个方面：一是加热原料，使原料液由初温 T_0 升至沸点 $T_沸$，即 $Fc(T_沸 - T_0)(kJ/h)$；二是不断地供给溶剂汽化所需的潜热 $Wr(kJ/h)$；三是补偿散失于周围的热量 $Q_{损}(kJ/h)$。这就是输入和输出蒸发器的主要热量，也是简便热量计算的分析依据。简便蒸发计算可用下式表示：

$$DR = W \cdot r + F \cdot c(T_沸 - T_0) + Q_{损} \tag{5-4}$$

上式可改写成求加热蒸汽消耗量公式：

$$D = \frac{W \cdot r + F \cdot c(T_沸 - T_0) + Q_{损}}{R} \tag{5-5}$$

若将一般的热量衡算式加以推导、整理，也可简化成式(5-4) 和式(5-5) 的形式。

原料液的比热容 c 的数值，随溶液性质和浓度的变化而不同。部分液体的比热容可从有关手册查到。在缺乏可靠数据时，可用下式估算：

$$c = c_质 \cdot w_1 + c_剂(1 - w_1) \tag{5-6}$$

式中 $c_质$——纯溶质的比热容，$kJ/(kg \cdot K)$；

      $c_剂$——纯溶剂的比热容，$kJ/(kg \cdot K)$；

      w_1——原料液的浓度，以溶质的质量分数表示。

某些溶质的比热容见表5-1。若原料液以水为溶剂，在一般温度范围内，水的比热容可近似地看做一个定值 $c_水 = 4.187kJ/(kg \cdot K)$。

表 5-1 某些溶质的比热容

物 质	$CaCl_2$	KCl	NH_4Cl	NaCl	KNO_3	$NaNO_3$	Na_2CO_3	$(NH_4)_2SO_4$	糖	甘油
比热容/$[kJ/(kg \cdot K)]$	0.687	0.679	1.52	0.838	0.926	1.09	1.09	1.42	1.295	2.42

(2) 不同加料温度下加热蒸汽消耗的比较 式(5-5) 可变换成以下形式：

$$\frac{D}{W} = \frac{r}{R} + \frac{F \cdot c(T_沸 - T_0)}{RW} + \frac{Q_{损}}{RW} \tag{5-7}$$

式中，$\dfrac{D}{W}$ 称为单位蒸汽消耗量，其物理意义是：每蒸发 $1kg$ 溶剂（一般为水）需要消耗加热蒸汽的千克数。

对以下三种加料温度，随进料状况不同，其单位蒸汽消耗量也有所不同。

① 沸点进料。溶液预热到沸点再加入蒸发器，此时 $T_0 = T_沸$，代入式(5-7)，忽略热损失，则该式可写成：

$$\frac{D}{W} = \frac{r}{R} \tag{5-8}$$

由于蒸汽的汽化潜热受压力变化的影响较小，二次蒸汽与加热蒸汽的汽化潜热相差不大，故 $\frac{D}{W} \approx 1$。

例如，某水溶液在 373K 时沸腾，查得在该温度下的汽化潜热 $r = 2258$kJ/kg，所用加热蒸汽温度为 406K，其汽化潜热 $R = 2168$kJ/kg。若沸点进料，则此蒸发器的单位蒸汽消耗量 $\frac{D}{W} = \frac{r}{R} = \frac{2258}{2168} = 1.04$。

但实际生产中由于存在热损失等原因，实际的单位蒸汽消耗量约为 1.1 或更多一些。这就是说：在沸点进料的情况下，要蒸发 1kg 的水，就必须消耗略大于 1kg 的加热蒸汽。

② 低于沸点进料。溶液在低于沸点温度时加入蒸发器，$T_0 < T_沸$，代入式(5-7)，仍不计热损失，则式(5-7)可写成：

$$\frac{D}{W} = \frac{r}{R} + \frac{F \cdot c(T_沸 - T_0)}{RW} \tag{5-9}$$

等式右边第二项即是预热原料液温度由 T_0 升至 $T_沸$ 所需消耗加热蒸汽的热量。由于加上这部分热量，致使其单位蒸汽消耗量比沸点进料的高，$\frac{D}{W} > \frac{r}{R}$。

如 [例题 5-2] 中的单位蒸汽消耗量为

$$\frac{D}{W} = \frac{r}{R} = \frac{4638}{3660} = 1.27$$

③ 高于沸点进料。溶液温度高于沸点时加入蒸汽器，$T_0 > T_沸$。这种情况主要发生在减压蒸发（真空蒸发）操作中。当溶液进入蒸发器后，温度迅速降到沸点，放出多余热量，使一部分溶剂汽化。由于这一部分溶剂蒸发不消耗加热蒸汽，所以单位蒸汽消耗量将减少，$\frac{D}{W} < \frac{r}{R}$。这种由于溶液的初温高于蒸发器压力下溶液沸点而放出的热量，使部分溶剂自动汽化的现象称为自蒸发。

综上所述，高于沸点进料可以引起溶液自蒸发，节省加热蒸汽，所以工业上的蒸发操作普遍使用减压蒸发（真空蒸发）。

【例题 5-2】 若 [例题 5-1] 中，溶液的沸点是 353K，加热蒸汽压力 200kPa，原料液的比热容 3.77kJ/(kg·K)。不计热损失，试求在以下三种情况下加热蒸汽消耗量及单位蒸汽消耗量：

① 原料液在 293K 时加入蒸发器；

② 原料液在沸点时加入蒸发器；

③ 原料液在 393K 时加入蒸发器。

已知：$c = 3.77$kJ/(kg·K)　$T_沸 = 353$K　$W = 1200$kg/h　$Q_损 = 0$

从附录中查得，加热蒸汽压力为 199.95kPa 时的汽化潜热 $R = 2202.7$ kJ/kg，温度为 353K 时二次蒸汽的汽化潜热 $r = 2308.3$kJ/kg。

求：D 及 $\frac{D}{W}$。

解 ① $T_0 = 293$ K

$$D = \frac{Wr + Fc(T_沸 - T_0) + Q_损}{R}$$

$$= \frac{1200 \times 2308.3 + 2000 \times 3.77 \times (353 - 293)}{2202.7}$$

$$= 1463 \text{ kg/h}$$

$$\frac{D}{W} = \frac{1463}{1200} = 1.22$$

② $T_0 = 353$ K

$$D = \frac{Wr}{R}$$

$$= \frac{1200 \times 2308.3}{2202.7} = 1258 \text{ (kg/h)}$$

$$\frac{D}{W} = \frac{1258}{1200} = 1.05$$

③ $T_0 = 393$ K

$$D = \frac{1200 \times 2308.3 + 2000 \times 3.77 \times (353 - 393)}{2202.7}$$

$$= 1121 \text{ (kg/h)}$$

$$\frac{D}{W} = \frac{1121}{1200} = 0.93$$

※3. 蒸发器传热面积的计算

蒸发器的传热面积可以用传热速率方程式计算。

即：
$$A = \frac{Q}{K \cdot \Delta T} \tag{5-10}$$

式中　A——蒸发器的传热面积，m^2；

　　　Q——单位时间通过传热面的热量，W 或 J/s；

　　　K——蒸发器的传热系数，$W/(m^2 \cdot K)$ 或 $J/(s \cdot m^2 \cdot K)$；

　　　ΔT——蒸发器传热温度差，K。

几个数据的求法如下。

（1）传热量 Q　在蒸发过程中，冷凝水一般是在饱和温度下排出。也就是说，蒸发过程是利用了加热蒸汽的冷凝潜热，即 $Q = D \cdot R$。

（2）传热系数 K　蒸发器的传热系数 K 一般由实验确定。表 5-2 列出了几种常用蒸发器 K 值的大致范围，可查阅。

表 5-2　蒸发器传热系数的经验数据范围

蒸发器的形式				传热系数 K /[W/(m²·K)]	蒸发器的形式				传热系数 K /[W/(m²·K)]
管状加热方式	直管式	外部加热式（长管式）	自然循环	1160~5800	管状加热方式	直管式	内部加热式	标准式	自然循环	580~3500
			强制循环	2300~7000					强制循环	1160~5800
			无循环模式	580~5800					悬筐式	580~3500

（3）温度差 ΔT　蒸发器内的传热一般属于恒温传热，加热室内间壁两侧的流体均发生相变，两种流体在传热过程中的温差不变。

即：
$$\Delta T = T - T_{沸}$$

所以，蒸发器传热面积 $A = \dfrac{DR}{K(T - T_{沸})}$

式中　T——加热蒸汽的温度，K；

　　　$T_{沸}$——蒸发器内溶液的沸点，K。

$\Delta T = T - T_{沸}$，就是蒸发传热的推动力。必须使加热蒸汽温度 T 高于溶液沸点 $T_{沸}$，蒸发过程才能进行。ΔT 的值越大，蒸发器的生产强度越大。

加热蒸汽温度 T 和溶液的沸点 $T_{沸}$ 都不可能直接测出，而是从加热蒸汽管道和分离室所装的压力表测取加热蒸汽和二次蒸汽的压力，对照饱和水蒸气表查出加热蒸汽温度 T 和二次蒸汽温度 T' 的值，然后根据温度差损失来推算 $T_{沸}$ 的值。二次蒸汽温度 T' 总是比实际溶液的沸点低，T' 和 $T_{沸}$ 之间的差值称为温度差损失，用符号 Δ 表示。若温度差损失 Δ 已知，则实际溶液的沸点为

$$T_{沸} = T' + \Delta$$

造成温度差损失主要有三个原因：

① 由于有溶质存在，一般溶液的沸点比水的沸点高，如常压下质量数为 50% 的 NaOH 水溶液的沸点为 416K，比纯水高 43K；

② 由液柱静压力引起的溶液沸点升高，蒸发器中的溶液有一定深度，由于液柱静压力的影响，溶液的沸点由液面到底部逐步增高，平均沸点高于液面沸点；

③ 由于导管中流体阻力的影响。将以上三种因素造成的温度差损失数值相加，即为总温度差损失 Δ。

第三节　多效蒸发

一、多效蒸发原理

将加热蒸汽通入一蒸发器，蒸发器内产生的二次蒸汽，其温度和压力虽比原加热蒸汽低，但仍具有相当的压力和温度，可以利用。如将此二次蒸汽引入另一蒸发器，只要后一蒸发器中的压力和沸点都比前一蒸发器的低，则引入的二次蒸汽就能作为后一蒸发器的加热剂，后一蒸发器的加热室就相当于前一蒸发器的冷凝器。这就是多效蒸发的简单工作原理。多效蒸发充分利用了二次蒸汽的余热，提高了加热蒸汽的利用率，大大节省了能量的消耗。按此方式，顺次连接的一组蒸发器称为多效蒸发器，通入加热蒸汽的蒸发器称为第一效，用第一效的二次蒸汽作为加热剂的蒸发器称为第二效，依此类推。

在多效蒸发中，用作加热蒸汽的温度必须高于所蒸发溶液的沸点。为了获得这种必需的温度差，各效的压力和沸点必须逐步降低。因此，多效蒸发的末效都和真空泵相连。若使末效以及整个蒸发系统保持较高的真空度，即形成减压蒸发，就能使末效乃至整个蒸发系统溶液沸点降低，传热温差增大。实践证明，真空度在 0.067～0.093MPa 范围内，每提高 0.0067MPa 的真空度，可以增大温差 6～12K，既可提高蒸发器的生产能力，又能节省大量加热蒸汽。

二、多效蒸发流程

1. 多效蒸发流程的种类和特点

根据原料液加入的方向不同，常见的多效蒸发流程有以下三种。

（1）顺流加料　也称并流加料，是生产上常用的一种加料方法。其流程如图5-3所示。原料液和蒸汽的流向一致，均顺次从Ⅰ效→Ⅱ效→Ⅲ效。顺流加料的优点是：

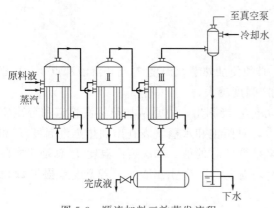

① 前一效蒸发器内压力总是比后一效大，溶液可自动地注入后一效，无需用泵输送；

② 前一效的溶液沸点总是比后一效高，前一效的溶液进入后一效，能自蒸发，因而能蒸发出更多的二次蒸汽。

顺流加料的缺点是：温度逐渐降低，溶液的黏度逐渐加大，热导率逐渐减少。因此，在处理黏度随浓度增加而迅速增大的溶液时，不宜采用顺流加料。

图5-3　顺流加料三效蒸发流程

（2）逆流加料　其操作的流程如图5-4所示。蒸汽流向是Ⅰ效→Ⅱ效→Ⅲ效，溶液流向是Ⅲ效→Ⅱ效→Ⅰ效，与蒸汽流向相反。逆流加料的优点是：随着溶液浓度的增加，溶液的温度也越来越高，这样，溶液的黏度变化不大，传热系数不致降低很多，有利于蒸发系统生产能力的提高。其缺点：由于溶液由低压处流向高压处，必须用泵输送，增加了电能消耗；还由于溶液由低沸点处流向高沸点处，不仅没有自蒸发现象，而且要多消耗一些热量，将溶液加热至沸点。逆流加料适用于处理溶液黏度随浓度增加而增大的情况，不宜处理热敏性物料。

（3）平流加料　其操作的流程如图5-5所示。在每一效中都加入原料液，放出完成液。这种加料主要用于在蒸发过程中溶液有晶体析出而不便于在各效之间流动的情况。

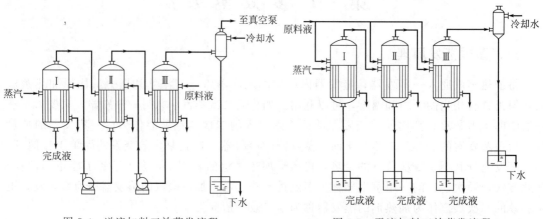

图5-4　逆流加料三效蒸发流程　　　　　图5-5　平流加料三效蒸发流程

2. 多效蒸发的效数

采用多效蒸发的目的是节省加热蒸汽的消耗量，提高整个蒸发系统的经济效益。从以上目的综合考虑，并不是蒸发器的效数越多越好。

实际上，由于热损失等原因，1kg加热蒸汽蒸发不出1kg的水。根据经验数据，每千克加热蒸汽所蒸发出的水量千克数（即单位蒸汽蒸发量$\frac{W}{D}$），在逐效下降，所节省蒸汽的比例也在逐效下降。由单效至双效，约节省加热蒸汽50%；而由四效到五效，加热蒸汽只节省10%。当效数增加到一定程度时，节约蒸汽的费用与增加设备的费用相比有可能得不偿失。

因此，化工生产中使用的多效蒸发一般是二～三效。

三、提高蒸发器生产强度的途径

单位时间内单位传热面积所蒸发的水分量称为蒸发器的生产强度，用符号 U 表示。即 $U=\dfrac{W}{A}$，单位为 $kg/(m^2 \cdot h)$。生产强度是蒸发器的重要考核指标之一。在蒸发操作中要经常考虑怎样提高蒸发器的生产强度，以获得更大的经济效益。

由于蒸发过程实质上是传热过程，所以提高蒸发器生产强度的途径和强化传热有许多相似之处，其中很重要的一点就是必须增大传热温度差 ΔT 或增大传热系数 K，要通过改造设备工艺和规范操作来实现。改造设备工艺的措施，本书不做介绍。规范操作主要采取以下两项措施。

① 及时排除加热蒸汽中的不凝性气体，如果加热蒸汽中含有 1% 的不凝性气体，就可导致传热系数 K 值下降 60%，为保持较高的传热系数，就必须及时排除不凝性气体；

② 及时清除垢层，管内析出的固体垢层对溶液传热系数 K 值影响很大，除采取各种措施控制垢层生成外，还要对蒸发器及时清洗，清除已出现的垢层，保持良好的传热条件。

【技能训练 5-1】 多效蒸发的操作

本次训练是利用教学软件模拟化工操作的训练。通过烧碱进行三效蒸发工序的模拟操作练习，了解开车、停车、正常运行、异常处理的基本操作方法。

● 训练设备条件

教学软件：第五章烧碱蒸发的操作

● 相关技术知识

烧碱模拟操作生产装置为三效顺流、部分强制循环蒸发工艺流程。预热后的电解液（稀 NaOH 溶液）在一效、二效和三效蒸发器中用蒸汽加热浓缩，经旋液分离器将固体盐析出，再经冷却、澄清，制成合格的液碱成品。其操作要点简介如下。

（1）开车程序

① 开车前准备。检查各效蒸发器内有无积水；检查所有阀门是否完好，蒸发器的放料阀、取样阀是否关闭；检查各压力表、真空表、安全阀、视镜、自控仪表是否完好；检查各泵是否完好；检查各辅助设施，如供水、供气、压缩空气等，是否提前投入正常运行。

② 蒸发器进料。当三效蒸发器内真空度符合规定（一般为 0.05MPa）时，开进料泵，先向一效蒸发器进料；当一效液面达到规定液位时（开车时一般控制在第一块视镜下方），向二效进少量料液；三效蒸发器一般先不进料，待蒸发出二次蒸汽后，逐渐向三效进料至正常。

③ 蒸发器通入蒸汽。先打开各效冷凝水排放阀，然后缓慢开启总蒸汽阀。当有阵阵蒸汽冒出时，关闭冷凝水排放阀；当蒸发器内碱液全部均匀沸腾时，可逐渐开足总蒸汽阀（通汽后 10～15min 内，逐渐将压力控制在 0.2MPa）。

④ 逐渐转入正常运行。在二、三效碱液液面达到第一块视镜上方后，启动各强制循环泵，蒸发系统转入正常运行。

整个开车过程需用 1.5～2h。

（2）正常运行操作要点

① 严格控制各效蒸发器液面，下液面不低于下部视镜，上液面不高于上部视镜。

② 经常注意各效蒸发器过料情况及管路畅通情况。

③ 严格控制三效蒸发器的出碱浓度。当浓度达到规定指标时，方可出料。

④ 每小时分析 1 次三效浓度。随时注意温度表、蒸发器加热室压力表、二次蒸汽压力表及强制循环泵电流表。

⑤ 经常检查蒸发器本体及各连接部位有无振动、杂音、泄漏，各安全附件是否正常。

（3）计划停车程序

① 停止进料。在计划停车前 2h 停止向一效蒸发器进料。

表 5-3　蒸发器操作常见异常现象

序 号	常见异常现象	发 生 原 因	处 理 方 法
1	蒸发器内有杂音	(1)加热室内有空气 (2)冷凝水排水不畅 (3)部分加热管堵 (4)加热管漏 (5)蒸发器部件脱落	(1)打开冷凝水放空阀 (2)检查管路,疏通 (3)清洗 (4)停车处理 (5)停车处理
2	冷凝水中带物料	(1)加热室或加热管漏、裂 (2)冷热水管漏、裂 (3)一效预热管漏 (4)一效液面过高或捕沫分离系统故障,导致二效冷凝水带料	(1)洗罐,补焊 (2)洗罐,补焊 (3)检修或更换预热管 (4)操作中调整液面高度,检修捕沫系统
3	蒸发器液面沸腾不均匀	(1)加热室内有空气 (2)部分加热管堵塞 (3)蒸汽压力低或真空度低 (4)加热管漏	(1)排放不凝性气体 (2)洗罐检查 (3)与调度联系解决 (4)停车检修
4	蒸发器浓度不涨	(1)加热室漏,冷凝水渗入碱液 (2)加热管积垢或堵塞 (3)蒸发器内盐多或液位过高 (4)蒸汽压力偏低 (5)真空度偏低 (6)阀门串漏 (7)电解液浓度低	(1)停车检修加热室,定期洗罐检修 (2)提高盐碱分离效率 (3)控制好液位 (4)与调度联系解决 (5)检查有无漏真空处,提高水压 (6)检修阀门 (7)提高电解液浓度

② 随着二效液面的降低，逐渐关小蒸汽，保持正常的逐效过料顺序，停强制循环泵。当三效浓度低于 410g/L 时，按规定程序出料。

（4）常见异常现象及处理方法　见表 5-3。

● 训练内容与步骤

（1）训练前，熟悉工艺流程与设备，绘流程简图；

（2）看教学光盘；

（3）利用光盘进行模拟操作，按教学光盘中提出的要求进行练习，写操作笔记。

第四节　蒸 发 设 备

一、蒸发器的基本结构

蒸发器是一种特殊形式的换热器，它的基本结构由加热室和分离室两部分组成，如图 5-6 所示。

1. 加热室

加热室内装有直立管束作为加热管，在加热室外壁装有蒸汽入口管和不凝性气体排出管。蒸汽中含有的不凝性气体应及时排除。当蒸汽压力高于大气压时，可间歇地将排气管与大气相通加以排除；当蒸汽压力低于大气压时，可将排气管与分离室或真空装置相通而排除。

2. 分离室

分离室是蒸发器中溶液和二次蒸汽分离的空间。分离室的分离效率直接影响蒸发操作是否良好。若分离效率低，说明二次蒸汽夹带大量的液体泡沫和雾滴，会造成产品损失，污染环境，堵塞管道。

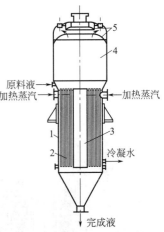

图 5-6　蒸发器的基本结构
1—外壳；2—直管加热室；
3—中央循环管；
4—分离室；5—捕沫器

为提高汽液分离的效果，在分离室上方装设汽液分离装置捕沫器。捕沫器的形式很多，有的直接安装在蒸发器的顶盖下面（见图 5-7）；有的安装在分离室的外面（见图 5-8）。分离后的液滴返回蒸发器中。

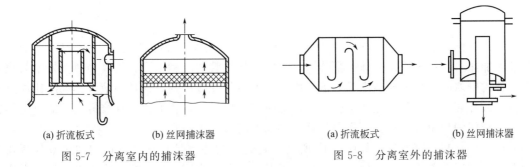

(a) 折流板式　　　(b) 丝网捕沫器　　　　　(a) 折流板式　　　(b) 丝网捕沫器

图 5-7　分离室内的捕沫器　　　　　图 5-8　分离室外的捕沫器

二、蒸发器的种类和性能

目前工业生产中使用较多的蒸发设备是具有管式加热面的蒸发器。按照蒸发器中溶液循环流动的情况，可分为自然循环、强制循环和不循环等三大类。

1. 自然循环蒸发器

这类蒸发器，被蒸发溶液由于位置不同，其被加热程度也就不一致，因此而产生密度差。在密度差的作用下，被蒸发液体不需外加动力，就可在蒸发器内循环流动。属于这一类的有以下四种。

（1）中央循环管式蒸发器（标准式蒸发器）　其结构如图 5-9 所示。加热室由直立管束组成，管束中央有一大直径的管子，称为中央循环管；周围的细管称为沸腾管。加热蒸汽在管隙加热，料液在管内循环流动。由于中央循环管截面积较大，管内的液体量比沸腾管内的多；而沸腾管的传热面积相对较大，管内液体的温度比中央循环管的高，因而造成这两种管内液体的密度差，再加上二次蒸汽上升时的抽吸作用，使得溶液从沸腾管上升，从中央管下降，形成自然循环过程。

中央循环管式蒸发器的优点是构造简单，投资少，操作方便；缺点是溶液循环速度低，传热系数较小，检修麻烦。由于溶液的循环情况较好，沸腾管不长，所以它适用于蒸发黏度较大和易结垢的溶液。

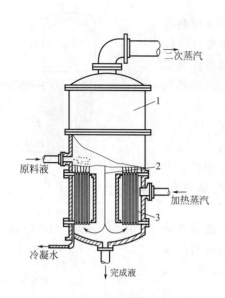

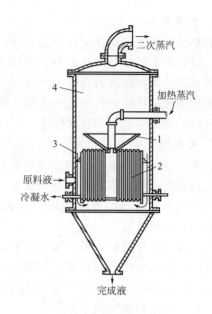

图 5-9　中央循环管式蒸发器
1—分离室；2—中央循环管；3—加热室

图 5-10　悬筐式蒸发器
1—捕沫器；2—加热室；3—环形循环通道；4—分离室

（2）悬筐式蒸发器　如图 5-10 所示。加热室悬吊在蒸发器壳体下部中央，像一个吊着的筐。加热蒸汽进入管由壳体上部伸入，溶液在加热管内沸腾上升，沿着加热室外壁与蒸发器壳体内壁之间的环形通道下降回流。由于蒸发器外壳接触的是循环溶液，其温度比加热蒸汽低，故外壳温度较低，热量损失较小。加热室可以打开顶盖取出，检修方便。缺点是装置复杂，金属消耗量大。这种蒸发器处理易结晶的溶液较为适宜。

（3）外加热式蒸发器　如图 5-11 所示。它的结构特点是把管束较长的加热室与蒸发室分开，中间以管路连接，这样一方面降低了整个设备的高度；另一方面由于循环管没有受到蒸汽加热，增大了循环管内与加热管内的溶液密度差，从而加快了溶液的自然循环速度。

（4）列文蒸发器　这种蒸发器是自然循环蒸发器中比较先进的一种，如图 5-12 所示。它的结构特点是在加热室上部装有一段大管子，即在加热管的上部增加一段液柱，使加热管内的溶液受到较大压力的作用而不沸腾。当溶液上升至沸腾室后，其所受压力减小才发生沸腾。由于液体沸腾在加热室外进行，就避免了在加热管内析出结晶，而不致在加热管壁上结垢。沸腾室上部装有隔板，以防止溶液沸腾时气泡过大，隔板上方装有挡液板，使向上冲的汽液混合物得到分离。它的循环管有 7～8m 高，比一般自然循环器的循环通道粗大得多，且不受热，循环管与加热管的温差较大，因而循环推动力比上述几种蒸发器大得多。

列文蒸发器中溶液循环速度可超过一般自然循环蒸发器 2 倍以上，其传热效果达到或接近强制循环蒸发器的水平。因此，在化工生产中应用较广。它的主要缺点是设备庞大，投资费用高，需要较大的厂房，对加热蒸汽的压力要求较高。

2. 强制循环蒸发器

其结构如图 5-13 所示。蒸发器内的溶液依靠泵的作用，沿着一定的方向强制循环。故溶液循环速度大，传热系数比一般自然循环蒸发器大得多。即使在传热温度差较小（3～5K）时，蒸发操作仍能进行。由于传热系数大，设备和生产强度大大提高。在生产任务相同的情况下，蒸发器的传热面积较小。这种蒸发器主要用于对黏度大或易析出结晶的溶液的处理。它的缺点是动力消耗较大。

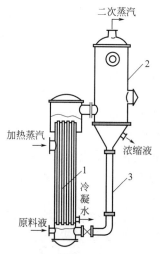

图 5-11　外加热式蒸发器

1—加热室；2—分离室；
3—循环管

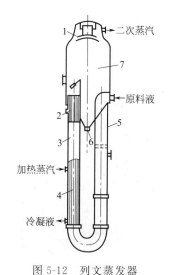

图 5-12　列文蒸发器

1—捕沫室；2，3—沸腾室；4—加热室；
5—循环管；6—完成液出口；7—分离室

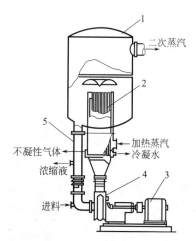

图 5-13　强制循环蒸发器

1—分离室；2—加热室；3—电
动机；4—泵；5—循环管

3. 膜式蒸发器（不循环蒸发器）

以上几种蒸发器，溶液在器内停留的时间都比较长，对于热敏性物料的蒸发，容易造成分解或变质。膜式蒸发器（不循环蒸发器）则避免了这些缺点，当溶液通过加热管时，不循环，就在加热管壁上呈薄膜状态，蒸发速度快（数秒到数十秒），传热效率高，对处理热敏性物料特别适宜；对于黏度较大，易起泡沫的物料也很适用。现已成为国内外广泛使用的先进蒸发设备。

按照溶液在蒸发器的流动方向，膜式蒸发器又可分为升膜式、降膜式、升-降膜式和回转膜式四种。

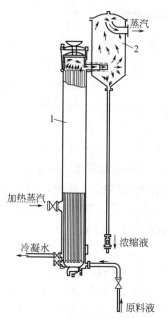

图 5-14　升膜式蒸发器

1—加热室；2—分离室

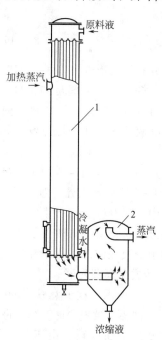

图 5-15　降膜式蒸发器

1—加热室；2—分离室

（1）升膜式蒸发器　如图 5-14 所示。加热室实际就是一个加热管很长的立式列管换热器，已预热到沸点的料液由底部进入加热管，受热沸腾后迅速气化；蒸汽在管内高速上升，料液被上升的蒸汽所带动，成膜状沿着管壁边上升，并继续蒸发，汽液在顶部分离室内分离。二次蒸汽由分离室顶部逸出，浓缩液由分离室底部排出。

这种蒸发器适用于蒸发热敏性及易产生泡沫的溶液。可在减压下操作，料液受热时间极短，蒸发速度极快。它在医药工业中应用很广。但它对进料的均匀性非常敏感，因此控制较为复杂；其管束长，清洗和检修不便；不适宜处理有结晶、易生垢及黏度较大的物料。

（2）降膜式蒸发器　如图5-15所示。它的结构与升膜式基本相似。主要区别在于，原料液由顶部经降膜分布器均匀地进入加热管内，在重力作用下沿加热管内壁成膜状下降，到加热室底部即成为浓缩的产品。为使料液在每根加热管内能均匀分布，在每根加热管的顶端装有降膜分布器。

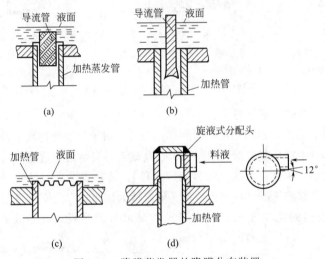

图 5-16　降膜蒸发器的降膜分布装置

降膜分布器的形式有多种，如图5-16所示。其中（a）的导流管为一有螺旋形沟槽的圆柱体；（b）的导流管下部是圆锥体，锥体底面向内凹，以免沿锥体流下的溶液再向中央聚集；（c）为液体通过齿缝沿加热管内壁成膜状下降；（d）为溶液经过旋液分配头而分配在管内壁上。降膜分布好坏对传热效果影响很大，如果液体分布不均匀，则一部分管壁会出现干壁现象。

降膜式加热器也同样适用于热敏性物料，不适用于易结晶、结垢或黏度很大的物料。

（3）升-降膜式蒸发器　如图5-17所示。这种蒸发器将升膜加热管和降膜加热管装在同一个外壳中。在升膜管中产生的蒸汽，不但有利于降膜管中液体的再分配，而且能加速与搅动下降的液膜，这就大大改善了传热效果，它的高度比升膜式或降膜式蒸发器都低。这种蒸发器常用于溶液在浓缩过程中黏度变化较大，或厂房高度有限的情况。

4. 回转式薄膜蒸发器

如图5-18所示。这种蒸发器的壳体外装有加热夹套，壳体内的中转轴上装有旋转刮板或搅拌桨。刮板和壳体内壁之间的间隙很小，料液从蒸发器上部沿切线方向进入器内，被旋转的叶片带动旋转。由于料液受到离心力、重力以及刮板的作用，因此，溶液在壳内壁上形成旋转下降的薄膜，并不断被蒸发，在底部成为合格的浓缩液。

这种蒸发器的优点是对物料的适应性强，对黏度高，易结晶、结垢的物料都能适用。缺点是结构复杂，动力消耗大，传热面积因加热夹套面积的限制而不能太大，只能用于产

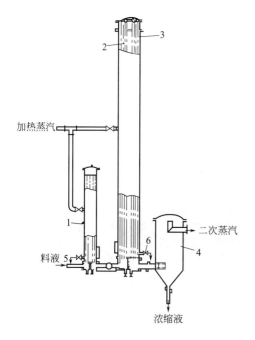

图 5-17　升-降膜式蒸发器

1—预热器；2—升膜加热室；3—降膜加热室；4—离心
分离器；5—冷凝水排出口；6—冷凝水出口

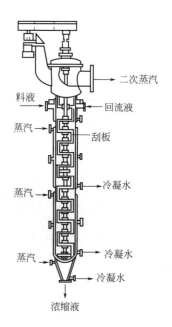

图 5-18　回转式薄膜蒸发器

量小，传热面积较小的场合。

以上各种类型的蒸发器，结构、性能各不相同，适宜处理物料的性质也不一样。表 5-2 清晰地列出了各类蒸发器的传热系数。学生应学会通过查表，联系前面所学的内容，对各类蒸发器的性能和适用情况进行比较。

三、蒸发装置中的辅助设备

在蒸发装置中，除蒸发器外，还有冷凝器、真空泵、冷凝水排除器等辅助设备，如果原料液需要预热，还有预热器。

1. 冷凝器

从末效蒸发器出来的二次蒸汽必须冷凝后再排除。对水溶液的蒸发大多采用汽、液直接接触的混合式冷凝器。常用的混合式冷凝器形式有淋水孔板式、填料式和喷射式等。图 5-19 是逆流高位混合冷凝器。因为它的分离器与真空泵相连，故分离器和冷凝罐中都有一定的真空度。为避免水槽中的水倒灌，两根气压管需有一定的高度，以确保管中冷凝水靠自身重力作用而排出。

2. 真空泵

蒸发流程使用的一般是往复式真空泵、旋转式真空泵和喷射式真空泵。

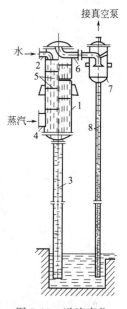

图 5-19　逆流高位
混合冷凝器

1—外壳；2—进水口；3,8—气压管；4—蒸汽进口；5—淋水板；6—不凝性气体；7—分离器

多效蒸发中末效二次蒸汽的冷凝器均与真空泵相连。因为冷凝器中的不凝性气体必须由真空泵抽出，才能使冷凝器和蒸发器保持减压操作。不凝性气体的来源是：溶液中溶解的，冷却水中溶解的，或设备、管道漏入的。

3. 冷凝水排除器

冷凝水排除器亦称疏水器，其作用是使加热蒸汽冷凝后的冷凝水及时排除，又不让蒸汽漏出，如图 5-20 所示。

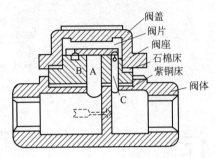

图 5-20　热动力式自动排出式疏水器

【阅读 5-1】

闪 蒸 简 介

闪急蒸发简称闪蒸。料液加热到一定温度，立即进入压力低于其饱和蒸汽压的闪蒸室，料液因过热而将部分溶剂急剧气化，这种操作称为闪急蒸发。它的工作原理就是用降压的方法，迅速降低物料的沸点，使其发生剧烈蒸发。闪急蒸发后，料液温度下降，压力升高，汽液两相的温度和压力达到平衡。

多级闪急蒸发（多级闪蒸）是经过加热的物料溶液依次通过多个压力逐级降低的闪蒸室，实现多次闪蒸平衡的蒸发过程。多级闪急蒸发主要用于海水淡化，还可用于从稀溶液中吸收溶质，如印染厂稀碱液的浓缩。

要注意闪急蒸发与闪急蒸馏的区别。闪急蒸馏与闪急蒸发的操作方式相似，有时也简称闪蒸。但闪急蒸馏所处理的料液中各部分都能挥发；而闪急蒸发所处理的料液中，溶质一般是不挥发的。

习　　题

1. 工业上蒸发操作一般都在溶液_____下进行，此时的特点是_____。

2. 蒸发过程的显著特点，_____是挥发性物质，_____是不挥发的，因此在蒸发过程_____的数量不变。

3. 蒸发操作是属于_____过程的操作。

4. 进行蒸发操作的必要条件是（1）_____ （2）_____。

5. 生蒸汽是指_____，二次蒸汽是指_____。

6. 根据二次蒸汽的利用情况，蒸发操作可分为_____和_____。

7. 根据蒸发时压力不同，蒸发操作可分为_____、_____和_____三种，工业上大多采用_____。

8. 单效蒸发是指_____，多效蒸发是指_____。

9. 采用多效蒸发的目的是（　　）。

a. 增加溶液的蒸发量　　 b. 提高设备利用率　　 c. 为了节省加热蒸汽消耗量

10. 原料液流向与蒸汽流向相同的蒸发流程是（　　）。

a. 平流流程　　 b. 并流流程　　 c. 逆流流程

11. 在蒸发操作中，溶质在蒸发前后的质量不变，这是因为（　　）。

a. 便于计算而假设的　　b. 设备密封较好，无泄漏　　c. 溶质是不挥发的

12. 判断下列说法是否正确？

(1) 生蒸汽与二次蒸汽没有区别。（　　）

(2) 单效蒸发中，原料液进料状况对单位蒸汽消耗量没有影响。（　　）

(3) 自蒸发是指由于溶液本身放出的热量使溶剂部分汽化的现象，主要发生在减压蒸发中。（　　）

(4) 蒸发器的传热属于恒温传热。（　　）

(5) 温差损失只与液柱静压力有关。（　　）

(6) 溶液在中央循环管蒸发器中的自然循环是由于密度差造成的。（　　）

13. 写出图 5-6 所示蒸发器的各部件名称及作用。

14. 写出图 5-1 所示蒸发操作中各物料名称。

15. 减压蒸发，在热负荷一定时，所需蒸发的传热面积可以相应（　　）。

a. 增大　　b. 减小　　c. 保持不变

16. 举出四种蒸发器的形式 _____、_____、_____、_____。

17. 今利用一单效蒸发器将 NaOH 溶液从 11.6% 浓缩至 18.3%（均以质量分数计），每小时处理的原料量为 10t，试求每小时需要蒸发的水量。

18. 经对一台蒸发器进行实际测定，每小时投入质量分数为 14% 的某原料液 5t，每小时蒸发掉 1.2t 的水，问经蒸发后溶液的质量分数。

19. 已知习题 17 中，该 NaOH 溶液的比热容为 3.7kJ/(kg·K)，溶液沸点 337K，加热蒸汽压力为 165kPa，如不考虑热损失，求加热蒸汽消耗量和单位蒸汽消耗量。

20. 在上题中，若改为沸点进料，试计算其结果。

第六章 吸 收

第一节 概 述

一、基本概念

吸收是利用气体混合物在液体中溶解度的差别，用液体吸收剂分离气体混合物的单元操作，也称气体吸收。气体混合物与作为吸收剂的液体充分接触时，溶解度大的一个或几个组分溶解于液体中，溶解度小的组分仍留在气相，从而实现气体混合物的分离，这就是最基本的吸收过程。

吸收所用的液体称为吸收剂或溶剂，气体混合物中被吸收的组分称为吸收质或溶质，不被吸收的组分称为惰性气体，吸收后得到的液体称为吸收液或溶液。例如，用碱液处理空气中的二氧化碳，就是利用二氧化碳在碱液中的溶解度大于氮、氧、氩这一特点将它分离的。在此分离过程中，所用的碱液为吸收剂，二氧化碳为吸收质，氮、氧、氩等组分为惰性气体，吸收了二氧化碳的碱液为吸收液。

二、吸收在化工生产中的应用

吸收在化工生产中应用很广，主要有以下两个方面。

1. 制备产品

如氯化氢被水吸收制成盐酸，二氧化碳被氨水吸收制成碳酸氢铵。

2. 净化气体

又包括以下两种情况。

（1）净化原料气　除去其中的有害组分。如用碱液脱除合成氨原料气中有害的二氧化碳及硫化物。

（2）净化排放气　除掉其中污染环境的组分，回收有用气体。如，在硫酸分解磷灰石制过磷酸钙的生产中，用水和氟硅酸稀溶液吸收排放气中的氟化氢，防止污染环境；在甲烷氯化物的生产中，用水洗法或碱洗法吸收排放气中的氯化氢，净化空气，并将部分回收液用于制盐酸。吸收操作可将二氧化硫、二氧化碳从空气中分离出来并回收利用，在实现减排目标中发挥作用。

三、吸收操作的分类

根据吸收过程有无化学反应发生，可将其分为物理吸收和化学吸收。在吸收过程中，溶质与溶剂不发生明显的化学反应（如用水吸收 CO_2 或 NH_3），称为**物理吸收**；溶质与溶剂发生明显的化学反应（如用硫酸吸收 NH_3 或用碱吸收 CO_2），则称为**化学吸收**。本章主要讨论物理吸收的基本原理以及吸收设备和操作。

第二节　吸收的基本原理

一、汽-液相平衡关系

1. 气体在液体中的溶解度

在一定温度和压力下，气体和液体接触，气体中的溶质组分便溶解在液体之中，随着吸收过程的进行，溶质气体在液体中的溶解量逐渐增大，与此同时，已进入液相的溶质气体又不断的返回到气相（这种已被吸收的溶质气体返回液相的过程称为解吸）。显然，在气液两相接触初期，过程以吸收为主；但经过一定时间后，溶质气体从气相溶于液相的速度等于从液相返回气相的速度，气相和液相的组成都不再改变，此时气液两相达到动态平衡，这种状态称为平衡状态。**平衡时，溶质气体在液相中的浓度称为平衡溶解度，简称溶解度。**溶解度的单位一般以 1000g 溶剂中溶解溶质的克数表示，单位符号为 g/1000g 溶剂。溶解度是吸收过程的极限。平衡时，溶液上方气相中溶质组分的分压，称为平衡分压。

气体在液体中的溶解度与气体、液体的种类、温度、压力有关。表 6-1 是压力 101.3kPa 和不同温度下几种气体在水中的溶解度。从表中看出，在上述相同压力和温度下，不同种类气体在水中的溶解度差异很大。HCl、NH_3 溶解度很大，称为易溶气体；H_2S、CO_2 具有中等溶解度；N_2、H_2 溶解度很小，称为难溶气体。不同种类气体溶解度的差异是吸收操作能否分离气体混合物的重要依据。由于 HCl 和 N_2、O_2 的溶解度差异很大，才可能使 HCl 与空气分离，被水吸收成为盐酸。

表 6-1　气体压力为 101.3kPa 时几种气体单独在水中的溶解度 (g/1000g H_2O)

温度/K	H_2	N_2	O_2	CO_2	H_2S	SO_2	NH_3	HCl
298	0.00145	0.016	0.037	1.37	22.8	115	462	
303								637

图 6-1 是根据氨在水中的溶解度绘制的。图中的曲线表示了气液相平衡的关系，称为溶解度曲线或平衡曲线。由图可以看出，在一般情况下，气体的溶解度随温度升高而减小，随压力升高而增大。因此提高压力，降低温度，对吸收过程有利；反之，则不利于吸收，而对解吸过程有利。所以说溶解度是吸收操作过程的基础。

【看看想想 6-1】 观察硫酸、硝酸生产中吸收装置流程示意图

图 6-2、图 6-3 是硫酸、硝酸生产过程中吸收装置流程示意图。

图 6-2 说明氮氧化物在转化炉时温度为 840℃，经废热锅炉和几台换热器降温，进吸收塔温度＜50℃。

吸收过程放出的热量，通过塔内盘管带走，

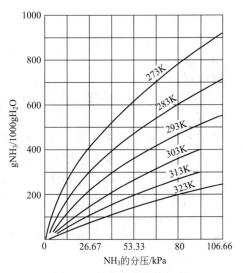

图 6-1　氨在水中的溶解度

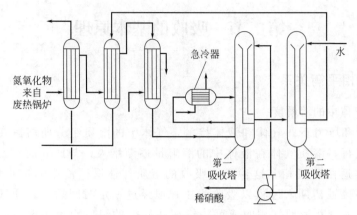

图 6-2 加压法制稀硝酸吸收流程

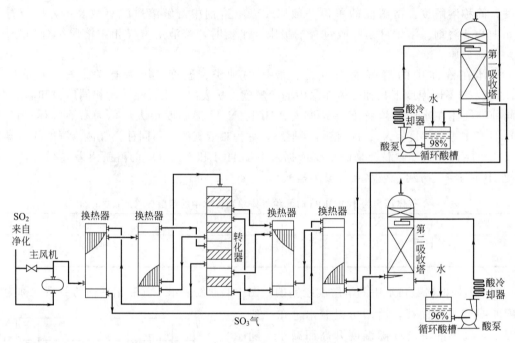

图 6-3 硫酸"两转两吸"制酸流程

送入急冷器。

图 6-3 说明 SO_3 出转化器时温度在 400℃以上，进第一和第二吸收塔温度<50℃。用换热器降温。

浓硫酸在吸收过程中温度升高，在塔外用冷却器降温。

观察图 6-2，NO_2 吸收流程示意图。氮氧化物进吸收塔前是否先降温？降温经过几台换热器、冷却器？从图上找到它们的位置。温度由多少摄氏度降至多少摄氏度？

观察图 6-3，SO_3 吸收流程示意图。SO_3 进吸收塔前是否先降温？找出换热器的位置。温度由多少℃降至多少℃？

想想：为什么进吸收塔前必须降温？为什么要严格控制塔内气体温度不得超过 50℃？

2. 亨利定律

当气、液相处于平衡状态时，溶质气体在两相中的浓度存在着一定的分布关系，这种关系可以用亨利定律所示的简单数学式来表明。

在一定温度和总压不超过 507kPa 的情况下,多数气体溶解后所形成的溶液为稀溶液,平衡时,其溶质气体在液相中的溶解度与其在气相中的平衡分压成正比,这一规律称为亨利定律,用数学式表达如下:

$$p^* = Ex \tag{6-1}$$

式中 p^*——溶质气体在气相中的平衡分压,Pa;

 x——溶质气体在液相中的摩尔分数;

 E——亨利系数,Pa。

由式(6-1)可以看出,当 p^* 一定时,E 与 x 成反比,即亨利系数越大的气体,溶解度越小,E 值随温度的升高而增大。

亨利定律的数学表达式还有其他形式。

若气液两相均用摩尔分数表示时,则亨利定律的数学表达式为

$$y^* = mx \tag{6-2}$$

式中 y^*——平衡时溶质气体在气相中的摩尔分数;

 x——溶质气体在液相中的摩尔分数;

 m——相平衡常数。

m 是亨利系数的另一种形式,$m = E/p$,m 值越大,表明该气体的溶解度越小。

在吸收操作中,常用摩尔比来表示相组成。因为在吸收过程中气体总量和液体总量都随过程进行而改变,而气相中惰性组分的物质的量和液相中溶剂物质的量始终不变。摩尔比 Y 和 X,以惰性气体和吸收剂作为基准,分别表示溶质气体在气相和液相中的组成,这样表示便于吸收过程的计算。摩尔比的定义如下:

$$Y = \frac{气相中溶质的物质的量}{气相中惰性组分的物质的量} = \frac{y}{1-y} \tag{6-3}$$

$$X = \frac{液相中溶质的物质的量}{液相中吸收剂的物质的量} = \frac{x}{1-x} \tag{6-4}$$

若溶质在气相和液相的组成用摩尔比表示,则亨利定律可以写成:

$$Y^* = \frac{mX}{1+(1-m)X} \tag{6-5}$$

式中 Y^*——平衡时,溶质在气相中的摩尔比。

对于稀溶液,X 值很小,$(1-m)X$ 项亦很小,可忽略不计。式(6-5)的分母趋近于1,则得

$$Y^* = mX \tag{6-6}$$

3. 吸收平衡线

表明吸收过程气液相平衡关系的图线称为吸收平衡线。将式 $Y^* = \dfrac{mX}{1+(1-m)X}$ 中 Y^* 与 X 的关系标绘于 Y-X 直角坐标系中,得到的图线为一条通过原点的曲线,如图 6-4(a)所示,此线即为吸收平衡线。显然,式(6-6),即 $Y^* = mX$ 所表示的吸收平衡线,为一条过原点的直线,斜率为 m,如图 6-4(b)所示。

亨利定律或吸收平衡线常用于解决吸收操作中的实际问题。比如,它可以指出平衡条

件，判明过程的方向是吸收还是解吸。图 6-5 是气、液相组成均以摩尔比表示的操作状态图，图中的曲线即吸收平衡线，A、B、C 表示三种不同状态。

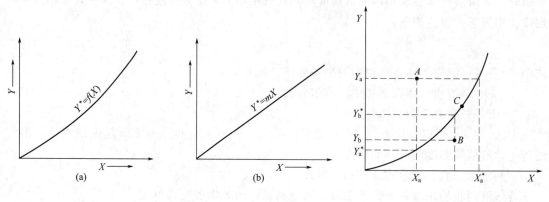

图 6-4　吸收平衡线　　　　　　　图 6-5　吸收平衡线应用实例

① A 点位于平衡曲线之上，$Y_a > Y_a^*$，表明可吸收组分在气相中的实际组成 Y_a 大于平衡时的组成 Y_a^*，故过程的方向为吸收，并且 Y_a 与 Y_a^* 的差值越大，越有利于吸收。$Y_a - Y_a^*$ 就是吸收的推动力，后面将进一步讨论。同理，$X_a^* > X_a$，也表明过程为吸收。

② B 点位于平衡曲线之下，$Y_b < Y_b^*$，表明可吸收组分在气相中的实际组成 Y_b 小于平衡组成 Y_b^*，过程方向为解吸。

③ C 点位于平衡曲线上，表明过程处于平衡状态，吸收和解吸都不能进行。

二、吸收过程的机理

吸收是溶质从气相转移到液相的传质过程，该过程是通过扩散进行的。物质扩散的基本方式有分子扩散和对流扩散两种。物质以分子运动形式通过静止流体的转移过程称为分子扩散，它是分子热运动的结果，分子扩散的推动力主要是浓度差。物质通过湍流流体的转移过程称为对流扩散。对流扩散时，物质除靠自身的分子扩散作用外，主要靠湍流流体的携带作用而转移。对流扩散速率主要取决于流体的湍流程度。吸收过程既有分子扩散，也有对流扩散。

吸收过程的机理，可用双膜理论来解释。双膜理论的要点是：当气液两相做相对运动时，气液两相界面的两侧分别存在着稳定的气膜和液膜；在两相界面上，溶质在两相的浓度始终处于平衡状态，界面上无传质阻力；在气液两相主体，流体激烈湍动使溶质浓度基本均匀，所以两相主体内传质阻力很小，可以忽略不计；传质阻力集中在气膜和液膜内（如图 6-6 所示）。

根据双膜理论，在吸收过程中溶质从气相主体中以对流扩散的方式到达气膜边界，再以分子扩散的方式通过气膜到达气、液界面，在界面上溶质溶解在液相中，然后又以分子扩散的方式穿过液膜到达液膜界面上，最后以对流扩散方式转移到液相主体。在以上的传质过程中，溶质在界面上及气液主体中的传质阻力很小，其阻力主要集中在气膜和液膜中。因此降低溶质在气膜和液膜内的扩散阻力，提高扩散速率，就能有效地提高吸收速率。根据流体力学原理可知，流体速度越大，气膜和液膜的厚度越薄，所以增大流速，可以减少传质阻力，提高吸收速率。生产实践证明，增大流速，是强化吸收过程的有效措施之一。

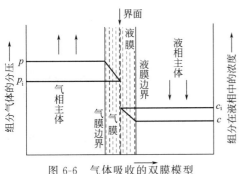
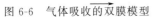

图 6-6 气体吸收的双膜模型

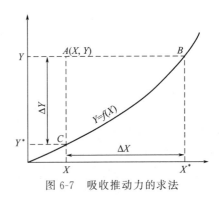

图 6-7 吸收推动力的求法

三、吸收速率方程式

1. 吸收推动力

由气液相平衡条件可知，气液两相达到平衡状态是吸收进行的极限，只有气液两相处于不平衡状态时，吸收过程才能进行。在吸收操作中，通常以气液两相的实际状态与相应的平衡状态的偏离程度表示吸收推动力。显然，气液两相处于平衡状态时，吸收推动力为零。

设溶质在气相中的实际浓度为 Y，液相中的实际浓度为 X，在吸收平衡线图 6-7 上以 $A(X, Y)$ 点表示气液两相的实际状态，过 A 点作水平线和垂直线与平衡线相交，得交点 $B(X^*, Y)$ 和 $C(X, Y^*)$。X^* 是与气相实际浓度 Y 平衡的液相浓度，Y^* 是与液相实际浓度 X 平衡的气相浓度。此气液相系统的推动力即为 $X^* - X$ 和 $Y - Y^*$。$X^* - X(\Delta X)$ 称为以液相组成表示的吸收推动力，等于液相平衡浓度与实际浓度之差；$Y - Y^*$ (ΔY) 称为以气相组成表示的吸收推动力，等于气相实际浓度与平衡浓度之差。由图 6-7 可知，A 点距平衡线越远，吸收推动力越大。

若已知平衡方程式 $Y^* = mX$，将已知的 X 或 Y 代入方程式，则可直接求出 X^* 或 Y^*，即 $Y^* = mX$，$X^* = Y/m$。

实际生产中的气体吸收过程是在吸收塔中进行。在吸收塔中各处的吸收推动力是不同的，所以在计算吸收塔的推动力时，应根据最大吸收推动力 $\Delta Y_大$ 和最小吸收推动力 $\Delta Y_小$ 算出吸收平均推动力 $\Delta Y_均$。当吸收平衡线为直线（即汽液平衡关系服从亨利定律）时，吸收平均推动力的计算方法如下。

当比值 $\Delta Y_大 / \Delta Y_小 > 2$ 时，用对数平均值

$$\Delta Y_均 = \frac{\Delta Y_大 - \Delta Y_小}{\ln \dfrac{\Delta Y_大}{\Delta Y_小}} \tag{6-7}$$

或 $\Delta X_大 / \Delta X_小 > 2$ 时，用对数平均值

$$\Delta X_均 = \frac{\Delta X_大 - \Delta X_小}{\ln \dfrac{\Delta X_大}{\Delta X_小}} \tag{6-8}$$

当比值 $Y_大 / Y_小 \leqslant 2$ 时，用算术平均值

$$\Delta Y_均 = \frac{\Delta Y_大 + \Delta Y_小}{2} \tag{6-9}$$

或 $\Delta X_{大}/\Delta X_{小} \leqslant 2$ 时，用算术平均值

$$\Delta X_{均} = \frac{\Delta X_{大} + \Delta X_{小}}{2} \tag{6-10}$$

最大和最小推动力一般是在气体入口和出口处，计算时先算出气体入口和出口处的推动力，再根据具体情况选用上式进行计算。

2. 吸收速率方程式

在单组分稳定吸收的情况下，溶质气体在液相中的吸收速率，与两相之间的接触面积和吸收推动力成正比。与传热速率方程式相似，吸收速率方程式可写成：

$$G = K_y A \Delta Y_{均} \tag{6-11}$$

$$G = K_x A \Delta X_{均} \tag{6-12}$$

式中　G——单位时间内吸收的溶质量，kmol 溶质/h；

$\quad\quad A$——吸收面积，m^2；

$\quad\Delta Y_{均}$——以气相组成表示的推动力；

$\quad\Delta X_{均}$——以液相组成表示的推动力；

K_y，K_x——推动力以气相组成或液相组成表示时的吸收系数，kmol 溶质/($m^2 \cdot$ h)。

吸收系数表示当推动力为 1 个单位时，溶质在 1h 内穿过 $1m^2$ 吸收面积，由气相扩散到液相的物质的量。吸收系数与流体性质及操作状态有关，其值可由实验测定，也可由计算求得。

对于填料吸收塔，其吸收速率方程式可表示为：

$$G = K_a V \Delta Y_{均} \tag{6-13}$$

式中　K_a——体积吸收系数，kmol 溶质/($m^3 \cdot$ h)；

$\quad\quad V$——填料的填充体积，m^3。

吸收速率方程式的形式还有许多种，本书不再介绍。

3. 强化吸收的途径

强化吸收，就是尽可能地提高吸收速率，强化吸收设备的生产能力。从吸收速率方程式(6-11)、式(6-12)可以看出，增大吸收系数 K_y 或 K_x，增大气液接触面积 A，增大吸收推动力 $(Y-Y^*)$，均能提高吸收速率，强化吸收。

（1）增大吸收系数 K_y 或 K_x　由双膜理论可知，加大气体和液体的流速，就能减小气膜和液膜厚度，降低吸收阻力，增大吸收系数。因此，在吸收操作中，要在可能条件下适当提高两种流体的流速。

（2）增大吸收推动力 $(Y-Y^*)$　提高 Y 或降低 Y^*，都可以增大吸收推动力 $(Y-Y^*)$。但提高溶质在气相的浓度 Y 不符合吸收的目的，因此要设法降低平衡时溶质在气相的浓度 Y^*。

由于 $Y^* = mX = (E/P)X$，可以从以下三个方面来降低 Y^*，增大吸收推动力。

① 增大吸收压力 p。

② 降低吸收温度，用以减小亨利系数 E。

③ 适当增大吸收剂用量，用以降低溶液中溶质的浓度 X。

（3）增大气液接触面积 A　主要方法如下。

① 增大气体的分散度，例如用升气管式支撑板，使气体分散成气泡通过液层。

② 增大液体的分散度，例如将液体喷洒成小液滴，或用液体分布器将液体均匀分布在整个塔面。

③ 在吸收塔内放置比表面积（单位体积填料的表面积，m^2/m^3）大的填料，以增大气液接触面积。

【看看想想 6-2】 观察液体分布器

吸收剂进入填料吸收塔时，要通过液体分布器，将液体均匀分布在填料层上方整个塔面。

图 6-8(a) 为莲蓬式液体分布器，它用喷头将液体分散成许多液滴，均匀喷洒在塔面上。

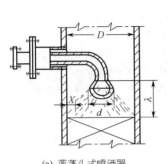

(a) 莲蓬头式喷洒器   (b) 二级槽式液体分布器

图 6-8 液体分布器

图 6-8(b) 为新型的二级槽式液体分布器。进塔液体先送到横向的长方形筛盘上，从筛孔流出进入许多纵向的一级槽。然后，经过一级槽底小孔，进入纵贯全塔的二级槽，再通过喷淋小孔，喷淋到填料层表面。二级喷淋小孔的密度在 100 个/m^2 以上，可将液体均匀喷洒到整个塔面。由于它分布得广而匀，所以能用于各种大型填料塔。

想想：这两种液体分布器的原理是什么？运用了吸收速度方程式 K、A、$(Y-Y^*)$ 中的哪一项？

和莲蓬式分布器比，二级槽式分布器有哪些优点？

四、吸收过程的计算

1. 吸收塔物料衡算

吸收过程一般在逆流连续操作的吸收塔内进行，气体自下而上流动，液体自上而下流动，其流程如图 6-9 所示。

在稳定连续操作和无物料损失的情况下，吸收塔内气相中溶质减少的量全部被吸收剂所吸收。在塔内任一截面 $m-n$ 和塔底之间，对溶质进行物料衡算，得

$$G=V(Y_1-Y)=L(X_1-X)$$

整理后可得

$$Y=\frac{L}{V}X+\left(Y_1-\frac{L}{V}X_1\right) \tag{6-14}$$

若对全塔进行物料衡算，则在全塔内被吸收的溶质量为

$$V(Y_1-Y_2)=L(X_1-X_2)$$

整理后可得

$$Y_1=\frac{L}{V}(X_1-X_2)+Y_2 \tag{6-15}$$

或

$$X_1=\frac{V}{L}(Y_1-Y_2)+X_2 \tag{6-16}$$

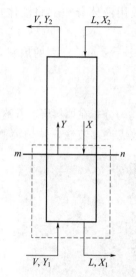

图 6-9 吸收塔物料衡算

V—惰性气体流量，kmol 惰性气/h；

L—吸收剂流量，kmol 吸收剂/h；

Y，Y_1，Y_2—在塔的任一截面、塔底及塔顶的气相组成，
kmol 溶质/kmol 惰性气；

X，X_1，X_2—在塔的任一截面、塔底及塔顶的液相组成，
kmol 溶质/kmol 吸收剂

式（6-14）称为逆流吸收的操作线方程式，它表明逆流吸收时塔内任一截面上气相浓度 Y 与液相浓度 X 的关系。由于 X_1、Y_1 和 L/V 均为定值，因此该式为一通过点 (X_1, Y_1)、斜率为 L/V 的直线，如图 6-10 中的直线 DE。此直线称为操作线，E 点代表塔底的组成 X_1 和 Y_1，D 点代表塔顶的组成 X_2 和 Y_2。在操作线上任一点代表塔内对应点的气液相组成 Y 及 X。图中曲线 OG 为平衡线。由图可以看出，操作线偏离平衡线越远，过程推动力越大。

在吸收过程中，由于气液相间存在着一定的平衡关系，因而气相中的溶质不能全部被吸收剂所吸收。被吸收的溶质量与气相中原有的溶质量之比，称为吸收率，可用下式计算：

$$\eta_{吸} = \frac{Y_1 - Y_2}{Y_1} \times 100\% \tag{6-17}$$

2. 吸收剂用量的确定

在吸收操作中，所处理的气体量 V、气相的初始和最终组成 Y_1 及 Y_2、吸收剂的初始组成 X_2，一般都由生产任务和生产条件所确定，但所需的吸收剂用量 L 则有待于选择，其消耗量的大小直接影响吸收效果和操作费用的高低。

由式（6-15）可得出

$$\frac{L}{V} = \frac{Y_1 - Y_2}{X_1 - X_2} \tag{6-18}$$

L/V 表示处理单位惰性气体所需要的吸收剂用量，称为液气比。在处理气体量 V 固定的条件下，液气比大，说明吸收剂用量大。在图 6-11 中，液气比是操作线 DE 的斜率。由于 X_2、Y_2 是给定的，所以操作线的起点 D 是固定的。对于表示塔底状态的 E 点，则因液气比不同而在平行于 X 轴的直线 Y_1F 上移动，由于液气比不同，对吸收过程产生了不同的影响。

若 L 增加，液气比 L/V 增大，操作线的斜率也变大，E 点将向远离平衡线的方向移动，吸收推动力增大，吸收速率增加。在同样的生产任务下，可减小所需的吸收面积，即减小了设备的尺寸，但吸收剂用量增加，操作费用增大。

若 L 减小，则操作线斜率 L/V 变小，操作线的 E 点向平衡线靠近，溶液出口浓度 X_1 增大，吸收推动力降低，吸收速率变小，要在单位时间内吸收同量的溶质，必须增大吸收面

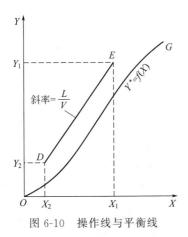

图 6-10　操作线与平衡线

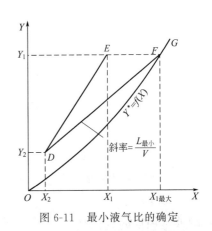

图 6-11　最小液气比的确定

积，使设备费用增加。若液气比降到使操作线与平衡线相交或相切，例如图 6-11 中的 DF 线与平衡 OG 相交，则吸收剂用量最小，塔底出口溶液的浓度达到最大值 $X_{1最大}$，此时的推动力为零，表示要取得一定的吸收效果必须采用无限大的接触面积。在实际生产中，这是一种达不到的极限情况，在这种条件下，操作线的斜率最小，即液气比最小，以 $L_{最小}/V$ 表示。显然，最小液气比可由操作线在极限情况下的斜率来决定，也可用下式计算：

$$\frac{L_{最小}}{V}=\frac{Y_1-Y_2}{X_{1最大}-X_2} \tag{6-19}$$

在吸收操作中，液气比选择的原则是使设备费用和操作费用之和为最小，一般为最小液气比的 $1.2\sim2$ 倍。对于填料吸收塔，为了使填料表面充分润湿，提高传质效果，其喷淋密度（即每小时每平方米塔截面上喷淋的液体量）一般应在 $5\sim12\mathrm{m}^3/(\mathrm{m}^2\cdot\mathrm{h})$ 以上。

【例题 6-1】　在一填料塔中，用清水吸收空气与丙酮蒸气的混合气体，已知丙酮蒸气的体积分数 y_1 为 0.06，出塔时丙酮蒸气的体积分数 y_2 为 0.012，设吸收剂的用量 L 为 154kmol/h，空气量 V 为 58kmol/h。试求出塔时的液相组成 X_1、吸收率 $\eta_{吸}$ 和液气比 $\dfrac{L}{V}$。

解　$Y_1=\dfrac{y_1}{1-y_1}=\dfrac{0.06}{1-0.06}=0.064$

$Y_2=\dfrac{y_2}{1-y_2}=\dfrac{0.012}{1-0.012}=0.0121$

因 $X_2=0$，则

$X_1=\dfrac{V}{L}(Y_1-Y_2)+X_2=\dfrac{58}{154}(0.064-0.0121)=0.0195(\mathrm{kmol}\ 丙酮/\mathrm{kmol}\ 水)$

$\eta_{吸}=\dfrac{Y_1-Y_2}{Y_1}\times100\%=\dfrac{0.064-0.0121}{0.064}\times100\%=81\%$

$\dfrac{L}{V}=\dfrac{Y_1-Y_2}{X_1-X_2}=\dfrac{0.064-0.0121}{0.0195}=2.66$

五、影响吸收操作的因素

影响吸收操作的因素，除要求吸收设备气液接触良好、吸收速率高外，主要还有吸收质的溶解性、吸收剂性能和工艺操作条件。

1. 吸收质的溶解性能

由双膜理论可知，气体吸收阻力主要集中在气膜和液膜。对于易溶气体，因溶解度较大，吸收质在交界面处很容易穿过液膜进入液体被吸收，吸收阻力主要集中在气膜一侧，称为气膜控制。水吸收氨或水吸收氯化氢均属于气膜控制。对于气膜控制，加大气体流速，即可减小气膜厚度，减小吸收阻力，提高吸收速率。

对于难溶气体，因溶解度很小，吸收质穿过气膜的速度要比溶解于液体来得快，吸收阻力主要集中在液膜一侧，称为液膜控制。例如，水吸收氧或氢气都属于液膜控制。对于液膜控制，要提高吸收率，应提高液体流速，减小液膜厚度，降低液膜阻力。

对于中等溶解度的气体，气膜阻力和液膜阻力均不可忽视，要提高吸收速率，必须同时增大气体和液体流速。

2. 吸收剂的性能

吸收剂性能好坏，直接影响吸收操作效果，因此吸收剂应符合以下要求：

① 吸收剂对混合气体中的被吸收组分，要有较大的溶解度和很好的选择吸收能力，对其他组分不溶或微溶，这样可减少吸收剂用量和有效地分离气体混合物；

② 吸收剂的挥发性要低，可减少吸收剂损失；

③ 吸收剂黏度要低，既可改善流体流动状态，提高吸收速率，又可减少输送吸收剂的动力消耗；

④ 吸收剂应具有无毒、不易燃烧、化学稳定性好、腐蚀性小、不易起泡、冰点低、价廉易得等优点。

3. 工艺操作条件

（1）温度 在较低温度下进行吸收操作，可以增大气体在液体中的溶解度，对吸收有利。由于大多数气体吸收过程是放热的，因此一般在吸收塔内或塔前设置冷却器，降低吸收剂的温度。但吸收温度也不能太低，否则不仅冷量消耗大，而且吸收剂黏度增大，流动性能差，甚至会析出固体结晶，因此对于一定的吸收过程，要选择一个适宜的吸收温度。

（2）压力 提高吸收操作压力，可以提高混合气体中被吸收组分的分压，增大吸收推动力，有利于气体的吸收。但操作压力过高，不仅对设备强度要求高，投资大，而且生产中动力消耗大，因此在实际生产中，应根据具体吸收过程，确定合理的操作压力。

（3）气流速度 塔内气体流速大，气膜变薄，气膜阻力减小，对吸收有利，可提高吸收塔的生产效率；但气流速度过大，易发生夹带雾沫现象，甚至造成液体被气体托住，或发生液泛，无法进行生产。因此，要根据实际情况，确定适宜的气流速度。

（4）吸收剂用量 吸收剂用量大，塔内喷淋量大，气液接触面积大，可提高吸收效率。但吸收剂用量过大，输送吸收剂的动力消耗大。因此，应在保证吸收率的前提下，尽量减少吸收剂用量。

六、解吸

从吸收剂中分离出已被吸收的气体吸收质的操作，称为解吸。显然，解吸与吸收是相反的过程。生产中解吸的作用有两个：一个是把吸收剂中吸收的气体重新释放出来，获得高纯度的气体；另一个是使吸收剂释放了被吸收的气体，再返回吸收塔循环使用，节约操作费用。例如，用水吸收了合成氨原料气中的二氧化碳后，经解吸得到纯的二氧化碳，同时水又循环使用。因此，解吸过程又称为吸收剂的再生。

升高温度，降低压力，有利于被吸收的气体从吸收剂中解吸出来，所以解吸过程大部分在减压、加热下进行，也有些在减压、等温下进行。吸收剂解吸了大部分被吸收的气体后，为了使气体进一步解吸完全，有时向解吸塔中通入水蒸气、空气等气体，降低液面上溶质气体的分压，使吸收剂中的溶质气体更完全的解吸出来。这一过程称为气提，所用的水蒸气、空气等气体称为气提气。

【阅读 6-1】

吸收-解吸联合操作在二氧化碳减排试验中大显身手

一、吸收-解吸联合操作是制取高纯度气体的重要手段

工业生产中常采用吸收与解吸联合操作的方法制取纯度较高的气体产品。先通过吸收，从气体混合物中分离出某种气体，溶于吸收剂中；再通过解吸，将它释放出来，获取纯净的气体。这种方法已在减少二氧化碳排放的试验中发挥了重要作用。

二氧化碳过度排放导致全球气候变暖，冰山融化，海面上升，已成为摆在全人类面前的极其严峻的问题。2009 年召开的哥本哈根大会，达成了要将全球气候平均升温控制在 2℃ 以内的共识。减少二氧化碳排放需要强有力的技术来支撑。近几年，各国专家对二氧化碳捕集等一系列技术问题进行深入的研究探索。我国在几个燃煤发电厂进行了二氧化碳捕集技术的研究试验。

二、吸收-解吸联合操作在二氧化碳捕集试验中发挥了重要作用

某燃煤发电厂建成了烟气脱碳装置（即二氧化碳捕集装置），目标是将烟气中的二氧化碳完全捕集，实现零排放。

这套装置的关键设备是吸收塔。烟气通入塔内，与复合胺液体吸收剂逆向接触，通过化学吸收，将烟气中的二氧化碳完全分离出来。接着，吸收液送入解吸塔，将二氧化碳释放出来，再经过压缩、净化、冷凝、提纯，制成 99.5% 的液态二氧化碳，送到 $-15℃$ 的储罐储存，或作为产品出厂。这个实例说明，吸收-解吸联合操作已成为二氧化碳捕集的核心技术，具有不可或缺的作用。

但是，二氧化碳捕集技术的推广使用，还存在很多困难问题。其中最突出的问题是用量大小。据估算，目前全世界每年向大气排放二氧化碳 300 亿吨，而工业上对二氧化碳的用量仅 1 亿吨。如果将这些二氧化碳都捕集起来，向何处存放？因此，二氧化碳的封存成了实施减排中的最大难题。

三、吸收-解吸联合操作是二氧化碳封存的关键性操作

各国科技人员对二氧化碳封存技术做了艰苦的研究探索。瑞典科学家创造的"CCS 技术"，取得了初步试验的成功。2010 年 11 月 29 日～12 月 3 日在中国北京举行的"世界洁净煤论坛"上，与会专家一致认为 CCS 技术是减少二氧化碳排放的有效技术。

"CCS 技术"是"二氧化碳捕集与封存技术"的简称。它要求：当煤炭燃烧时，在 CO_2 排放之前就将它捕捉、压缩，通过管道或船舶送到封存地，埋入地下封存。

这项技术包括碳捕集技术、碳输送技术和碳封存技术三个环节。

碳捕集技术包括燃烧前捕集和燃烧后捕集。燃烧后捕集是指燃烧的烟道气，通过吸收操作，吸收剂（如氨水）将其中的二氧化碳全部吸收，又利用解吸操作，将二氧化碳释放、压缩、封存。燃烧前捕集，则是先将煤气化，生成一氧化碳与水蒸气的合成气，除尘、氧化，生成二氧化碳和氢，然后通过吸收将二氧化碳和氢分离。

碳封存技术，是指将压缩的二氧化碳注入深海海底海床以下的地质结构中，或注入盐水层、煤矿、废弃油田。

试验结果表明，通过 CCS 技术，燃烧后的二氧化碳捕捉率可达 90%。而吸收-解吸联合操作是这项技术的关键性操作，对试验成功又一次发挥了重要作用。

第三节　吸收设备

吸收操作过程是在吸收设备内进行的。吸收设备应满足下列要求：气液接触良好，吸收速率大,设备阻力小,操作范围宽、稳定,结构简单,维修方便。吸收设备类型很多,常用的有填料塔、板式塔(包括泡罩塔、筛板塔和浮阀塔)、旋流板塔、喷射塔、文丘里吸收器、喷洒塔(是从顶部喷液体的空塔)等,其中填料塔应用最广,将重点介绍。板式塔与精馏过程使用的相同,此处不做介绍。

一、填料塔

填料塔的结构如图 6-12 所示,是由塔体、填料、液体分布器、支撑板等部件组成。塔体一般是用钢板制成的圆筒形,在特殊情况下也可用陶瓷或塑料制成。塔内充填有一

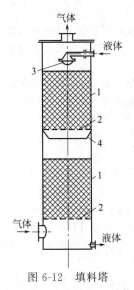

图 6-12　填料塔
1—填料;2—栅板;3—液体
分布器;4—液体再分布器

定高度的填料层,填料的下面为支撑板,填料上面有填料压板及液体分布器,必要时需将填料层分段,段与段间设置液体再分布器。操作时,吸收剂由塔顶部的液体分布器分散后,沿填料表面向下流动,湿润填料表面;气体自塔底向上穿过填料层,与吸收剂逆向流动,吸收过程通过填料表面上的液层与气相间的界面进行。因此,填料塔单位容积内吸收面积的大小,主要与填料的结构及液体分布的均匀程度有关。现将填料塔的主要部件介绍如下。

1. 填料

填料的作用是为气液两相提供充分的接触面积,加快吸收速率。生产中对填料的要求是:具有较大的比表面积,气液接触面积大;自由空间(单位体积填料所具有的空间,m^3/m^3)大,气体通过填料层的阻力小;具有足够的机械强度;制造容易,价格便宜;具有良好的化学稳定性。填料一般用陶瓷、不锈钢、碳钢、塑料、木材等材料制成。

填料的种类很多,按装填方式可分为散装填料和规整填料两大类。

(1) 散装填料　一般以随机的方式堆积在塔内,故又称乱堆填料。常用的散装填料有以下几种:

① 拉西环。如图 6-13(a) 所示,是外径与高度相等的圆柱体,一般用陶瓷或金属制成,是工业上应用最广和最早的一种填料。拉西环形状简单,制造容易,成本低;但液体分布性能不好,传质效率低,阻力大,近年来逐渐被效率较高的填料所取代。

② 拉辛环。如图 6-13(b) 所示,在拉西环中间加一道横隔板,其比表面积较拉西环大。

③ 鲍尔环。如图 6-13(c) 所示,在拉西环的壁上开有两层长方形窗孔,被切开的环壁形成叶片,一边仍与壁面相连,另一端向环内弯曲,在环中心与其他叶片相搭,上下两层窗孔位置错开。鲍尔环是针对拉西环的缺点加以改造制成的,液体分布较均匀,生产能力大,气体阻力小,在生产上应用较广。

④ 阶梯环。如图 6-13(f) 所示,是对鲍尔环加以改进的产物,环的一端有向外翻卷的喇叭口,减少了填料环的相互重叠,增大了空隙率。

⑤ 鞍形环填料。如图 6-13(d)、(e) 所示,是一种敞开的填料,包括弧鞍环和矩鞍环两种。弧鞍环具有对称结构,易形成相互叠合或架空现象;矩鞍环将两端的弧形面改为矩形面,且两面大小不等,因而不会相互叠合,表面利用率较高。

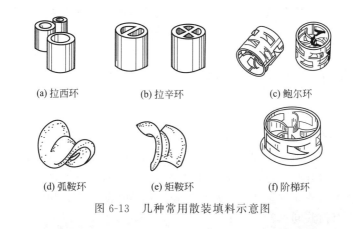

(a) 拉西环   (b) 拉辛环   (c) 鲍尔环

(d) 弧鞍环   (e) 矩鞍环   (f) 阶梯环

图 6-13　几种常用散装填料示意图

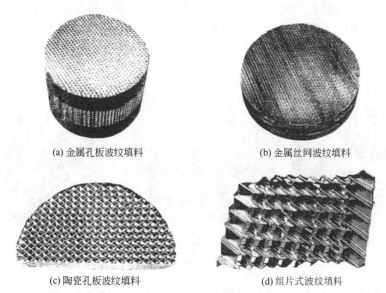

(a) 金属孔板波纹填料   (b) 金属丝网波纹填料

(c) 陶瓷孔板波纹填料   (d) 组片式波纹填料

图 6-14　几种常用规整填料

此外，近年来又开发了多种新型散装填料，如异鞍环、金属改型鲍尔环等。

（2）规整填料　如图 6-14 所示，是按一定几何构形排列，整齐堆砌的填料。规整填料具有优良的综合性能，如：比表面积大、空隙率大、操作弹性大、阻力小、传质率很高，能适应直径 10m 以上大型塔的传质需要。规整填料的开发为填料塔向大型化发展创造了有利条件。

规整填料有多种类型，目前工业上应用的规整填料绝大多数为波纹填料。波纹填料结构可分为网波纹填料和板波纹填料两大类，按其材质包括金属、塑料、陶器等。现将最常用的几种波纹填料介绍如下。

金属孔板波纹填料　在金属薄板表面打孔，轧制成小波纹、大波纹组装而成。它在生产上应用最广泛，能用于从最小塔径 200mm 到最大塔径 13m 的填料塔，压力范围可从真空到高压。

金属丝网波纹填料　这种填料比表面积大，空隙率大，质量轻，压力降低，适用于减压精馏，能满足精密、高真空精馏以及热敏性、难分离物系的分离要求。尽管其造价高，但因其性能优良仍得到广泛应用。

陶瓷孔板波纹填料　这种填料除具有金属波纹填料的各种优点外，还具有陶瓷的耐腐蚀性和良好的表面润湿性能，适用于腐蚀性物料的分离。

组片式波纹填料　这种填料用均匀分布的平行四边形通道取代了圆形通孔，不仅能节约材料 8.5%，而且增加了比表面积。与普通波纹填料比分离效率提高 10%，通量增大 20%，压力降低 30%。

【看看想想 6-3】　观察几种新型填料

图 6-15（a）为异鞍环填料，是矩鞍环改进而成的，在矩鞍环边缘上加了许多齿、槽。

图 6-15（b）为改进型鲍尔环填料。最初的鲍尔环是在拉西环壁上开两层长方形窗孔，并将被切开的壁板向内弯曲。仔细观察这种改型鲍尔环比最初的又做了哪些改进？

想想：鲍尔环填料的原理是什么？这两次改进的作用是什么？矩鞍环改进为异鞍环，和鲍尔环的两次改进有何共同点？

图 6-15（c）为陶瓷波纹填料，是由许多波纹片组成的圆柱形规整填料。有的波纹片上开了许多小孔，称孔板波纹填料。气、液都要流经这些弯曲的波纹通道和小孔，并在其表面上互相接触。测试数据表明，波纹填料和散装填料相比，分离效率提高了好几倍。

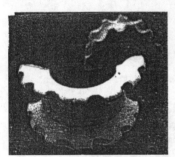  

(a) 异鞍环填料　　　　　　(b) 金属改型鲍尔环填料　　　　　　(c) 陶瓷波纹填料

图 6-15　几种新型填料

想想：波纹填料分离效率较高的原理是什么？以上几种填料的改进，运用了吸收速率方程式 K、A、$(Y-Y^*)$ 中的哪一项？

2. 支承板

支承板的作用是支承塔内填料床层，并保证气体和液体能自由通过。

对支承板的要求是：应具有一定强度和刚度；应具有大于填料层孔隙率的开孔率；结构合理，利于气液两相均匀分布，拆装方便。

常用的支承板有以下几种。

栅板式，如图 6-16（a）所示，用竖立的扁钢制成栅板，扁钢之间的距离为填料外径的 0.7～0.8 倍。

升气管式，如图 6-16（b）所示，在支承板上安装若干个升气短管，管的顶部及侧面有小孔，气体沿升气管上升，液体由支承板上的小孔流下。

波形管式，如图 6-16（c）所示，每个波形梁的侧面和底部开有小孔，上升的气体从侧面小孔喷出，下降的液体从底部小孔流下。

3. 液体分布器

其作用是将液体均匀地分布在填料表面上，使所有填料经常处于湿润状态。常用的液体分布器有以下几种。

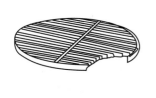

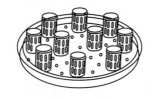

(a) 栅板式   (b) 升气管式   (c) 波形管式

图 6-16 支承板

喷头式分布器（莲蓬式），如图 6-17（a）所示，一般用于直径小于 600mm 的塔中。其优点是结构简单，缺点是易堵塞。

盘式分布器，如图 6-17（b）、（c）所示，液体加在分布盘上，有的盘底装有许多直径及高度都相同的短管，称为溢流管式，溢流管上端有缺口；有的盘底开有筛孔，称为筛孔式。

管式分布器，如图 6-17（d）、（e）所示，由若干个开孔管组成，其结构有排管式、环管式等。

槽式液体分布器，如图 6-17（f）所示，属于溢流式分布器，由分配槽和喷淋槽构成。液体由上部进液管进入分配槽，通过分配槽顶部缺口流入喷淋槽，喷淋槽的液体再通过侧面的堰口和底部孔道流到填料上。这种分布器不易堵塞，分布均匀，处理量大，适应范围广，特别适用于大型塔。

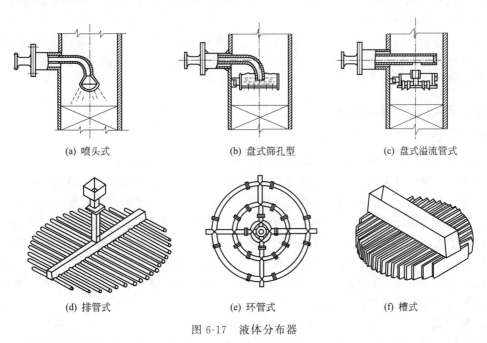

(a) 喷头式   (b) 盘式筛孔型   (c) 盘式溢流管式

(d) 排管式   (e) 环管式   (f) 槽式

图 6-17 液体分布器

4. 液体再分布器

液体在填料层内向下流动时，有一种逐渐向塔壁偏流的趋势，导致中心处的填料得不到湿润。为了减少这种壁流现象，对填料层较高的塔，每隔一定高度应设置液体再分布器，将沿塔壁流下的液体导向塔中心处。图 6-18 所示为常用的截锥式液体再分布器，图（a）所示为截锥内没有支撑板，能全部堆放填料，不占空间。若需分段卸出填料时，应采用图（b）

所示的形式，截锥上设有支撑板，截锥下隔一定距离再堆填料。对于较大直径的塔，可采用图 6-16 所示的升气管式支撑板，作为液体再分布器。

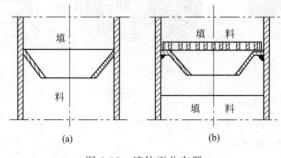

图 6-18　液体再分布器

5. 其他附件

为了避免操作中因气流速度波动而使填料被冲动或损坏，常常需要在填料层顶部设置填料压板或挡网。气体进口的结构既要能防止淋下的液体进入管中，同时又要能使气体分散均匀。常见的气体进口管形式是将管端作成 45°向下倾斜的切口或向下弯的喇叭口。气体出口一般需要设置除雾沫装置，这样既能使气体顺利的排出，又能防止挟带液体。

填料塔的优点是结构简单，易用耐腐蚀材料制作，操作稳定，阻力小。主要缺点是吸收效率较低，塔笨重，检修麻烦。随着新型高效填料的不断出现，填料塔的缺点已得到克服，效率在不断提高。

各种新型规模填料的迅速开发，促使填料塔向着大型化发展，一些直径 13m 的填料塔已投入运行。很多精馏和其他传质过程也选用大型填料塔。有些现代精馏技术的研发，就是利用大型填料塔完成的。

二、其他类型吸收设备

1. 旋流板塔

旋流板塔是一种新型吸收塔，塔内有若干层旋流板式塔板，如图 6-19 所示。塔板主要由中心的一块圆形盲板及圆周一组风车型的固定板片组成，板片沿切线方向焊在盲板的周围，并有一定的仰角。气体通过塔板时，沿板片与板片之间的间隙螺旋上升。流体从上一层塔板通过溢流装置流到盲板上，再从盲板流到板片上形成薄液层，被气流分散成细小液滴，并利用气体旋转时产生的离心力将液滴甩到塔壁上，沿塔壁下流，通过与塔壁相接的溢流装置流到下一塔板的盲板上。从液体流到板片开始，到沿溢流装置流下为止，都与气体有较好的接触，特别是以细小的液滴状态穿过气流时，气液接面积很大，吸收效率很高，因而旋流板塔近年来在生产中逐渐得到应用。

2. 喷射塔

其结构如图 6-20 所示，全塔由上部的喷射装置、中部的吸收管和下部的分离器三部分组成。喷射装置的主要部件是向下逐渐缩小的锥形喷射管，称为喷杯。吸收剂由喷杯外的空间均匀地溢流入喷杯内，以膜状沿杯内壁向下流动。气体由塔顶进入喷杯，至喷杯出口处流速达 20~25m/s。液体因气体的喷射而被分散成雾状，气液充分接触，吸收过程迅速进行。气液混合物由喷杯进入吸收管内，流速降低，吸收过程继续进行。在分离器内，由于气流速度的降低和气流方向的改变，使气液分离。喷射塔结构简单，气液接触面积大，吸收效率高，不易堵塞，因而在生产中应用也较多。

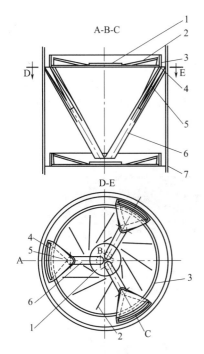

图 6-19 旋流板塔塔板简图

1—盲板；2—旋流板片；3—罩筒；4—溢流口；
5—溢流槽；6—圆形溢流管；7—塔壁

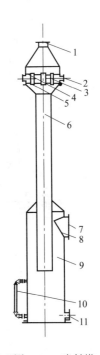

图 6-20 喷射塔

1—气体进口；2—吸收剂进口；3—锥形喷射管；4—多
孔分流板；5—管板；6—吸收管；7—气体出口；8—捕
沫挡板；9—分离器；10—液位计；11—溶液出口

3. 文丘里吸收器

其结构如图 6-21 所示，由文丘里管和气液分离器组成。吸收剂由文丘里喉管加入，被高速气流在喉管处分散成雾滴，气液两相充分混合，在文丘里管内完成吸收过程，然后进入旋风式气液分离器使气液分离，气体由顶部排出，溶液由底部排出。文丘里吸收器气液接触面积大，吸收效率高，处理能力大，但气体流速大，压力降大。

准备填料吸收塔、板式塔（包括泡罩塔、筛板塔及浮阀塔）、旋流板塔、喷射塔、文丘里吸收器的实物或模型各 1～2 个，对着实物讲授结构和工作原理。同时准备不同材质及不同类型的填料各若干个，详细了解它们的结构特点及性能。

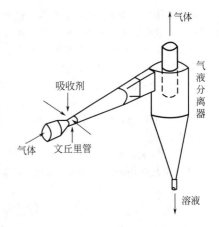

图 6-21 文丘里吸收器

【阅读 6-2】

膜法气体分离简介

分离气体混合物的技术包括传统分离技术和新型分离技术。吸收是传统分离技术，是目前工业上分离气体混合物的主要方法。随着科学的迅速发展，对分离气体混合物纯度、精度的要求越来越高，环境保护对工业排放气体的要求越来越严❶，只靠传统的吸收方法难以完全满足以上要求，许多新型气体分离技术应运而生。

膜法气体分离是一种行之有效的新型气体分离技术。

膜法气体分离的基本原理是，利用混合气体中不同组分在膜内溶解、扩散性质不同导致渗透速率不同的特点，使渗透速率不同的气体分子在膜的两侧富集，实现气体分离。图 6-22 表示了十种气体透过 Seper-ex 膜的不同速率，其中，H_2O、He、H_2 渗透速率较快（称为"快气"），CO、N_2、CH_4 渗透速率较慢。图 6-23 表示，将含有 H_2、He、N_2、CH_4 的混合气压入膜组件，渗透速率快的 H_2、He 分子透过中空纤维膜，在膜的渗透侧（左侧）富集；渗透速率慢的 CH_4、N_2 被截在膜的滞留侧（右侧），实现了分离。

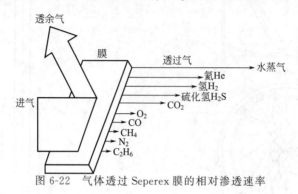

图 6-22 气体透过 Seperex 膜的相对渗透速率

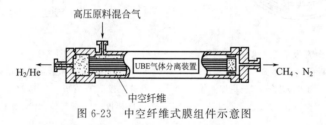

图 6-23 中空纤维式膜组件示意图

膜法气体分离设备是由膜材料构成的膜组件。气体分离膜材料有三大类：高分子材料，如聚酰亚胺、聚苯胺和含硅聚合物；无机材料，包括陶瓷膜、金属膜和分子筛膜；有机-无机集成材料，如聚合物裂解膜。常见的膜组件有板式、螺旋卷式和中空纤维式（如图 6-23 所示）。

膜法气体分离具有简单、紧凑、节能、高效等特点，应用越来越广泛，现已用于以下几个方面。

① 氢的分离回收，主要有从石油炼厂尾气中回收氢，从合成氨弛放气中回收氢。某大型合成氨厂安装膜法氢回收装置后，氢回收率≥90%，回收氢的含量达 99%。

② 油气的回收，包括炼油厂、油库和加油站的油气回收。有些加油站安装膜法油气回收装置后节油 4%～8%。

③ 膜法富氧和膜法富氮。

④ 有机废气的脱除。例如用膜法与冷凝、吸附集成的方法脱除有害气体 VOC，已取得显著效果。

第四节 吸收的操作

一、填料吸收塔操作的基本要求和方法

1. 基本要求

（1）通过操作控制，使气、液两相在填料层表面均匀、通畅地流动，使两者在最大的比

---

❶ 中国 1996 年发布的大气质量标准规定，三级地区年平均值：SO_2 含量为 $0.1mg/m^3$，总悬浮物含量为 $0.30mg/m^3$。一些发达国家此项标准要求更高。如美国，初级年平均值：SO_2 含量为 $0.08mg/m^3$，总颗粒含量为 $0.15mg/m^3$。

表面积上进行最充分的接触，各项工艺参数尽量控制在最佳范围，以获得最大的吸收效率，使填料塔装置安全、稳定、长周期运行。

（2）在物耗、能耗、设备完好、安全、环境保护等方面都符合要求，排放符合规定。

2. 原始开车—投运准备的基本方法

原始开车—投运准备是一项重要的操作技能，它包括十个步骤。这十个步骤的全面综述安排在十一章，十个步骤的基本方法介绍和模拟实训，分别安排在第六、七、十一章。本章介绍其中吹扫、装填料、耐压试验、气密试验等四个步骤的基本方法。

（1）吹除清扫

吹扫填料塔及系统管道，将焊渣、螺钉、灰尘等杂物清除掉。一般先进行人工清扫，从人孔进去将杂物清理干净，再进行空气吹扫，用压缩空气将整个系统吹净。

（2）装填料

① 散装填料的装填。装填之前要将填料冲洗干净。如果是塑料或木质填料，还要进行特殊处理。

装填料有干法和湿法之分，如有条件尽量选择湿法。湿法装填料要先向塔内灌水，然后将填料从人孔或塔顶轻轻倒入水中，填料在水中缓慢下沉，这样可避免填料因碰撞而损坏。当填料层达到规定高度后，将水面上漂浮的杂物捞出，放水，再将填料层表面耙平，封好人孔。

一些直径较大的塔不适用湿法，可采用干法。干法装填料要注意轻拿轻放，切勿乱扔乱倒。人进入塔内，不要直接踩填料，要站在铺设的木板上操作。

② 规整填料的装填。直径较小的塔，可将填料预制件作成整圆，装填时由法兰口装入，平稳地摆放在支承板上。直径较大的塔，将整圆分成若干块，预先制作好，从人孔装入，在塔内组合成整圆。

（3）耐压试验（水压试验）

填料吸收塔一般都以水为介质进行耐压试验。按有关规定，水压试验的压力为工作压力的 1.25 倍。试验的方法步骤如下。

① 试验前，检查安全装置、压力表、液位计是否齐全并经检验合格。

② 通入水后，缓慢升压，经过 2～3 个稳压阶段，升至工作压力。稳压时，检查各个密封点有无泄漏，压力表有无降压显示。

③ 升至工作压力，保压 20min，再作详细检查，确认无泄漏后，升至试验压力。

④ 升至试验压力后，保压 10～30min，检查稳压情况，如无其他问题，降至工作压力，再保压 10min，如无泄漏，开始卸压。

⑤ 卸压时，打开最低一个阀门放水，同时将最高的放空阀打开，防止将薄壁设备抽坏。水放净后，再用压缩空气吹干。

（4）气密试验

① 用压缩机将干燥洁净的空气输入系统。

② 缓慢升压，分段进行。

第一段，升至工作压力的 10%，稳压 5～10min，稳压时检查系统有无泄漏。

第二段，升至工作压力的 50%，稳压 5min。

以后，每升高工作压力的 10% 为一段，每段稳压 3～5min。升压过程中，若发现有漏处，立即停止升压，准备维修。

③ 保压

升至工作压力开始保压。保压的时间，常压设备为 30min，压力在 15MPa 以上的设备，保压 24h。

保压期间要对设备管道详细检查。可通过耳听、手摸，进行初步判断，可疑处涂肥皂液检查判断。

④ 卸压

保压期间压力不下降即为试验合格，然后开始缓慢卸压。

检查发现的泄露处，要在卸压后处理，处理完毕再按以上步骤进行气密试验，直至确认全系统无泄漏，方可结束。

3. 生产操作控制的基本方法

为达到填料吸收塔操作的基本要求，获得较高的吸收率，应着重对以下四项指标进行操作控制。

（1）控制好吸收温度

一般情况下，温度越低，气体在吸收剂中的溶解度越大，越有利于吸收，但要适度。温度过低，分子扩散速率减慢，液相黏度增大，也会影响吸收速率。生产工艺规定的温度指标体现了吸收的最佳温度范围，操作时应将温度控制在这个范围内。

（2）控制好气、液流量

进气量是由整个工艺过程决定的，一般不能变动。

吸收剂容量越大，单位截面积的液体喷淋量越大，填料层能保持较高的湿润状态，气液接触面随之增大，有利于提高吸收速率。因此，在出塔气体中溶质含量较高的情况下，可适当增大吸收剂的流量，但不能过大。

（3）控制液位

液位是稳定填料塔操作的关键之一。液位过低，会使塔内气体从排液管排出，发生跑气事故；液位过高，可能引起带液事故。液位波动会引起一系列工艺条件的变化，甚至影响吸收过程的正常运行。因此，必须经常保持液位稳定，波动不得超过规定范围。

（4）控制吸收塔的压强差

吸收塔底部和顶部的压强差是塔内阻力大小的标志，是塔内流体力学状态最明显的反应。压强差大，不仅是气体压头损失大，而且说明塔内阻力大，气液接触状态不良，甚至吸收操作过程恶化。以下几种因素都会形成压强差增大：填料堵塞，溶液严重发泡，吸收剂量过大，气量过大等。当出现压强差有上升趋势或突然上升时，应冷静分析原因，迅速采取措施处理。

二、在校内实训装置上进行的吸收操作训练

1. 校内实训装置简介

填料塔吸收操作技能训练装置如图 6-24 所示。该装置的主要设备是一个填料吸收塔，内装瓷质拉西环填料或钢质鲍尔环填料。空气由罗茨鼓风机 1 供给，经过油分离器 3 除去夹带的油水并使空气流量平稳，空气的流量由空气调节阀 2 调节（放空法），并由转子流量计 4 测定。在管路中空气与氨气混合后，由填料塔底部进入塔内，空气-氨混合气中的氨被由塔顶喷淋下来的水吸收后，尾气由塔顶排至大气。在出口处有尾气调压阀 8，其作用是在不同的流量下能自动维持一定的尾气压力（883~1275Pa），作为尾气通过分析器的推动力。

水由总阀 14 进入过滤减压器 15，经调节阀 16 及流量计 17 后，由塔顶经莲蓬头喷入塔内，均匀分布在填料层。吸收了混合气中氨气后的溶液，由塔底排液管 6 排出。排液管可上

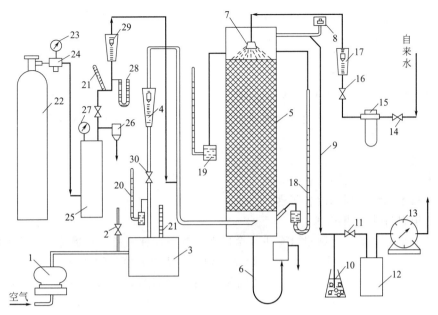

图 6-24　填料塔吸收操作技能训练装置

1—罗茨鼓风机；2—空气调节阀；3—油分离器；4,17—转子流量计；5—填料塔；6—排液管；7—莲蓬头；8—尾气调压阀；9—尾气取样管；10—稳压瓶；11—旋塞；12—吸收盒；13—湿式气体流量计；14—自来水总阀；15—过滤减压器；16—调节阀；18—压差计；19—塔顶表压计；20,28—表压计；21—温度计；22—氨瓶；23—氨压力表；24—氨自动减压阀；25—缓冲罐；26—膜式安全阀；27—氨压力表；29—氨流量计；30—闸阀

下移动，将液面维持在一定高度，防止混合气体经排液管排出。

　　氨气由氨瓶 22 供给，开启氨瓶上的阀门，氨气进入氨自动减压阀 24，将氨气的压力稳定在 49～98.1kPa。氨压力表 23 指示氨瓶内部压力，而氨压力表 27 指示减压后的压力。氨气的流量由氨流量计 29 测定。为了确保安全，缓冲罐上还装有安全阀 26，以保证系统氨压力不超过 117.6kPa。

　　由于气体流量与气体状态有关，所以每个气体流量计前均有表压计和温度计。为了测量塔内压力和填料层压降，装有压差计 18 和表压计 19。此外，还有大气压力计，用于测量大气压力。

　　主要设备规格及测量仪表如下：

　　① 填料吸收塔用普通玻璃或有机玻璃制成，塔径 150mm，填料层高度 0.7～0.8m；

　　② 填料选用 20mm×20mm×1.8mm 的瓷质拉西环填料，或 20mm×20mm×0.6mm 的钢质鲍尔环填料；

　　③ 罗茨鼓风机输气量为 1.5m^3/min。

　　按照图 6-24 安装好训练装置，即可进行填料吸收塔的操作训练、填料层压力降的测定。

　　2. 填料塔实训装置的操作

　　【技能训练 6-1】　填料塔实训装置操作训练

　　本次训练为在校内实习装置上实际操作。按照填料吸收塔的基本要求和方法，以及本实习装置的操作规程，反复训练，掌握开车、停车和正常操作的基本技能。

　　● 训练设备器材　填料吸收塔实训装置

　　● 训练内容和步骤

　　（1）观察训练装置，阅读、熟悉操作规程。

（2）在装置上开车、停车、正常操作的练习，每个学生少半小时。

（3）填写操作记录装。

- 训练作业 写实习报告

3. 填料塔实验测定练习

【技能训练 6-2】 填料塔几项特性的测定

本次训练为实验型训练。通过两项测定练习，熟悉化工实验测定的基本方法。

- 训练设备器材

第一项测定 拉西环 100 个

第二项测定 校内实训装置

- 相关技术知识及训练内容步骤

第一 填料特性的测定

（1）外形尺寸 取一定数量（至少 8 个以上）的同一种填料，测量每一个填料的外形尺寸，取平均值，即为这种填料的外形尺寸。

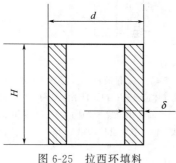

图 6-25 拉西环填料

【例题 6-2】 取如图 6-25 所示的瓷质拉西环填料 10 个，测量每个填料的外径 d、高 H 和壁厚 δ，取其平均值，结果为：

外径 $d=12mm$

高 $H=12mm$

壁厚 $\delta=1.3mm$

则这种拉西环填料的规格为

$12mm \times 12mm \times 1.3mm$

每个填料的表面积 a_0 为

$$a_0 = \pi dH + \pi(d-2\delta)H + 2\left[\frac{\pi}{4}d^2 - \frac{\pi}{4}(d-2\delta)^2\right] \tag{6-20}$$

对于 $d=H$ 的拉西环，上式可简化为

$$a_0 = 2\pi(d^2-\delta^2) \tag{6-21}$$

将测量数据代入式(6-21)，可求出一个填料的表面积 a_0。

$$a_0 = 2\pi(d^2-\delta^2) = 2 \times 3.14 \times (12^2-1.3^2) = 894 \ (mm^2)$$

（2）每立方米填料的个数 在一个容器内装入形状正规的填料，数出装入填料的数量，并测量容器的底面积 F 和所装置填料的高度 H，则每立方米填料个数 n 为

$$n = \frac{总个数}{FH} \tag{6-22}$$

【例题 6-3】 在一个内径为 111mm 的圆筒形容器内，装入 $12 \times 12 \times 1.3$ 的瓷质拉西环填料 3600 个，填料的装填高度 0.825m，求每立方米填料个数。

$$n = \frac{3600}{\frac{\pi}{4} \times 0.111^2 \times 0.825} = 451 \times 10^3 \ (个)$$

（3）比表面积 比表面积 a_t 是指单位体积填料所具有表面积，单位为 m^2/m^3。从吸收速率方程式可以看出，填料的表面积越大，吸收速率越快。比表面积 a_t 可按下计算：

$$a_t = na_0 \tag{6-23}$$

对于 $12mm \times 12mm \times 1.3mm$ 的瓷质拉西环填料，比表面积为

$$a_t = 451 \times 10^3 \times 894 \times 10^{-6} = 403 \ (\text{m}^2/\text{m}^3)$$

（4）空隙率 单位体积填料所具有的空隙体积称为填料的空隙率，以 ε 表示，单位为 m^3/m^3。当填料的空隙率较高时，气液相接触的空隙大，塔内压力降小，操作弹性范围较宽，对吸收操作过程有利。

若每立方米填料的个数为 n，一个填料实际所占有的体积为 $V_0 \text{m}^3$，则填料的空隙率 ε 为

$$\varepsilon = 1 - nV_0$$

对于 $12\text{mm} \times 12\text{mm} \times 1.3\text{mm}$ 的拉西环填料，一个填料的实际 V_0 可用下式计算：

$$V_0 = \frac{\pi}{4}[d^2 - (d-2\delta)^2]H \tag{6-24}$$

$$= \frac{3.14}{4}[12^2 - (12 - 2 \times 1.3)^2] \times 12 = 524 \ (\text{mm}^3)$$

则这种填料的空隙率 ε 为

$$\varepsilon = 1 - 451 \times 10^3 \times 524 \times 10^{-9} = 0.764 \ (\text{m}^3/\text{m}^3)$$

（5）堆积密度 单位体积填料所具有的平均质量称为堆积密度，以 ρ_p 表示，单位为 kg/m^3。若每立方米填料的个数为 n，一个填料的平均质量为 $Q\text{kg}$，则堆积密度 ρ_p 为

$$\rho_p = nQ \tag{6-25}$$

填料特性测量的练习内容：按照上述的测定方法，测量 $20\text{mm} \times 20\text{mm} \times 1.3\text{mm}$ 瓷质拉西环填料的外形尺寸、每个填料的表面积 a_0、每立方米填料个数 n、比表面积 a_t、空隙率 ε 和堆积密度 ρ_p。

第二 填料塔压力降和液泛速度的测定

气体通过填料层的压力降规律和液泛规律，是填料吸收塔流体力学特性的重要内容。计算填料塔动力消耗时，必须知道压力降的大小。确定吸收塔的气、液负荷时，需了解液泛规律。因此，填料层的压力降规律和液泛规律，是指导填料吸收塔操作的重要依据。同时通过压力降和液泛速度的测定，可进一步熟练掌握操作技能。

（1）基本原理 气体通过填料层时，由于局部阻力和摩擦力而产生了压力降，气体通过单位填料高度的压力降，与填料的特性及气液两相的流速有关。在液体喷淋量 L 一定的情况下，将空塔气速 u 与单位填料高度的压力降 $\Delta p/Z$ 的实测数据标绘在对数坐标纸上，可得如图 6-26 所示的曲线。

图中最右侧一条直线代表气体流经没有喷淋的干填料时的情况，即在喷淋量 $L=0$ 时，干填料层压力降 $\Delta p/Z$ 与空塔气速 u 的关系为一直线，其斜率在 $1.8 \sim 2.0$ 之间。从图可知，气体在填料层内的压力降随空塔气速的增加而增大。

图中的折线 $ABCD$ 和 $A'B'C'D'$ 分别为液体喷淋量为 L_2 和 $L_3(L_3 > L_2)$ 时填料层压力降与空塔气速的关系曲线。由图可以看出，气体的压力降不仅随空塔气速的增加而增大，而且随液体喷淋量的增加而增大。

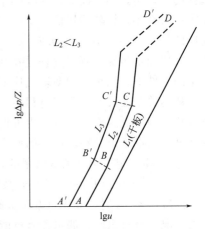

图 6-26 填料层压力降与空速的关系

这是由于填料上有液体喷淋时，随着喷淋量的增加，气体流过填料层的通道减小的缘故。

当填料上有液体喷淋时，压力降和空塔气速的关系曲线形状大致相似。现以液体喷淋量

为 L_2 时的关系曲线 $ABCD$ 为例，讨论在不同空塔气速 u 时，单位填料高度的压力降 $\Delta p/Z$ 变化规律。

① AB 段表示空塔气速不大时，压力降与空塔气速的关系。这时，空塔气速较小，气液两相几乎没有相互干扰，在恒定的喷淋量下，填料表面的持液量不随空塔气速而变化，其压力降 $\Delta p/Z$ 与空塔气速 u 的变化规律与干填料层相同，AB 线的斜率也在 1.8～2.0 之间。但是，在同一空塔气速之下，由于湿填料层内滞留液体占据一部分填料空间，使气体的真实速度较通过干填料层时的真实速度为高，压力降也较大，因而 AB 在干填料压力降线的左上方，且相互平行。显然，在这个区间里，气液相间接触面积不大，对传质不利，吸收操作不宜在此区间里进行。

② 在一定的喷淋量下，当气速增大到 B 点时，上升气流与下流液体间的摩擦力开始阻碍液体的顺利下流，使填料层的持液量开始随气速的增加而增加，此种现象称为拦液现象。通常，将开始拦液的 B 点称为拦液点或载点，与其相应的气速称为载点气速。

在 B 点和 C 点之间，压力降的变化规律基本相同，因此 BC 线为一直线，这一区间称为载液区。在此区间，填料的持液量不断增加，占据了一部分自由空间，使气体流通截面积减小，因而压力降较前增大，BC 线的斜率大于 2。

③ 当空速增大到 C 点时，气流的摩擦阻力使液体不能及时流下，填料层出现积液，压力降急剧升高。这时塔内气液两相间发生了由原来气体是连续相、液相是分散相的流动，变为液相是连续相、气相是分散相的流动，气体以泡沫状通过液体，这种现象称为液泛。把开始出现液泛现象的 C 点称为泛点，相应的空塔气速称为液泛速度。当空塔气速继续增大，超过液泛速度时，压力降急剧增大，压力降与空塔气速关系线 CD 的斜率可达 10 以上，同时气流出现脉动，液体随气流大量带出，操作极不稳定，这一区间称为液泛区。因此，液泛点是填料塔稳定操作的极限。

由于从低持液量到载点的转变是逐渐变化的，无法目测，故载点难以明确定出。而泛点现象却可以目测，目测出的液泛点，与以压力降曲线斜率改变确定的液泛点大体上符合。由于液泛速度较易确定，通常以液泛速度为基准，确定实际操作空塔气速。实际操作空塔气速选择的原则是，不但要保证吸收操作能正常进行，操作有一定的弹性和传质情况良好，而且要求压力降小，操作费用低。生产实践证明，填料塔中最适宜的操作空塔气速，通常为液泛速度的 60%～80%，大约 0.2～1.5m/s。

（2）测定步骤　测定过程是在如图 6-24 所示的装置上，用空气和水进行。在水喷淋量一定的条件下，测出不同空塔气速下的压力降，在对数坐标纸上绘出单位填料层压力降与空塔气速的关系曲线。在测定过程中，当观察到塔顶开始积液或雾沫夹带严重，此时对应的空塔气速即为液泛速度。此外，也可根据压力降曲线上的转折点确定液泛速度。然后，根据液泛速度，就可求出填料塔适宜的操作空塔气速。具体的测定步骤如下。

① 这项测定不要开动氨气系统，只用空气和水进行即可。

② 打开图 6-24 中调节阀 16，然后打开自来水总阀 14，开启供水系统。开动供水系统中的过滤减压器 15 时，要先打开调节阀 16，再慢慢打开自来水总阀 14，如果在出口端阀门关闭的情况下开进水阀，滤水器有可能超压。

开启供水系统时，先将水量调节到转子流量计 17 的读数最大，将填料层充分润湿后，再慢慢关小调节阀 16，使转子流量计 17 的转子稳定在某一读数不变，维持一定的进水量。

③ 开动空气系统时，要首先全开空气调节阀 2，然后再启动罗茨鼓风机，否则罗茨鼓风

机启动后，系统内气速突然上升，可能碰坏转子流量计4。

当罗茨鼓风机启动后，慢慢打开进塔空气阀30，逐渐关小空气调节阀2，在转子流量计4的读数范围内取10～12个点，使入塔气量逐渐增大，直至液泛。每改变一次气量，待稳定后，读取并记录流量计4和压差计18的读数。在测定过程中，不要使气速过分超过泛点，以免冲跑和冲破填料。

④ 测定结束后，应先全开调节阀2，待转子流量计4的转子降下来后，再关闭进塔空气阀30，然后停罗茨鼓风机1，并关闭自来水总阀14。

如果测定干填料塔的压力降与空塔气速的关系曲线，则免去步骤②。

（3）测定结果及数据处理

① 测定结果。基本数据如下：

填料塔编号_____测定日期_____年_____月_____日

测定介质　空气、水

填料种类　鲍尔环

填料规格　20mm×20mm×0.6mm

填料层高度_____m

填料塔内径_____m

大气压力_____Pa

空气转子流量计标定状态 $T=$_____K，$p=$_____Pa

水温_____K

将填料层压力降测定结果填入表6-4。塔内现象用于记录"塔顶积液"或"雾沫夹带严重"等现象，以便确定液泛点。

② 对表6-4的数据进行整理，结果见表6-5。

数据整理方法如下。

a. 每米填料层的压力降 $\Delta p/Z$

$$\Delta p/Z = \frac{\Delta p}{Z} \tag{6-26}$$

式中　Δp——填料层压力降，Pa；

　　　Z——填料层高度，m。

表 6-4　填料层压力降测定记录表

序　号	水流量 /(m³/h)	空 气 流 量			填料层压 力降 Δp/Pa	塔 内 现 象
		流量计示值/(m³/h)	计前表压/Pa	气温/K		
1						
2						
3						
4						
5						
6						
7						
8						
9						
10						
11						
12						

表 6-5　填料层压力降测定结果

序　号	1	2	3	4	5	6	7	8	9	10	11	12
标准状态下空气流量 q_{V_0}/(m³/h)												
空塔气速 u/(m/h)												
每米填料的压力降($\Delta p/Z$)/Pa												

　　b. 标准状态下空气的流量 q_{V_0}

$$q_{V_0}=q_{V_1}\frac{T_0}{p_0}\sqrt{\frac{p_1}{T_1}\times\frac{p_2}{T_2}} \tag{6-27}$$

式中　q_{V_0}——标准状态下空气的流量，m³/h；

　　　　q_{V_1}——空气流量计示值，m³/h；

　　　　T_0——273K；

　　　　p_0——101.3kPa；

　　　　T_1——空气流量计的标定温度，K；

　　　　T_2——流量计前空气温度，K；

　　　　p_1——空气流量计的标定压力，kPa；

　　　　p_2——流量计前空气压力，kPa。

　　c. 空塔气速 u

$$u=\frac{q_{V_0}}{\frac{\pi}{4}d^2\times3600} \tag{6-28}$$

式中　u——空塔气速，m/h；

　　　　q_{V_0}——标准状态下空气的流量，m³/h；

　　　　d——填料塔内径，m。

　　③ 在对数坐标纸上，绘出 $\Delta p/Z\sim u$ 关系曲线，并根据绘出的曲线，分析填料层压力降随空塔气速的变化规律。

　　④ 根据测定观察到的现象，并结合压力降曲线上的转折点，确定出泛点。

　　⑤ 根据泛点速度，求出该填料塔的适宜操作速度范围。

三、填料吸收塔模拟操作训练

【技能训练 6-3】 填料吸收塔模拟操作

　　本次训练为利用教学软件模拟化工操作的训练。通过聚氯乙烯生产过程清净工序中吸收塔开车、停车、正常运行的模拟操作，熟悉填料吸收塔的基本操作技能。

　　● 训练设备条件　教学软件：清净吸收塔的操作。

　　● 相关技术知识

1. 原理与流程

　　清净工序是聚氯乙烯生产过程中电石法制乙炔的重要工序，主要设备是两座填料吸收塔——第一清净塔和第二清净塔（简称一塔、二塔）。

清净工序的任务是，通过填料塔的化学吸收，将来自乙炔发生系统的粗乙炔气中所含硫化氢、磷化氢等有害杂质气体完全脱除，制成纯度在 98.5% 以上的精乙炔气，送往氯乙烯合成系统。

工艺流程简介

① 来自乙炔发生系统的粗乙炔气，经水环泵压缩后，进入一塔，和喷淋下来的次氯酸钠在填料层充分接触。大部分有害杂质气体和次氯酸钠发生氧化反应，生成酸性物质，随气体出一塔，进入二塔。

② 在二塔，未反应的杂质气体与喷淋下来的次氯酸钠进一步充分接触，得到完全的反应。反应生成物随气体出二塔，进中和塔。

③ 在中和塔，气体中的酸性物质与喷淋下来的 10%～15% 液碱接触，发生中和反应，成为盐类溶液，流入废碱液中排出，从而将气体中所含的有害杂质彻底脱除。

④ 气体出中和塔，进入冷却器，除掉过饱和水分，成为纯度合格的精乙炔气，送往合成系统。

2. 清净塔吸收的开车

（1）原始开车-投运准备

① 全面检查（检查项目参看第五章技能训练）。

② 吹除清扫：先在一塔、二塔、中和塔进行人工清扫，然后通入压缩空气吹扫。

③ 装填料：包括冲洗填料、运送填料，向塔内灌水、将填料装进塔内、放水、耙平等步骤。

④ 水压试验：包括输水、升压、恒压检查、卸压等步骤。

⑤ 气密试验：包括送气、升压（分四段）、保压查漏、卸压维修等步骤。

（2）系统开车（投料开车）

① 对装置系统进行检查（检查项目参看第五章技能训练）。

② 依次启动冷却水泵、碱泵、次氯酸钠高位泵、一塔、二塔循环液泵，使系统内的液体正常循环。

③ 通知压缩机岗位开水环泵。

④ 以上指标完全达标后，即可与合成系统联系送气。接到反馈确认后，通知压缩机岗位，并开总出口阀，向合成系统送气。

3. 正常运行操作

（1）严密控制各项工艺指标，确保生产装置安全稳定运行。

清净塔主要工艺指标如下：

第一清净塔、第二清净塔液位　65%

第一清净塔第二清净塔循环液流量　15～20m³/h

乙炔气压力　根据合成系统需要，不超过 0.09MPa

乙炔气纯度　　　　　　　　＞99%

乙炔气硫、磷含量　　　　　0

新次氯酸钠有效氯含量　　　0.057%～0.1%

　　　　　pH 值　　　　　　7～9

（2）按规定制度进行巡回检查

检查重点是观察现场流量计，保持充足的循环液流量，使填料层经常处于较高的湿润状态。

（3）按时进行中控分析。

4. 停车

（1）通知压缩岗位，停水环泵，关乙炔出口总阀。

（2）通知次氯酸钠岗位，停止配制次氯酸钠。依次停次氯酸钠循环液泵、碱泵、次氯酸钠高位泵、冷却水泵。

（3）如果是冬季停车或长期停车，要将各设备管道内的液体放净。

- 训练内容与步骤

（1）训练前准备　学习有关知识，了解清净塔吸收工序工艺流程和操作要点，了解教学软件的使用方法。

（2）看教学软件中有关内容。

（3）利用教学软件进行模拟操作

- 实训作业

（1）填写操作记录表

（2）写实习报告

习　　　题

1. 吸收是利用（　　　　　），用液体吸收剂来分离（　　　　　　　）的单元操作。

2. 吸收所用的（　　）称为吸收剂或溶剂，气体混合物中（　　　　　　）称为吸收质或溶质，（　　　　　　）称为惰性气体。

3. 平衡时，（　　　　　　　）称为平衡溶解度，简称溶解度。

4. 影响气体在液体中溶解度的因素主要有（　　）和（　　）。

5. 吸收操作中，为什么用摩尔比表示相组成更便于吸收过程的计算？

6. 何谓亨利定律？它适用于什么场合？

7. 亨利定律有多种表示形式，若用摩尔比表示相组成，则亨利定律可写成（　）

A. $p^* = Ex$

B. $y^* = mx$

C. $Y^* = \dfrac{mx}{1+(1-m)X}$

8. 判断下列说法是否正确

（1）N_2、O_2 溶解度很大，属于易溶气体。（　）

（2）亨利系数越大的气体，溶解度越小。（　）

（3）温度越高，气体溶解度越大。所以吸收操作一般在较高温度下进行。（　）

（4）难溶气体都是亨利系数较大的气体。（　）

9. SO_2 与空气中的混合气体中含 SO_2 20%（体积分数），则 SO_2 的摩尔比为（　）

A. 0.25　　B. 0.4　　C. 0.8

10. 温度升高（　）吸收过程的进行。

A. 有利于　　B. 不利于　　C. 不影响

11. 压力（　）有利于吸收过程的进行。

A. 增大　　　B. 降低　　　C. 不变

12. 用水吸收空气中的 CO_2，已知 CO_2 的摩尔分数为 0.25，系统压强为 $p = 101.32\text{kPa}$，操作条件下的亨利系数为 $E = 1.88 \times 10^5 \text{kPa}$。

求（1）CO_2 在水中溶解的最大浓度 x；（2）100kmol 水中所溶解的 CO_2 的最大量 $G(kmol)$。

13. 图 6-27 是气液相组成均以摩尔比表示的操作状态图，图中曲线为吸收平衡线。A、B、C 为三个状态点。

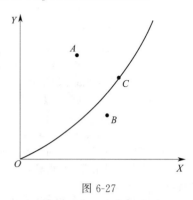

图 6-27

（1）在图上标出 A 点在气相的实际组成 Y_a、在液相的实际组成 X_a、平衡时的气相组成 Y_a^* 和液相组成 X_a^*，并画出相应的连线。

（2）A 点位于平衡线之上，表明（　　）

A. 过程的方向是吸收

B. 过程的方向是解吸

C. 处于平衡状态

（3）B 点位于平衡线之下，表明（　　）

A. 过程的方向是吸收

B. 过程的方向是解吸

C. 处于平衡状态

（4）C 点位于平衡线上，表明（　　）

A. 过程的方向是吸收

B. 过程的方向是解吸

C. 处于平衡状态

（5）若 A 点向上移动，距离吸收平衡线更远，表明吸收推动力（　　）

A. 增大

B. 减小

C. 不变

14. 从双膜理论可知，吸收过程中，溶质在界面上及气液主体中的阻力（　　），其阻力主要集中在（　　）和（　　）中。因此，降低溶质在（　　　　　　）的扩散阻力，提高扩散速率，就能提高吸收速率。

15. 吸收操作中，通常以（　　　　　）与（　　　　　）的偏离程度来表示吸收推动力。

16. 将求算吸收平均推动力 $\Delta Y_{均}$ 和 $\Delta X_{均}$ 的几种计算式填入下表

	何种情况时使用此种计算式	以气相组成表示吸收推动力的计算式	以液相组成表示吸收推动力的计算式
用对数平均值			
用算术平均值			

17. 生产上，运用吸收速率方程式 $G=K_y A\Delta Y_{均}$ 和 $G=K_x A\Delta X_{均}$ 强化吸收，采用了多种有效方法，可用下表说明。填上表中的空白部分。

序号	强化吸收的途径	主要方法	举例
1	增大吸收系数 K_y 或 K_x		
2	增大吸收推动力 $Y-Y^*$，降低 Y^*。依据 $Y^*=mX=\dfrac{E}{P}X_1$ 降低 Y^* 有三种方法：	①	
		②	
		③	
3	增大气液接触面积 A，有三种方法：	①	
		②	
		③	

18. 使用比表面积大的填料，可以提高吸收速率强化吸收，这是因为（　　）。

A. 增大了吸收推动力 $\Delta Y_{均}$ $\Delta X_{均}$

B. 增大了吸收系数

C. 增大了气液接触面积 A

19. 适当加大气体和液体的流速，可以提高吸收速率强化吸收，这是因为（　　）。

A. 增大了气体和液体的分散度以增大气液接触面积

B. 减少了液膜和气膜厚度，增大了吸收系数

C. 增大了吸收推动力

20. 判断下列说法是否正确。

（1）流体的流速越大，则气膜和液膜的厚度越薄，吸收的阻力越小。（　　）

（2）由吸收塔全塔物料衡算式可得：$L/V=(y_1-y_2)/(x_1-x_2)$，其中 L/V 称为液气比，也是操作线的斜率。

（3）气相和液相处于平衡状态时，吸收推动力最大。

（4）若液气比增大，在同样生产任务下，可减少吸收剂用量，但必须增大吸收面积。（　　）

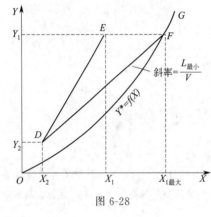

图 6-28

21. 图 6-28 是表示吸收操作线与平衡线的相图，D 点代表塔顶组成 X_2 和 Y_2，E 点代表塔底组成 X_1 和 Y_1，曲线 OG 为平衡线。

（1）图中的（　　）称为操作线，液气比 $\dfrac{L}{V}$ 是操作线的（　　）。

（2）若操作线的 E 点向平衡线靠近，表明溶液出口浓度 X_1（　　），液气比 $\dfrac{L}{V}$（　　）。

A. 增大

B. 减小

C. 不变

（3）若操作线的 E 点向远离平衡线的方向移动，表明吸收推动力（　　），液气比 $\dfrac{L}{V}$（　　）。

A. 增大

B. 减小

C. 不变

（4）若液气比降到使操作线与平衡线相交或相切，如图中的 DF 线与平衡线 OG 相交，在这种条件下，操作线斜率 $\dfrac{L}{V}$ 最小，此时的液气比称为（　　）。

22. 吸收剂用量为最小时，所得溶液浓度 x_1（　　）

A. 最小

B. 最大

C. 等于 y_1

23. 在 V、Y_1、Y_2 及 X_2 一定的情况下，吸收剂用量增大，操作线斜率 L/V 与液体出口浓度 X_1 的变化为（　　）。

A. L/V、X_1 均增大

B. L/V 增大，X_1 减小

C. L/V、X_1 均减小

D. L/V 减小，X_1 增大

24. 用清水吸收某混合气体，已知进入吸收塔的气体浓度为 0.0639kmol 溶质/kmol 惰性气体，出塔时气体浓度为 0.0013kmol 溶质/kmol 惰性气体，出塔时液相浓度为 0.024kmol 溶质/kmol 水，试计算该塔的吸收率和液气比。

25. 混合气中含 10%氨（体积），其余为空气，用清水吸收其中所含氨的 90%，所用液气比为最小液

气比的 1.1 倍，吸收平衡线如图 6-29 所示，试求吸收后溶液的浓度 X_1。

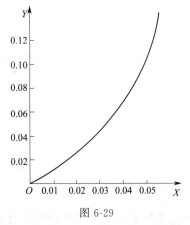

图 6-29

26. 什么叫解吸？如何加快解吸的速度？

27. 判断以下说法是否正确。

（1）填料的支承结构只要求保证足够的强度和刚度来支承填料的全部载荷。（ ）

（2）塔设备的气液两相接触越充分传质的效果越好。（ ）

28. 填料塔的主要部件有（   ）、（   ）、（   ）和（   ）等。

29. 除了填料塔和板式塔外，其他类型吸收设备还有（   ）、（   ）和（   ）等。

30. 填料吸收塔的原始开车包括以下步骤，请在每个步骤前写出数字，表明这些步骤的先后次序。

全系统检查　　装填料　　气密试验　　耐压试验　　系统置换
吹队清扫　　　单机试车　　联运试车　　系统开车

第七章　蒸　馏

第一节　概　述

一、基本概念

蒸馏是利用液体混合物中各组分的挥发性（沸点）的差别，将互溶的液体混合物分离提纯的单元操作。它是目前使用最广的液体混合物分离方法。

蒸馏能分离液体混合物的依据，在于液体混合物各组分的挥发性或沸点不同。**同样条件下的液体，沸点低的比沸点高的容易挥发。**比如，桌上有一滴酒精和一滴水，酒精很快地挥发了，水则慢得多。这是因为，在常压下酒精的沸点（351.4K）比水（373K）低，酒精的挥发性比水强。液体混合物一般是由几种沸点不同的组分组成的，蒸馏就利用这个特点来实现液体混合物的分离。例如，某容器中盛有苯-甲苯混合液，苯的沸点低，常压下353K，称为易挥发组分或轻组分；甲苯的沸点高，常压下为383K，称为难挥发组分或重组分。若将此溶液加热（见图7-1），则易挥发组分苯先汽化，苯分子由液相进入汽相的速度要比甲苯快。当汽液达到平衡时，苯在溶液上方蒸气中的含量要比在原来溶液中的含量高。若将此蒸气引出冷凝，便可得到苯的含量高于原溶液的冷凝液，称为馏出液；容器中的剩余溶液则是甲苯含量高于原溶液的残液。于是，苯-甲苯混合液得到初步的分离，这就是最简单的蒸馏。

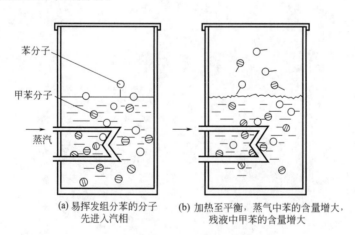

左图标注：
- 苯分子
- 甲苯分子
- 蒸汽

(a) 易挥发组分苯的分子　　　(b) 加热至平衡，蒸气中苯的含量增大，
　　先进入汽相　　　　　　　　　　残液中甲苯的含量增大

图 7-1　苯-甲苯混合液加热后的变化

从这个实例看，**蒸馏过程实质上是将液体混合物形成汽、液两相平衡体系，使易挥发组分浓集到汽相，难挥发组分浓集到液相的传质分离过程。**

蒸馏和蒸发虽然都是将混合液加热沸腾汽化，但二者有本质的区别。蒸发所处理的混合液中溶质不挥发，它是使挥发性溶剂与不挥发性溶质分离的过程；而蒸馏所处理的混合液，溶质和溶剂都挥发，是将溶液中几种挥发能力不同的组分分离的过程。蒸发是传热过程，蒸馏是传质过程。

二、蒸馏在化工生产中的应用

化工生产中要处理的液体物料几乎都是液体混合物，这些混合物需要进行分离，制成比较纯净的物质。分离液体混合物的方法很多，如吸收、蒸馏、萃取等，其中，最常用的方法是蒸馏。例如，将原油分离成汽油、煤油、柴油、重油等众多的石油品种；从裂解气中分离乙烯、丙烯、丁二烯等重要化工原料；从液态空气中分离出氧气、氮气和惰性气体等，使用的都是蒸馏方法。蒸馏操作得到这样广泛的应用，除了由于其技术比较成熟外，还由于它具有以下优点。

① 操作简便，易于实施。不需其他介质，只要提供一定能量的冷却水，就可直接得到所需的产品。

② 适用范围广。对各种浓度混合液的分离都能适应。有些在常压下呈气态、固态的混合物，也可先改变操作压力、温度，转为液态后再用蒸馏分离。

③ 分离的产品纯度高。对纯度要求较高的产品都可通过精馏制取。如氯乙烯要求含量达到质量分数为 99.99%，通过精馏操作完全能达到这个要求。微电子技术所需要的超高纯试剂，用高效的精馏装置也可制得。

三、蒸馏操作的分类

按蒸馏方法，可分为简单蒸馏、精馏、特殊蒸馏。**将溶液加热使其部分汽化，然后将蒸气引出冷凝，这样的操作称为简单蒸馏，或简称蒸馏。将混合液进行多次部分汽化和多次部分冷凝，使溶液分离成较纯组分的操作，称为精馏。**有些混合液用普通的精馏方法不能分离，必须采用某些特殊的方法进行蒸馏分离，这样的操作称为特殊蒸馏，包括共沸蒸馏、萃取蒸馏等。

按混合液中组分数的多少，可分为双组分蒸馏和多组分蒸馏。

按其操作压力，可分为常压蒸馏、加压蒸馏和减压蒸馏。

按其操作方式，可分为间歇蒸馏和连续蒸馏。

第二节 蒸馏基本原理和简单蒸馏

一、溶液的汽-液平衡关系

溶液的汽-液相平衡关系是蒸馏过程的理论基础。学习蒸馏过程之前，必须先了解汽-液相平衡关系的基本原理。

1. 溶液的汽-液平衡状态

在一密闭容器中装有苯-甲苯混合液，如图 7-2 所示。设易挥发组分苯为 A，难挥发组分甲苯为 B，保持一定温度，由于苯和甲苯都在不断地挥发，液面上方的蒸气中也存在苯和甲苯两种组分；同时，汽相中的两种分子也不断地凝结，回到液相中。**当汽化速度和凝结速度相等时，汽相和液相中的苯和甲苯分子都不再增加和减少，汽、液两相达到了动态平衡，这种状态称为汽-液平衡状态，也叫饱和状态。**这时，液面上方的蒸气称为饱和蒸气，蒸气的压力称为饱和蒸气压，溶液称为饱和液体，相应的温度称为饱和温度。平衡状态下汽-液相之间的组成关系，称为汽-液相平衡关系。

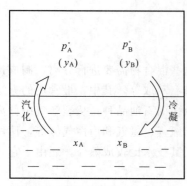

图 7-2　双组分溶液汽液相平衡

2. 理想溶液和拉乌尔定律

在实践中，常常用理想溶液的规律来分析解决溶液汽-液平衡关系中的问题。理想溶液是指溶液中不同组分分子之间的吸引力完全相等，而且在形成溶液时既无体积变化，也无热效应产生的溶液，它是一种假设的溶液。

理想溶液各组分的蒸气压服从拉乌尔定律，即**在一定温度条件下，溶液上方蒸气中某一组分的分压，等于该纯组分在该温度下的饱和蒸气压乘以该组分在溶液中的摩尔分数。**用数学式表达为

$$p_A = p_A^\circ \cdot x_A \tag{7-1}$$

$$p_B = p_B^\circ \cdot x_B = p_B^\circ(1 - x_A) \tag{7-2}$$

式中　p_A，p_B——平衡时，溶液上方组分 A、B 的蒸气分压，Pa；

　　　p_A°，p_B°——在同一温度下，纯组分 A、B 的饱和蒸气压，Pa；

　　　x_A，x_B——组分 A、B 在液相中的摩尔分数。

对于理想溶液上方的蒸气，可以看做是理想气体。根据道尔顿分压定律，理想气体在汽-液两相平衡时，溶液上方的蒸气总压等于各组分蒸气分压之和。用数学式表达为

$$p = p_A + p_B \tag{7-3}$$

式中　p——汽相的总压，Pa。

设 y_A、y_B 为组分 A、B 在汽相中的摩尔分数，并根据混合气体中每一组分的分压等于总压与该组分摩尔分数的乘积。

则：

$$y_A = \frac{p_A}{p} = \frac{p_A^\circ x_A}{p} \tag{7-4}$$

$$y_B = \frac{p_B}{p} = \frac{p_B^\circ x_B}{p} = \frac{p_B^\circ(1 - x_A)}{p} \tag{7-5}$$

这样，利用上面两个定律，可以得出求汽、液相组成的基本方法。

3. 理想二元溶液的汽-液平衡关系

若将式(7-1)、式(7-2) 代入式(7-3)，可得

$$p = p_A^\circ \cdot x_A + p_B^\circ(1 - x_A) \tag{7-6}$$

整理得

$$x_A = \frac{p - p_B^\circ}{p_A^\circ - p_B^\circ} \tag{7-7}$$

再将式(7-6) 代入式(7-4)，得

$$y_A = \frac{p_A^\circ \cdot x_A}{p} = \frac{p_A^\circ \cdot x_A}{p_A^\circ \cdot x_A + p_B^\circ(1 - x_A)} \tag{7-8}$$

式(7-7) 和式(7-8) 清楚地表示了理想二元溶液的汽-液相平衡关系。利用这两个式子，可以求得在一定操作温度和压力下，各个组分在液相和汽相的所有平衡组成。

当然，真正的理想溶液是不存在的。但是某些化学结构及性质非常相似的组分所形成的溶液可以近似地当作理想溶液，如苯-甲苯，丁烷-异丁烷等烃类同系物。此外，在实际生产中有某些易挥发组分浓度不高的溶液也常视为理想溶液来处理。由于理想溶液的规律比较简单，解题方便，可以运用这个原理，由简入繁地解决各种复杂问题。对于与理想溶液差别较大的溶液，可以采取修正办法解决。

【例题 7-1】 今有苯（A）和甲苯（B）组成的混合液，设在 107kPa 压力下，369K 时沸腾，实验测得该温度条件下的 $p_A^\circ=160.7\text{kPa}$，$p_B^\circ=65.7\text{kPa}$，试求平衡时汽液相中苯和甲苯的组成。

解 根据式（7-7）和式（7-8）可求得苯的汽、液相组成。

$$x_A=\frac{p-p_B^\circ}{p_A^\circ-p_B^\circ}=\frac{107-65.7}{160.7-65.7}=0.44$$

$$y_A=\frac{p_A^\circ\cdot x_A}{p}=\frac{160.7\times0.44}{107}=0.66$$

由于是二元溶液，则甲苯的汽、液相组成为

$$x_B=1-x_A=1-0.44=0.56$$

$$y_B=1-y_A=1-0.66=0.34$$

4. 挥发度与相对挥发度

用相对挥发度概念能够确切简便地表示汽液平衡关系，并可用以判别混合液分离的难易程度。

（1）挥发度 汽相中某一组分的蒸气分压和它在与汽相平衡的液相中的摩尔分数之比，称为该组分的挥发度，用符号 ν 表示，单位 Pa。即

$$\nu_A=\frac{p_A}{x_A} \tag{7-9}$$

$$\nu_B=\frac{p_B}{x_B} \tag{7-10}$$

式中 ν_A，ν_B——组分 A 和 B 的挥发度，Pa；

p_A，p_B——组分 A 和 B 在平衡时的汽相分压，Pa；

x_A，x_B——组分 A 和 B 在平衡液相中的摩尔分数。

（2）相对挥发度 两个组分的挥发度之比称为相对挥发度，用 α 表示：

$$\alpha_{AB}=\frac{\nu_A}{\nu_B}=\frac{p_A/x_A}{p_B/x_B}=\frac{p_A}{p_B}\cdot\frac{x_B}{x_A} \tag{7-11}$$

当汽相服从道尔顿分压定律时，

$$\alpha_{AB}=\frac{y_A}{y_B}\cdot\frac{x_B}{x_A} \tag{7-12}$$

理想溶液服从拉乌尔定律，因为 $\nu_A=\dfrac{p_A^\circ x_A}{x_A}=p_A^\circ$，$\nu_B=p_B^\circ$，

则

$$\alpha_{AB}=\frac{\nu_A}{\nu_B}=\frac{p_A^\circ}{p_B^\circ}$$

即理想溶液中两组分的相对挥发度等于两纯组分的饱和蒸气压之比。

用相对挥发度可以判别混合液分离的难易程度。以理想溶液为例，当 $\alpha>1$ 或 $\alpha<1$ 时，说明 p_A° 与 p_B° 相差较大，即两组分的沸点相差较大，这种液体混合物能够分离。当 $\alpha=1$ 时，$y_A=x_A$，无法用普通蒸馏方法分离。α 值越大，说明两组分的沸点差越大，越容易分离；α 值越接近 1，则越难分离。

二、$T\text{-}x(y)$ 图和 $y\text{-}x$ 图

在化工生产和设计、科研等工作中，常利用相图来进行蒸馏过程的分析和计算，因为它

能直观、方便地表达汽-液平衡关系。最常用的相图有沸点-组成图［T-$x(y)$图］和汽-液平衡曲线图（y-x图）。

1. 沸点-组成图［T-$x(y)$图］

蒸馏多在一定的外压条件下进行。实验表明，在一定外压条件下，由于各组分的饱和蒸气压 $p°$ 随温度变化而变化，溶液内的汽、液相组成也随之变化。沸点-组成图［T-$x(y)$图］可以将这种变化关系清晰地表示出来。

T-$x(y)$图（见图7-3）以温度 T 为纵坐标，以易挥发组分的液相组成 x（或汽相组成 y）为横坐标。T-$x(y)$关系数据通常由实验测得，对理想溶液可依据纯组分的饱和蒸气压数据，按汽液平衡关系计算而得。取得数据后，将对应的平衡关系（T_1-x_1、y_1，T_2-x_2、y_2……）描绘在此直角坐标系中，再将 x 各点和 y 各点分别连成平滑曲线，即绘成 T-$x(y)$图。

例如，运用表7-1所给的数据，可以绘制苯-甲苯混合液的 T-$x(y)$图。

表7-1　苯-甲苯的汽液平衡组成

沸点/K	饱和蒸气压/kPa		$x_A = \dfrac{p - p_B°}{p_A° - p_B°}$	$y_A = \dfrac{p_A° \cdot x_A}{p}$	沸点/K	饱和蒸气压/kPa		$x_A = \dfrac{p - p_B°}{p_A° - p_B°}$	$y_A = \dfrac{p_A° \cdot x_A}{p}$
	苯 $p_A°$	甲苯 $p_B°$				苯 $p_A°$	甲苯 $p_B°$		
353.2	101.3	40.0	1.000	1.000	373.0	179.4	74.6	0.225	0.452
357.0	113.6	44.4	0.830	0.930	377.0	199.4	83.3	0.155	0.304
361.0	127.7	50.6	0.659	0.820	381.0	221.2	93.9	0.058	0.128
365.0	143.7	57.6	0.508	0.720	383.4	233.0	101.3	0.000	0.000
369.0	160.7	65.7	0.376	0.596					

表7-1列出了外界压力 $p = 101.3\text{kPa}$ 下，根据实验测定的苯-甲苯混合液的饱和蒸气压数据 $p_A°$、$p_B°$，并按式(7-7)和式(7-8)逐点计算出各温度下相应的 x_A、y_A 值。依据表中给出的数据，即可绘出 T-$x(y)$图，见图7-3。

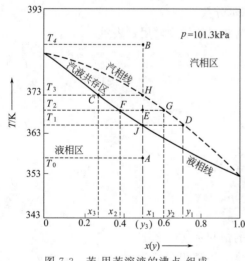

图7-3　苯-甲苯溶液的沸点-组成图［T-$x(y)$图］

图中有两条曲线，其中下面的实线代表平衡时液相组成 x 与 T 的关系，称为液相线。上面的虚线表示平衡时汽相组成 y 与温度 T 的关系，称为汽相线。这两条曲线把图形划分成三个区域：液相线以下的区域，称为液相区或过冷区，处于此区时，溶液呈未沸腾状态；汽相线以上的区域，称为汽相区或过热蒸气区，处于此区时，溶液全部汽化；汽相线与液相线之间的区域，称为汽液共存区，在此区域内，汽液两相同时存在。

从图上看，组成为 x_1、温度为 T_0 时（A点）的溶液为过冷液体。将此溶液加热升温至 T_1（J点）时，溶液开始沸腾，产生第一个气泡，相应的温度称为泡点。同样，将组成为 y_3（$y_3 = x_1$），温度为 T_4（B点）的过热蒸气冷却，降温至 T_3（H点）时，混合气开始冷凝，产生出第一个液滴，相应的温度称为露点。显然，在一定的外压下，泡点、露点与混合液的组成有关。液相线又称泡点曲线，汽相线又称露点曲线。

T-$x(y)$图对精馏过程的研究具有重要作用，主要体现在以下三方面。

（1）借助 T-$x(y)$图，可以清晰地说明蒸馏原理 上述组成为 x_1 的溶液温度升至 J 点开始沸腾后，继续升温至 T_2（E 点）时，系统中存在平衡的两相，液相组成为 x_2（F 点），汽相组成为 y_2（G 点），$y_2 > x_1 > x_2$。此时，若将蒸气引出，则其中苯的含量 y_2 比原溶液中含量 x_1 有所提高；而残液中苯的含量 x_2 比原溶液的相应减少。这就清楚地表明，部分汽化可以使溶液混合物分离。同理，若将 B 点的蒸气降温至 E 点，则此蒸气一部分冷凝为含量 x_2 的液体（F 点），一部分是含量 y_2 的蒸气（G 点），$y_2 > x_2$。这表明部分冷凝也可以分离混合物。这就是简单的蒸馏原理。

（2）任一沸点下汽、液相的平衡组成可以很简便地求得 例如，从图7-3可以看出，沸点为 T_2 时的液相组成即为 F 点所对应的值（$x = 0.38$），而汽相组成即为 G 点所对应的值（$y = 0.60$）。反之，若已知相的组成，也能从图上查得两相平衡时的温度。

（3）可以看出液体混合物的沸点范围 例如，纯苯的沸点 $T_A = 353K$，纯甲苯的沸点 $T_B = 383K$，混合液的沸点则介于 T_A 与 T_B 之间，并且随着组成的不同而变化。一般液体混合物没有固定的沸点，只能有一个沸点范围。易挥发组分含量增加时，混合液的沸点降低；反之则增高。

【例题7-2】 利用苯-甲苯溶液的 T-$x(y)$图，对357K含苯的摩尔分数为0.5的苯-甲苯混合液进行分析，在101.3kPa下恒压加热，试求：

① 此溶液的泡点温度 $T_泡$；

② 第一个气泡的组成；

③ 露点温度 $T_露$；

④ 最后一滴液体的组成；

⑤ 当溶液加热到369K时混合液的状态和组成。

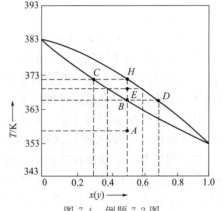

图7-4 例题7-2图

解 绘出苯-甲苯混合液的 T-$x(y)$图如图7-4所示。在 T-$x(y)$图上确定苯-甲苯混合液的初始状态 A（$T = 357K$，$x_a = 0.5$）位于液相区。然后从图上逐个查得所求的数值。

① 恒压加热，A 点上移至 B，即泡点，相应温度 $T_泡 = 365.5K$。

② 沿 $T_泡 = 365.5K$ 时等温线与汽相线交点 D 的组成，$y_D = 0.69$，即为第一个气泡组成。

③ H 点为露点，温度372K。

④ 沿 $T_露 = 372K$ 等温线与液相线的交点 C 的组成 $x_C = 0.29$，即为最后一滴液体的组成。

⑤ 当加热到369K时，即状态点 E，位于汽-液共存区，其液相组成 $x_E = 0.38$，其汽相组成 $y_E = 0.59$。

2. 汽-液平衡曲线图（y-x 图）

为了计算方便，工程上常把汽相组成 y 和液相组成 x 的平衡关系绘成相图，这种相图称汽-液平衡曲线图（y-x 图）。

图7-5是利用表7-1的数据绘成的苯-甲苯混合液的 y-x 图。

以液相组成 x_A 为横坐标，以与 x_A 平衡的汽相组成 y_A 为纵坐标，将每一对平衡数据描一个点，再将这些点连成平滑曲线，这就是平衡线。然后画上通过坐标原点的对角线作为参考线。这样，就得到如图7-5所示的汽-液相平衡曲线图。

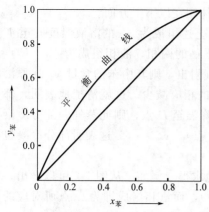

图 7-5　理想溶液（苯-甲苯）汽-液
平衡曲线图（y-x 图）

图中的平衡线，反映了苯-甲苯混合液中易挥发组分苯的液相组成与汽相组成之间的关系。例如，若液相组成 $x = 0.3$，则与其平衡的汽相组成 $y = 0.51$。图中参考线上的任何点，汽、液相组成都相等，即 $x = y$。

多数混合液，平衡线位于对角线之上。这就是说，在沸腾时，汽相中易挥发组分含量总是大于液相中易挥发组分含量，即 $y_A > x_A$，这就进一步补充说明了蒸馏操作的依据。

三、非理想溶液的汽-液相平衡

实际生产中遇到的溶液多数都是与理想溶液有差别的非理想溶液，这是由于不同种分子间的吸引力与同种分子间吸引力不相等所造成的。在非理想溶液中，各组分的蒸气压与它在液相中浓度的关系，不像理想溶液那样符合拉乌尔定律，而是存在一定的偏差。按照偏差的情况，非理想溶液有以下两种。

1. 具有正偏差的非理想溶液

具有正偏差的非理想溶液是指混合液中不同种分子间的作用力小于同种分子间作用力的溶液。在这种溶液中不同种分子间存在相互排斥的倾向，因而同温度下，溶液上方各组分的蒸气分压值均高于拉乌尔定律的计算值，故称为有正偏差。这种溶液上方的蒸气压在较低温度下即能与外界压力相等，于是溶液沸腾，沸点降低，在 T-$x(y)$ 图上则表现为泡点曲线比理想溶液的低。乙醇-水溶液就属于这类。

当不同组分分子间的排斥倾向大到一定程度时，会出现最高蒸气压和相应最低沸点。图 7-6 所示乙醇-水溶液的 T-$x(y)$ 图中的 M 点，就是该溶液的最低沸点，它低于任一组分的沸点。这个点在总压 $p = 101.3\text{kPa}$ 下乙醇的组成，$x_M = 0.894$（摩尔分数），温度为 291K。图 7-7 是上述溶液的 y-x 图，图中的平衡线大部分在对角线之上，到 M 点附近则在对角线以下，M 点叫拐点。在 M 点，汽相组成与液相组成相同，沸腾温度不变，故该点称为共沸点，也叫恒沸点，汽-液相组成称为共沸组成，这种组成下的混合液称为共沸物。显然，由于共沸物沸腾时汽-液相组成相同，故不能用一般的蒸馏方法使这种混合物分离。

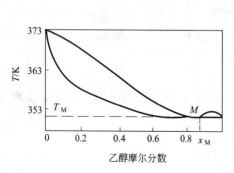

图 7-6　乙醇-水溶液的 T-$x(y)$ 图

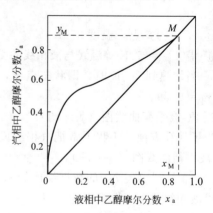

图 7-7　乙醇-水溶液的 y-x 图

2. 具有负偏差的非理想溶液

具有负偏差的非理想溶液是指混合液中不同种分子间的作用力大于同种分子间作用力的溶液。这种溶液中不同种分子存在互相吸引的倾向，使组分的分子难以汽化。因而，同温度下溶液上方各组分的蒸气分压值均低于拉乌尔定律的计算值，故称其为负偏差。在 $T\text{-}x(y)$ 图上，则表现为泡点曲线比理想溶液的高。如硝酸-水溶液即属于这类。

同理，当不同组分分子间的吸引倾向大到一定程度时，也会出现最低蒸气压和相应的最高共沸点。图 7-8［硝酸-水溶液的 $T\text{-}x(y)$ 图］中的 E 点就是该溶液的最高共沸点，也叫恒沸点。此点在 $p = 101.3\text{kPa}$ 下，硝酸的（摩尔分数）$x_E = 0.383$，温度为 395K，其组成称为共沸组成。在图 7-9（$y\text{-}x$ 图）上，E 点是相平衡线与对角线的交点，平衡线有一部分在对角线以下，E 为对应的拐点。和具有正偏差溶液的情况一样，该溶液也不能用一般的蒸馏方法使之分离。

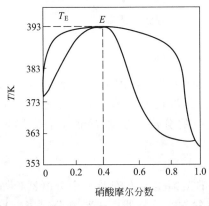

图 7-8　硝酸-水溶液的 $T\text{-}x(y)$图

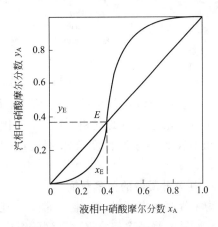

图 7-9　硝酸-水溶液的 $y\text{-}x$ 图

总之，具有最大正偏差或最大负偏差的溶液，若采用普通精馏，浓度只能提高到共沸点。到了共沸点，其组分直至蒸干也不会改变，因平衡时汽液两相已没有组成差，即 $y_A = x_A$。这种共沸物，只有通过改变物系压力或加入第三组分的方法，才能将其分离成纯组分。

四、简单蒸馏的原理及流程

使混合液在蒸馏釜中逐渐的部分汽化，并不断地将蒸气导出和冷凝成液体，按不同馏分收集起来，从而使液体混合物初步分离，这种方法称为简单蒸馏。下面介绍两种简单蒸馏的原理及流程。

1. 一次部分汽化的简单蒸馏

从图 7-10(a) $T\text{-}x(y)$ 图中可以看出一次部分汽化的蒸馏原理。将组成为 x_f 的混合液加热，在温度 T_b 时部分汽化，产生互成平衡的组成为 y_1（汽相）和 x_1（液相）。这时把蒸气引入冷凝器中冷凝，就得到易挥发组分含量较高的馏出液；而与之平衡的液相中所含易挥发组分相应减少，难挥发组分较高，这就是一次部分汽化简单蒸馏的原理。要注意，如果不把蒸气引出，继续升温，到 c 点时则全部汽化，汽相组成 y_2 与原始组成 x_f 相同，即 $y_2 = x_f$，这说明全部汽化不可能达到分离混合物的目的。故必须及时将蒸气引出，实现部分汽化。

图 7-10(b) 是一种常用的一次部分汽化的简单蒸馏装置。操作时，将混合液在密闭的蒸馏釜 1 中加热，使溶液沸腾，部分汽化，产生的蒸气通过管道引入冷凝器 2，冷凝成液

体，再送入储槽 3 储存，残液从釜底排出。由于不断地将蒸气移出，釜中液相易挥发组分浓度逐渐降低，所得馏出液的浓度也逐渐减小，故需分槽储存不同组成范围的馏出液。

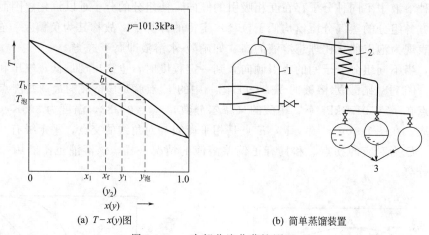

(a) $T-x(y)$图　　　　　(b) 简单蒸馏装置

图 7-10　一次部分汽化蒸馏原理

1—蒸馏釜；2—冷凝器；3—馏出液储槽

但一次部分汽化的简单蒸馏不可能得到高纯度的馏出液，因为馏出液的最高浓度也不会超过料液泡点时的汽相浓度 $y_泡$。因此，一次部分汽化的简单蒸馏在工业上只适用于沸点相差较大、分离程度要求不高的双组分混合液的分离，例如石油原油或煤焦油的粗馏。

2. 具有分凝器的简单蒸馏

为了提高分离效果，工业上常在上述简单蒸馏的蒸馏釜上方安装一个分凝器，如图 7-11(a) 所示，将一次部分汽化得到的组成为 y_1 的蒸气先在分凝器中进行部分冷凝。当冷凝至 E 点时就得到互成平衡的组成为 y_2 的汽相和组成为 x_2 的液相（x_2 与 x_f 重合），从图 7-11(b) 可以看出，部分冷凝后汽相中易挥发组分的浓度得到进一步提高，即 $y_2 > y_1 > x_f$，从而使所得馏出液的浓度又一次提高。

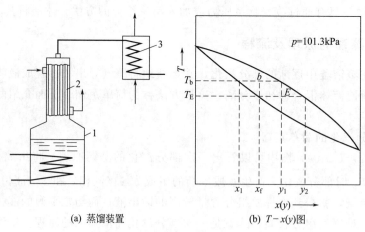

(a) 蒸馏装置　　　　　(b) $T-x(y)$图

图 7-11　具有分凝器的简单蒸馏原理

1—蒸馏釜；2—分凝器；3—冷凝器

以上两种简单蒸馏的区别是：一次部分汽化的简单蒸馏没有进行部分冷凝（其冷凝方式为全凝）；具有分凝器的简单蒸馏则进行了一次部分汽化和一次部分冷凝（犹如精馏塔的一

块塔板)。由此看来,同时一次部分汽化和一次部分冷凝,比单纯一次部分汽化的分离效果要强,但仍不可能得到高纯度的馏出液。只有通过多次部分汽化和多次部分冷凝,才能将液体混合物进行较彻底的分离。

第三节　精馏原理与流程

一、精馏原理

简单蒸馏虽然不能将液体混合物彻底分离,但却可以说明经过一次部分汽化和一次部分冷凝能使馏出液中易挥发组分的含量有所提高,这是全部汽化或全部冷凝不可能达到的。如果将此馏出液再进行部分汽化和部分冷凝,就能得到易挥发组分含量更高的馏出液。若将这种部分汽化、部分冷凝反复多次地进行下去,最后就可能使混合液得到较彻底的分离,精馏过程就是按这个原理进行的。

1. 多次部分汽化和部分冷凝的基本过程

如图 7-12 所示为一套假设的苯-甲苯溶液的多级蒸馏釜,用它可以清晰地揭示多次部分汽化和部分冷凝的基本过程。

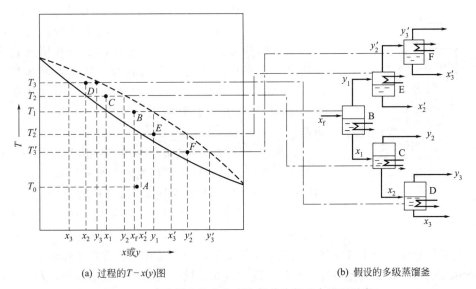

(a) 过程的 $T-x(y)$ 图　　　　(b) 假设的多级蒸馏釜

图 7-12　多次部分汽化和多次部分冷凝基本过程示意

① 如图 7-12(a)、(b) 所示,在 B 釜中,将液相组成为 x_f、温度为 T_0(A 点) 的苯-甲苯混合液加热汽化,进行到两相平衡区内的 B 点即停止。这时平衡温度为 T_1,汽相组成为 y_1,液相组成为 x_1。此次部分汽化,造成了汽-液两相组成差,即 $y_1 > x_1$。

② 把组成为 x_1 的液体引至 C 釜,在 C 釜中加热到平衡温度 T_2(C 点),再次部分汽化,得到残液中的易挥组分再次降低 ($x_2 < x_1$)。

③ 再将组成为 x_2 的残液引到 D 釜,仍照此进行,得到易挥组分含量更低的残液 ($x_3 < x_2$)。依此类推,部分汽化反复多次,直到液相中易挥发组分含量降至很低,釜底可得到近乎纯净的难挥发组分甲苯。

2. 多次部分冷凝过程

① 将在 B 釜加热汽化产生的组成为 y_1 的气体引到 E 釜,进行部分冷凝,温度降至平衡

温度 T_2'（E 点）时中止。此时液相组成为 x_2'，汽相中易挥发组分含量增多，即 $y_2' > y_1$。

② 再将组成为 y_2' 的气体引入 F 釜，照此继续进行部分冷凝。这样的部分冷凝反复多次后，汽相中易挥发组分的含量越来越多，最后可以得到接近纯净的易挥发组分苯。

3. 精馏操作的实现

以上这种将部分汽化与部分冷凝分开进行的多釜蒸馏，虽能将液体混合物进行高纯度分离，但在工业上难以实现。因为使用这种方法要具备许多个蒸馏釜和加热、冷却装置，设备庞杂，能耗很大，并且要抽出很多中间馏分，最终产品的收率很低。因此要使多次部分汽化和多次部分冷凝在工业上实现，就必须找出一种切实可行的方法。

首先，将部分汽化所产生的温度较高的蒸气与相应的部分冷凝所产生的温度较低的液体直接混合，使部分汽化与部分冷凝在一个釜内同时进行，可以克服以上缺点。从图 7-12 可以进一步看出，每个釜汽化产生蒸气的温度，总高于上一釜冷凝产生液体的温度。若将上述蒸气与液体引入同一个釜直接混合，进行传热，则高温蒸气的热量就能加热低温液体，使其部分汽化；而蒸气同时被部分冷凝。以 E 釜为例，下釜 B 产生的组成为 y_1 的蒸气，温度为 T_1；上釜 F 产生的组成为 x_3' 的液体，温度为 T_3'，$T_1 > T_3'$。将以上汽、液两相在 E 釜直接混合，则组成为 y_1 的气体将组成为 x_3' 的液体加热、汽化，该气体也同时被冷凝。这样就使部分汽化与部分冷凝由原来的分开进行变为同时进行，不仅利用过程中产生的热量作为汽化与冷凝所需的能源，节省了许多加热冷却设备，解决了设备庞杂和能耗大的问题；而且还使中间馏分得到充分利用，不再抽出，解决了最终产品收率低的问题。

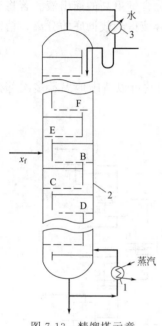

图 7-13　精馏塔示意
1—再沸器；2—精馏塔；3—冷凝器

其次，将分散的多级釜集中成为整体的精馏塔。精馏塔内有多层塔板，每块塔板就相当于一个蒸馏釜。图 7-13 的中间部分就如同图 7-12 中各个蒸馏釜集中构成的几块塔板。操作时，每块塔板上都有适当高度的液层。来自上一板的回流液体和来自下一板的上升蒸气在每块塔板上汇合，同时发生上升蒸气部分冷凝和回流液体部分汽化的传热过程，以及易挥发组分由液相转到汽相和难挥发组分由汽相转入液相的传质过程。如果汽、液相在同一块塔板上接触良好，汽、液两相可达到平衡。如果有足够的板数，混合液就可得到较完全的分离。

使用上述方法，能在减少设备、节省投资的情况下，使以多次部分汽化和多次部分冷凝为主要内容的精馏操作在工业上得到实现。

4. 在精馏塔内进行的精馏过程

精馏塔是精馏操作的关键设备。精馏塔一般由塔中部进料，进料口以上称为精馏段，以下称为提馏段（含进料板）。精馏段的作用是浓缩易挥发组分并回收难挥发组分，提馏段的作用是浓缩难挥发组分并回收易挥发组分。由塔顶导出的蒸气经冷凝器冷凝成液体，一部分作为馏出液制成产品，另一部分作为回流液返回第一块塔板。回流液是使蒸气部分冷凝的冷却剂，也是稳定蒸馏操作的必要条件；而向塔底蒸馏釜的加热管不断通入蒸汽，则是维持部分汽化的必要条件。

塔内蒸气由塔釜逐板上升，回流液由塔顶逐板下降，在每块塔板上二者互相接触，进行多次部分汽化和部分冷凝。上升的蒸气根据每进行一次部分冷凝易挥发组分含量就增加一次的原理，使易挥发组分逐板增浓；下降的回流液，则在多次部分汽化过程中使难挥发组分逐板增浓。在塔板数足够多的情况下，塔顶可得到较纯的易挥发组分，塔釜可得到较纯的难挥发组分。

综上所述，精馏塔的操作过程是：由再沸器产生的蒸气自塔底向塔顶上升，回流液自塔顶向塔底下降，原料液自加料板流入。在每层塔板上，汽、液两相互相接触，汽相多次部分冷凝，液相多次部分汽化。这样，易挥发组分逐渐浓集到汽相，难挥发组分逐渐浓集到液相。最后，将塔顶蒸气冷凝，得到符合要求的馏出液；将塔底的液体引出，得到相当纯净的残液。

精馏和简单蒸馏的区别在于：精馏有液体回流，简单蒸馏则没有；精馏采用塔设备，简单蒸馏采用蒸馏釜；精馏发生多次部分汽化和多次部分冷凝，简单蒸馏一般只发生一次；精馏的馏出液和残液纯度很高，简单蒸馏则较低。

二、精馏流程

工业上的精馏可以间歇进行，也可连续进行。现将这两种流程分述如下。

1. 间歇精馏

如图 7-14 所示，液体混合物在蒸馏釜 1 加热至沸腾，产生的蒸气进入精馏塔 2，蒸气由下而上在各层塔板（或填料）上与回流液接触。易挥发组分逐板提浓后由塔顶进入冷凝器 3 冷凝，其中一部分作为回流液进入塔内；另一部分经冷却器 4 进一步冷却后流入馏出液储槽 6。蒸馏后的残液返回至蒸馏釜，蒸馏到一定程度后排出残液。

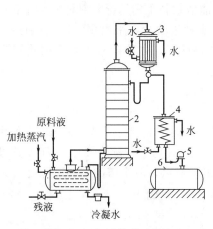

图 7-14 间歇精馏流程

1—蒸馏釜；2—精馏塔；3—冷凝器；4—冷
却器；5—观测罩；6—馏出液储槽

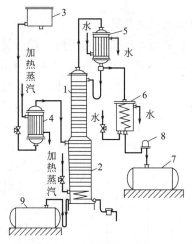

图 7-15 连续精馏流程

1—精馏段；2—提馏段；3—高位槽；4—原料
预热器；5—冷凝器；6—冷却器；7—馏出液
储槽；8—观测罩；9—残液储槽

间歇蒸馏的原料是一次加入釜内的，在蒸馏过程中釜内易挥发组分逐渐减少。如果回流比不变，则塔内各部位的温度逐步上升，馏出液纯度逐步降低。如果保持各部位温度稳定，就要逐步加大回流比。在实际生产中，往往根据物料的性质及分离要求，保持一定的回流比，分段截取不同沸点的馏分，分别送进几个储罐。

由于间歇精馏操作不稳定，处理量小，纯度不高，设备利用率低，所以只是用在分离少量物料，不便采用连续精馏的情况。

2. 连续精馏

在工业生产中，要求将大量混合液进行较为彻底的分离时，必须采用连续精馏。连续精馏流程如图 7-15 所示。原料液经进料预热器加热到指定温度，进入精馏塔的中部，在塔内进行精馏。连续精馏操作稳定，塔内各部分的温度及组成均可保持不变，自动化程度高，处理能力大，在大规模生产中普遍采用。

三、精馏过程的基本计算

精馏过程计算内容较多，本书主要介绍精馏岗位生产操作常用的几种基本工艺计算。

1. 连续精馏塔的物料衡算

精馏是利用多次部分汽化和多次部分冷凝分离液体混合物的过程，那么要进行多少次部分汽化和部分冷凝才能符合要求？也就是说，精馏塔应设多少块塔板才能满足需要又经济合理？要解决这一问题，就必须在科学的精馏物料衡算的基础上进行设计，精馏物料衡算是工艺设计的依据。计算的一般步骤如下。

① 进行精馏塔的物料衡算，要从全塔物料衡算入手，分别对精馏段和提馏段进行物料衡算，建立精馏段和提馏段操作线方程。

② 在操作线方程的基础上，计算出理论上的塔板数，再根据塔板效率，算出实际塔板数。

③ 根据塔板数计算出塔高、塔径。

④ 确定出最适宜的进料板位置和最适宜的回流比，以及其他工艺条件。

以上这些计算比较复杂，本书不作全面介绍，只介绍生产中常用的连续精馏塔全塔物料衡算。

精馏物料衡算是优化操作的基础。随时掌握精馏塔物料平衡情况是对精馏操作者的基本要求。如果对平衡情况不了解，就会使塔内失衡，或者进料少，采出多，造成运行不稳定；或者进料多，采出少，造成浪费。只有经常进行物料衡算，才能随时了解塔内物料平衡情况，及时准确调整，保持运行稳定。

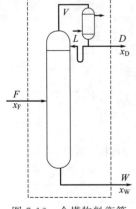

图 7-16　全塔物料衡算

2. 全塔物料衡算的方法

全塔的进出料情况如图 7-16 所示。假设进料为 F kg/h；塔顶产品馏出液为 D kg/h；塔底产品残液为 W kg/h，它们中含易挥发组分分别为 x_F、x_D、x_W（均为质量分数）。由于是连续稳定操作，进料流量必等于出料流量，故全塔的物料衡算公式为

总物料 $\qquad F = D + W \qquad$ (7-13)

易挥发组分 $\qquad F \cdot x_F = D \cdot x_D + W \cdot x_W \qquad$ (7-14)

【例题 7-3】 每小时将 15000kg 含苯 40% 和甲苯 60% 的混合液，在连续精馏塔内进行分离，操作压力为 9.8×10^4 Pa，要求馏出液中苯的含量为 97.1%，残液中含苯不超过 2%，以上各组成均按质量分数计，试进行全塔物料计算，求馏出液和残液的量，并列出物料平衡表。

解 已知 $F = 15000$kg/h，$x_F = 0.4$，$x_D = 0.971$，$x_W = 0.02$。馏出液 D 和残液 W 的量可用式(7-12)、式(7-13) 建立联立方程求得。

$$F = D + W$$
$$F \cdot x_F = D \cdot x_D + W \cdot x_W$$

将已知数值代入方程：

$$15000=D+W$$
$$15000\times0.4=0.971D+0.02W$$

解得

$$D=5993.7\ \text{kg/h}$$
$$W=9006.3\ \text{kg/h}$$

列出物料平衡见表 7-2。

表 7-2　苯-甲苯精馏物料平衡表

输 入 的 物 料	流量/(kg/h)	输 出 的 物 料	流量/(kg/h)
进料:质量分数为 40%苯 与 60%甲苯混合液	15000	产品(苯的质量分数 97.1%) 残液(苯的质量分数 2%)	5993.7 9006.3
合　计	15000	合　计	15000

3. 精馏岗位其他工艺计算

精馏岗位的常用工艺计算，除了物料衡算外，还有以下几种。

(1) 精馏成品收率的计算　成品收率是衡量精馏效果的指标之一。在操作中，既要完成产品质量指标，也要完成成品收率指标。精馏成品收率是指精馏实际产品量与加入原料中该组分的质量之比，以百分数表示。计算公式为：

$$\eta_a=\frac{G_2}{G_1}\times100\% \tag{7-15}$$

式中　η_a——成品收率；

G_2——实际得到的成品质量（换算成 100%纯度），kg/h；

G_1——投入原料中该组分的质量，kg/h。

【例题 7-4】　丁二烯精馏塔某班每小时加入质量分数为 85%丁二烯 4000kg，产出体积分数为 96%的丁二烯 5500L，又知纯丁二烯密度为 620kg/m³，求丁二烯的成品收率。

解　已知 G_1 为 4000kg/h，质量分数 85%；G_2 为 5500L，体积分数 96%；丁二烯密度为 620kg/m³。

加入原料液 100%纯度丁二烯的质量

$$G_1=4000\times0.85=3400\ (\text{kg/h})$$

成品中 100%纯度丁二烯的质量

$$G_2=5.5\times0.96\times620=3274\ (\text{kg/h})$$

代入式(7-15)，则成品收率为

$$\eta_a=\frac{G_2}{G_1}\times100\%=\frac{3274}{3400}\times100\%=96.3\%$$

答　该班丁二烯的成品收率为 96.3%。

(2) 塔效率的计算　塔效率是精馏塔性能的参数之一。塔效率是依据塔板数算出的。塔板数有理论塔板数和实际塔板数。理论塔板数是根据精馏塔工艺计算求出的理论上应有的塔板数，实际塔板数是指精馏塔实际设计的塔板数。实际塔板数和理论塔板数可能有较大差距。因为求理论塔板数时要用到汽-液平衡关系，而实际上由于塔板上的汽-液两相接触时间短促，接触面积有限，一般不可能达到平衡。另外塔板上液面有落差，各处液层厚度不等。因此，一块实际板起不到一块理论板的作用，这就存在着塔效率问题。

塔效率（即全塔效率）是指达到分离要求所需要的理论塔板数与实际塔板数之比。

即
$$E_{塔} = \frac{N_{理}}{N_{实}} \times 100\%$$ (7-16)

式中　$E_{塔}$——全塔效率；

　　　$N_{理}$——理论塔板数；

　　　$N_{实}$——实际塔板数。

由于实际操作中塔的影响因素复杂，$E_{塔}$ 值一般用实验方法确定。从实际情况看，一般双组分混合液的 $E_{塔}$ 值大约为 50%～70%，但乙烯-乙烷和丙烯-丙烷则可达 70%～85%。

【例题 7-5】 已知某氯乙烯精馏塔理论塔板数为 50 块，实际塔板数为 80 块，问该塔的塔效率是多少？

解 已知 $N_{理} = 50$，$N_{实} = 80$。根据式（7-16），$E_{塔} = \frac{N_{理}}{N_{实}} \times 100\% = \frac{50}{80} \times 100\% = 62.5\%$。

答 该塔的塔效率为 62.5%。

【例题 7-6】 某甲苯精馏塔，塔效率为 59%，经计算，这个塔精馏段理论塔板数为 6.6 块，提馏段理论塔板数为 3.9 块。这个塔的实际板数要设多少块？

解 已知 $E_{塔} = 59\%$，精馏段理论板数 $= 6.6$，提馏段理论板数 $= 3.9$。根据式（7-16），

$$N_{实} = \frac{N_{理}}{E_{塔}}$$

$$N_{理} = 6.6 + 3.9 = 10.5$$

将数值代入，$N_{实} = \frac{N_{理}}{E_{塔}} = \frac{10.5}{0.59} = 17.8$

答 该塔实际塔板要设 18 块。

（3）回流比的计算

① 回流比的定义。在精馏过程中，回流量与塔顶采出量之比称为回流比。回流比通常以 R 表示。

即
$$R = \frac{L}{D}$$ (7-17)

式中　R——回流比；

　　　L——单位时间内塔顶回流液量，kg/h；

　　　D——单位时间内塔顶采出液量，kg/h。

回流比是精馏过程中的重要参数之一。回流比越大，所需的理论塔数越少；反之，回流比越小，所需的理论塔板数越多，如图 7-17 所示。

② 全回流。在精馏操作中，当塔顶冷凝器不采出产品，全部作为回流液返回塔顶时，称为全回流。当全回流时，为维持塔内物料平衡，进料量必须为 0，塔釜出料量也必然为 0。

全回流的操作，一般用在精馏塔的开车初期，或在生产不正常时精馏塔自身循环的操作中。全回流时，回流比 $R = \frac{L}{D} = \infty$，此时理论塔板数最少，但不出产品。

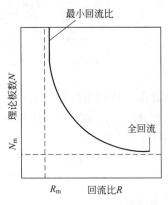

图 7-17　回流比与理论塔板数

③ 最小回流比。在规定的分离要求下，逐渐减少回流比，所需的理论塔板数也就逐渐增加。当回流比减少到某一数值时，理论塔板数增加至无穷多，这时回流比的数值最小，称为最小回流比。

④ 最适宜回流比。从上面的分析得知，全回流时理论塔板数最少，但无产品；最小回流比时，理论塔板数要无限大。因此二者都不能采用，实际回流比应介于全回流与最小回流比之间。

最适宜回流比是根据经济核算确定的。在完成规定的分离任务，同时设备费用和操作费用又都处于最低点时的回流比，即为最适宜回流比 $R_{适}$。各精馏塔在设计时都确定了$R_{适}$ 的参数。根据经验，一般取最小回流比的$1.2 \sim 1.5$ 倍为最适宜回流比，难分离混合液可取4.25 倍。

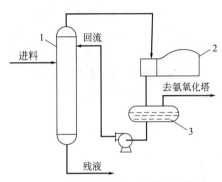

图 7-18　例题 7-7 图　氯化氢精馏塔流程示意

1—HCl 精馏塔；2—冷凝器；3—冷凝液收集器

【例题 7-7】 某氯乙烯车间，氯化氢精馏岗位流程如图 7-18 所示，其任务是向氧氯化岗位提供精氯化氢。已知 HCl 精馏塔回流比为 0.6，当氧氯化装置满负荷运转时，进氯化氢量为 15t/h。某班操作时，氧氯化岗位满负荷运转，氯化氢塔运行正常。问该班氯化氢精馏塔回流量是多少？

解 已知 $R = 0.6$，满负荷运转时进料量等于采出量，故 $D = 15\text{t/h}$。根据式(7-17)，$L = R \cdot D$将数值代入，

$$L = R \cdot D = 15 \times 0.6 = 9 \ (\text{t/h})$$

答 该班氯化氢精馏塔回流量为 9t/h。

【例题 7-8】 已知某氯化氢精馏塔流程的回流比为 0.6，进料量为 27t/h。氧氯化装置满负荷时进料量为 14.9t/h。某班操作时，氧氯化装置负荷为 82%。问：

① 塔顶冷凝器的流出量（$L+D$）是多少？

② 塔底残液量（$F-D$）是多少？

解 已知 $R = 0.6$，$F = 27\text{t/h}$。

① 根据题意，氧氯化岗位 82% 负荷进料量即为 HCl 塔的馏出量 D。

$$D = 14.9 \times 0.82 = 12.2\text{t/h}$$

根据式(7-17)　　　　　$L = R \cdot D = 12.2 \times 0.6 = 7.32 \ (\text{t/h})$

冷凝液流出量 $= L + D = 12.2 + 7.32 = 19.52 \ (\text{t/h})$

② 塔底残液量 $= F - D = 27 - 12.2 = 14.8 \ (\text{t/h})$

答 冷凝液流出量为 19.52t/h；残液流出量为 14.8t/h。

四、精馏过程的节能与强化

石油化工的迅速发展，使精馏分离的应用天地更加广阔。但精馏又是高耗能的分离过程。在美国，精馏的能耗约占整个化工行业能耗的 17.6%，有的国家高达 25%～40%。精馏过程的节能与强化已受到世界各国的普遍关注。精馏的能耗主要来自塔釜加热器中加热剂的消耗和塔顶冷凝器中冷凝剂的消耗。怎样在加热剂和冷凝剂消耗最低的情况下获取最大的采出量和最优的产品，是强化精馏过程要研究的重点课题。近年来，国内外围绕此课题从以下三个方面进行了积极探索。

1. **努力实现精馏操作工艺的最优化**。

通过最优化操作，使精馏装置沿着最佳工艺轨迹长时间平稳运行，是实现精馏过程节能最有效的途径。操作工艺最优化包括最佳的回流比、最佳的操作压力、最佳的进料位置和进料状态，其中最重要的是采用最佳回流比。国外研究试验表明，精馏装置在最佳回流比下运行稳定，可节约 20% 的能量。

2. **采用高效节能精馏设备，强化生产效率**。

上世纪 90 年代以来，国外相继开发了许多种新型塔板，实现了板式塔技术的新突破。我国在借鉴国外技术的基础上，开发了多种高效节能新型塔板，有的已投入使用。如某石化企业气体分馏装置试用一种新型的高效立体塔板——CTST 型塔板，在不动塔体的前提下，将原来的 315 层浮阀塔板全部更换为这种新型塔板。试用两年来，装置运行良好，生产能力由 5 万吨/年增长到 8 万吨/年，效率提高了 60%。

3. **采用高效节能工艺技术，强化精馏过程**。

近年来，国内外研究开发了多种高效节能的精馏工艺技术，包括：多效精馏、热泵精馏、增加中间再沸器和中间冷凝器、多级冷凝等。

多效精馏是仿照多效蒸发的原理设计的。如图 7-19 所示，把一个精馏塔分成压力不同的多个塔，每个塔为一效，前一效的压力高于后一效，足以使前一效塔顶蒸汽冷凝液温度略高于后一效塔釜液体的沸腾温度。该图为国外某研究机构开发的甲醇-水体系双塔精馏工艺流程，试验结果，双塔精馏比单塔精馏节省蒸汽能耗 40%。

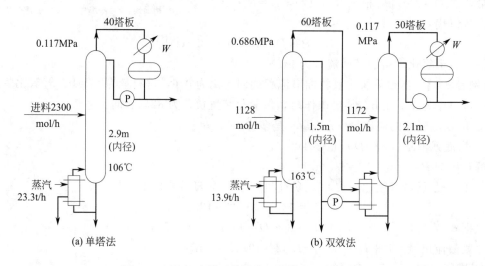

图 7-19　甲醇-水体系单塔及双效精馏（并流型）

第四节　精　馏　设　备

常用的精馏塔有板式塔和填料塔两大类。板式塔的工作原理是在塔内设置一定数量的塔板，上升气体以鼓泡喷射形式穿过板上的液层时，汽、液相互接触，进行传质。常用板式塔按其塔板结构可分为泡罩塔、筛板塔、浮阀塔、浮动喷射塔、舌形板塔、斜孔板塔等类型。

填料塔在第六章吸收中已做介绍。板式塔和填料塔均适用于精馏和吸收。本章主要介绍前四种板式塔。

一、常用板式塔的结构

1. 板式塔的主体结构

现以泡罩塔为例，如图 7-20 所示，它的主体结构包括以下几部分。

（1）塔体 通常为圆柱形，一般用钢板焊接而成。全塔可分成若干节，塔节间用法兰盘连接。

（2）塔板 如图 7-21 所示，塔板上有升气管、泡罩、溢流堰和溢流管。圆形泡罩下沿开有许多小孔（或齿缝），气体从升气管上升后通过小孔（或齿缝），再穿过板上液层，进行传质和传热。升气管是上升气体的通道，其高度比溢流堰低。降液管又称溢流管，是上层塔板的液体流入下层塔板的通道。溢流堰的作用是保证塔板上维持一定的液层高度。

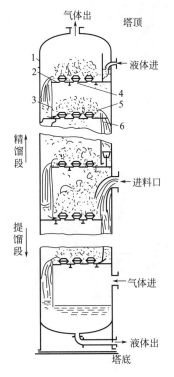

图 7-20 板式塔的典型结构
1—塔壳；2—塔板；3—降液管道；
4—升气管；5—泡罩；6—溢流堰

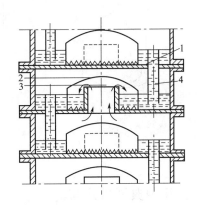

图 7-21 泡罩塔结构示意
1—塔板；2—泡罩；3—蒸
汽通道；4—溢流管

（3）塔顶 有气体出口管和液体入口管，气体出口管通冷凝器，液体入口管为回流液进入口。塔顶还装有金属捕沫网，用以阻拦气体中夹带的液滴。

（4）进料口 进料口内一般设有一个较大的空间，以便于气液分离。

（5）塔底 有液体出口管和气体进口管，液体出口管通再沸器，气体进口管为再沸器蒸发出的蒸气的进入口。

2. 板式塔的附属设备

（1）进料预热器 一般为列管换热器，其作用是将原料液加热到一定温度。

（2）冷凝与回流装置 主要设备为冷凝器与回流罐，如图 7-22 所示。从冷凝器出来的冷凝液进入回流罐，再从回流罐出来分为馏出液和回流液。回流方式有自然回流与强制回流。自然回流的冷凝器高于塔顶，回流液借重力作用回到塔内，如图 7-22（b）所示。强制回流冷凝器可置于较低处，如图 7-22(c) 所示，用泵将回流液送入塔内。还有一种是整体式冷凝器，直接安装于塔顶，如图 7-22(a) 所示，蒸汽直接从塔顶进入，冷凝后自然流回塔顶。

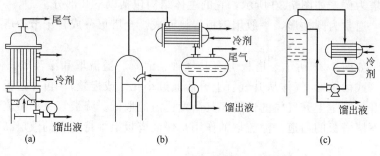

图 7-22　塔顶冷凝器

（3）塔釜加热装置　主要设备为再沸器，又称塔釜加热器、循环蒸发器，如图 7-23 所示。塔釜加热器有釜式、热虹吸式和强制循环式。釜式再沸器如图 7-23(a) 所示，靠重力作用自然循环。热虹吸式再沸器如图 7-23(b) 所示，再沸器内产生的气液混合物密度小于釜液密度，产生静压差，使液体从塔底自动流入再沸器。强制循环蒸发器如图 7-23(c) 所示，釜液用泵循环。

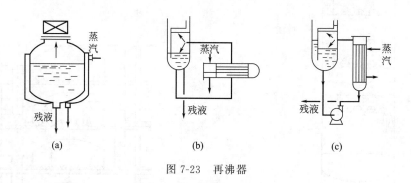

图 7-23　再沸器

二、几种典型板式塔

1. 泡罩塔

泡罩塔是应用较早的塔设备。它的突出优点是升气管高出塔板（见图 7-24），液体容易在塔板上存留，不易发生涌液现象，因此操作稳定，操作弹性大，能保持较为恒定的板效率。主要缺点是结构复杂，金属消耗量大，造价高。此外，塔板上零件多，流体阻力大，液面落差大，气、液通量和板效率比其他板式塔低。

2. 筛板塔

筛板塔也是应用较早的塔设备之一。它的结构（见图 7-25）与泡罩塔基本相同，其差别只是取消了泡罩与升气管，直接在塔板上开小直径的孔——筛孔。操作时，气体高速通过筛孔而上升，使板上横向流动的液体不能经筛孔落下，只能通过降液管流到下一层板。这时，气体上升的压力必须超过塔板上液体的静压力，才能阻止液体从筛孔漏下来。

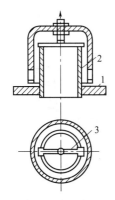

图 7-24 冲压圆形泡罩的构造

1—塔板；2—蒸汽通道；3—窄平板

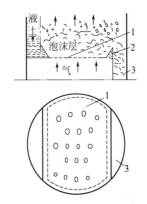

图 7-25 筛板塔结构示意

1—筛板；2—溢流堰；3—降液管

筛板塔的特点：

① 结构简单，金属消耗量小，造价低，为泡罩塔 60%～70%；

② 在一定范围内，板效率高于泡罩塔；

③ 阻力小，生产能力大；

④ 检修、清洗方便；

⑤ 操作范围窄，易造成液泛，筛板易堵塞，对塔板的安装要求严格。

3. 浮阀塔

浮阀塔的结构与泡罩塔大体相同，即每层塔板上有溢流管，并开有许多升气孔（一般孔径为 39mm），它们分别构成了塔板间液、汽两种流体的通道。不同的是，升气孔中没有升气管与泡罩，而是装有一个可上下浮动的阀（见图 7-26），称为浮阀。

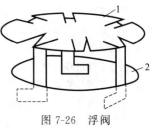

图 7-26 浮阀

1—阀片；2—塔板上的阀孔

浮阀塔与泡罩塔相比，其主要特点：

① 结构比泡罩塔简单，造价为泡罩塔的 60%～80%；

② 操作弹性大，由于浮阀可上下浮动，能根据气速大小及时改变阀孔开启程度，使它具有较大的操作弹性，最大汽相负荷与最小汽相负荷之比可高至 6 左右；

③ 板效率可达 60%～80%，比泡罩塔高出 10% 左右，原因是上升气流以水平方向吹入液层，因而气液接触时间长，面积大，液体稀少；

④ 生产能力大，阀孔的允许气速比泡罩塔要高，因而浮阀的生产能力比泡罩塔约 20%；

⑤ 压力降比泡罩塔小；

⑥ 浮阀对材质的抗腐蚀性能要求较高，一般要用不锈钢制作，否则阀片生锈，易卡死于塔板上而不能浮动。

4. 浮动喷射塔

浮动喷射塔是一种由新型的浮动喷射塔板构成的塔（见图 7-27）。其塔板做成百叶窗形式，条形叶片是活动的，气体通过塔板时，叶片被顶开，气体从斜上方喷出，气速越大，叶片顶开角度越大，最大开度可达 25°。

浮动喷射塔的特点：蒸汽和液流方向一致，既减少了雾沫夹带，又加大了处理量；浮动塔板张开程度可随上升气流量自行调节，操作弹性增大。但其结构较复杂，浮板互相重叠，如有一块不动，就会影响其他塔板。

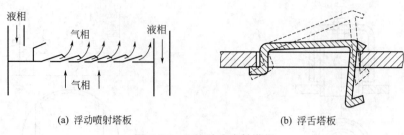

(a) 浮动喷射塔板   (b) 浮舌塔板

图 7-27   几种浮动喷射塔板

【阅读 7-1】

蒸馏技术的进展

蒸馏是当代使用最广的传质分离过程。为了进一步适应经济发展的需要，蒸馏技术仍在不断进展。主要有以下两方面。

1. 精馏设备的革新改造取得重大进展

首先，开发新型的板式塔塔板。

近二三十年，国内外对板式塔塔板结构改造进行了深入的探索。欧美几个国家率先开发出一系列新的板型，如：用压缩拉伸网孔板制造的斜孔喷射塔板、多升液管萃取筛板、带旋流接触元件的旋流塔板等。我国也相继开发出一批生产上很适用的新型塔板，如：适合处理高液体通量的 DJ 塔板，适合处理高气体通量的喷射态立体传质塔板，以及导向浮阀塔板等。这些塔板多数已投入使用，效果良好。

其次，将高效填料塔应用于精馏过程。

随着规整填料、第三代高效填料引入精馏过程的试验成功，新型高效填料塔被炼油、乙烯等生产装置迅速采用，常减压蒸馏出现了以填料塔取代板式塔的趋势，并由此引发了精馏设备领域的重大变革。这种变革主要表现在以下两点：

一是使精馏过程改变了主要用板式塔的传统模式，出现了两种塔配合使用、优势互补的新局面。有些石化企业在常减压装置设备改造中，依据工艺的不同特点，将有的塔改造为填料塔，有的塔仍用板式塔，还有的板式塔将部分层段改用规整填料，成为一种既有塔板又有填料的复合塔。

二是促使精馏设备向大型化、高效化、集成化发展。我国精馏设备存在的一个突出问题是规模小、效率低，能耗、物耗远低于国际先进水平。只有通过精馏设备大型化，实现规模效应，才能从根本上提高效率，降低消耗。但实现设备大型化遇到很多技术上的难题（如流体力学性能问题，设备的强度、刚度和稳定性问题）。经过几年的研究、攻关，这些难题已基本得到解决。近几年，天津大学和几个石化分公司共同开发了多座直径 9～10m 精馏塔，某 800 万吨/年炼油装置中直径 10.2m 的大型减压精馏塔已试车成功。这些大型塔的成功应用使精馏的处理能力提高了 20%～30%，主要经济技术指标均达到国际先进水平。

2. 蒸馏工艺和蒸馏过程的研究开发取得新的进展

蒸馏工艺技术虽已比较成熟，但经济、科技的发展对蒸馏提出很多新的要求。如，要求更低耗、更环保；要求对某些难分离的混合物开发出更有效的分离方法。近年来，又开发出多种新型蒸馏过程，下列三种已成功地应用于生产。

（1）添加剂蒸馏   加入某种添加剂，增大其中一个组分的挥发性，使之易于分离。

（2）耦合蒸馏   即将蒸馏过程与其他过程结合进行，从而使过程简化、强化的分离技术。目前试验较成功的耦合蒸馏有两种。一是将蒸馏与反应过程结合起来的反应蒸馏，MTBE 催化蒸馏就是一个成功的范例。它将催化醚化反应过程和分离提纯过程集中在一个催化蒸馏塔内进行，既简化了工艺流程，又生产出高纯度的产品，获得显著的经济效益。二是将蒸馏与膜分离技术结合，这种方法已在制取高纯度乙醇中试验成功。

（3）分子蒸馏   这是一种在高真空下进行分离操作的非平衡蒸馏过程。它利用分子运动平均自由程的差别，在远低于沸点的情况下将物质分离。这种有效的分离技术已很快地应用于石油化工、制药、农业等领域。

【技能训练 7-1】 精馏塔种类与结构的认识

本次训练为认识型训练。通过看教学光盘、模型、实物，进行认识精馏塔种类、结构的练习。

- 训练设备条件

VCD 教学光盘　第四盘：板式塔和填料塔

　　　　　　　或摘要盘：板式塔

精馏塔模型

- 训练内容与步骤

看教学光盘，并对照模型、实物、挂图，进行以下两项练习。

表 7-3　常用精馏塔性能比较表

类　别		性　能　特　点　和　使　用　范　围	塔板生产能力比较
板式塔	泡罩塔	操作稳定,分馏较精确;结构复杂,金属耗费大,液体阻力大	1
	筛板塔	结构简单,金属耗量小,流体阻力小,检修、清洗方便;流量变动对效率影响较大,易堵塞	1.2～1.4
	浮阀塔	生产能力大,操作弹性大,效率高,雾沫夹带量少;结构比泡罩简单,比筛板塔复杂,对抗腐蚀性要求高	1.2～1.3
	浮动喷射塔	处理量大,操作弹性大,效率高。结构较复杂,浮板互相重叠	1.3
填料塔		结构简单,阻力小;塔径很大时效率低,流量变动对影响效率大,清洗困难	

（1）认识精馏塔种类练习

① 辨别板式塔和填料塔。按录像片所显示的几种塔的外形及内部结构，指出哪一种是板式塔、填料塔。

② 辨别泡罩塔、筛板塔、浮阀塔和浮动喷射塔。对照以上几种塔的模型及泡罩、浮阀等实物、简图，说明其工作原理，性能特点和使用范围（参看表 7-3）。

③ 画以上四种塔板主要部件示意图。

④ 按下面的格式填表。

序　号	类　别	名　称	塔板结构	主　要　性　能

（2）认识泡罩塔结构练习

① 讲述泡罩塔结构。利用教学光盘所显示的泡罩塔结构，对照模型、挂图及教材中插图，围绕以下两点讲述。

a. 泡罩塔的主体结构，包括哪几部分？利用模型、挂图，指出每个部分的位置，说明它的作用。

b. 板式塔的附属设备，主要有哪些？利用挂图或书中插图，说明冷凝回流装置包括哪些设备？回流方式有哪几种？画草图标出这几种回流方式的流程。塔釜加热装置（再沸器）包括哪些设备？其物料循环方式有哪几种？画草图标出这几种循环方式的流程。

② 填图。

a. 填写图 7-28 中的括号。

b. 填图 7-29 中的括号并用不同颜色画出汽、液两相的流动路线。

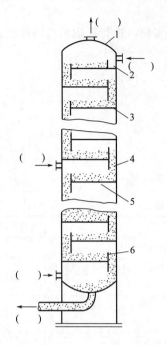

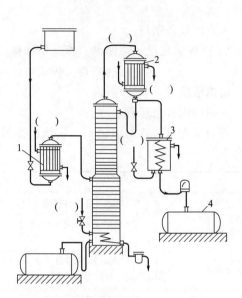

图 7-28　板式塔结构示意

1—（　　）；2—（　　）；3—（　　）；

4—（　　）；5—（　　）；6—（　　）

图 7-29　精馏塔及其附属设备示意

1—（　　）；2—（　　）；3—（　　）；4—（　　）

③ 书面作业。按照教学光盘中提出的问题写作业。

第五节　精馏的操作

一、精馏操作的基本要求和方法

1. 基本要求

① 使精馏塔长时间平稳运行，经常保持汽液平衡、物料平衡和热量平衡。因为精馏塔只有在平稳运行，汽、液两相处于平衡状态的情况下，才能产生较高的塔板效率，获得较好的精馏效果。

② 全面达到多方面指标要求。不仅使产品质量达到要求，而且要使收率、能耗、安全、环境保护、设备完好、运行周期都能达到要求，以较低的消耗分离出纯度高的产品。

2. 原始开车——投运准备的基本方法

本章介绍原始开车—投运准备十个步骤中的单机试车、联动试车、系统置换三个步骤。

（1）单机试车　在不带负荷情况下，将每台设备逐个试运转。

（2）联动试车　用水或与生产物料相似的物料做介质，进行整个装置的带负荷试车。

（3）系统置换　物料不能与氧气或空气接触的生产装置，投产前必须驱除设备内的空气，这种操作叫系统置换。置换的方法是向系统输入惰性气体（一般为氮气），将空气置换出来，使置换气中氧的含量≤0.5%。

3. 生产操作控制的基本方法

基本控制方法指对各种工艺都有指导作用的普遍性方法，主要有以下四点。

（1）控制塔的压力

① 控制要求。压力是精馏操作的重要工艺指标，塔压的少量波动会影响全塔的平衡。在操作中要经常保持塔压稳定，将各项压力指标都控制在规定范围内。

② 影响塔压的因素。主要有：冷凝器冷却剂的温度和流量会影响塔顶压力，冷剂温度降低或流量过大会导致塔顶压力下降；采出量大小会影响塔压，如果加料量、釜温、冷凝器冷剂量都无变化，塔压升高常是因为采出量太少，塔压降低常是由于采出量太大所致。

③ 塔压的调节方法。各类塔的调节方法有所不同。加压精馏塔塔顶若是分凝器，一般靠调整汽相采出量来调节压力；若是全凝器，一般靠调整冷剂量来调节塔顶压力，如图7-30所示。常压精馏塔，有的对塔压稳定性要求不高，可不必过多地调节，但要注意观察压力参数有无大的波动；有的对塔压的稳定性要求较高，可采取加压塔的调整方法来控制压力。减压精馏塔，如果是用真空泵抽真空，要靠真空调节阀开度大小来控制塔压，如图7-31所示。

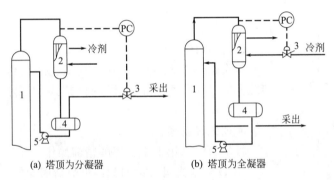

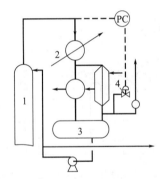

図 7-30　加压塔的压力调节
1—精馏塔；2—回流冷凝器；3—塔压调节阀；4—储罐

図 7-31　减压塔的压力调节
1—精馏塔；2—回流冷凝器；
3—储罐；4—塔压调节阀

（2）控制塔的温度

① 控制要求。塔釜温度、塔顶温度和某些重要塔板的温度都要保持平稳。

② 塔温度的主要影响因素。塔釜温度的主要影响因素是塔釜加热器的加热效果，塔压、塔的加料量和加料组成、回流量等因素也会影响塔釜温度。塔顶温度的主要影响因素则是回流液温度，有时也受塔压影响。

③ 调节方法。由于影响温度的因素较多，当出现温度波动时，必须对各种因素综合分析，准确地判断、调节。塔釜温度出现异常，一般要调节再沸器的加热蒸汽量。要注意尽量不以回流温度来调节塔顶温度，因为如果调整冷凝器的冷剂量，势必又会影响塔压。

（3）控制塔釜液面

① 控制要求。只有液面稳定，才能保持塔内温度、压力的稳定，因此塔釜液面必须稳定在规定的高度，不能上下波动。

② 调节方法。塔釜液面主要靠釜液的排出量调节。采出釜液，不能超过允许的采出量。

（4）控制回流比

① 控制要求。要经常保持适宜、稳定的回流比。在精馏塔设计时确定了适宜回流比的范围，操作时要将回流比控制在规定范围内，保持稳定，不能轻易变动。只有当塔内正常生产条件受到影响必须用回流比调节时，才能适当地调整回流比。

② 调节方法。一是增减冷凝器冷却剂的量，在增减时要注意不要影响塔压变化和全塔的平衡；二是调节回流量和采出量。

二、精馏操作技能训练

精馏操作的技能训练，可结合本校具体条件，作以下几种安排。

有精馏实训装置的学校，以在校内实习场训练为主，辅以教学软件进行模拟操作训练。

有精馏实验装置的学校，应按实验装置的要求进行实验测定，并利用实验装置进行开车、停车、正常操作的模拟练习。

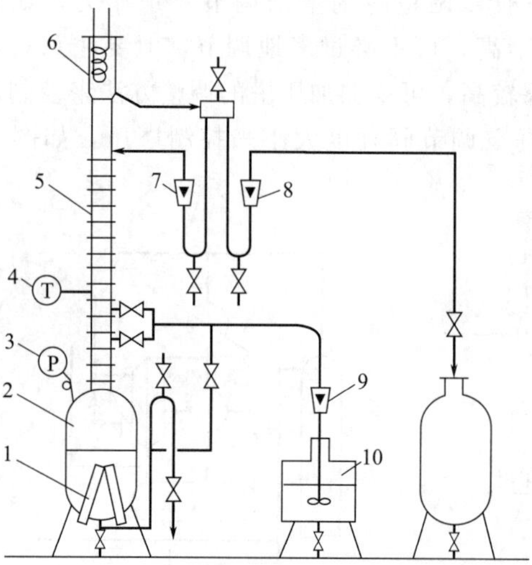

图 7-32　简易精馏实习装置流程

1—电热棒；2—蒸馏釜；3—压力表；4—灵敏板温度计；5—塔体；6—冷凝器；7~9—转子流量计；10—原料液储槽

参照图 7-32 安装简易精馏实验实训装置。该装置是乙醇提纯的实验装置，包括玻璃制筛板塔（塔板 15 块，塔内径 50mm）和电加热釜、冷凝器等。

如以上条件都不具备，应以利用教学软件进行模拟操作训练为主。

【技能训练 7-2】　甲醇精馏的操作

本次训练为利用教学软件模拟化工操作的训练。通过对甲醇精馏工段的模拟操作，熟悉精馏基本操作技能。

● 训练设备条件

教学软件　第七章：甲醇精馏操作

VCD 教学光盘　第四盘：甲醇精馏操作

● 相关技术知识

本软件是依据某厂甲醇精馏工段生产实况制作的。现将该工段工艺流程和操作要点简介如下。

1. 甲醇精馏的原理与流程

本工段的任务是将来自合成工段的质量分数为 86.3% 的粗甲醇，通过精馏提纯，制成质量分数为 98.5% 以上的精甲醇产品。

流程分为三段，如图 7-33 所示。

第一段，粗甲醇脱醚。目的是将来自合成工序的粗甲醇中甲醚等轻组分从塔顶脱出，将重组分脱醚后粗甲醇送往主精馏塔进一步精制，所用设备为 22 块塔板的脱醚塔。

来自合成工序的粗甲醇经预热器 2 预热后，进入脱醚塔 1，塔釜加热器 8 用 0.35MPa 的蒸气加热，甲醚等轻组分进入塔顶冷凝器 4，从冷凝器顶部取出；重组分作为回流液返回精馏塔，逐步增浓后出塔底，用加料泵 3 送往主精馏塔。

第二段，粗甲醇精馏。目的是将脱醚后粗甲醇精制成合格精甲醇，所用设备为 72 块塔板的主精馏塔（浮阀塔）。

脱醚后粗甲醇经预热器 2 加热到 358~368K，从第 17 块塔板进主精馏塔 10，塔釜加热器 8 用 0.35MPa 蒸汽加热，塔底温度保持 377~383K。塔顶蒸气经冷凝器 5 成为液体后，

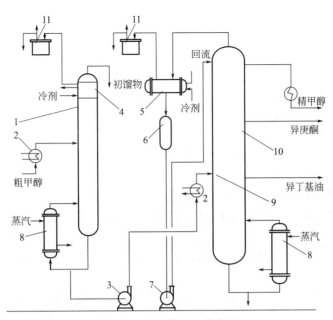

图 7-33 甲醇精馏工序流程

1—脱醚塔；2—预热器；3—加料泵；4,5—冷凝器；6—冷凝液收集槽；7—回流泵；

8—塔釜加热器；9—进料口；10—主精馏塔；11—液封

入冷凝液收集槽 6，再用回流泵 7 送回塔顶作为回流液。精甲醇从接近塔顶的第 68 块塔板采出，冷却后送成品储槽。

第三段，副产品回收。将从侧线采出的异庚酮和异丁基油等副产品进一步分离回收。

2. 甲醇精馏的开车

(1) 原始开车——投运准备　先进行全面检查、吹除清扫、水压试验、气密试验等步骤。这几步上一章已作介绍，本次训练主要练习下面三个步骤。

① 单机试车。几台泵在不带负荷情况下试运转。

② 联动试车。也叫假负荷试车，以水为介质进行试运转，目的是对设备、管道内部彻底清洗，检查设备在假负荷下运转是否正常。

脱醚塔的假负荷试车包括以下三步。

a. 用冷水洗涤。卸开设备末端的阀门法兰，通水清洗塔内部及管路，直至放出清水为止。

b. 用热水洗涤，试运转。向塔底注水达到规定液面，向循环加热器通蒸汽，使塔底温度达到 373K 以上，向加料预热器注水并加热至 338K。

c. 从进料口向塔内进热水，带热水试运转，仔细检查塔本体及附属设备管路运转是否正常。

主精馏塔假负荷试车包括以下五步。

a. 洗涤主塔。向塔内通水，打开最下端阀门，直至放出清水为止。

b. 加热，准备带热水运转。先向塔底通水到规定液面，向循环蒸发器通蒸汽，升温至 373K 以上，然后打开冷凝液排出阀，将冷凝液导入各冷凝器。

c. 用冷凝液对冷凝系统的设备管道进行洗涤试车，检查是否运转正常。

d. 用热水逐个对精甲醇采出、异庚酮采出、异丁基油采出等设备管道进行洗涤、试运转。

  e. 对塔顶排空和塔底排残液的设备管道进行洗涤、试运转。

  ③ 系统置换。向设备通入氮气，驱除系统内的空气达到规定的指标。脱醚塔的置换包括以下四步。

  a. 塔体置换。打开塔底进氮阀和塔顶冷凝器排空阀，要微开，防止破坏塔板，使氮气从塔底进入，从冷凝器排出。

  b. 逐个对预热器、循环蒸发器等设备管道进行置换。

  c. 对塔顶排空管路和通往预后醇泵的管路进行置换。

  d. 在预热器中取样，分析氧含量，达到≤0.5%的标准，可中止置换。

主精馏塔的置换步骤和脱醚塔基本相同。

  (2) 系统开车（投料开车） 主精馏塔系统开车包括以下六步。

  ① 对系统装置检查。

  ② 进料。先开主精馏塔进料阀、预热器蒸气阀、各冷凝器进水阀，然后启动进料泵，进料达到规定液位。

  ③ 塔釜升温。开塔釜加热器蒸汽阀，缓慢升温达到规定指标。若塔底液面下降可再开泵补充液位。

  ④ 冷凝液开始回流。当冷凝液收集槽有液面时，启动回流泵开始回流。

  ⑤ 主副产品开始采出。塔内各点温度达到正常指标后，缓慢开启精甲醇采出阀，并对采出量和回流量综合调节，使回流比稳定在 1.5~2.5，保持塔内的物料平衡与热量平衡。

  ⑥ 转入正常运行。塔底温度>100℃，残液相对密度≥0.996 时，缓慢排出残液，并将塔底液位转为自控。塔内各项指标正常、稳定，即可转入正常运行。

  3. 正常运行操作 **主精馏塔的正常运行操作要点为以下五点**

  ① 严格控制各项工艺指标，确保生产装置安全稳定运行。

主精馏塔的主要工艺指标：

塔顶压力：<6kPa

塔底压力：<50kPa

塔顶温度：60~67℃

塔底温度：104~110℃

回流液相对密度：<0.793

回流比：1.5~2.5

残液相对密度：>0.996

甲醇相对密度：0.791~0.793

  ② 按规定制度进行巡回检查。检查重点是：塔底液位、冷凝液收集槽液位和两台泵的运转情况。

  ③ 对采出量和回流量严密控制，精心调节，使回流比稳定在规定范围，保持塔内平衡。

  ④ 及时了解对精甲醇的质量分析，依据分析数据改善操作。

  ⑤ 在冬季，要经常检查物料、水和蒸汽管道是否通畅，防止冻结。

  4. 精馏工序的停车

精馏工序的停车有许多种，现着重介绍短期正常停车的程序。

  (1) 停止进料 先减少加料，然后停进料泵；再关进料预热器蒸汽阀。

  (2) 塔底停止加热 关塔釜加热器蒸汽阀，待塔底温度低于 373K 时，停排残液。

（3）停止采出　关精甲醇采出阀和各副产品采出阀。

（4）冷凝器停止运行　当塔顶温度降下来后，停止送冷却水。冷凝液收集槽无液面时，停回流泵。

5. 精馏工序的常见异常现象及处理方法

（1）精馏过程中几种典型的异常现象

① 液泛。在精馏操作中，下层塔板上的液体涌至上层塔板，上下塔板的液相连在一起，这种现象叫液泛。造成液泛的原因主要由于塔内上升蒸气的速度过大。有时液体负荷太大，使溢流管内液面逐渐升高，也会造成液泛。

② 雾沫夹带。气流自下而上通过塔板上的液层，鼓泡上升，离开液面时将许多液滴带至上一层塔板，这种现象叫雾沫夹带。大量雾沫夹带会将不应升至塔顶的重组分带到塔顶产品中，影响产品质量；同时降低了传质过程的浓度差。造成雾沫夹带的主要原因是气流上升超过了允许速度。

③ 气泡夹带。塔板上的液体经过溢流堰流入降液管时仍含有大量气泡。气泡内的这部分气体本应分离出来返回原来板面上，由于液体在降液管停留时间不够，所含气泡来不及解脱，就被带入下层塔板。气泡夹带使部分气体由高浓度区进入低浓度区，对传质不利。

④ 漏液。塔板上的液体从气体通道流入下层的现象叫漏液。如果上升气体的能量不足以穿过液层，甚至低于液层的位能，托不住液层，就会导致漏液，严重的会使液体全部漏完，出现"干板"现象。保持适宜的气流上升速度可以防止漏液。

（2）甲醇精馏中的异常现象及处理方法　详见表 7-4。

表 7-4　甲醇主精馏塔部分异常现象及处理方法

序号	异　常　现　象	发　生　原　因	处　理　方　法
1	塔底无液面	(1)残液自调失灵； (2)蒸汽量大	(1)修理自调 (2)减少蒸汽量
2	淹塔	(1)入料量大； (2)采出量小； (3)蒸汽量小	(1)减少入料量 (2)增加采出量 (3)增加蒸汽量
3	塔顶温度高	(1)蒸汽量大； (2)精甲醇采出量大,回流量小	(1)减少蒸汽量 (2)减少精甲醇采出量,增加回流量
4	塔底温度低于 373K	(1)蒸汽量小； (2)精甲醇采出量小； (3)进料量大	(1)增加蒸汽量 (2)增加采出量 (3)减少或停止入料
5	进料温度低,塔底压力小,回流量小	蒸汽量小	增加蒸汽量

● 训练内容与步骤

（1）训练前准备　学习有关知识，了解甲醇精馏工序的工艺流程操作要点。

（2）看教学软件。

（3）利用教学软件进行模拟操作。

第六节　特　殊　蒸　馏

前面讲到，对各组分有共沸点的非理想溶液，若用普通蒸馏分离，浓度只能提到共沸组成，如果再将其分离成纯组分，必须通过特殊蒸馏。生产上如遇到以下几种情况，就要采用特殊蒸馏。

① 液体混合物各组分之间的沸点差小于 3K 的溶液，如 C_4 馏分中，1,3-丁二烯沸点为 268.5K，1-丁烯为 266.7K，沸点差为 1.8K。

② 两组分存在共沸点的非理想溶液，如当乙醇溶液质量分数为 95.57%（即摩尔分数 0.894），达到共沸点时，气相组成和液相组成相同，不能用普通方法精馏。

③ 有的组分受热易分解、易聚合。

④ 有的组分沸点较高，塔釜加热受到限制。

以上几种溶液，有的是采用普通精馏分离已不可能，有的是采用普通精馏不够经济合理，只有采用共沸蒸馏、萃取蒸馏、水蒸气蒸馏等特殊的方法分离。

一、水蒸气蒸馏

水蒸气蒸馏就是将水蒸气通入被蒸馏液中直接混合加热，使被蒸馏物中的组分得以分离。因为这种方法将水引进了物系，所以被蒸馏液必须是完全不溶于水或几乎不溶于水，而且不与水反应的物质。水蒸气蒸馏适用于热敏物料，或在常压下沸点较高的物质的分离，例如硝基苯、苯胺、松节油、酚的分离。

水蒸气蒸馏的原理，由于水蒸气的加入使被蒸馏物的沸点降低。任何液体沸腾时其蒸气总压必等于外压。设被蒸馏物为 A，如果不加水蒸气，在常压下则要在 A 的蒸气压 p_A 等于大气压（即 $p_A = 101.3kPa$）时才能沸腾。但当加入水蒸气后，在蒸气总压 p 时就沸腾，p 为 A 的蒸气压与水蒸气压之和。

$$p = p_A + p_水 = 大气压（101.3kPa）$$

也就是说，蒸馏液在总压为 p，分压为 p_A 下沸腾，$p_A = p - p_水$，显然，$p_A < p$，即 $p_A <$ 大气压。这就相当于降低了被蒸馏物 A 的沸点。如果不通入蒸气，要使 A 的蒸气压达到大气压，必须加热至正常沸点；但当通入水蒸气后，要使其总压达到大气压，则不必加热至 A 的正常沸点，只要达到分压 p_A 下的沸点即可沸腾；对水来说，水的分压也低于外压，因此，水的沸点也降低了。故被蒸馏液实际上是在低于水的沸点的温度下沸腾的。例如，松节油的沸点为 458K，若用普通蒸馏方法，在常压下必须加热至此温度方能使其与杂质分离。而用水蒸气蒸馏方法，在常压下只需加热至 368K 即可将松节油从杂质中分离，这是因为通入水蒸气后，在蒸气总压 p 下沸腾，p 为沸腾时松节油混合物蒸气压 p_A 与 $p_水$ 之和，即 $p = p_A + p_水 = 101.3kPa$。这就说明，由于水蒸气通入，降低了松节油混合物的蒸气分压，从而降低了它的沸点。

二、共沸蒸馏

共沸蒸馏又称恒沸蒸馏，它是在被蒸馏液（共沸液或二组分沸点接近的溶液）中加入能与蒸馏液中一个或几个组分形成共沸液的第三组分，使与要分离的几种物质的沸点差增大，从而达到分离目的的操作。这样的第三组分称为共沸剂。

作为共沸剂要具备以下条件：

① 能与被分离组分形成新的共沸物；

② 不与被分离组分发生化学反应，热稳定性好，无毒性，无腐蚀性；

③ 所形成的共沸物，含共沸剂越少越好；

④ 易于回收，恒沸物最好为非均相者，以便分层分离；

⑤ 价格低廉，容易得到。

这里只讨论第三组分能与被分离组分形成非均相共沸物的情况。现以工业酒精制无水酒精为例，分析共沸蒸馏过程。因为乙醇与水形成低沸点共沸物，其共沸组成为乙醇 0.894（摩尔分数，下同），常压下沸点为 351.5K，一般精馏只能提浓到共沸组成。但当加入共沸剂苯后，形成新的三元共沸物，这种共沸物含苯 0.74、乙醇 0.185、水 0.074，常压沸点为 337.85K，比共沸物的沸点低，所以能从塔顶蒸出并将乙醇溶液中的水带走。三元共沸物中乙醇与水之摩尔比为 0.449，而原工业酒精中二者之摩尔比为 8.43，故水全部形成三元共沸物后，只带走少部分乙醇，大部分乙醇留在塔釜，成为无水酒精。

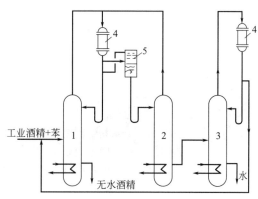

图 7-34　共沸蒸馏流程示意
1—共沸蒸馏塔；2—苯回收塔；3—乙醇回
收塔；4—冷凝器；5—分层器

图 7-34 为共沸蒸馏流程示意。工业酒精和苯的混合物由塔 1 中部加入，塔釜用间接蒸汽加热，苯、酒精及水在塔内形成低沸点非均相共沸混合物，由塔顶进入冷凝器 4，冷凝后部分作为产品流回塔顶，部分流入分层器 5 分为两相，轻相主要是苯（苯 0.745、酒精 0.217、水 0.038），作为共沸剂返回塔 1 顶部；重相主要是水（苯 0.043、酒精 0.35、水 0.607），送入苯回收塔 2 的顶部，回收其中的苯。在塔 2 中，又形成和塔 1 相同的三元共沸物，由塔顶排出，与塔 1 出来的蒸气汇合进入冷凝器 4。不含苯的乙醇水溶液，由塔 2 底部进入乙醇回收塔 3，塔顶得到乙醇-水的二元共沸物返回塔 1，塔釜则为水。

三、萃取蒸馏

萃取蒸馏是在混合液中加入第三组分（溶剂，又称为萃取剂或分离剂），以改变原有组分的相对挥发度，使相对挥发度很小的混合液分离成纯组分的方法。萃取剂的沸点比原有组分高得多，在改变原有组分的相对挥发度时，并不与它们形成共沸物。萃取剂加入后，能抑制原液中某一组分的挥发，而利于另一组分的分离。萃取剂应具备以下条件：

① 能使被蒸馏组分的相对挥发度有明显变化；
② 溶解度大，能与原混合液中的所有组分完全互溶，不易分层；
③ 沸点高出被蒸馏物较多，否则易由塔顶跑损，但也不能太高，造成回收困难；
④ 价廉易得，容易回收。

现以烃类裂解气的 C_4 馏分中分离丁二烯为例。由于 C_4 馏分中的各组分沸点相近，相对挥发度接近（如表 7-5），采用普通蒸馏方法很难将丁二烯与其他组分分离。采用萃取精馏的方法，用乙腈作萃取剂，则可增大各组分的相对挥发度，从而将丁二烯和丁烯、丁烷分离。工艺流程如图 7-35 所示，C_4 原料（含丁二烯质量分数 40%～50%，丁烷 3%～10%，

表 7-5　C_4 馏分中各组分的沸点及相对挥发度

项　　目	组　　分			
	异丁烯	正丁烯	丁二烯	正丁烷
沸点/K	266.4	266.5	268.5	272.45
未加萃取剂前的相对挥发度	1.08	1.03	1.00	0.86
加入含水质量分数为 20% 的乙腈后的相对挥发度	1.67	1.67	1.00	2.25

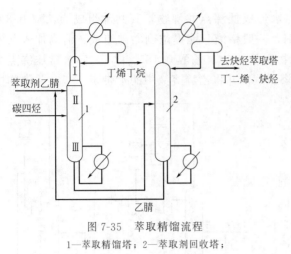

图 7-35 萃取精馏流程

1—萃取精馏塔；2—萃取剂回收塔；

Ⅰ—萃取剂再生段；Ⅱ—精馏段；Ⅲ—提馏段

炔烃微量，其余为丁烯）在塔 1 的中部加入，萃取剂乙腈（含水的质量分数 8%～12%）从塔 1 顶部加入，塔压 0.65MPa。乙腈将上升气流中的丁二烯、炔烃吸收，流至塔釜，丁烯、丁烷从塔顶排出入冷凝器，冷凝后入回流槽，部分回流，部分作为产品采出。从塔 1 底部排出的乙腈、丁二烯与炔烃送入溶剂回收塔 2（丁二烯蒸出塔），在塔压 0.4MPa 下，将丁二烯和炔烃蒸出（含丁二烯约 95%）。溶剂乙腈则由塔 2 底部排出，回到萃取精馏塔循环使用。丁二烯、炔烃从塔 2 的顶部排出后，经冷凝进入回流槽，部分回流，部分采出。丁二烯与炔烃再用同样的方法（萃取精馏）分离，得到不含炔烃的丁二烯。

萃取精馏在工业上应用较广，如用水作萃取剂分离丙烯腈-乙腈混合物，用硝基苯、苯胺、苯酚、糠醛等作萃取剂分离芳香烃等。

【阅读 7-2】

液-液萃取简介

液-液萃取是利用液体混合物各组分在溶剂中溶解度的不同，将液体混合物分离的单元操作。它属于传质过程的操作，经常用于石油、化工、医药等工业生产中。

● 萃取操作的原理 选择一种适当的溶剂（称为萃取剂）加入要处理的液体混合物中，液体混合物中各组分在萃取剂中具有不同的溶解度，要分离的组分能溶解到萃取剂中，其余组分则不溶或微溶，从而使混合液得到分离。例如，煤气厂和某些化工厂的废水中含有苯酚需要回收，常选取苯作萃取剂加入废水中，使它们充分地混合接触，由于苯酚在苯中的溶解度比在水中大，大部分苯酚就从水相转移到苯相中，再将水相和苯相分离，并将苯相中的苯进一步回收，这样就达到了回收苯酚的目的。

在萃取操作中，混合液中被萃取的物质称为溶质（如上例中的苯酚），其余部分称为原溶剂（如上例中的水），加入的第三组分（如苯）萃取剂。萃取剂的基本要求是对混合物中的溶质有尽可能大的溶解度，而与原溶剂互不相溶或部分互溶。当萃取剂与混合液混合后就成为两相，其中，一相以萃取剂为主，溶有溶质，称为萃取相；另一相则以原溶剂为主，含萃取剂较少，称为萃余相。除去萃取相中溶剂的剩余液体称为萃取液；除去溶剂后的萃余相液体称为萃余液。

萃取剂的选择是萃取操作的关键，它直接影响萃取操作能否进行以及萃取产品的质量、产量和经济效益。选用的萃取剂应对被萃取组分有较大的溶解能力，而对其余组分溶解能力很小。萃取剂与原料液要有较大的密度差，以有利于两液相的分层。萃取剂要有较高的化学稳定性和较低的腐蚀性，价格低廉，回收方便。

液-液萃取的主要设备有萃取塔，混合澄清槽，萃取剂回收塔，离心萃取机等。萃取塔以筛板塔使用最为广泛，此外还有喷洒塔，填料塔等。

习　　题

1. 蒸馏是利用液体混合物中各组分_____的不同，将_____分离提纯的单元操作。

2. 蒸馏过程的实质是_____组分浓集到汽相，_____组分浓集到液相。

3. 蒸发处理的溶液_____是不挥发的，蒸馏处理的溶液_____都具有挥发性。

4. 按蒸馏操作的方法不同，蒸馏可分为_____、_____和_____三大类。

5. 按操作压力不同，蒸馏操作可分为_____、和_____。

6. 混合液中易挥发组分的沸点_____，蒸馏时从蒸馏塔的_____引出，称为_____。

7. 混合液中难挥发组分的沸点_____，蒸馏时从蒸馏塔的_____引出，称为_____。

8. 精馏塔中的温度分布由上往下逐渐_____。

9. 待分离的混合液在常压下为气态时，可采用的蒸馏方法是_____。

　　a. 加压蒸馏　　b. 减压蒸馏　　c. 常压蒸馏

10. 将苯-甲苯混合液经精馏后，塔顶冷凝液中_____。

　　a. 苯-甲苯的含量都较高　　b. 甲苯的含量较高　　c. 苯的含量较高

11. 蒸馏操作属于_____过程。

　　a. 传热　　b. 传质　　c. 传热＋传质

12. 下列说法是否正确？

(1) 液体的沸点与外界压力有关，外压增加时，沸点升高。(　)

(2) 蒸馏是分离均相液体溶液的一种单元操作。(　)

(3) 蒸馏与蒸发的操作原理相同。(　)

(4) 在 101.3kPa 下分别将甲醇、乙醇加热至沸腾，此时这两种溶液的饱和蒸气压均为 101.3kPa。(　)

13. 某真空精馏塔，塔顶压力要求保持在 5kPa，假设当地大气压力为 0.1MPa，求塔顶真空表的读数为_____MPa？

14. 汽-液相液平衡关系是指_____。

15. 汽-液平衡状态，也称_____状态，此时，液面上方的蒸汽称为_____，其压力称_____，溶液称为_____，相应的温度为_____。

16. 拉乌尔定律说明了汽-液平衡时，溶液中苯组分的_____与其_____的关系，其数学表示式为_____。

17. 二元液体混合物中，当两组分的相对挥发度 $\alpha_{AB}=1$ 时，表明两组分(　)用普通方法进行分离。

　　a. 很容易　　b. 较容易　　c. 不能够

18. 对于双组分理想溶液，其相对挥发度 $\alpha=$_____。

19. 已知苯的沸点为 353K，甲苯为 383K，则由苯—甲苯组成混合液的沸点为_____。

　　a. $\dfrac{353K+383K}{2}$　　b. 介于 353~383K 之间　　c. 无法判断

20. 由苯-甲苯组成的甲、乙两种浓度的混合液。甲种含苯 0.4(摩尔分数)，乙种含甲苯 0.4(摩尔分数)，则该两种混合液的沸点是_____。

　　a. 甲种沸点高　　b. 乙种沸点高　　c. 沸点相同

21. 有三块理论板，板上汽-液相组成分别如图 7-36(　)所示，则互成汽-液平衡关系的组成是(　)所示。

　　a. $y_3 \sim x_2$　　b. $y_3 \sim x_3$　　c. $y_3 \sim y_2$

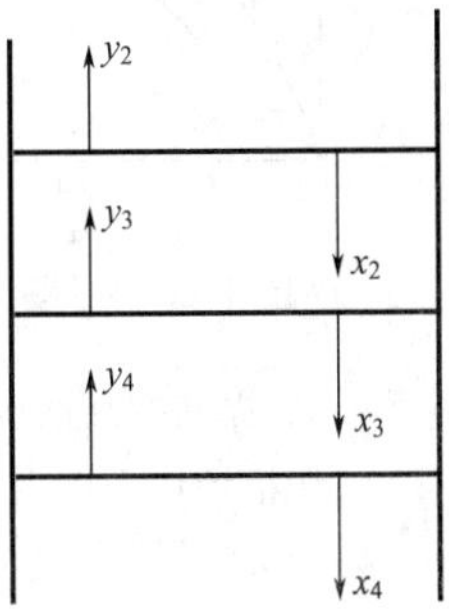

22. 蒸馏的传质过程是_____。

　　a. 气相转向液相　　b. 液相转向气相　　c. 两者同时存在

23. 判断下列说法是否正确？

图 7-36　习题 21 附图

(1) 在一定压力下，纯组分液体的泡点、露点、沸点均为同一个数值（　）。

(2) 在一定压力下，液体混合物没有恒定的沸点。（　）

(3) 一定外压下溶液的泡点、露点与混合溶液的组成有关。（　）

24. 在苯-甲苯溶液 T-$x(y)$ 图。（见图 7-37）中指出 a、b 线和 Ⅰ、Ⅱ、Ⅲ 各区域的名称。

25. 溶液的泡点是指_____，露点是指_____。

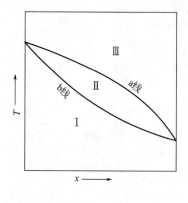

图 7-37　习题 24 附图

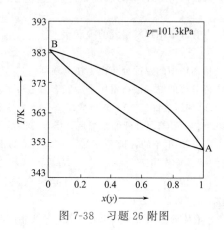

图 7-38　习题 26 附图

26. 今有含苯（摩尔分数）为 40% 的苯-甲苯溶液，在 101.3kPa 下恒压加热，根据苯-甲苯的 T-$x(y)$ 图（见图 7-38）回答下列问题。

(1) 溶液在 358K 时的状态和组成？

(2) 此溶液泡点温度？

(3) 产生第一个蒸气泡的组成是多少？

(4) 此溶液露点温度？

(5) 加热至最后一个液滴的组成？

(6) 溶液加热至 373K 时混合液的状态和组成？

(7) 加热至 488K 时溶液的状态和组成？

27. 从苯-甲苯的汽-液平衡曲线图（y-x 图，见图 7-39）上，指出：

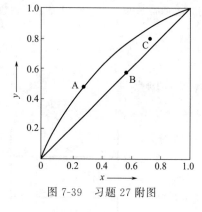

图 7-39　习题 27 附图

(1) A、B、C 三点的汽-液相组成；

(2) 处于汽-液平衡状态的是哪点？

28. 精馏是将混合液进行多次_____和多次_____，使混合液得到较完全分离的操作。

29. 精馏塔精馏段的作用是自下而上逐步增浓，气相中的_____。

30. 精馏塔分为_____段和_____段，以_____为界限，加料板属于_____段。

31. 常用的特殊蒸馏有_____、_____、_____几种。

32. 精馏塔中提馏段的作用是_____。

a. 提高产品浓度　　b. 浓缩难挥发组分　　c. 浓缩易挥发组分

33. 在精馏塔中塔内各板温度均不相同，塔顶温度最低，塔釜温度最高。（　　）

34. 分离如下物质应选择何种单元操作：(1) 由氢氧化钾水溶液制取固体氢氧化钾_____；(2) 由乙醇水溶液提取乙醇_____。

a. 精馏　　b. 吸收　　c. 蒸发　　d. 干燥

35. 回流比是指_____与_____之比。

36. 下列说法是否正确?

(1) 理论板是指分离理想溶液的塔板。(　　)

(2) 全回流时,塔顶没有产品流出。(　　)

(3) 全回流时所需理论塔板数量多。(　　)

37. 苯-甲苯组成的混合液 100mol,其中苯 40mol,则甲苯在溶液中的摩尔分数应为_____。

　　a.60　　b.0.4　　c.0.6

38. 今有苯-甲苯溶液的混合液,在 318K 下沸腾,外界压力 20.3kPa,已知在此条件下纯苯的饱和蒸气压为 22.7kPa,纯甲苯的饱和蒸气压为 7.6kPa,试求平衡时苯和甲苯在汽、液相中的组成。

39. 已知在总压为 101.3kPa 下,甲醇和水的饱和蒸气压数据如下:

温度/K	337.7	343.0	348.0	353.0	363.0	373.0
甲醇 p/kPa	101.3	123.3	149.6	180.4	252.6	349.3
水 p/kPa	25.1	31.2	38.5	47.3	70.1	101.3

该溶液可视为理想溶液,试计算其平衡组成关系,并画出其 T-$x(y)$图和 y-x 图。

40. 按照下面甲醇-水系统中甲醇的平衡数据,绘制其 T-$x(y)$图及 y-x 图,并标出甲醇的(摩尔分数)为 0.45 时溶液的泡点、露点及相应温度。

甲醇-水系统中甲醇的平衡数据

温度/K	x	y	温度/K	x	y	温度/K	x	y
337.7	1.00	1.000	346.1	0.50	0.799	362.3	0.08	0.365
338.0	0.95	0.979	348.3	0.40	0.729	364.2	0.06	0.304
339.0	0.90	0.958	351.0	0.30	0.665	366.5	0.04	0.234
340.6	0.80	0.915	354.7	0.20	0.579	369.4	0.02	0.134
342.6	0.70	0.870	357.4	0.15	0.517	373.0	0.00	0.00
344.2	0.60	0.825	360.7	0.10	0.418			

41. 某精馏塔在压力 101.3kPa 下分离甲醇-水的混合液,今欲处理的混合液量为 1000kg/h,原料液中含甲醇 75%,要求馏出液的组成不小于 98%,残液组成不大于 5%(均以质量分数计),试求每小时馏出液和残液的量。

42. 板式塔的附属设备通常包括_____、_____、_____。

43. 影响精馏塔操作压力的因素主要有_____和_____。

第八章 结 晶

第一节 概 述

一、基本概念

结晶是固体物质以晶体状态从溶液、熔融物或蒸气中析出的过程。在化工生产中，**结晶指的是使溶于液体中的固体溶质从溶液中析出晶体的单元操作。**

化学课曾学过，晶体是结晶过程形成的具有规则几何外形的固体颗粒。构成晶体的微粒有规则地排列着，使晶体具有整齐规则的晶形。不同物质具有不同的晶形。同一种物质，如果操作条件不同，所产生的晶形也可能不同，如氯化钠从纯水溶液中结晶时，为正立方形晶体；若水溶液中含有少量尿素，则形成八角形晶体。

物质从水溶液结晶出来，有时形成晶体水合物。晶体水合物中所含有的水分子，称为结晶水。结晶水的存在影响晶体的形状，也影响晶体的性质。例如，$CuSO_4$ 溶液在 518K 以上结晶时，得到的是白色三棱形针状无水 $CuSO_4$ 晶体；而在常温结晶时，得到的则是含有 5 个结晶水的蓝色大颗粒的 $CuSO_4 \cdot 5H_2O$ 晶体。

二、结晶的应用

结晶在化工生产中的应用主要是分离和提纯，它不仅能从溶液中提取固体溶质，而且能使溶质与杂质分离，提高纯度。由于结晶制取的固体产品具有一定纯度，外表美观，形状规范，便于包装、运输和产品储存，生产装置方便、经济，所以它在生产中得到广泛应用。

三、结晶和其他过程的联系

结晶常与蒸发结合进行。有些物质的结晶采用蒸发结晶法；有些蒸发过程同时出现结晶，要及时将析出的晶体分离出去。

结晶常与过滤、沉降、离心分离紧密联系。晶体从溶液中析出后，要立即用以上方法使其母液分离，防止产生"晶簇"。母液中往往含有大量的杂质。在结晶过程中，当母液附着在晶体表面时，常常由于晶体颗粒聚结在一起，形成"晶簇"，而将母液包藏在内，使晶体洗涤困难。这些杂质的存在既影响结晶产品的纯度，也影响晶体的外形。为防止杂质对结晶的影响，分离掉附在晶体表面和包在"晶簇"中的母液，生产中常在结晶后进行彻底洗涤和过滤，并在结晶操作时进行适度的搅拌，以减少晶簇形成的机会。

第二节 结晶的基本原理

工业上的结晶过程，是依据溶解度的变化规律从过饱和溶液中析出晶体的。学习结晶原理，必须先了解溶解度与溶液的过饱和度等知识。

一、溶解度与溶液的过饱和度

1. 溶解度

溶解度是指在一定的温度压力下，物质在一定量溶剂中溶解的最大量。固体的溶解度，常指在一定温度下于 **100g 水**（或其他溶剂）**中溶解溶质的最多克数**。例如，在 393K 时，100g 水能溶解氯酸钾的最大量为 7.3g，氯酸钾在该温度时的溶解度就是 7.3g/100gH$_2$O。

固体物质的溶解度，受压力的影响很小，受温度的影响十分显著。从表 8-1 所示的一组数字看，硝酸钾的溶解度随着温度升高而明显增大。这种物质溶解度与温度的关系可以用溶解度曲线表示。如果以溶解度为纵坐标，温度为横坐标，按表 8-1 中的数据，将硝酸钾的温度与溶解度的各个交点描在这个直角坐标系中，再将各点连成平滑曲线，即绘成硝酸钾的溶解度曲线，如图 8-1(a) 所示。用相同的方法，可以绘成如图 8-1(b) 所示的几种无机盐的溶解度曲线。

表 8-1　硝酸钾的溶解度

T/K	273	293	313	333	353	373
溶解度/(g/100gH$_2$O)	13.5	31.5	63.9	110	169	246

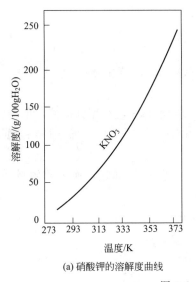

(a) 硝酸钾的溶解度曲线

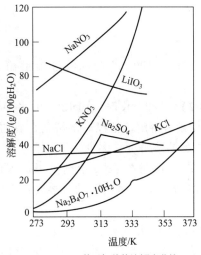

(b) 几种无机盐的溶解度曲线

图 8-1　溶解度曲线

某种物质的溶解度曲线就是该物质的饱和溶液曲线。第一章已初步介绍过饱和溶液的概念，即在一定温度下，溶解和结晶处于动态平衡的溶液叫饱和溶液，这时溶质溶解的速率和溶质从溶液中析出的速率相等。如果从溶解度角度来解释饱和溶液的含义，可表述为：**在一定温度下，溶质在溶剂中溶解的量达到最大时的溶液，即达到溶解度的溶液，就是饱和溶液。所以，溶解度曲线也叫饱和曲线。**

各种物质溶解度随温度变化的趋势很不一样。如图 8-1(b) 中大多数固体物质的溶解度随温度升高而增大，其中有的增势很快，溶解度曲线坡度很大，如硝酸钾（KNO$_3$）、硝酸钠（NaNO$_3$）；有的以中等速度增长，溶解度曲线坡度小些，如氯化钾（KCl）、硼砂（Na$_2$B$_4$O$_7$·10H$_2$O）；有的增长速度极慢，溶解度曲线变化平缓，从图上看接近水平线，如食盐（NaCl）；极少数物质溶解度与温度相逆转，溶解度曲线下滑，如碘酸锂（LiIO$_3$）；

还有的物质溶解度在中间发生突变，溶解度曲线出现拐点，如 Na_2SO_4 在 285.2K 以下为含 10 个结晶水的盐，溶解度随温度升高而增大，285.2K 时转变为无水盐，此时溶解度随温度的升高而降低，溶解度曲线为一折线，285.2K 时的相应位置是拐点。物质溶解度的以上特征，是选择结晶方法的重要依据。

溶解度是结晶过程最基本的参数，结晶操作中需经常进行溶解度的基本计算。

【例题 8-1】 如表 8-1 所示，在 293K 时，KNO_3 的溶解度为 31.5g。问

① 在 293K 时，100g 的饱和溶液中溶解多少 KNO_3？

② 在 293K 时，溶解 200g KNO_3 至少需要多少克水？

解 已知 293K 时的溶解度为 31.5g，即 100g 水中能溶 KNO_3 31.5g，所以这时饱和溶液的总质量为

$$100 + 31.5 = 131.5 \ g$$

① 设 100g 饱和溶液中溶解 x g 的 KNO_3

则

$$131.5 : 31.5 = 100 : x$$

$$x = \frac{31.5 \times 100}{131.5} = 24 \ g$$

② 设溶解 200g KNO_3 需用水 y g，

则

$$31.5 : 100 = 200 : y$$

$$y = \frac{100 \times 200}{31.5} = 634.9 \ g$$

答 293K 时，100g 的饱和溶液能溶解 KNO_3 24g；若溶解 200g KNO_3，至少需要 634.9g 水。

【例题 8-2】 在 298K 时，向 120g 的水中加入蔗糖 266g，经充分搅拌，蔗糖大部分溶于水中，还有少量未溶解。把没有溶解的蔗糖过滤出来，然后进行干燥，得剩余蔗糖为 20g。问 298K 时蔗糖的溶解度是多少？

解 已知 298K 时在 120g 溶剂量中加入的蔗糖总量为 266g，而未溶解的蔗糖为 20g，那么，在 120g 水中，溶解的蔗糖（溶质）质量为

$$266 - 20 = 246 \ g$$

设蔗糖的溶解度为 x，

$$120 : 246 = 100 : x$$

$$x = 205 \ g$$

答 298K 时蔗糖的溶解度为 205g/100gH_2O。

【例题 8-3】 在 353K 时，有 KNO_3 饱和溶液 300g。如果把温度降至 273K，能有多少克 KNO_3 晶体从溶液中析出？

解 已知 353K 时的饱和溶液为 300g。从表 8-1 查出，该温度下 KNO_3 的溶解度为 169g，而在 273K 时的溶解度为 13.3g。

首先求 353K 时 300gKNO_3 饱和溶液中含 KNO_3 和水的质量。

设 353K 时，300gKNO_3 饱和溶液中含 KNO_3 xg，此时，$100 + 169 = 269$g 的 KNO_3 饱和溶液中含 KNO_3 169g。列比例式：

$$269 : 169 = 300 : x$$

$$x = \frac{300 \times 169}{269} = 188.8 \ g$$

$$300-x=111.2（g）水$$

其次，求 273K 时 111.2g 水能溶解 KNO_3 的克数。

设 273K 时，111.2g 水能溶解 $KNO_3 y$ g。

$$100：111.2=13.3：y$$

$$y=\frac{111.2\times13.3}{100}=14.8（g）$$

最后，求在 273K 时从 300g KNO_3 饱和溶液中析出 KNO_3 晶体的克数。

$$188.8-14.8=174（g）$$

答 此溶液降至 273K 时，能有 174g KNO_3 晶体析出。

［例题 8-3］表明了冷却结晶的过程。许多盐类结晶的操作就是将它的饱和溶液进一步冷却，使溶解度降低，然后采取其他相应措施，从溶液中析出盐类晶体的。

2. 过饱和溶液

当盐类饱和溶液冷却时，并不是都能自发地把多余的溶质析出。图 8-2 中 AB 线是硼砂的溶解度曲线，与各温度点相对应的溶解度列于表 8-2。若将温度为 343K 的 1000g 水溶解 93g 硼砂形成的溶液，小心谨慎不加摇动地冷却，自 343K（图中 D 点）逐渐冷却到 318K（图中 C 点），这时的溶解度为 $8.8g/100gH_2O$，即 1000g 水最多能溶解硼砂 88g，虽然溶液中所含溶质量已超过了溶解度，但并没有晶体析出，多余的溶质 5g 仍保留在溶液中。**这种在一定温度下所含溶质量超过该物质溶解度的溶液，称为过饱和溶液。**

表 8-2　硼砂在水中的溶解度

温度/K	273	283	293	303	313	323	333
溶解度/(g/100gH₂O)	1.3	1.6	2.7	3.9	6.6	10.5	20.3

图 8-2 中硼砂的溶解度曲线，清晰地显示了溶液的以下三种情况。

① 当溶液处于溶解度曲线下方时，为不饱和溶液，溶液中溶解的溶质量没达到溶解度。

② 当溶液处于溶解度曲线上各点所示的状态时，为饱和溶液，溶液中溶解的溶质量达到溶解度。

③ 当溶液处于溶解度曲线的上方时，为过饱和溶液，溶液中溶解的溶质量超过了溶解度。

过饱和溶液对结晶操作具有重要的作用。实际生产中的结晶操作，都是利用过饱和溶液来制取晶体。例如，硼砂生产过程的结晶工序，就是先将硼砂溶液的温度缓慢降至 303K 左右，成为过饱和溶液，然后再从过饱和溶液中培育

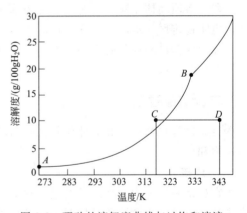

图 8-2　硼砂的溶解度曲线与过饱和溶液

出符合要求的硼砂晶体。由于过饱和溶液很不稳定，轻微的振动、搅拌或有固体掉入，立刻会有晶体析出。所以过饱和溶液要在相当平静的条件下制备。将饱和溶液谨慎、缓慢地冷却，并防止掉进固体颗粒，这样制得的过饱和溶液可以保持很长时间。

3. 过饱和度

过饱和度就是溶液呈过饱和的程度。过饱和度有两种表示方法：一是用温度表示，即这种过饱和溶液的温度比相同浓度的饱和溶液低多少；二是用浓度表示，即这种过饱和溶液的

浓度比相同温度的饱和溶液高多少。用浓度表示的过饱和度实质上就是过饱和溶液与饱和溶液的浓度差。

过饱和度是结晶过程的推动力。因为结晶过程的推动力是浓度差，而过饱和度是浓度差的具体量度。过饱和度的大小直接影响着晶核的生成和晶体的生长。例如，在联碱生产的氯化铵结晶操作中，必须使过饱和溶液保持适宜的过饱和度，才能使已有的晶核逐渐成长为较大的晶体，并防止再析出大量晶体而影响已有晶体的成长。因此，结晶操作的前提条件就是制备具有适宜过饱和度的过饱和溶液，并使之质量稳定，能保持较长的过饱和时间，这就为整个结晶过程打下良好的基础。

4. 过饱和溶液的不稳区与亚稳区

过饱和溶液的性质是不稳定的，过饱和区内各状态点的不稳定程度也不一样，靠近溶解度曲线时较为稳定，溶液不易自发地产生晶体；远离溶解度曲线时很不稳定，瞬间就会自发地产生晶体。结晶操作需要的是前者那种较为稳定的状态。因为结晶操作不希望自发产生晶体，而是要有控制地培育出符合要求的晶体。

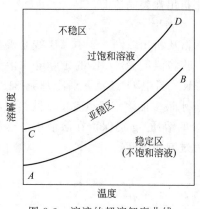

图 8-3 溶液的超溶解度曲线

根据实验测定表明，在各种物质溶解度曲线的上方，还有一条开始自发结晶的界限，称为过溶解度曲线，这条曲线将过饱和溶液分为不稳区和亚稳区。如图 8-3 所示，AB 线为某物质的普通溶解度曲线，CD 线则是过溶解度曲线，CD 线以上，为过饱和溶液的不稳区，溶液处于此区域就会自发地产生晶体。CD 线以下 AB 线以上为过饱和溶液的亚稳区（也叫介稳区），溶液处于此区域时，只要没有外界影响，就不会自发地产生晶体；只有在向溶液中加入晶种（溶质晶体小颗粒）时，才会在晶种的作用下使晶体长大。AB 线以下为不饱和溶液，也叫稳定区，溶液处于此区域时不可能有晶体生成。

亚稳区与结晶操作有密切关系。使结晶过程保持在亚稳区内进行，是保证结晶的产量、质量合格的关键。

二、结晶过程

结晶过程包括成核和晶体生长两个阶段。这两个阶段是交错进行的，其推动力都是溶液的过饱和度。

1. 成核

在过饱和溶液中产生晶核的过程称为成核，也叫晶核生成。成核的方式有初级成核与二次成核。溶液中不含溶质晶体时出现的成核现象是初级成核；溶液中含有被结晶物质的晶体时出现的成核现象是二次成核。二次成核的主要机理是接触成核，即在被结晶物质的晶体之间，或晶体与其他固体接触时发生碰撞而产生晶核。工业上的成核过程绝大多数是接触成核，即在处于亚稳区的澄清饱和溶液中加入一定数量的微小颗粒来实现接触成核。这种加入的微小颗粒称为晶种。结晶操作要对成核过程进行控制，使之连续不断地在晶种作用下实现接触成核，制止自发成核。

2. 晶体生长

过饱和溶液中已经形成的晶核逐渐长大的过程称为晶体生长，也叫晶体成长。晶体生长过程实质上是过饱和溶液中的过剩溶质向晶核黏附而使晶体逐渐长大的过程。

在结晶操作中，必须对晶体生长过程进行有效的控制，才能生产出纯净而有一定粒度的晶体。要恰当掌握成核速率与晶体生长速率的关系，这种关系直接影响着晶体的粒度和内部质量。如果成核速率大于晶体生长的速率，则产生的晶体粒度小而数量多，这是因为晶核还来不及长大过程就结束了；如果晶体生长速率大于成核速率，则产生的晶体粒度大而数量少，并且不易夹带母液，纯度较高。因此结晶操作必须使晶体生长速率经常大于成核速率。从图8-4看出，只有过饱和溶液处于亚稳区时，才能保证晶体成长速率大于成核速率。所以，操作时必须将溶液的温度、浓度经常控制在亚稳区内，在此基础上找出最适宜的过饱和度。

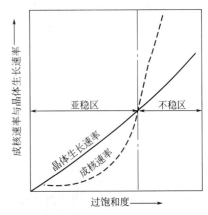

图 8-4 成核速率、晶体生长速率与过饱和度的关系

综上所述，结晶操作的基本原理可概括叙述如下。

结晶操作是运用溶解度变化规律，通过将过饱和溶液中的过剩溶质从液相转移到固相而实现的。使溶液形成适宜的过饱和度是结晶操作的前提条件。结晶过程是有控制进行的过程，而不是自发的过程。**整个结晶过程都必须将过饱和度控制在亚稳区内。**要控制成核过程，实现在晶种作用下的接触成核，制止自发成核；还要控制晶体生长过程，掌握恰当的晶体生长速度，使晶种充分地黏附过剩溶质，长成粒度粗大的晶体。只有进行以上有效控制，才能获得粒度分布均匀、纯度符合要求的结晶产品，并获得较高的结晶收率。

第三节 结晶方法和设备

一、结晶方法

使溶液形成适宜的过饱和度是结晶过程得以进行的首要条件。结晶方法则是使溶液形成适宜的过饱和度的基本方法。根据物质的溶解度曲线的特点，使溶液形成适宜过饱和度的方法主要有两类：一是冷却法，即通过降温形成适宜过饱和度的方法，如图8-5中的溶解度曲线Ⅰ、Ⅱ所表示的溶解度随温度下降幅度较大的物系，可用这类方法；二是蒸发法，即移去部分溶剂的方法，如图中溶解度曲线Ⅲ、Ⅳ所表示的溶解度随温度下降幅度很小或相逆转的物系，可用这类方法。此外还有一些特殊结晶方法，如反渗透法，渗析法，本书不做介绍。

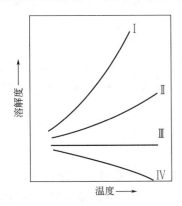

图 8-5 溶解度曲线的种类

1. 冷却法

冷却法也称降温法，指通过冷却降温使溶液达到过饱和的方法。这种方法适用于溶解度随温度降低而显著下降的物质，如硼砂、硝酸钾、重铬酸钠、结晶硫酸钠等。

冷却的方式有自然冷却、间壁冷却和直接接触冷却。

自然冷却是使溶液在大气中冷却而结晶。其设备与操作均较简单，但冷却缓慢，生产能力低，较大规模的生产已不再采用。间壁冷却的原理和设备如同换热器，多用水做冷却介质，也有用其他冷却剂（如冷冻盐水）做介质的。这种方式能耗少，应用较广泛，但冷却传热速率较低，冷却面上常有晶体析出，黏附在器壁上形成晶垢或晶疤，影响冷却效果。直接冷却一般采用空气与溶液直接接触，或采用与溶液不互溶的碳氢化合物作为冷却剂，这种方法克服了间壁冷却的缺点，传热效率较高，但设备体积庞大。

2. 溶剂汽化法

溶剂汽化法是使溶剂在常压或加压、减压状态下加热蒸发，溶液浓度增加而达到过饱和的方法。这种方法适用于当温度变化时溶解度变化不大或相逆转的物质。如氯化钠，其溶解度曲线已贴近水平线，当温度下降100K时溶解度只下降$4.1g/100gH_2O$。把它的饱和溶液从363K冷却到293K，只能从每100kg水中得到大约7kg的NaCl。所以用冷却的方法来获得较多的晶体是不可能的，必须改用蒸发的方法将溶液中的水蒸发出来，才能使产量增加。但这种方法耗能较多，并且也存在着加热面容易结垢的问题。为了节省热能，采用蒸发法时通常都建成多效蒸发装置。

3. 真空冷却法

这种方法是使溶剂在真空下闪急蒸发，一部分溶剂汽化并带走部分热量，其余溶液冷却降温达到过饱和。它实质上是将冷却法和移去部分溶剂法结合起来，同时进行。此法适用于随着温度升高以中等速度增大溶解度（即图8-5中曲线Ⅱ）的物质，如氯化钾、溴化镁等。这种方法所用主体设备较简单，操作稳定，器内无换热面，因而不存在结垢、结疤问题；其设备防腐蚀易于解决，操作人员的劳动条件好，劳动生产率高，因而已成为大规模生产中使用较多的方法。

4. 盐析法

盐析法是指向溶液中加入某种物质以降低原溶质在溶剂中溶解度，使溶液达到过饱和状态的方法。盐析法加入的物质，要能与原来的溶剂互溶，但不能溶解要结晶的物质。这种物质在溶剂中的溶解度要大于原溶质在该溶剂中的溶解度，且要求加入的物质和原溶剂要易于分离。加入的这种物质可以是固体，也可以是液体，通常叫做稀释剂或沉淀剂。NaCl是一种在水溶液中常用的沉淀剂。例如在联合制碱法生产中，向低温的饱和氯化铵母液加入NaCl，使母液中的氯化铵尽可能多地结晶出来，以提高其收率，其流程将在后面进一步介绍。盐析结晶工艺简单，操作方便，尤其适用于热敏性物料的结晶。

5. 反应结晶法

有些气体与液体或液体与液体之间进行化学反应，产生固体沉淀。这种情况实际上是反应过程与结晶过程结合进行，称为反应结晶法。例如硫酸铵、尿素、碳酸氢铵等生产过程，都属于这种方法。

二、结晶设备

结晶操作的主要设备是结晶器。结晶器有几种类分类方法，按结晶的方法分为冷却式、蒸发式、真空式结晶器；按操作方式分为间歇式和连续式结晶器。近年来许多新型结晶器也在陆续使用。表8-3列出了几种按上述分类方法综合的主要结晶器类型。

表 8-3 结晶器的分类

类 别	间 歇 式	连 续 式
冷却结晶器	敞槽式结晶器;搅拌冷却结晶器	摇篮式结晶器、长槽搅拌连续式结晶器、循环式冷却结晶器
蒸发结晶器		强制循环蒸发结晶器、多效蒸发结晶器
真空结晶器	分批式真空结晶器	连续式真空结晶器、多级真空结晶器
新型通用结晶器		导流筒挡板结晶器(DTB 结晶器)、DP 型结晶器
其他类型结晶器	盐析结晶器、熔融结晶器、喷雾结晶器	

1. 冷却结晶器

（1）搅拌冷却结晶器 如图 8-6 所示，实质上是一个夹套式换热器，其中装有锚式或框式搅拌器，配有减速机低速转动。搅拌能加速冷却，使溶液各处温度均匀，促进降温，还可以促进晶核的生成，防止晶簇的聚结。为了强化效果，许多结晶器内设有冷却蛇管，内通冷水或冷冻盐水。这种结晶器所得的结晶颗粒较小，粒度均匀。

（2）长槽搅拌连续式结晶器 此设备也叫带式结晶器，系以半圆形底的长槽为主体，槽外装有夹套冷却装置，槽内装有低速带式搅拌器，见图 8-7。热而浓的溶液由结晶槽进入并沿槽沟流动，在与夹套中的冷却水逆向流动中实现过饱和并析出结晶，最后由槽的另一端排出。该结晶槽生产能力大，占地面积小，但机械传动部分和搅拌部分结构烦琐，冷却面积受到限制，溶液过饱和度不易控制。它适于处理高黏度的液体。

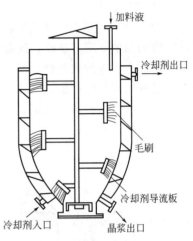

图 8-6 搅拌冷却结晶器

（3）循环式冷却结晶器 这种结晶器采用强制循环，冷却装置在结晶槽外。图 8-8 是一种新型的循环式冷却结晶器。它的主要部件是结晶器 1 和冷却器 4，它们通过循环管 2 相连。料液由进料管 7 进入结晶器 1，和器内的饱和溶液一起进入循环管 2，用循环泵 3 送入冷却器 4，冷却后的料液又一次达到轻度的过饱和，然后经中心管 5 再进入结晶器，实现溶液循环。图中的 8 是细晶消灭器，通过加热或水溶解将过多的晶核消灭，保证晶体稳步长大。

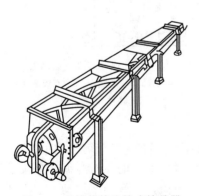

图 8-7 长槽搅拌连续式结晶器

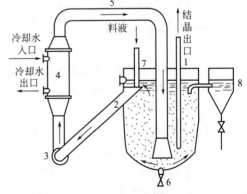

图 8-8 循环式冷却结晶器

1—结晶器；2—循环管；3—循环泵；4—冷却器；
5—中心管；6—底阀；7—进料管；8—细晶消灭器

2. 蒸发结晶器

在第五章所介绍的蒸发设备，除膜式蒸发器外都可以作为蒸发结晶器。它靠加热使溶液沸腾，溶剂在沸腾状态下迅速蒸发，使溶液迅速达到过饱和。由于溶剂蒸发得很快，局部位置（加热器附近）蒸发得更快，使溶液的过饱和度不易控制，因而难以控制晶体的大小。对于晶体不要求具有一定粒度的加工，使用这种结晶器是完全可以的。但如果要求对晶体粒度大小有所控制，最好先在蒸发器中将溶液蒸发到接近饱和状态，然后移入专门的结晶器中结晶。循环式蒸发结晶器就能实现这一要求。循环式蒸发结晶器有多种，较常用的为真空蒸发-冷却型循环式结晶器。图 8-9 所示的循环式蒸发结晶器就属于这种类型。它具有蒸发与冷却同时作用的效果。原料液经外部换热器预热之后，在蒸发器内迅速被蒸发，溶剂被抽走，同时起到制冷作用，使溶液迅速进入亚稳区内而析出结晶。

3. 真空结晶器

它的原理是结晶器中热的饱和溶液在真空绝热条件下溶剂迅速蒸发，同时吸收溶液的热量使溶液的温度下降。这样，既除去了溶剂又使溶液冷却，很快达到过饱和而结晶。这种结晶器有间歇式和连续式两种，图 8-10 是连续式真空结晶器。料液从进料口连续加入，晶体与部分母液用泵连续排出，循环泵迫使溶液沿循环管均匀混合，并维持一定的过饱和度。蒸发后的溶剂自结晶器顶部抽出，在高位槽冷凝器中冷凝。双级蒸气喷射泵的作用是使冷凝器和结晶器内处于真空状态。

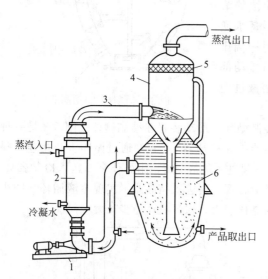

图 8-9　循环式蒸发结晶器

1—循环泵；2—加热室；3—回流管；4—蒸发室；
5—网状分布器；6—晶体生长段

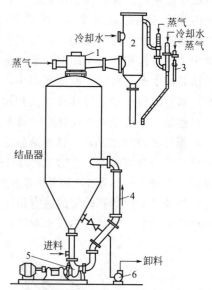

图 8-10　连续式真空结晶器

1—蒸汽喷射泵；2—冷凝器；3—双级蒸汽喷射泵；
4，5—循环管；6—卸料泵

4. 导流筒挡板结晶器（DTB 结晶器）

这是一种新型通用结晶器，如图 8-11 所示。结晶器中都有一导流筒 5，四周有一圆筒形挡板 4，导流筒内接近下端处有一低速螺旋桨 3。操作时，加入的原料与循环晶浆在循环管 9 中混合，进入加热器 1，热晶浆从结晶器下部进入导流筒，在螺旋桨推动下上升到沸腾液面。溶液在液面蒸发、冷却，达到过饱和状态，部分溶质便黏附在晶浆中的颗粒表面，使晶体长大。晶浆转向下方，沿导流筒与挡板之间的环形通道流至器底，以重新被吸入导流管，反复循环。在圆筒形挡板外与结晶器壁之间还有一个澄清区，该区不受搅拌影响，大颗粒在此沉降，细晶则漂浮在澄清区上部，随母液注入循环管，在加热时被溶解。晶体颗粒流入器底部的淘析腿 2，来自澄清区的母液加到淘析腿底部，将颗粒分级。较小颗粒返回结晶器；

较大颗粒用母液洗涤后从柱下方出口卸出，再加工即为结晶产品。

这种结晶器由于导流筒把高浓度的晶浆快速地送到沸腾的液面，使不断产生的过饱和度迅速消耗，故能经常保持较低的过饱和度，使成核与结垢得到有效的控制。由于淘析腿对晶粒的洗涤和细晶的不断排出，使晶粒均匀，不含细晶。总之，这是一种过饱和度低、产品质量好的结晶器，它还具有生产强度大，消耗功率小，不易结疤等优点，并且设备稍加改变即可用于真空冷却法、直接接触冷却及反应结晶法的结晶操作，所以它已成为结晶器的主要形式之一，日益得到广泛的应用。

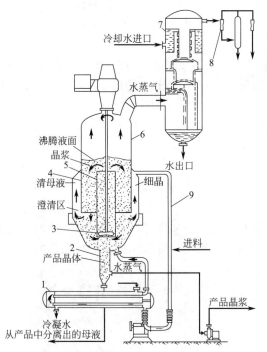

图 8-11　导流筒挡板（DTB 型）结晶器

1—加热器；2—淘析腿；3—螺旋桨；4—圆筒形挡板；
5—导流筒；6—器身；7—大气冷凝器；
8—喷射真空泵；9—循环管

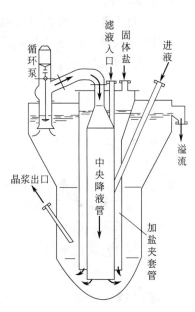

图 8-12　盐析结晶器

5. 盐析结晶器

盐析结晶器是利用盐析法进行结晶操作的设备。图 8-12 是联碱装置所用的盐析结晶器。溶液通过循环泵从中央降液管流出，与此同时，从套筒中不断地加入食盐。由于食盐浓度的变化，氯化铵的溶解度减小，形成一定的过饱和度，并析出结晶。在此过程中，加入盐量的大小是影响产品质量的关键。

第四节　结晶的操作

一、结晶操作的基本要求和方法

1. 基本要求

对结晶操作的基本要求是使结晶器稳定运行，生产出符合粒度、纯度要求的晶体产品，提高生产强度，降低能耗，减少细晶与结垢，延长设备的正常运行周期。

2. 主要影响因素

影响结晶操作的关键因素是能否建立并保持适宜的过饱和度。将过饱和度建立在亚稳区的最佳点上，防止过高和过低。过饱和度与温度、浓度、冷却速度、搅拌程度有关，其中温度与浓度是影响过饱度的直接因素。冷却法结晶的主要影响因素是温度，蒸发法结晶的主要影响因素是浓度。

冷却速度要适当，使温度缓慢下降。如果骤冷，将会产生大量晶核，并有结疤危险。搅拌要适当，搅拌是接触成核的必要条件，它可以加速溶解液的导热，使晶种分布均匀；但搅拌必须适度，过分激烈的搅拌会使亚稳区缩小，容易越出亚稳区而产生细晶。

3. 基本操作方法

(1) 控制过饱和度　对影响过饱度的相关工艺参数要严格控制。比如在连续结晶操作中，当有细晶出现时，要将过饱度调低些，以防止再产生晶核；当细晶除去后，可调至规定范围的高限，尽可能提高结晶收率。

(2) 控制温度　冷却结晶溶液的过饱和度主要靠温度控制，要使溶液温度经常沿着最佳条件稳定运行。溶液温度用冷却剂调节，所以应对冷却剂温度严格控制。

(3) 控制压力　真空结晶器的操作压力直接影响温度，要严密控制操作压力。蒸发结晶溶液的过饱和度主要由加热蒸气的压力控制，加热蒸气的流量是这类结晶器的重要控制指标。

(4) 控制晶浆固液比　当通过汽化移去溶剂时，真空结晶器和蒸发结晶器里的母液的过饱和度很快升高，必须补充含颗粒的晶浆，使升高的过饱和度尽快消失。母液过饱和度的消失需要一定的结晶表面积。晶浆固液比高，结晶表面积大，过饱和度消失得比较完全，不仅能使已有的结晶长大，而且可以减少细晶，防止结疤。

(5) 缓慢控制，平稳运行　这是结晶操作的显著特点，是防止成核的重要条件。

(6) 防止结垢、结疤

二、结晶操作训练

【技能训练 8-1】 氯化铵结晶的操作

本次训练为通过看 VCD 盘熟悉化工操作的操作型训练。通过观察某纯碱生产装置氯化铵结晶的操作过程，熟悉结晶器的基本操作方法。

- 训练设备器材　VCD 教学光盘第二盘
- 相关技术知识

氯化铵结晶原理与流程简介。

氯化铵结晶是联碱法制纯碱的重要工序，其任务是将氯化铵母液（母液Ⅰ）通过结晶器、外冷器等专用设备，并加入固体食盐，使氯化铵析出分离。

氯化铵结晶包括两步结晶操作：第一步冷析结晶，采用冷却结晶法，将母液Ⅰ用冷冻盐水降温至过饱和，使溶液中的大部分氯化铵结晶析出；第二步盐析结晶，将冷析结晶器溢流到盐析结晶器的清液（半母液），通过加入洗盐，利用盐析作用使剩余的氯化铵从溶液中析出。氯化铵结晶的流程如图 8-13 所示。经过吸氨的母液Ⅰ进入冷析结晶器 1，用结晶器上部的循环泵 2 送至外冷器 3，用低温盐水冷却至 $278\sim283K$，产生过饱和度。呈过饱和状态的循环母液返回冷析结晶器底部，通过晶浆层使晶核生成和成长。从冷析结晶器上部溢流出的半母液经中央循环管入盐析结晶器 5，洗盐也从循环管加入，半母液在结晶器底部经过盐析作用析出氯化铵结晶，上部清液（母液Ⅱ）送往碳化工序供制碱用。冷析结晶器和盐析结晶器取出的晶浆，在稠厚器 4 内增稠后，再经分离，干燥，制成氯化铵成品。

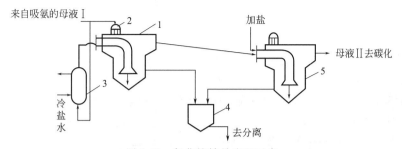

图 8-13　氯化铵结晶流程示意

1，5—冷析结晶器；2—循环泵；3—外冷器；4—稠厚器

● 训练内容与步骤

① 训练前准备。学习有关知识，熟悉联碱结晶工序的原理与流程。

② 看教学光盘，然后绘出联碱结晶工序和校内实习装置的草图。

③ 利用光盘进行模拟正常操作。

联碱结晶工序正常操作要点如下：

① 控制冷却结晶温度 278～283K 和平均温度差；

② 控制盐析结晶器温度在 283～288K；

③ 控制外冷循环母液过饱和度在 0.2%～0.5%；

④ 保持适宜的加盐量；

⑤ 定期测试相对密度，根据测试结果并参照以上参数调节加盐量；

⑥ 保持适宜的晶浆取出量；

⑦ 控制氯化铵质量 $w(NH_4Cl) \geqslant 96.5\%$，$w(NaCl) \leqslant 3.0\%$，$w(NaHCO_3) \leqslant 1.0\%$。

按照光盘中提出的问题，口述如何操作，写模拟操作笔记，填写岗位操作记录表。

【阅读 8-1】

液体搅拌简介

　　化工生产中，常常需要用某种机械装置迫使液体在容器内部流动，这种操作称为液体搅拌，所采用的机械装置称作搅拌器。

　　搅拌在生产过程中具有多种作用，它可使料液中的悬浮物或沉淀均匀分布，充分分散；可以使被加热或冷却的物料强化传热；可以使参加反应的物质互相掺和，充分接触，强化物质的传递，提高反应速率。实际操作中，一个搅拌器常常可以同时起到几种作用。

　　搅拌器的类型有旋桨式，涡轮式，桨式，锚式和框式等。旋桨式搅拌器的结构类似飞机和轮船中螺旋推进器的桨叶，通常由三片桨叶组成，转速高，适于低黏度液体搅拌；涡轮式搅拌器的工作情况与双吸式离心泵极为相似，它的分散作用比旋桨式要好，适用于低黏度或中等黏度的液体搅拌；桨式搅拌器通常由两个叶片组成，分为平直叶和折叶两种，适于黏度较高液体的搅拌；锚式和框式搅拌器的特点是其直径与釜径非常接近，其外缘形状根据釜内壁的形状而定。这种搅拌器搅动范围很大，不会形成死区，主要用于黏度大、要求防止器壁沉积的场合。

　　搅拌的根本目的在于给液体输入外部的机械能，以促使液体内部组分之间的分散或混合。通常采用装设挡板和导流筒的方法来改变液流状况，最常见的是在器壁上垂直安装四块条形挡板以增大整个液流的湍动程度；装设导流筒的作用则是迫使液体上下流动，强化搅拌效果。

习　题

1. 结晶是 ＿＿＿＿＿＿＿＿＿＿＿＿＿＿＿＿＿ 单元操作。

2. 结晶操作在化工生产中主要应用于＿＿＿＿＿＿和＿＿＿＿＿＿。

3. 母液是指＿＿＿＿＿＿＿＿＿。
　　a. 有晶体存在的溶液　　b. 晶体全部溶解的溶液　　c. 除掉晶体后剩余的溶液

4. 将晶体与母液分离，可采用＿＿＿＿＿＿＿＿＿＿＿＿＿＿＿＿＿等方法。

5. 硝酸钾有 333K 时溶解度为 110g/100gH_2O，表示＿＿＿＿＿＿＿。
　　a. 100g 水中溶解硝酸钾 100g　　b. 210g 水中溶解硝酸钾 100g　　c. 100g 水中溶解硝酸钾 110g

6. 某温度下达到溶解度的溶液，称为＿＿＿＿＿＿＿溶液，此时溶质溶解速率与溶质从溶液中析出速率＿＿＿＿＿＿称为＿＿＿＿＿＿＿＿＿状态。

7. 下列说法是否正确？
(1) 结晶操作时进行搅拌的目的是为了使溶液浓度均匀。（　）
(2) 同种物质，晶形只有一种。（　）
(3) 结晶水是指有结晶存在的水溶液中的溶剂水分子。（　）
(4) 浓溶液就是饱和溶液，稀溶液就是不饱和溶液。（　）
(5) 任何物质的饱和溶液升高温度时都变成不饱和溶液。（　）
(6) 在 293 时 NaCl 的溶解度为 36g，就是在 100g 溶液中有 36g NaCl。（　）
(7) 在一定条件下，某物质饱和溶液所含溶质的量，就是这种物质的溶解度。（　）
(8) 同一种物质的饱和溶液，一定比不饱和溶液所含溶质多。（　）
(9) 结晶过程一般控制在介稳区内进行。（　）

8. 在 10℃时，50g 的水最多能溶解 4.61g 硫酸钾，求硫酸钾在该温度时的溶解度。

9. 在 293K、75g Na_2CO_3 饱和溶液里，含有 36.04 g $Na_2CO_3 \cdot 10H_2O$。问 $Na_2CO_3 \cdot 10H_2O$ 在此温度时的溶解度是多少？

10. 20℃时氯化钾的溶解度为 34g，将饱和溶液 67g 蒸发至干，能得到多少克固体氯化钾？

11. 50g、10℃时硝酸钾的饱和溶液，将温度升高到 80℃，需加入多少克硝酸钾才能成为饱和溶液（硝酸钾的溶解度 10℃时为 20.9g，80℃为 169g）？

12. 现有无水硫酸铜固体，放入 333K 的 100g 水中，保持此温度，搅拌、过滤后得到饱和溶液质量为 105g，问原有无水硫酸铜多少克（滤纸上的附着水不计，$CuSO_4$ 在 333K 的溶解度为 40g）？

13. 将 313K 时的 KNO_3 饱和溶液 1.5kg，加热蒸发掉水分 20g 后降温到 283K，计算有多少 KNO_3 晶体析出（313K 和 283K 时溶解度分别为 61.3g 和 21.2g）？

14. 过饱和溶液是指＿＿＿＿＿＿＿＿＿＿＿＿溶液，过饱和溶液的浓度与饱和溶液浓度之差称为＿＿＿＿＿＿，它是结晶过程进行的＿＿＿＿＿＿。

15. 结晶过程包括＿＿＿＿＿＿和＿＿＿＿＿＿两个阶段。

16. 初级成核是指＿＿＿＿＿＿＿＿＿＿，二次成核是指＿＿＿＿＿＿＿＿＿＿。接触成核是指＿＿＿＿＿＿＿＿＿＿，结晶操作一般控制在＿＿＿＿＿＿。

17. 晶体成长是指＿＿＿＿＿＿＿＿＿＿＿过程。

18. 在晶体生长过程中，一般控制＿＿＿＿＿＿。
　　a. 成核速率大于晶体生长速率　　b. 成核速率等于晶体生长速率　　c. 成核速率小于晶体生长速率

19. 简述结晶操作基本原理。

20. 冷却结晶法是利用＿＿＿＿＿＿＿＿＿特点来进行的。

21. 制备 NaCl 晶体，使用＿＿＿＿＿＿最适宜。

  a. 冷却法 b. 溶剂汽化法 c. 盐析法

22. 举出三种常用结晶器的型式_____、_____、_____。

23. 影响结晶操作的主要因素包括_____等。

24. 冷却法操作中主要控制因素是_____。

  a. 温度 b. 浓度 c. 过饱和度

25. 溶剂汽化法操作中主要控制因素是_____。

  a. 温度 b. 浓度 c. 过饱和度

第九章 固体物料的处理

化工生产中要经常进行固体物料的处理。首先，反应前要将固体原料进行一系列的加工，使之符合反应条件。刚从矿上送来的矿石，必须先进行多次粉碎、筛分、分级，有的还要进行干燥、混合，有的则需溶解或熔融成为液态，才能参与反应。其次，反应后要将固体产物进行一系列加工，使之成为符合质量要求的产品。有些反应产物呈膏糊状，这类产物要通过干燥、磨碎，成为干、细的粉末；或者再通过造粒，成为外形规则的颗粒，而后才成为可以销售的产品。

固体物料的处理包括多种单元操作，本章只介绍干燥、粉碎、筛分和固体输送。

第一节 固体物料的干燥

一、固体物料干燥概述

利用加热除去固体物料中水分或其他溶剂的单元操作，称为干燥。从广义讲，除去气体、液体物料中水分的操作也属于干燥，但生产中所提的干燥，如不特别指明，即指固体干燥。

干燥是去湿方法的一种。除去物料中湿分（包括水分或其他溶剂）的操作叫去湿。去湿有三种方法：一是机械去湿法，如过滤、离心分离；二是化学去湿法，如用石灰、硫酸等吸水剂除去湿分；三是热能去湿法，通过加热使湿分汽化以除去，热能去湿的工艺过程就是干燥。

干燥是化工生产中经常使用的单元操作。它在生产中的主要作用如下。

（1）保证产品质量 固体产品的一项重要质量指标是含水量，为达到这项指标，就要进行有效的干燥处理。在化工生产过程中干燥通常安排在蒸发、结晶、离心分离之后。此时物料中的大量水分已被除去，要通过干燥进一步除去剩余的少量水分。例如，在聚氯乙烯生产中，聚合后浆料的含水量是 70%～80%，经过离心机脱水，仍含有 20% 的水分。最后通过干燥，使含水量降至 3% 以下，从而达到产品质量标准。

（2）为下一道工序提供符合要求的物料 有些工序要求物料干燥后方可加工，如染料工艺中的拼混工序，要求进来的物料必须是干燥的方能操作，所以要先将物料进行干燥处理。

干燥过程有许多分类方法。这里，按热能传给湿物料的方式划分，分为传导干燥、对流干燥、辐射干燥和介电加热干燥。

（1）传导干燥（间接加热干燥） 热能以传导的方式通过金属壁传给湿物料，使湿分汽化达到干燥的目的。这种干燥方式热能利用率较高，但物料易过热变质。

（2）对流干燥（直接加热干燥） 载热体（即干燥介质）将热能以对流的方式传给与其接触的湿物料，使湿分汽化并被周围的气流带走。这种干燥方式，物料不易过热，但干燥介质从干燥器出来时由于温度较高，热能的利用率低。

（3）辐射干燥 热能以电磁波（即红外线）的形式由发射器发射到湿物料表面，被湿物料吸收后，使湿分气化，从而达到干燥目的。

（4）介电加热干燥　将湿物料置于高频电场中，由于高频电场的交变作用使湿物料加热而达到干燥的目的。

二、干燥过程的原理

生产中应用最普遍的是对流干燥，其使用的干燥介质为空气。本节主要讨论以热空气为干燥介质和以水为被除去湿分的对流干燥原理。

1. 对流干燥过程的实质

日常生活中把湿衣服晾干，就是简单的对流干燥过程：一方面温度较高的空气把热量传递到湿衣服表面；另一方面衣服上的水分汽化传递到空气中。这实际上就是传热与传质的过程。阳光下，空气干燥的地方，衣服干得快；在气温低、空气潮湿的地方，衣服干得慢。这说明在晾衣服过程中，干燥速度与空气的温度、湿度密切相关。

生产中的干燥过程也是这样。如图 9-1 所示，空气经预热升温后，从湿物料表面流过，将热量传至湿物料表面，再从表面传到物料内部，这是一个传热过程。湿物料吸热升温，表面上的水分首先汽化，扩散到空气中并被气流带走；由于物料内部的含水量比

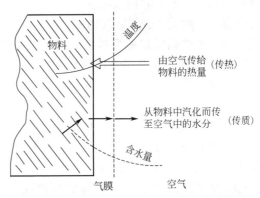

图 9-1　热空气与物料表面间的传热传质情况

物料表面的大，内部的水分便以液态或气态形式先扩散到表面，然后越过表面的气膜扩散到空气中，这是一个传质过程。所以，**对流干燥过程在实质上是湿物料与空气之间进行传热和传质的过程，而传质的方向与传热的方向相反。**

2. 湿空气的性质及其对干燥过程的影响

含有水分的空气称为湿空气。湿空气具有多种物理性质，但本章只讨论有关空气湿度的性质，因为空气湿度中的含水量对干燥过程有较大影响。湿空气含水量越少，物料中的水汽化越快；随着干燥过程的进行，湿空气中的含水量不断增加，物料中水的汽化速度逐渐变慢；一旦湿空气达到饱和，干燥就不再进行。

（1）空气的湿度　**空气湿度又称湿含量或绝对湿度，它是指湿空气中每单位质量干空气所带有的水蒸气量**，以符号 H 表示，单位为 $kg_水/kg_{干空气}$。

$$H = \frac{湿空气中水蒸气的质量}{湿空气中干空气的质量}$$

在干燥过程中，湿空气中水蒸气的质量不断变化，而干空气的质量不变，因此，用干空气作基准便于比较和计算。当湿空气呈饱和状态时，即湿空气中水蒸气分压与同温度下水的饱和蒸气压相等时的湿度，称为饱和湿度，符号为 $H_饱$。

空气的绝对湿度可以从湿空气的总压与其中的水蒸气分压求得，公式如下：

$$H = 0.622 \times \frac{p_汽}{p - p_汽} \tag{9-1}$$

式中　H——空气的绝对湿度，$kg_水/kg_{干空气}$；

p——湿空气的总压，Pa；

$p_{汽}$——湿空气中水蒸气的分压，Pa。

（2）相对湿度 **在一定温度和总压下，湿空气中的水蒸气分压与同温度下饱和水蒸气分压之比称为空气的相对湿度，以符号 φ 表示。**习惯上相对湿度用百分数表示。

$$\varphi = \frac{p_{汽}}{p_{饱}} \times 100\% \tag{9-2}$$

当相对湿度 $\varphi = 100\%$ 时，则 $p_{汽} = p_{饱}$，表明湿空气中水蒸气含量已达到它所能包含的极限值，湿空气处于饱和状态，空气中的水分再也不能增加了，该湿空气失去了吸收物料中水分的能力。当相对湿度 $\varphi = 0$ 时，$p_{汽} = 0$，表明空气中水蒸气的含量为 0，该空气为绝对干燥的空气，具有较强的吸水能力。若相对湿度 φ 处于 0～100% 之间，说明湿空气处于未饱和状态。φ 越大，表明空气的相对湿度越大，越接近饱和状态，湿空气的吸湿能力越差；反之，则湿空气的吸湿能力越强。可见，相对湿度是表示空气吸收水分能力的参数。湿度 H 只能表示空气中水蒸气含量的绝对值，相对湿度 φ 才能反映湿空气的吸水能力。

（3）湿空气性质对干燥过程的影响 湿空气的性质对于干燥过程的影响主要体现在两个方面。

① 相对湿度越低，空气的吸水能力越强，干燥速度也就越快。在干燥操作中必须不断降低空气的相对湿度。气流干燥器、沸腾干燥器都能使空气经常保持流动状态，连续不断地将湿度增大的空气排出，保持干燥器内的空气具有较低的相对湿度。

② 湿空气温度升高，可以降低其相对湿度。将一定的湿空气加热，$p_{汽}$ 值不会随温度增加而变化，而 $p_{饱}$ 则随温度增加而增加，根据式(9-2)，$p_{饱}$ 值增加，必然导致 φ 值减小。在干燥操作中，将湿空气加热，就可使相对湿度减小，空气的吸湿能力增强。所以，绝大多数干燥器都以热空气作为干燥介质，以使干燥速度加快。

【例题 9-1】 在温度为 323K、总压 101.3kPa 下，测得空气中水蒸气分压为 8.635kPa，求该状态下空气的绝对湿度和相对湿度。

解 已知 $p_{汽} = 8.635\text{kPa}$，$p = 101.3\text{kPa}$。根据式(9-1)，求得

$$H = 0.622 \times \frac{p_{汽}}{p - p_{汽}}$$

$$= 0.622 \times \frac{8.635}{101.3 - 8.635}$$

$$= 0.058(\text{kg}_{水}/\text{kg}_{干空气})$$

根据式(9-2)求得 φ。

从附录八饱和水蒸气表中查得，水在 323K 时的饱和蒸汽压 $p_{饱} = 12.33\text{kPa}$。

则

$$\varphi = \frac{8.635}{12.33} \times 100\% = 70.03\%$$

答 该状态下空气的绝对湿度为 $0.058\text{kg}_{水}/\text{kg}_{干空气}$，相对湿度为 70.03%。

※ 3. 湿球温度计和湿度图

（1）空气的干球温度和湿球温度 相对湿度常用干湿球温度计来测定。干湿球温度计如图 9-2 所示。左边为干球温度计，即普通温度计，其感温球露在空气中。右边为湿球温度计，其感温球上包以湿纱布，使之时刻保持润湿状态。

干球温度指利用普通温度计测出的空气实际温度，用符号 T 表示，单位为 K。湿球温度指将湿球温度计置于湿空气气流中所测得的稳定温度，用符号 $T_{湿}$ 表示，单位为 K。

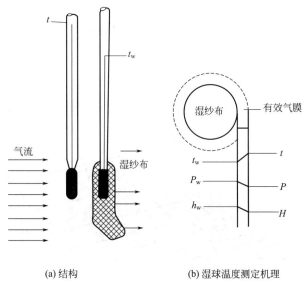

(a) 结构　　　　　　　　　　(b) 湿球温度测定机理

图 9-2　干湿球温度计

当空气开始流过纱布时，湿纱布中水分的温度与空气温度相等，在湿纱布表面的空气湿度是湿纱布温度下的饱和湿度。显然，这一湿度比空气中的湿度要大，因此，必然产生一个纱布上的水分向空气中汽化和扩散的过程。这时湿纱布上水分汽化所需要的热量不可能来自空气，因为湿纱布的水分与空气之间没有温度差。这些热量来自水分本身，因而使得包有湿布的温度计所指示的读数下降，气流与纱布间产生了温度差，热量开始由空气传向湿纱布，而且其传热速率随着两者之间温度差的增大而增大。当由空气传入湿纱布的传热速率与自湿纱布表面汽化水分需要的传热速率恰好相等时，湿纱布中的水温即保持稳定，这个稳定温度即是空气的湿球温度。

干、湿球温度计的温差与纱布表面水分的汽化速度有关，而汽化速度又与空气中吸收水分的能力有关，当空气的干球温度 T 一定时，空气的湿度 H 越小，则从湿纱布表面汽化到空气中的水分越多，湿球温度 $T_湿$ 越低；反之，空气的湿度 H 越大，则湿球温度 $T_湿$ 越高。所以，湿空气的干、湿球温度的差值（$T-T_湿$）表明空气吸取水分（汽化）的能力，与空气的相对湿度 φ 有关。因此，φ 与 T、$T_湿$ 之间存在着一定的函数关系，这种关系可以从湿空气的湿度图中清晰地反映出来。

（2）湿空气的湿度图　湿空气的性质可以用湿度图来表示。利用湿度图查取各个参数相当方便。图 9-3 即为一种常用的湿度图（T-H 图），以温度 T 为横坐标，湿度 H 作纵坐标。图中任何一点都代表一定温度 T 和湿度 H 下湿空气的状态参数。图中有两种曲线：等相对湿度线和湿球温度线。

① 等相对湿度线。它是一组从坐标原点散发出来的曲线。从图中可以看出，当空气的湿度 H 一定时，温度越高，相对湿度越小。这说明它作为干燥介质时吸收水汽的能力越大。在工程上，当湿空气进入干燥器之前必须先预热，提高温度。其目的一方面是由于空气作为载热体需要提高焓值；另一方面也是为了降低其相对湿度，以提高其吸湿能力。湿度图中 $\varphi=100\%$ 的曲线称为饱和空气线，此时空气中的水汽量已达到了极限，再也不能增加。该线的左上方为过饱和区，湿空气呈雾状。该线的右下方为未饱和区，$\varphi<100\%$，这是对干燥过程有意义的区域。利用这组曲线，可以很方便地查出湿度、相对湿度的数值。

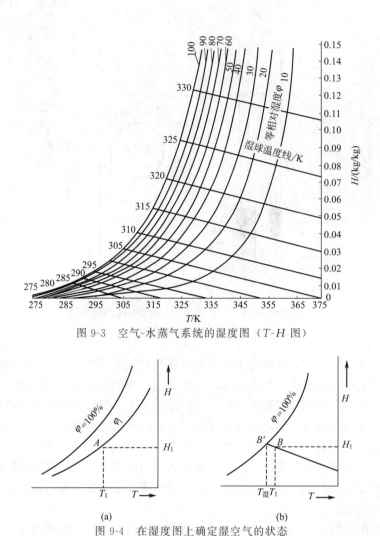

图 9-3　空气-水蒸气系统的湿度图（T-H 图）

图 9-4　在湿度图上确定湿空气的状态

　　若已知湿空气的某一状态（设 T_1 和 φ_1）如图 9-4(a) 所示，从交点 A 可查出该空气的湿度 H_1。利用这样的方法，只要已知 T、φ、H 三个参数中的两个，就可以求出未知的第三参数。

　　② 湿球温度线。在未饱和区域内一组倾斜的直线，即为湿球温度线。它本来是一组曲率很小的曲线，制图时将其改成为相互平行的直线。

　　利用这组曲线，可以很方便地进行湿球温度和其他参数之间的互查。如果已知湿空气的 T_1 和 H_1，从图中找到 T_1 与 H_1 的交点 B，如图 9-4(b) 所示。然后过 B 点作平行于其他湿球温度线的直线，与 $\varphi=100\%$ 的饱和空气线相交于点 B'，再从交点 B' 沿等温线向下，即可查得该空气的湿球温度 $T_{湿}$。

　　由于湿度图上的任一点都表示某一定状态的湿空气，已知湿空气的两个性质，就可以利用湿度图查取空气的其他状态参数。下面通过一个例子来说明利用湿度图确定湿空气各个参数的方法。

　　【例题 9-2】　某干燥器使用空气作为干燥介质，已知在进入预热器之前空气的参数为：干球温度 $T=310\mathrm{K}$，湿球温度 $T_{湿}=305\mathrm{K}$，试利用湿度图确定该空气的湿度、相对湿度和饱和湿度。

解　首先在横坐标上找出 $T=310\mathrm{K}$ 的点 A，沿等温线与 $T_湿=305\mathrm{K}$ 的湿球温度线相交于 B，该点即代表空气的状态点。参看图 9-5。

（1）湿度 H　由 B 点沿等湿线向右交纵坐标于点 C，读 $H=0.026\mathrm{kg}_{水汽}/\mathrm{kg}_{干空气}$。

（2）饱和湿度 $H_饱$　从 A 点沿等温线与 $\varphi=100\%$ 线相交于点 D，再沿等湿线向右交纵坐标于 E，读出 $H_饱=0.039\mathrm{kg}_{水汽}/\mathrm{kg}_{干空气}$。

（3）相对湿度 φ　从图中读出，过 B 点的等 φ 线为 60%。

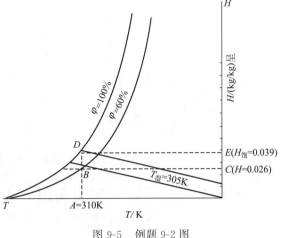

图 9-5　例题 9-2 图

4. 干燥过程的基本计算

根据日常生产中班组核算的需要，本节主要介绍干燥过程中含水量变化和干燥收率的基本计算（参看图 9-6）。

（1）物料含水量的表示方法

① 湿基含水量。以湿物料为基准的物料中所含水分的质量分数用符号 w 表示。

$$w=\frac{湿物料中水分质量}{湿物料的总质量}\times100\% \tag{9-3}$$

生产中通常说的含水量，即指湿基含水量。但湿物料的质量在干燥过程中由于失去水分而不断变化，故不能简单地把干燥前后的湿基含水量相减来计算干燥过程中所失去的水分。

② 干基含水量。以绝对干的物料为基准的湿物料中的含水量，称为干基含水量，即湿物料中水分质量与绝干物料质量之比，用符号 X 表示，单位为 $\mathrm{kg}/\mathrm{kg}_{干料}$。

$$X=\frac{湿物料中水分的质量}{湿物料中绝干物料的质量} \tag{9-4}$$

由于在干燥过程中绝干物料的质量是不变的，计算中用干基含水量比较方便。两种含水量之间换算关系如下：

$$X=\frac{w}{1-w} \tag{9-5}$$

$$w=\frac{X}{1+X} \tag{9-6}$$

【**例题 9-3**】　在 $100\mathrm{kg}$ 湿的尿素中，含水分 $20\mathrm{kg}$。分别用湿基和干基表示它的含水量。

解　已知湿物料中水分质量为 $20\mathrm{kg}$，湿物料总质量为 $100\mathrm{kg}$。

① 求湿基含水量 w

根据式(9-3)，$w=\dfrac{20}{100}\times100\%=20\%$

② 求干基含水量 X

根据式(9-5)，$X=\dfrac{0.2}{1-0.2}=0.25\mathrm{kg}/\mathrm{kg}_{干料}$

答　湿基含水量为 20%，干基含水量为 $0.25\mathrm{kg}/\mathrm{kg}_{干料}$。

（2）水分蒸发量与含水量的计算　如图 9-6 所示，湿物料从干燥器一端进入，产品从另一端排出。假定在过程中没有物料损失，过程中绝干物料的质量是不变的。

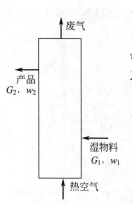

设　$G_干$——湿物料中绝对干物料的质量，kg/s；

G_1，G_2——干燥前后湿料的质量，kg/s；

w_1，w_2——干燥前后湿料的湿基含水量；

X_1，X_2——干燥前后物料的干基含水量；

　　$w_水$——单位时间内水分汽化量，kg/s。

绝对干料的物料衡算式为

$$G_干=G_1(1-w_1)=G_2(1-w_2) \tag{9-7}$$

干燥器的总物料衡算式：

$$w_水=G_1-G_2 \tag{9-8}$$

图 9-6　干燥器的
物料衡算

联立式(9-7) 和式(9-8)，得出

$$w_水=G_1-G_2=G_1\frac{w_1-w_2}{1-w_2}=G_2\frac{w_1-w_2}{1-w_1} \tag{9-9}$$

水分汽化量也可以用下式计算：

$$w_水=G_干(X_1-X_2) \tag{9-10}$$

（3）干燥收率的计算　干燥收率是指干燥实际产品量与理论产品量之比，用符号 $\eta_干$ 表示。

$$\eta_干=\frac{干燥实际产品量}{理论产品量}\times100\% \tag{9-11}$$

【例题 9-4】　现用一干燥器来干燥硫酸铵，每小时处理湿料 12.5t，要求将干燥前水的质量分数为 5.8% 的湿料经过干燥后降低到 0.3%。某班干燥后的实际产量为 11.22t/h，问这个班的干燥收率是多少？

解　已知 $G_1=12.5$t/h，实际产品量 $G_2'=11.22$t/h，$w_1=5.8\%$，$w_2=0.3\%$，若求收率 $\eta_干$，应先求出在没有物料损失情况下的理论产品量 G_2。

根据式(9-7)，$G_1(1-w_1)=G_2(1-w_2)$

$$G_2=G_1\times\frac{1-w_1}{1-w_2}=12.5\times\frac{1-0.058}{1-0.003}=11.81\ (t/h)$$

根据式(9-11)，则收率 $\eta_干=\frac{G_2'}{G_2}\times100\%=\frac{11.22}{11.81}\times100\%=95\%$

答　这个班的干燥收率是 95%。

【例题 9-5】　某染料厂用一喷雾器来干燥一种染料，已知处理的湿料量为 2t/h，干燥前后染料的湿基含水量（质量分数）为 1.28% 减少至 0.18%，求：

① 每小时蒸出的水分量；

② 干燥收率为 95% 时，干燥器的实际产品量为多少 t/h(物料损失不计)？

解　已知 $G_1=2$t/h$=2000$kg/h，$w_1=0.0128$，$w_2=0.0018$，$\eta=0.95$。

① 求每小时蒸发的水分量 $w_水$。

根据式(9-9)，$w_水=G_1\cdot\frac{w_1-w_2}{1-w_2}$

$$=2000\times\frac{0.0128-0.0018}{1-0.0018}=22.04\ (kg/h)$$

② 求实际产品量 G_2'。首先要求出没有物料损失情况下的理论产品量 G_2。

根据式(9-7)，$G_2=G_1\times\frac{1-w_1}{1-w_2}=2000\times\frac{1-0.0128}{1-0.0018}$

$$=1977.96 \text{ (kg/h)}$$

根据式(9-11)，$G_2' = G_2 \times \eta = 1977.96 \times 95\%$

$$=1879.06 \text{ kg/h}$$

$$=1.88 \text{ (t/h)}$$

答　每小时蒸发的水分量为 22.04kg/h，实际产品量为 1.88t/h。

三、干燥设备

1. 干燥器的分类

按照加热方式的不同，干燥器可分为以下四类。

（1）对流干燥器　其特点是气流与物料直接接触加热，如厢式干燥器、气流干燥器、沸腾干燥器、喷雾干燥器、转筒干燥器等。

（2）传导干燥器　其特点是通过固体壁面加热，如真空耙式干燥器、滚筒干燥器等。

（3）辐射干燥器　其特点是热以辐射方式传给物料，如红外线干燥器。

（4）介电加热干燥器　其特点是物料在高频电场内被加热，如微波干燥器。

2. 常用干燥器介绍

（1）厢式干燥器　厢式干燥器是常压间歇干燥操作经常使用的典型设备。通常，小型的叫烘厢，大型的叫烘房。结构如图 9-7 所示。在外壁绝热的干燥室 1 内有一个带多层支架的小车 2，每层架上放料盘。空气从室的右上角引入，在与空气预热器 4 相遇时被加热。空气按箭头方向从盘间和盘上流过，最后从右上角排出。空气预热器 5、6 的作用是在干燥过程中继续加热空气，使空气保持一定温度。为控制空气湿度，可将一部分吸湿的空气循环使用。

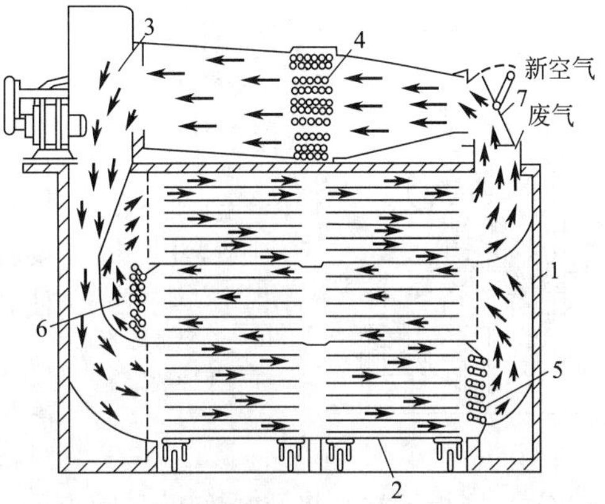

图 9-7　厢式干燥器
1—干燥室；2—小车；3—送风机；
4～6—空气预热器；7—蝶形阀

厢式干燥器的优点是结构简单，制造容易，操作方便，适用范围广。由于物料在干燥过程中处于静止状态，特别适用于不允许破碎的脆性物料。缺点是间歇操作，干燥时间长，干燥不均匀，人工装卸料，劳动强度大。尽管如此，它仍是中小型企业普遍使用的一种干燥器。

（2）气流干燥器　气流干燥器利用高速的热气流吹动粉粒状湿物料，使物料悬浮在气流中并被带动前进，在此过程中使物料受热干燥。气流干燥器是目前化工生产中使用较广泛的干燥器。结构如图 9-8 所示，干燥器的主体是一根直立的圆筒形管，称为干燥管。空气由送风机 5 先送到空气预热器 4 加热，然后送到干燥管 8 内。由于热气流高速流动，带动经加料器 3 送进干燥管的湿物料一道流动，在流动过程中实现传质和传热。被干燥的物料经缓冲装置 11 和下降管 10，随气流进入旋风除尘器 7，经分离后进入卸料器 6。废气经空气过滤器 9 过滤后排空。

气流干燥器的主要优点是：

① 干燥效率高，热气流以 20～40m/s 的高速运动，使物料均匀、分散地悬浮于热气流中，气固间接触面积大，传热与传质均得到强化，物料停留几秒钟即能达到干燥要求；

② 生产能力大，一个直径 0.7m、高 10～15m 的干燥管，能承担 1.5t/h 硫酸铵的生产

量, 即以小设备完成大生产量;

③ 设备紧凑, 结构简单, 占地面积小;

④ 操作连续而稳定, 可完全自动控制。

其缺点是: 由于物料与壁面以及物料与物料间的摩擦碰撞多, 对物料有破碎作用, 因此对粉尘回收要求高; 不适于易黏结、易燃、易爆、有毒和易破碎的物料; 由于干燥管过高, 安装维修不方便。

(3) 沸腾床干燥器 沸腾床干燥器又称流化干燥器, 它是固体流态化技术在干燥过程中的应用 (固体流态化技术的原理, 将在本节后面做简单介绍)。

沸腾床干燥器的工作原理是: 热气流以一定的速度从沸腾干燥器的多孔分布板底部送入, 均匀地通过物料层, 物料颗粒在气流中悬浮, 上下翻动, 形成沸腾状态, 气固之间接触面积很大, 传质和传热速率显著增大, 使物料迅速、均匀地得到干燥。

气流吹动物料层开始松动的速度叫最小流化速度, 将物料从顶部吹出的速度叫带出速度。操作时要控制气流速度处于最小流化速度和带出速度之间, 使物料经常保持流化状态。

沸腾床干燥器分立式和卧式, 立式又有单层和多层。现简单介绍较常用的卧式多室沸腾干燥器, 见图 9-9。干燥器外形为长方形, 器内用挡板分隔成 4~8 室, 挡板下端与多孔分布板之间有一定间隙, 使物料可以逐室通过, 最后越过出口堰板排出。由于热空气分别通到各室内, 可以根据各室含水量的不同来调节需用的热空气量, 使各室的干燥程度保持均衡。

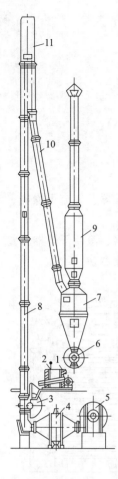

图 9-8 气流干燥器

1—储斗槽; 2—投料器; 3—加料器; 4—空气预热器; 5—送风机; 6—卸料器; 7—旋风除尘器; 8—直立干燥管; 9—空气过滤器; 10—物料下降管; 11—缓冲装置

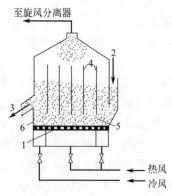

图 9-9 卧式多室沸腾床干燥器

1—多孔分布板; 2—加料器; 3—出料口;
4—挡板; 5—物料通道; 6—出口堰板

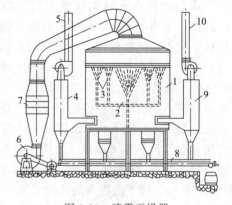

图 9-10 喷雾干燥器

1—操作室; 2—旋转十字管; 3—喷嘴; 4,9—袋滤口;
5,10—废气排出口; 6—送风机;
7—空气预蒸器; 8—螺旋卸料器

与气流干燥器相比, 沸腾床干燥器物料在器内停留时间较长, 干燥程度较高, 热效率较高；空气流速较小，物料磨损较轻；设备高度比气流干燥器低得多，造价较低。但它主要适用于处理粒状物料，对易黏结、成团的和含水量较高、流动性差的物料不适宜。

（4）喷雾干燥器 当被干燥物料不是固体颗粒状湿物料，而是含水量（质量分数）为75％～80％以上的浆状物料或乳浊液时，就要采用喷雾干燥。

喷雾干燥器（见图9-10）用喷雾器将液状的稀物料喷成细雾滴分散在热气流中，使水分迅速蒸发来达到干燥的目的。操作时，高压的浆料从喷嘴呈雾状喷出，由于喷嘴随同十字管转动，雾状浆料较均匀地分布于干燥室中，热空气从干燥室的上端进入，把汽化的水分带走。经过滤器回收所带的粉状物料后，从废气排出管排出。干燥物料下降后由螺旋输送器送出。

喷雾干燥器的优点是干燥时间极短，特别适用于牛奶、蛋粉、洗涤剂、染料、抗菌素等热敏性物料，并可从料液中直接获得粉末状产品，省去了蒸发、结晶、分离等过程；其操作稳定，可连续生产，便于实现自动化。但此种设备容积较大，耗能大，热效率较低。

此外，真空耙式干燥器和转筒干燥器也曾被广泛使用，但近来已逐步被各种新型干燥器所替代，本书不做具体介绍。

【阅读 9-1】

干燥设备的技术进展

干燥设备主要有以下几方面技术进展。

1. 热风加热干燥设备有新的进展

化工生产使用的绝大多数是热风加热干燥设备。其技术进展主要有：开发出一些新型设备，如旋转闪蒸干燥器；对原有类型设备，如气流干燥器、喷雾干燥器，进行了多方面的技术改造。

旋转闪蒸干燥器是20世纪80年代国外推出的将干燥技术和流态化技术综合为一体的新型干燥器（如图9-11所示）。

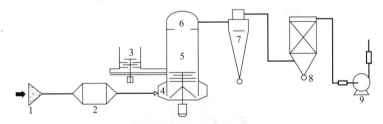

图 9-11 旋转闪蒸干燥工艺流程

1—过滤器；2—加热器；3—加料器；4—热风分布室；5—闪蒸干燥器；6—分级室；

7—旋风收集器；8—布袋除尘器；9—引风机

这种干燥器克服了喷雾干燥器设备高、能耗大的缺点和流化床干燥器干燥不均匀的缺点，集两者之长，设备紧凑，维修方便，强化了气固传热效果，干燥时间缩短，产品质量提高，节能效果显著。

气流干燥器的改造，如，多级气流干燥器，是将一段较高的干燥管改为几段较低的管，串联起来，既降低了干燥管的高度，又提高了干燥效率，目前使用较多的是二、三级气流干燥器。再如，脉冲式气流干燥器，采用直径交替缩小和扩大的脉冲管代替直管，使气体与颗粒间的相对速度和传热面积都较大，从而提高了传热和传质速率。

2. 真空干燥设备进一步发展

发展较快的是真空冷冻干燥器（简称冻干机），在食品、医药等领域广泛使用。

3. 红外干燥器、高频与微波干燥器的推广使用

这几种新型设备，干燥速率很高。红外线干燥器，利用红外线的能量作热源，除去湿物料中的水分，传给物料的热量比对流干燥要大得多，有时多达几十倍。这几种设备，开始只用于某些有特殊需要的部门，近来使用范围逐步扩大。

4. 组合干燥技术迅速发展

由于物料的多样性和复杂性，只用单一的干燥形式往往不能有效地达到最终产品质量要求，把两种以上干燥器组合使用便可做到优势互补。近年来，许多企业采用了组合干燥工艺技术，取得显著效果。如，气流干燥与流化床干燥的组合（PVC产品的干燥），喷雾干燥与流化床干燥的组合（牛奶的干燥），回转圆筒与流化床干燥的组合（氯化钾的干燥）等。

PVC生产中使用的气流—沸腾二段干燥器，是将气流干燥器与沸腾干燥器组合使用，如图9-12所示。从离心机出来的较湿树脂，先进入第一段气流干燥器，将颗粒表面的水分基本除净，再进入第二段沸腾干燥器，将内部水分除净，使含水量降至质量分数3%以下。

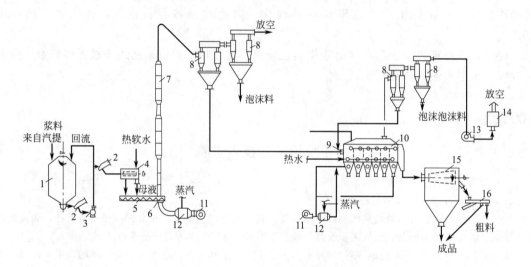

图9-12 （聚氯乙烯）浆料离心和干燥工艺流程

1—混料槽；2—树脂过滤器；3—浆料泵；4—沉降式离心机；5—螺旋输送机；6—送料器；
7—气流干燥器；8—旋风分离器；9—加料器；10—沸腾干燥器；11—鼓风机；
12—预热器；13—抽风机；14—消声器；15—滚动筛；16—振动筛

【阅读 9-2】

固体流态化简介●

固体流态化就是使固体颗粒通过与气体或液体接触而转变成类似流体状态的操作过程。目前，许多工业部门在粉粒状物料的输送、混合、涂层、干燥以及气-固反应等操作中，广泛应用了流态化技术。沸腾床干燥器的工作原理，就是利用了固体流态化技术。

1. 固体流态化的基本过程

如图9-13所示，在一个容器内的筛板上，放置一层固体颗粒，习惯上称作固体颗粒床层。当气体或液体从筛板下部自下而上地通过固体颗粒床层时，随着流速的变化，会出现三种情况。

（1）固定床阶段 当流速较低时，粒子静止不动，流体从颗粒间的空隙通过，这时的颗粒床层称为固定床，如图9-14(a)所示。

● 固体流态化技术广泛用于反应过程和许多单元操作过程，为衔接方便，在本章介绍。

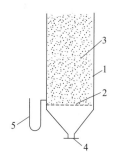

图 9-13　流化床示意
1—筒体；2—分布板；3—固体颗粒；
4—进料管；5—U 形管压差计

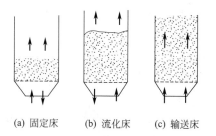

(a) 固定床　　(b) 流化床　　(c) 输送床

图 9-14　流态化的三种不同情况

（2）流化床阶段　随着流速增大，颗粒开始松动，颗粒的位置在一定的区间内进行调整，床层略有膨胀，空隙开始增大。流速继续增大，床层继续膨胀、高度增加，直到粒子全部悬浮在向上流动的流体中，空隙继续增大，此时为流化床阶段，流化床上部保持一定界面，如图 9-14(b) 所示。

（3）输送床阶段　当流速继续增大到某一极限值时，流化床上部的界面消失，颗粒分散悬浮在流体中，并被流体带走，这时称为输送床阶段，如图 9-14(c) 所示。

固体流态化的三种状态与气流速度有关。使固体颗粒床层开始松动时的气流速度叫临界流化速度或最小流化速度。气速增大到流化床界面消失，颗粒开始被带出时的气流速度叫带出速度或最大流化速度。显然，流化床的正常操作速度应当在最小流化速度和最大流化速度之间。

2. 流化床的主要特点

流化床外观上如同沸腾的流体，在很多方面呈现类似流体的性质。如流化床上方的界面始终保持水平，当容器倾斜时，也能自行调至同一水平。在一定的状态下，流化床层的物料有一定的密度和黏度等值。当容器壁面开孔时，颗粒会像液体一样从孔口流出。

流化床应用于生产中，具有以下优点：

① 床层内温度分布均匀；

② 气-固之间传热效果好；

③ 操作方便，易于实现连续化、自动化；

④ 单位时间内的处理量大，便于大规模生产。

流化床的主要缺点是：返混现象严重；固体颗粒容易破碎，增加了粉尘带出量和回收的负担。

四、干燥的操作

为使物料在最短时间内达到干燥目的，获得高质量的产品，对干燥操作的基本要求有以下几点。

（1）控制干燥温度　温度高有利于干燥过程的进行，但各种物料的干燥都有一个允许的最高温度，称为极限温度。例如砂糖干燥，热空气温度不准超过 373K，否则会使砂糖颜色变黑。有些物料温度过高会融化分解，有的还可能引起燃烧。因此，操作时要将温度控制在允许范围内的较高温度，但不得超过极限。

（2）控制干燥时间　有些物料为使水分充分汽化要求干燥时间长些；有些物料则要求干燥时间很短，如有的热敏性物料在高温下的时间不能太长，否则就会变质。因此要根据物料情况和操作规程要求，控制适宜的干燥时间。

（3）控制空气湿度　前已述及，空气的湿度越低，吸收能力越强。降低空气湿度有两种方法：一种是将湿空气冷却，使部分水蒸气冷凝排除；另一种是提高空气温度，使空气的相对湿度降低。操作时应根据产品工艺的具体情况，对冷却器或预热器的温度及时调节。

（4）控制空气流速 干燥空气流动速度大，热量传递速度和水汽扩散速度都会加快，有利于干燥；但气流速度也必须适当，因为粉粒状物料若流速过快会使粉末大量带走。因此，要严格按照操作规程，控制合理的气流速度。

（5）保证干燥介质与物料充分接触 例如，气流干燥应使物料悬浮在干燥介质中，防止堆积在干燥底部。沸腾干燥中要防止物料沉积在床底。

第二节　固体物料的粉碎

一、粉碎基本概念

1. 粉碎

粉碎是用机械方法对固体物料施加外力，使之分裂为尺寸更小的物料的单元操作。粉碎有破碎和磨碎，粉碎粒度在 $1\sim5mm$ 以上的作业称为破碎，在 $1\sim5mm$ 以下的作业称为磨碎。

2. 粉碎比

给料粒度与粉碎产品的粒度之比称为粉碎比，或粉碎度。

设 D 为给料粒度（给料中最大颗粒的粒度），d 为粉碎产品粒度（产品中最大颗粒的粒度），i 为粉碎比，则 $i=\dfrac{D}{d}$。粉碎比表示了固体通过粉碎后颗粒直径减小的情况。粉碎比越大，则物料经粉碎后的颗粒越小。

3. 粉碎流程

在粉碎过程中，对总粉碎比的要求往往较大，不是任何单台粉碎机能独立完成的，需要用多台粉碎、分级机械，经过多次破碎或磨碎方能完成。例如，将粒度为 500mm 的物料粉碎到 0.2mm 以下，要经过如图 9-15 所示的步骤：先将粒度为 500mm 的物料送入旋回破碎机，破碎到 250mm 以下；再依次送入中碎和细碎圆锥破碎机，分别破碎到 50mm 和 8mm 以下；最后送入磨碎机内，磨碎至 0.2mm，加工成最终产品。在此过程中，进入每级破碎机之前都要经过过筛，将细粒产品和不合格的粗粒产品分开。

这种按粉碎要求依次经过粉碎、筛分、分级等一系列加工，使物料成为符合粒度要求的最终产品的过程，称为粉碎流程。

4. 粒度的表示方法

颗粒度表示方法有多种，最常用的方法是用筛孔尺寸表示，以颗粒所能通过的最大筛孔的边长表示它的粒度，筛孔边长的单位为 mm 或 μm。筛孔边长的规格，国际上做了统一规定。网形筛孔规定为正方形。筛孔的大小习惯上用目数表示。标准筛的目数，指的是 25.4mm

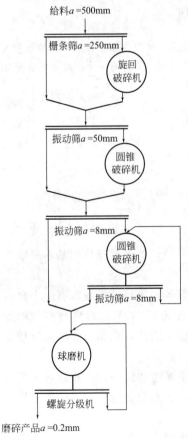

图 9-15　破碎和磨碎流程
a—粒度

长度筛网内的筛孔数。

二、粉碎方法

粉碎方法可按以下几种划分标准分类。

1. 按粉碎方式分

有干法粉碎和湿法粉碎。干法粉碎，效果较好，但易引起粉尘污染。湿法粉碎是在粉碎时加入适量的水，优点是无粉尘飞扬，可以粉碎到较小粒度；缺点是损失较大，粉碎后还要有干燥工序。

2. 按粉碎程度分

有粗碎，中碎，细碎，超细碎。

3. 按粉碎的作用力分

有挤压，冲击，磨碎和劈裂。

（1）挤压　见图 9-16(a)。物料在两金属板之间受到逐渐增大的压力而被压碎，对于大块物料常先采用这种方法破碎。

（2）撞击　见图 9-16(b)。物料在瞬间受到外来的冲击力而被破碎。

（3）磨碎　见图 9-16(c)。固体物料在两金属平面（或者其他形状的研磨体）之间受研磨作用而被磨碎，就像磨坊用的石磨或药房用的研钵一样。这种方法多用于小块物料的细碎。

（4）劈裂　见图 9-16(d)。物料由于受到楔状物体的作用而被破碎，就像用斧劈木柴一样。另外剪切、弯曲、撕裂等作用力也能使物料破碎。

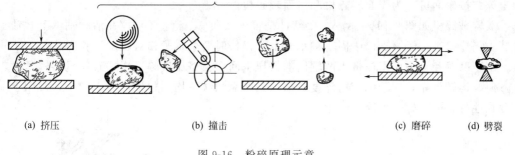

| (a) 挤压 | (b) 撞击 | (c) 磨碎 | (d) 劈裂 |

图 9-16　粉碎原理示意

在实际操作中，使物料破碎的作用力常常不是上述的某一种力，而是多种作用力同时在起作用。例如挤压与研磨，挤压与撞击等。

三、粉碎设备

常用粉碎设备有以下几种。

1. 颚式破碎机

主要由两块颚板及传动机构组成，如图 9-17 所示。其中一块是固定颚板，相当于动物的上颚；另一块是活动颚板，相当于动物的下颚，能往复摆动。当活动颚板在传动机构的作用下推向固定颚板时，两颚板间的物块受挤压而被破碎。颚式破碎机设备紧凑，构造牢固，处理物料块度范围和生产能力较大、较广，一般用于坚硬物料的粗碎和中碎。

2. 圆锥形破碎机

这种破碎机工作原理是借助一个直立的截头锥体（轧头），在另一个固定锥体（壳体）内作偏心转动，连续不断地挤压物料使其破碎，如图 9-18 所示。圆锥破碎机耗能较低，生产能力较大，而且操作均匀。但结构较复杂，调节出口宽度不便，不适于破碎易堵塞的韧性物料。

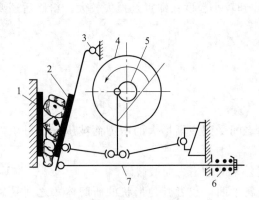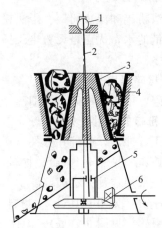

图 9-17　颚式破碎机结构原理

1—固定颚板；2—活动颚板；3—轴；4—飞轮；
5—偏心轴；6—弹簧；7—连接杆

图 9-18　锥形破碎机结构原理

1—轴套；2—轴；3—轧头；4—壳体；
5—偏心套；6—传动齿轮

3. 辊式破碎机

辊式破碎机是用若干个起挤压作用的辊子组成，按辊子数目可分为单辊、双辊、三辊、四辊等；按辊面可分为壳面辊碎机和齿面辊碎机。

双辊破碎机如图 9-19 所示。主要部件是辊子 2 和 3，辊子 2 支撑在活动轴承上，轴承与弹簧 1 相连接，辊子 3 支撑于固定轴承 4 上。操作时两个辊子相对转动，物料从两辊子间加入，由于摩擦和重力作用被带入两辊筒的挤压空间而被挤压破碎。辊式破碎机结构紧凑，操作方便，运转可靠，易于调节粉碎度；缺点是产品颗粒不均匀，生产能力较小，常用于中等硬度脆性物料的中碎与细碎。

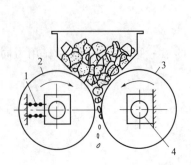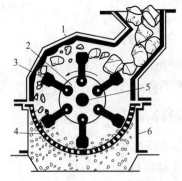

图 9-19　双辊破碎机

1—弹簧；2—活动辊；3—固定辊；4—固定轴承

图 9-20　锤式破碎机结构原理

1—衬板；2—圆盘；3—破碎锤；4—格栅；5—轴；6—壳体

4. 锤式破碎机

工作原理是利用重锤对物料猛力冲击致碎。其结构如图 9-20 所示。壳体内部衬有生铁或硬质合金钢板，旋转轴上装有圆盘，击锤安装在圆盘上。当圆盘转动时，锤也随着转动，物料由上部加料口进入，随即被运动的锤子冲击而破碎。破碎后的物料自格筛漏出。格筛的间隙可以改变，通过调节格筛可以漏出不同粒度的产品。锤式破碎机的优点是：粉碎比很大，可达 10～50，破碎粒度可在很大范围内变动，对脆性物料能量消耗小，设备结构紧凑、轻巧、生产能力高。缺点是：锤子磨损快，格栅易堵塞，不适于破碎黏性及水分多的物料，粉尘较多。

5. 球磨机

其工作原理是物料靠硬质的研磨体冲击作用而被粉碎，如图 9-21(a) 所示。球磨机由圆柱形筒体 1、端盖 2、轴承 3、传动齿轮 4 等主要部件组成。筒体 1 内装有直径为 25～150mm 的钢球，称为磨介或球荷，其装入量为整个筒体有效容积的 25%～45%，筒体两端有端盖 2。端盖的中部有中空的圆筒形颈部，称为中空轴径，支撑在轴承 3 上。筒体上固定有大齿轮 4，电动机通过联轴器和小齿轮带动大齿轮和筒体缓缓转动。当筒体转动时，磨介随筒体上升到一定高度后，呈抛物线抛落或呈泻落下滑，如图 9-21(c) 所示。

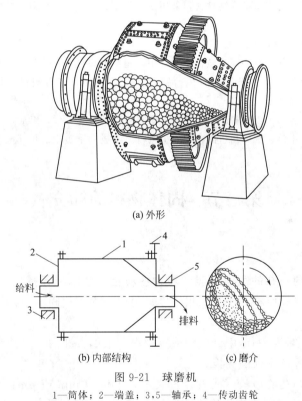

(a) 外形

(b) 内部结构　　　(c) 磨介

图 9-21　球磨机

1—筒体；2—端盖；3,5—轴承；4—传动齿轮

由于端盖有中空轴颈，物料由左方的中空轴颈给入筒体，逐渐向右扩散移动，在由左向右的运动过程中，物料遭到钢球的冲击、研磨而逐渐被粉碎，最后从右方的中空轴颈排出机外，如图 9-21(b) 所示。

球磨机的优点是：粉碎程度高，可得到粒度在 0.1mm 以下的产品；可用于干磨，也可用于湿磨，湿磨时产品易卸出；由于在密闭容器内粉碎，没有粉尘飞扬；可以在通入惰性气体的情况下处理某些易燃易爆物料；运转可靠，适应的粒度范围很广。缺点是：体积庞大，笨重；运转时噪声大，振动大，对基础要求高；耗能大，研磨体与衬板的损耗大。球磨机广泛应用于磨碎操作，尤其是对各种坚硬物料的细碎操作。

【阅读 9-3】

粉碎设备的技术进展

粉碎设备主要有以下几方面技术进展。

1. 空气动力粉碎设备的开发

传统的粉碎设备多靠冲击、摩擦和研磨，使物料逐级粉碎，生产过程温度高，能耗大，效率低。近来，国内外陆续研制了以空气为动力的粉碎设备，如美国 KFM 公司生产的空气动力式万能粉碎机，中国浙江丰利公司与德国霍伯尔公司共同开发的 MTM 冲击磨。这种新型设备，将高速气流通入密闭的粉碎室，用强烈的涡流带动物料互相撞击，实现粉碎，做到高效率，低能耗，噪声低，负荷平稳，环境清洁。

2. 超细碎设备迅速发展

随着工程技术向微型化发展，对超细材料的要求越来越高。许多高科技部门要求提供 8μm 以下的超细粉体材料，而传统的粉碎技术最低只能达到 10μm。近年来，国内外相继推出新型超微粉碎设备。中德合作开发的超细纤维粉碎机，选用特殊耐磨材料，采用多种新型粉碎技术，用以粉碎中、高硬度物料，最后细度可达 2μm。

3. 粉碎设备向多功能、组合型发展

实现粉碎操作与分级操作的统一。超微粉体工程中，超细分级具有关键作用。组合型粉碎装置，将新一代超细粉体分级机与超细粉碎机配套，最终产品用高度自动化的超细分级机控制，获得了精密的超细产品。

建立粉体工程系统装置，不仅将粉碎、分级、干燥等过程综合为一体，组成一个闭回路的粉碎—分级操作系统；而且使粗碎、中碎、细碎和超微粉碎同机进行，组成一个独立的单元操作系统，使超微粉碎的生产更加经济、合理。

第三节　固体物料的筛分

一、基本概念

筛分是利用有均匀开孔的表面将混合颗粒按粒径分级的单元操作。 筛分常常和粉碎配合，一方面可以测定粉碎原料和产品的粗细度；另一方面可使固体物料的块粒大小接近，以符合工艺要求。

常用筛子有三种形式：一是用金属丝或蚕丝等织成的方孔网；二是钻有圆孔或方孔的金属板；三是由均衡的杆条排列的栅板。

筛孔大小，可用筛孔的边长（或直径）表示，单位为 mm 或 μm；也可用"目"表示，目数即 25.4mm 长度筛网内的筛孔数。筛号是指每单位长度或单位面积筛网内筛孔的数目。中国使用的筛号是指 25.4mm 长度筛网内的筛孔数，因此筛号数即为筛孔目数。

送往过筛的固体物料一般是大小不同的颗粒，大于筛孔的颗粒称为不可筛过物，小于筛孔的颗粒称为可筛过物。实际操作中，并不是所有小于筛孔的颗粒都能通过筛孔，总有一部分与不可筛过物一起留在筛上。实际通过筛孔颗粒的质量与可筛过物质量之比称为过筛效率。

$$过筛效率 = \frac{实际筛过物料的质量}{可筛过物料质量} \times 100\%$$

过筛效率与物料的形状、筛子的构造有关。如果筛网上物料过厚，各处厚度不均匀，或者物料过筛运送速度过快，都会影响过筛效率。一般情况下，过筛效率为 $60\%\sim70\%$，最高可达 90%。

二、常用筛分设备

1. 固定栅式筛

固定栅式筛由许多倾斜放置的固定栅条构成，其间隔通常为 $75\sim300mm$。栅条的截面积为梯形，通常是上宽下窄，所以栅条间的空隙为上窄下宽，这样可使物料不堵塞空隙。过筛时将物料加在栅筛上，小块物料从栅条间漏下，大块的沿筛间滑入料仓或进入破碎机。它适用于极粗物料的筛分。

2. 振动筛

振动筛是效率较高、使用较广泛的筛分设备。它具有长方形筛面，装在钢制筛箱上，筛底通过弹簧支承于地基上。在激振装置作用下，筛箱带动筛产生圆形、椭圆形或直线轨迹的振动。前两者称为圆形振动筛（见图 9-22），后者称为直线振动筛或双轴振动筛（见图 9-23）。振动筛能使筛面上的物料层松散，细料有机会透过料层下落到筛面上，并通过筛孔排出；还能使物料沿筛面向前运动；使卡在筛孔中的难筛颗粒跳出，保证筛孔畅通。

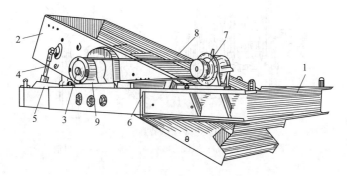

图 9-22　偏心轴式圆振动筛

1—筛架；2—筛框；3—振动器（偏心轴）；4—拉杆；5,6—四叶弹簧；7—电动机；8—皮带；9—皮带轮

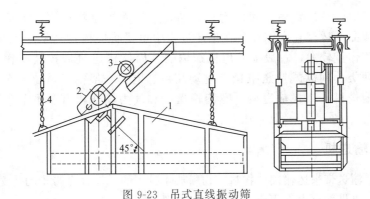

图 9-23　吊式直线振动筛

1—筛箱；2—箱式激振器；3—电动机；4—悬挂装置

3. 滚筒筛（回转筛）

它主要由稍微倾斜的带孔滚筒和筛网等组成。操作时，待筛分物料从加料口进入转动滚筒的一端，细颗粒穿过筛孔落入料仓；未过筛网的粗颗粒沿滚筒推移至另一端排出，使粗细颗粒分离。如图 9-24 所示。

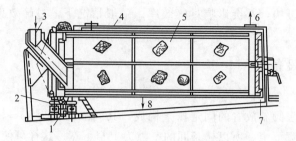

图 9-24 圆筒形滚筒筛

1—支撑轮；2—止推轮；3—加料斗；4—外壳；5—带孔圆筒；6—连轴风机；

7—大块物料（到滚碎机）；8—成品（入料仓）

4. 圆盘筛

圆盘筛用于筛分粗料。由固定于横轴上的一排圆盘构成。如图 9-25 所示。两盘间留有间隙。当圆盘转动时，筛过物从间隙下坠。筛过物的大小取决于盘间距。圆盘筛的生产能力由圆盘直径及其数目决定。

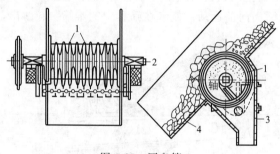

图 9-25 圆盘筛

1—圆盘；2—轴；3—筛过物漏斗；4—未筛过物排出槽

第四节 固体物料的输送

在化工生产中，经常要输送固体物料并储存。如固体原料进厂，需从货车上卸下运至仓库；固体成品要运至仓库储存；在生产过程中也要将固体物料从一处输送到另一处。固体物料输送工作量较大，一般都采用机械输送。固体输送机械按其操作方式可分为间歇式和连续式两类。间歇式输送机械有电动葫芦、电梯、架空索道、天车等。连续式输送机械有带式输送机、斗式输送机、螺旋输送机和气力输送机等。本节仅介绍几种连续式输送机械。

一、带式输送机

它借助一根输送带来运输固体物料。物料放于带子的一端，靠带子的传送将物料输送到带子的另一端，再借助重力作用或专门的卸料装置卸下。

如图 9-26 所示，带式输送机由加料口 1、输送带 2、鼓轮 3、7、托轮 8、卸料口 4、传动装置 5、支架 6 等部件组成。电动机启动后，将动力传给减速机，经减速后传给鼓轮，由托轮将动力传给输送带，使输送带跟着托轮转动，完成输送工作。输送机的两个鼓轮安装在两端，卸料端的鼓轮由电动机拖动，称主动轮；另一端的鼓轮称从动轮。

带式输送机主要用于输送细散物料，也可输送用袋、桶包装的物料。可以沿水平方向输

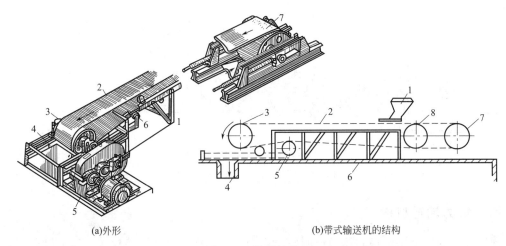

(a)外形　　　　　　　(b)带式输送机的结构

图 9-26　带式输送机

1—加料口；2—输送带；3—主动鼓轮；4—卸料口；5—传动装置；6—支架；7—从动鼓轮；8—托轮

送，也可按倾角不大于 30°的情况下输送。它的运输能力大，距离长，平稳可靠，对物料的破损小，结构简单，使用方便，噪声小。但不能在垂直或坡度大的方向上输送物料，粉尘飞扬，劳动条件较差。

二、斗式输送机

斗式输送机是装有粉粒体容器（料斗）的固体输送机械，在水平、垂直方向都可以输送，但多数用于垂直方向。用于垂直方向的称为斗式提升机，如图 9-27 所示。它由机壳、链条（或皮带）、料斗和传动装置构成。

斗式输送机适用于小块、颗粒状或粉状物料的输送。优点为提升高度大，一般为 10～50m，生产能力适应范围广，外形尺寸小，占地面积小。缺点是结构较复杂，维修不便，必须均匀供料，不能超载；对物料处理量过大的场合，不适用。

三、螺旋输送机

螺旋输送机也叫绞龙，其结构主要由机槽、螺旋轴、叶片、传动装置等组成（见图 9-28）。螺旋输送的工作原理是由螺旋轴的旋转而产生的轴向推动力，使叶片直接作用到物料上面，推动物料前进。

它适用于输送小块物料和粉状物，不适于硬质或黏性大的物料。优点是结构简单，紧凑，占地面积小，操作方便，输送粉状物料时不出现粉尘飞扬。缺点是运行时摩擦阻力大，能耗大，易堵塞，输送距离短，一般不超过 20m。

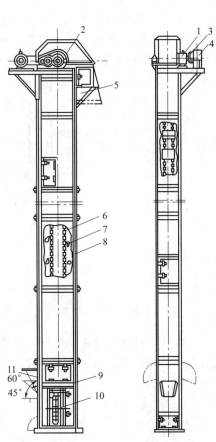

图 9-27　斗式提升机

1—电动机；2—传动链轮；3—三角皮带传动（包括逆止联轴器）；4—减速机；5—出料口；6—链条；7—料斗；8—机壳；9—拉紧装置；10—尾部链轮；11—进料口

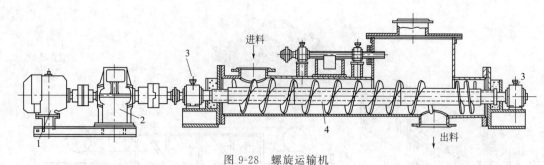

图 9-28 螺旋运输机
1—电动机；2—传动装置；3—轴承；4—螺旋叶片

四、气力输送机械

利用气体的流动来输送固体颗粒的操作称为气力输送，也叫气流输送、风力输送。这是正在发展的一种新型固体输送装置。气力输送的原理是用具有一定速度的气流来带动粉粒状物料，在气流输送管中流动，输送到指定的地点。气力输送按系统中气流的压力可分为吸送式和压送式两种。输送管路中的压力低于大气压力的气力输送称为吸送式输送。它靠风机或真空泵把气体与物料一起吸入气流输送管来实现输送，见图 9-29(a)。由于所使用的动力有限，它仅用于颗粒密度不大的短距离输送。输送管路中的压力高于大气压力的气力输送称为压送式输送。它靠风机或压缩机把气体与物料一起压入气流输送管来实现输送，见图 9-29(b)。气源压力较高者，可用于输送密度较大的颗粒，输送距离可达 1000m。

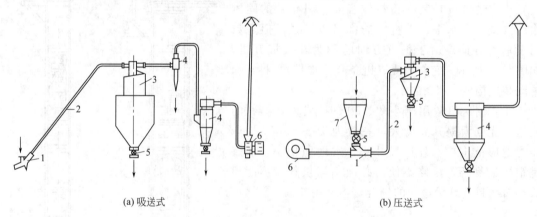

(a) 吸送式   (b) 压送式

图 9-29 气力输送装置
1—受料器；2—输料管；3—分离器；4—除尘器；5—卸料器；6—风机；7—料斗

气力输送的优点是密闭性好，能防止污染环境，设备简单，占地面积小，操作方便，输送能力强。缺点是动力消耗大，仅适用于较小颗粒输送，不适于输送黏结性、易带静电和易爆的物料。

习　　题

1. 干燥是指利用_____方法，使固体物料中的_____除去的单元操作。

2. 按照热能传给物料的方式，将干燥分为_____、_____

_____、_____。

3. 下列说法是否正确？

(1) 干燥主要是传热过程。（　）

(2) 对流干燥过程中，传热和传质方向一致。（　）

(3) 湿球温度低于干球温度。（　）

(4) 利用浓硫酸吸取物料中的湿分是干燥。（　）

4. 对流干燥过程的实质是_____与_____之间进行_____的过程。

5. 干球温度指利用_____测出的_____实际温度，符号_____，单位_____。

6. 湿球温度指在_____的_____上包以湿纱布，使其在湿空气流中所测得的稳定温度。

7. 相对湿度 φ 越大，该湿空气吸水能力_____。

　　a. 越差　　b. 越强　　c. 没有影响

8. 干燥操作中，一般都将湿空气加热，这是因为_____。

9. 从湿度图中可看出，当空气的湿度 H 一定时，温度越高，相对湿度_____。

　　a. 越小　　b. 不变　　c. 越大

10. 测得在温度为 370K，压力为 101.3kPa 下，空气中水蒸气分压为 1.624kPa，求该状态下空气的绝对湿度和相对湿度？

11. 已知在温度 323K、总压 101.3kPa 下，空气的相对湿度为 70%，求其绝对湿度。

12. 已知空气的干球温度为 295K，相对湿度为 70%，利用湿度图求空气的下列参数：绝对温度和湿球温度。

13. 测得干球温度为 323K，湿球温度为 303K，利用湿度图求空气的绝对湿度和相对湿度。

14. 某厂日产硫酸铵 3000t，硫酸铵的湿基含水量（质量分数）由 5.6% 降至 0.3%，求每小时水分的汽化量。

15. 某糖厂用一干燥器来干燥白糖，已知每小时处理的湿料量为 200kg，干燥前后糖中的湿基含量（质量分数）从 1.27% 减少至 0.18%，求每小时蒸发的水分量，以及干燥收率为 90% 时的产品量。

16. 粉碎是对固体物料_____，使之分裂_____的物料的单元操作。

17. 按粉碎的作用力分类，粉碎分为_____、_____、_____、_____。

18. 粉碎比 $i=\dfrac{D}{d}$，其中 D 表示_____，d 表示_____。

19. 粉碎比越大，则物料粉碎后的粒度_____。

　　a. 越大　　b. 越小　　c. 不确定

20. 某种物料要求粉碎产品直径不得大于 1mm，选用_____最适宜。

　　a. 颚式破碎机　　b. 辊式破碎机　　c. 球磨机

21. 筛分是利用_____，将混合颗粒_____的单元操作。

22. 中国使用的筛号是指用_____的数目，筛号数与筛孔目数_____。

23. 可筛过物是指_____，不可筛过物是指_____。

24. 下列说法是否正确？

(1) 破碎与磨碎这两个概念相同。（　）

(2) 过筛效率最高可达到 100%。（　）

(3) 对于颗粒很大的物料过筛，应选用圆盘筛。（　）

(4) 物料的粒度以目数表示，目数越大，则颗粒越大。（　）

(5) 输送一黏性较大的物料，运输距离较长，应选用螺旋输送机。（　）

25. 将颗粒状物料输送至 45m 高度，选用_____较适宜。

　　a. 斗式输送机　　b. 带式输送机　　c. 螺旋输送机

26. 气力输送是利用_____来输送物料的。

27. 气力输送按系统中气流的_____可分为_____和_____两种。

28. 当采用压送式输送时，气源表压_____时称为低压式，气源表压_____时称为高压式。

第十章　单元反应简介

第一节　概　述

一、基本概念

单元反应是指具有化学变化特点的基本加工过程，也就是通常所说的反应过程。

反应过程是化工生产中实现化学变化的过程，是化工生产过程的中心环节。前述的各个单元操作主要是发生物理变化，是围绕反应过程进行的；反应过程才使物质结构发生变化，生成新的物质。

反应过程的原理要比传质、传热等过程复杂，反应过程的操作也比一般单元操作复杂。只有掌握了反应过程的基本规律，才能熟练、自如地进行反应过程的操作。本章扼要介绍反应过程的一些基本规律。

二、单元反应的实质和相关规律

反应过程实质上是一种既有化学变化也有物理变化的分子或离子运动过程。化学变化主要是一些活化分子之间发生有效碰撞，使反应物分子的化学键断裂，分子中的原子重新组合成生成物分子，从而产生了新的物质。物理变化的主要形式是传递，包括热量传递和质量传递，质量传递则表现为分子扩散。

反应过程中的化学变化和物理变化具有特定的规律。

- **反应过程中化学变化的基本规律**

并不是所有分子碰撞都发生反应。像气体分子碰撞次数很多，1L 气体分子每秒钟碰撞 10^{32} 次，但绝大多数不发生反应，因为它们不是活化分子。非活化分子只有吸收了足够的能量转化为活化分子，其碰撞才能发生反应。这种能发生反应的碰撞称为**有效碰撞**。非活化分子转化为活化分子所需的最低能量称为活化能（见图 10-1）。

为了提高反应速率，必须设法增加活化分子数目和有效碰撞次数，这是单元反应中分子运动的一条基本规律。

- **反应过程中物理变化的基本规律**

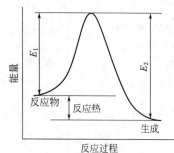

图 10-1　反应过程中能量
变化示意

在反应过程中，必须使反应物分子迅速扩散，互相接触。在多相反应过程，扩散的作用尤其重要，因为反应一般在其中一个相进行，处于非反应相的反应物分子要扩散到反应相进行反应。根据双膜理论，分子从一个相扩散到另一个相，当穿越相界面两侧的气膜和液膜时，阻力加大，速度变慢，导致扩散速度很慢，和分子碰撞速度很不适应。这是影响反应速率的一个关键问题。实践证明，增大两相间的接触面积，是提高相间扩散速度的有效措施。

为了提高反应速率，必须设法增大两相间的接触面积，提高相间扩散速度，这是单元反应中分子运动的另一基本规律。

三、单元反应中分子运动基本规律的应用

单元反应中分子运动的基本规律在生产中得到广泛应用，对提高反应速率起了重要作用。应用主要体现在以下两个方面。

1. 设法增加活化分子数目和有效碰撞次数

（1）在条件允许情况下，提高反应温度　温度升高，提供的能量增多，可使更多的非活化分子吸收能量转化为活化分子；温度升高，还表明分子的无规则运动加快，碰撞次数增多，有效碰撞的机会也就随之增多。因此，很多反应要求在较高温度下进行。

（2）提高反应物的浓度　浓度增大，表明一定体积内的分子总数增多，活化分子数目也就随之增多；对于气体，增大压力也就是提高了浓度。因此，很多反应要求在较高浓度下进行；一些气相反应（尤其是体积缩小的反应）要求在较高压力下进行。

（3）使用催化剂　使用催化剂能使反应速度显著提高，因为催化剂降低了活化能（见图 10-2）。由于催化剂的参与，只用比原来少很多的能量，就能使大量非活化分子转化为活化分子。

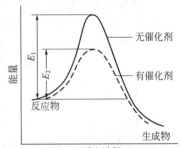

图 10-2　催化剂与活化能的关系示意

2. 设法增大两相接触面积，加快分子扩散速度

（1）使用鼓泡反应器　气液相反应使用鼓泡反应器，可借助气体进入液相时形成的气泡，增大气、液两相的接触面积。

（2）使用装有填料的反应器　填料的比表面积很大。气-液相反应使用装有填料的反应器，能使液体在很大的界面上和气体接触。

（3）使用液体搅拌装置　在有液体参加的反应中，使用装有搅拌装置的反应器，可增加两相接触的机会，提高扩散速度。

（4）将固体物料粉碎成细小颗粒　在有固体参加的反应中，将固体物料粉碎成细小颗粒可使固体的表面积增加，两相接触面积随之增加。

（5）使用具有颗粒床层的反应器　气-固相反应使用具有颗粒床层的反应器，可增加气相和固相的接触机会。使用固定床，气体从床层缝隙穿过，能和固体颗粒充分接触；使用流化床，固体颗粒在气流中悬浮，大大增加了两相接触的机会。

第二节　单元反应的类型

反应过程有许多分类方法，常见的分类方法有以下几种。

按参加反应物质的相态分类，可分为均相反应和非均相反应。均相反应包括气相反应和单一液相反应；非均相反应包括气-液相反应、液-液相反应、气-固相反应、液-固相反应、气-液-固相反应。

按操作方式分类，可分为间歇式操作、半间歇式操作、连续式操作。

按热效应分类，可分为吸热反应和放热反应。

按传热方式分类，又可分为绝热式反应（不需加热或冷却的反应）和换热式反应（需要加热或冷却的反应）。

按反应过程的可逆性分类，可分为可逆反应与非可逆反应。

按反应过程的化学特性分类，可分为氧化、还原、氢化、脱氢等类型，这些类型在无机化学与有机化学课中已做过介绍。

按反应器形式分类，可分为在管式反应器、槽式反应器、塔式反应器和有固体颗粒床层的反应器进行的反应等。

本书采用按相态分类为主，按反应器型式分类为辅的分类方法，这样的分类能体现出生产中的特点，也能体现共同的动力学特征。

一、按相态划分的基本反应类型

按相态划分可将反应过程分为 7 个基本类型，其中属于均相反应过程的有两种类型，属于非均相反应过程的有五种类型。

1. 均相反应过程

均相反应过程指参加反应物质都处于一个相的反应过程。参加反应物质包括反应物和进反应器的伴随物，如催化剂、溶剂等。**均相反应过程没有相界面，不存在相间接触和相间传递问题**，它主要包括以下两类。

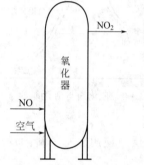

图 10-3 一氧化氮氧化

（1）气相反应过程　气相反应过程是指参加反应的物质只存在气相。例如，一氧化氮的氧化（见图 10-3），两种反应物均为气体，所以是气相反应。再如烃类裂解，是多种反应同时进行的复杂反应，但所有反应物都是气体，用作稀释剂的水蒸气也是气体，所以也是气相反应。这类反应多数用管式反应器，也有用塔式或其他反应器的。

气相反应过程主要特征有以下两点。

① **气相反应没有相界面，不必考虑反应物怎样混合的问题。**因为各种气体混合物都做到均匀混合，只要具备温度、压力等必要条件，气体反应物就能在反应器内的整个空间进行反应。

② **气相反应的速度主要受温度、压力、浓度等因素的影响，没有相间扩散问题。**如烃类裂解主要受温度影响，一氧化氮氧化主要受压力影响。反应速率一般较快。

（2）单一液相反应过程　单一液相反应过程是指参加反应的物质都是完全互溶的液相，并且只存在一个相的均相反应过程。例如，环氧乙烷水合法制乙二醇，有两种流程：一种是加压水合法，环氧乙烷和水两种反应物是完全互溶的液体；另一种是硫酸催化水合法，反应物为环氧乙烷和水，用硫酸做催化剂，它们也都是完全互溶的液体，所以是单一液相反应。常用反应器有槽式、管式和塔式反应器。

单一液相反应的特征和气相反应基本相同，比如，没有相界面，反应速率主要受温度、压力等因素的影响。所不同的是单一液相反应的混合比气相反应困难些，故单一液相反应釜多数有搅拌装置，以加速混合。

2. 非均相反应过程

非均相反应过程指参加反应的物质处于两个相或多个相的反应过程。非均相反应过程有**相界面，处于非反应相的反应物要越过相界面，扩散到反应相，才能进行反应。反应速率不仅受温度、压力、浓度等因素的影响，还要受相间传递速度即扩散速度以及相间接触表面的影响**，它主要包括以下五类。

（1）气-液相反应过程　气-液相反应过程是指参加反应的物质分别存在于气相和液相的

反应过程。如氨水与变换气的碳化反应，变换气是气体，氨水是液体；也有一些是反应物处于气相、催化剂处于液相的，如乙烯直接氧化法制乙醛，反应物乙烯和氧都是气体，催化剂氯化铜溶液是液体。

化工中的许多重要反应是气-液相反应，如纯碱工业的碳化、吸氨，硫酸工业的吸收，化肥工业的尿素合成，基本有机合成工业的乙醛氧化制乙酸等。常用的反应器有塔式反应器和槽式反应器。

气-液相反应过程主要特征有以下两点。

① **有相界面，通常是在液相进行反应，气相反应物先扩散到液相，** 扩散和反应的具体步骤如图 10-4 所示。

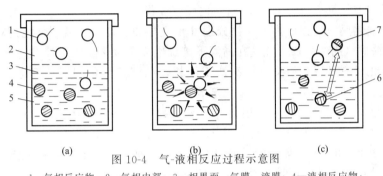

(a)　　　　　　　　(b)　　　　　　　　(c)

图 10-4　气-液相反应过程示意图

1—气相反应物；2—气相内部；3—相界面，气膜，液膜；4—液相反应物；
5—液相内部；6—液相产物；7—气相产物

第一步，见图 10-4(a)，气相反应物 1 从气相内部 2 扩散到气液相界面 3，然后越过相界面扩散到液相内部 5；

第二步，见图 10-4(b)，气相反应物 1 同液相反应物 4 起反应，经过分子碰撞，生成新的物质，包括液相产物 6 和气相产物 7；

第三步，见图 10-4(c)，生成的液相产物 6 留在液相，气相产物 7 向气相扩散，越过相界面 3 回到气相内部 2。

② **反应速率不仅受温度、浓度等因素的影响，而且要受气相反应物扩散速度的影响。**加快扩散速度的方法主要有增大气、液相之间的接触面积和改善流动状况。如鼓泡反应器的作用就是借助气体通入液体时形成的小气泡，来增大气、液相间的接触面积（见图 10-5）。

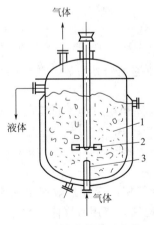

图 10-5　槽式鼓泡反应器

1—槽式反应器；2—搅拌装置；3—进气管

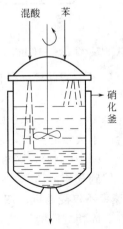

图 10-6　苯硝化示意

苯和混酸溶液不互溶，在硝化釜内形成界限分明的两相。

槽式反应器的搅拌装置，有利于增多相间接触机会和改善流动状况，从而加快了扩散速度。

（2）液-液相反应过程　液-液相反应过程是指参加反应的物质都是液相，并且存在两个或多个液相的非均相反应过程，参加反应物质是不互溶或不完全互溶的液体。如苯硝化制硝基苯，反应物苯和混酸（含硫酸、硝酸）溶液是不互溶的液体。在硝化釜反应时，形成界限分明的两相，如图10-6所示。高分子化工中的悬浮液聚合，多数也是液-液相反应。常用的反应器为槽式反应器。

液-液相反应的特征和气-液相反应相似，**反应在其中的一个液相进行，另一液相的反应物要先从非反应相越过相界面扩散到反应相。**

（3）气-固相反应过程　气-固相反应过程是指参加反应的物质分别存在于气相和固相，它包括气-固相非催化反应过程和气-固相催化反应过程。

气-固相非催化反应过程，指反应物分别处于气相和固相，不需用催化剂就可直接反应的过程，如硫铁矿（固体）通入氧气在高温下焙烧生成二氧化硫。

气-固相催化反应过程，指反应物都处于气相，在固相催化剂存在下进行反应的过程，如二氧化硫氧化，反应物都是气体，催化剂五氧化二矾是固体。

气-固相催化反应在化学工业中应用相当广泛，合成氨工业中氨的合成，石油炼制工业的催化裂化，基本有机合成工业中的甲醇合成等反应过程，都是气-固相催化反应。据统计，催化反应中有90%是气-固相催化反应。常用的气-固相催化反应器有固定床反应器和流化床反应器。

这类反应的主要特征，非催化和催化有所不同。

① 气-固相非催化反应的主要特征。

a. **有相界面，通常是在固相反应物表面进行反应，气相反应物先扩散到固相表面。** 扩散和反应的具体步骤如图10-7所示。

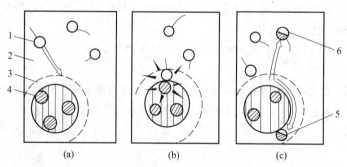

图 10-7　气-固相非催化反应过程示意

1—气相反应物；2—气相内部；3—相界面，气膜；4—固相反应物；5—固相产物；6—气相产物

第一步，见图10-7(a)，气相反应物1从气相内部2越过相界面3扩散到固相反应物4的表面；

第二步，见图10-7(b)，气相反应物1在固相表面与固相反应物4起反应，经过分子碰撞，重新组合，生成新的物质，包括固相产物5和气相产物6；

第三步，见图10-7(c)，固相产物5留在固相反应物4的周围，气相产物6向气相扩散，越过相界面，回到气相内部。

b. **反应速率不仅受温度、浓度等因素的影响，还受气相反应物扩散速度的影响。** 生产上常用增大气、固相之间的接触面积的方法来加快扩散速度，使用有固体颗粒床层的反应器则是增大两相间接触面积的有效措施。比如采用流化床反应器，固体颗粒经常处于流态化状态，能使气固两相有较大的接触面积。石灰石煅烧，采用多层沸腾煅烧炉，使石灰石颗粒和氧得到更充分的接触，从而大大加快了扩散速度。

　　② 气-固相催化反应的主要特征。

　　a. **有相界面，反应在固相催化剂颗粒表面进行，气相反应物要先扩散到催化剂表面。**扩散与反应的具体步骤如图 10-8 所示。

　　第一步，见图 10-8(a)，气相反应物 A、B 从气相内部 3 越过相界面 4 扩散到固相催化剂颗粒 5 的外表面，再由外表面扩散到微孔内表面；

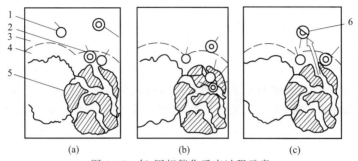

图 10-8　气-固相催化反应过程示意

1—气相反应物 A；2—气相反应物 B；3—气相内部；4—相界面，气膜；5—固体催化剂颗粒；6—气相产物

　　第二步，见图 10-8(b)，在催化剂表面起反应，反应物 A、B 被吸附在催化剂 5 的表面，经过分子碰撞，生成新的物质，生成的气相产物 6 从催化剂表面脱附；

　　第三步，见图 10-8(c)，脱附下来的气相产物 6 从微孔内表面扩散到催化剂外表面，再越过相界面 4 扩散到气相内部 3。

　　b. **反应速率不仅受温度、浓度等因素的影响，还受气相反应物扩散速度的影响。**为增大气、固相间接触面积，除了采取和气-固相非催化反应相同的措施外，**还常常通过加大催化剂颗粒的微孔内表面积来增大相间接触面**，许多新型固体催化剂是内表面积很大的多孔物质，每克催化剂的内表面积约为 $300m^2$，最高达 $500m^2$ 以上。此外，为了增大气、固相间接触面，在装填催化剂时，要注意轻放勿压，防止破碎，铺放、排布符合规定，高度一致，表面平整，使气体能均匀畅通，操作时严格控制催化剂各项参数，防止催化剂中毒和粉化。

　　(4) 液-固相反应过程　液-固相反应过程是指参加反应的物质存在液相和固相的非均相反应过程。

　　这类反应包括两种情况：一种情况是反应物分别处于液相和固相的非催化反应，如纯碱苛化制烧碱，反应物为处于固相的氢氧化钙和处于液相的碳酸钠溶液；另一种情况是反应物都处于液相，催化剂处于固相的催化反应，如乙醇脱氢制乙醛，反应物乙醇处于液相，锌、钴等催化剂处于固相。这类反应多数是用槽式反应器，也有用塔式反应器、回转筒式反应器的。

　　液-固相反应过程的特征和气-固相反应很相似，**液-固相非催化反应通常在固相表面进行，液相反应物要先扩散到固相表面；液-固相催化反应通常在固相催化剂表面进行，液相反应物要先扩散到催化剂表面。**液相反应物的扩散速度要比气相反应物慢，为增大相间接触，加快扩散速度，常在反应釜中设搅拌装置。

　　(5) 气-液-固相反应过程　气-液-固相反应过程是指参加反应的物质存在气相、液相和固相的非均相反应过程。

　　这类反应过程包括两种情况：一种情况是反应物分别处于气、液、固相的非催化反应，如碳解法制硼砂，反应物硼镁矿、纯碱溶液和二氧化碳分别处于固相、液相和气相；另一种情况是反应物处于气、液相，催化剂处于固相的催化反应，如石油炼制中重整后加氢处理，反应物重整油和氢处于液相和气相，催化剂钼酸钴处于固相。

常用的反应器有槽式、塔式反应器和滴流床反应器。滴流床反应器很适用于气-液-固相反应，液体和气体反应同时自上而下穿过固体床层，液体流下如滴状。这类反应过程综合体现了气-液反应和气-固反应的特征。其扩散与反应的步骤比较复杂，本书不做具体介绍。

二、按反应器形式分类

1. 槽式(釜式)反应器

这类反应器有的外形如槽形，称为反应槽，见图 10-9(a)；有的外形如锅形，称为反应釜，见图 10-9(b)。它们的长径比（长度与直径之比）一般为 1～3，多数在槽内装搅拌器并带有换热装置。有的只需一个槽就可完成反应，称为单槽；有的需多个槽才能完成反应，称为多级槽，见图 10-9(c)。单槽反应器一般采用间歇式操作，多级槽反应器一般采用连续式操作。槽式反应器在单一液相、气-液相、液-液相、液-固相等反应过程均有应用。

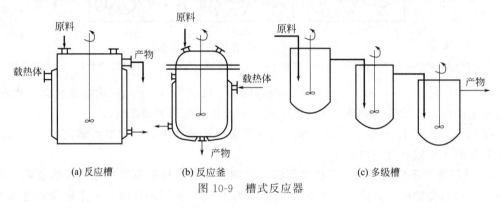

(a) 反应槽　　　　(b) 反应釜　　　　(c) 多级槽

图 10-9　槽式反应器

2. 管式反应器

管式反应器由单根或多根管子组成，长径比一般大于 50。管子的分布如图 10-10 所示，有并联 [列管式(c)] 和串联之分，串联又有直管式(a) 和蛇管式(b)。这种反应器一般用于均相反应。

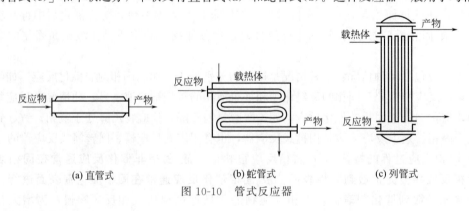

(a) 直管式　　　　(b) 蛇管式　　　　(c) 列管式

图 10-10　管式反应器

3. 塔式反应器

外形高大如塔状，长径比一般为 8～30。按其结构不同又可分为鼓泡塔、填料塔、板式塔等，后两种已在第六章和第七章做了介绍。鼓泡塔如图 10-11 所示，一般为空塔，塔内液体经常保持一定高度，气体从下部以鼓泡形式通入，与塔内液体物料进行反应，反应后的气体经扩大区上方的排气口排出。若气体速度较低，气体进口处装有多孔分布板。塔式反应器多用于气-液相反应，也用于单一液相和液-液相反应。

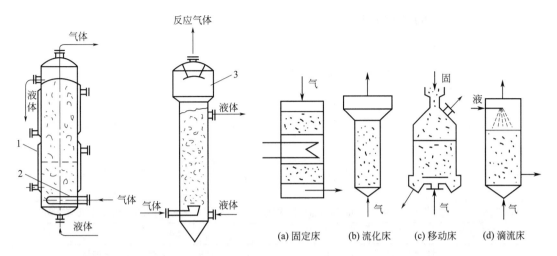

图 10-11　鼓泡塔反应器

1—冷却装置；2—分布板；3—扩大区

图 10-12　具有固体颗粒床层的反应器

4. 具有固体颗粒床层的反应器

如图 10-12 所示，反应器内有固体颗粒床层，床层为催化剂或一种反应物，流体反应物从床层通过。这类反应器主要用于气-固相反应，也用于液-固相和气-液-固相反应，按其接触形式分为以下四种。

（1）固定床反应器　床层是静止不动的固体颗粒层（见图 10-13），其外形有圆筒式(a)和列管式(b)。

（2）流化床反应器　床层的固体颗粒在气流作用下呈悬浮流动状态（即固体流态化），其状似沸腾，故也称沸腾床反应器（见图 10-14）。

（3）移动床反应器　固体颗粒床层在重力作用下自由下移，在下移过程中与流体接触。

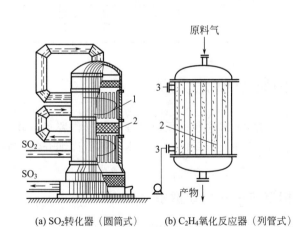

(a) SO₂转化器（圆筒式）　　(b) C₂H₄氧化反应器（列管式）

图 10-13　固定床反应器

1—换热器；2—催化剂固定床；3—载热体

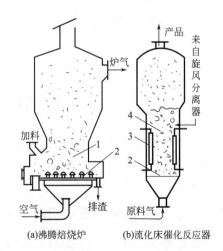

(a)沸腾焙烧炉　　(b)流化床催化反应器

图 10-14　流化床反应器

1—原料沸腾床；2—气体分布板；

3—换热器；4—催化剂流化床

（4）滴流床反应器　见气-液-固反应中所做介绍。

三、反应类型的认识和比较

在对反应类型有了初步了解的基础上，要对各种反应类型及反应器综合分析比较。

表 10-1 和表 10-2 简要列出了主要单元反应类型和常用反应器，可运用这两个表进行认识和比较反应类型的练习。

表 10-1 按相态划分的基本反应类型一览表

按相态划分的基本反应类型			常用反应器	举例
均相反应	气相反应		管式反应器、塔式反应器	烃类裂解、一氧化氮氧化
	单一液相反应		槽式反应器、管式反应器、塔式反应器	环氧乙烷直接水合法或硫酸法制乙二醇
非均相反应	气-液相反应		塔式反应器、槽式反应器	乙醛氧化、苯氯化、三氧化硫吸收
	液-液相反应		槽式反应器	苯硝化
	气-固相反应	气-固相非催化反应	固定床反应器、流化床反应器、移动床反应器	硫铁矿焙烧、石灰石煅烧
		气-固相催化反应		二氧化硫氧化、氨的合成、石油催化裂化
	液-固相反应		槽式反应器、塔式反应器	磷矿酸解、纯碱苛化
	气-液-固相反应		滴流床反应器	丁炔二醇加氢

表 10-2 常用反应器形式及适用范围一览表

反应器形式	适用的反应类型	具体形式	应用举例
槽式反应器	单一液相反应、气-液相反应、液-液相反应、液-固相反应	单槽	氯乙烯聚合、磷矿酸解
		多槽	
管式反应器	气相反应、单一液相反应	单管式	烃类裂解
		列管式	
塔式反应器	气-液相反应、单一液相反应	鼓泡塔	乙醛氧化
		填料塔	三氧化硫吸收
		板式塔	苯连续磺化
有固体颗粒床层的反应器	气-固相反应、液-固相反应、气-液-固相反应	固定床反应器	二氧化硫氧化
		流化床反应器	乙烯氧氯化
		移动床反应器	石油催化裂化
		滴流床反应器	丁炔二醇加氢

第三节 几种典型单元反应

本节将通过对四种典型单元反应的讨论，初步了解这几种反应过程及其操作要点，并从中进一步学到一些有关的反应理论基本知识。这几种反应具体技术，本节不做详细介绍，放在专业课中进一步学习。

一、在槽式反应器内进行的液-固相反应——磷矿酸解

磷矿酸解，既是在槽式反应器进行的典型反应，又是典型的液-固相反应，它在许多分解矿石的反应中具有代表性。通过这个实例的讨论，可以对上述反应类型有个大致了解。

1. 基本原理

磷矿酸解是湿法制磷酸的主要步骤。湿法制磷酸按所生成的硫酸钙水合物的不同，有多种方法，本节只介绍目前使用广泛的二水法（生成的硫酸钙结晶为 $CaSO_4 \cdot 2H_2O$）。其基

本过程是将磷矿与硫酸在磷酸母液中进行分解，生成磷酸和二水硫酸钙结晶。反应式为

$$Ca_5F(PO_4)_3+5H_2SO_4+10H_2O \longrightarrow 3H_3PO_4+5CaSO_4 \cdot 2H_2O+HF\uparrow$$

反应的具体步骤是：液相反应物硫酸分子向固相扩散，在固相表面起反应。反应在离子状态下进行，经过分子碰撞，重新组合，磷矿中的磷酸根离子与硫酸中的氢离子作用生成磷酸分子，扩散返回液相；钙离子与硫酸根离子作用变为硫酸钙分子沉淀出来；氟与氢反应生成气相的氟化氢分子，扩散到液相后逸出。

在实际生产过程中，先是磷矿与回浆中的磷酸反应，然后再和硫酸反应，生成以上三种产物。

2. 流程与设备

磷矿酸解有多槽流程和单槽流程。多槽流程如图10-15所示。磷矿粉加入1槽与磷酸回浆预混后流入2槽，硫酸在2槽加入，硫酸与磷矿粉在2、3、4、5槽中进行反应，生成磷酸与硫酸钙晶体。当硫酸钙晶体长大到符合工艺要求的尺寸时，用5槽中的立式泵7将料浆送到过滤机。回浆从4槽用立式泵6送到真空蒸发器9，经浓缩、冷却后送回1槽。反应产生的含氟气体经吸收处理后排空。

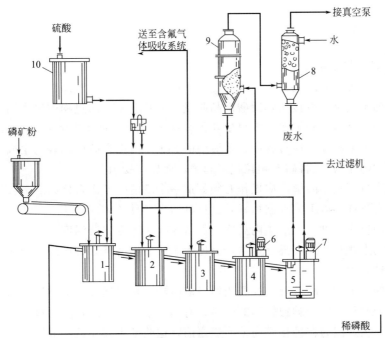

图 10-15 二水法真空冷却制磷酸酸解多槽流程示意

1~5—反应槽；6，7—立式泵；8—吸收器；9—真空蒸发器；10—硫酸储槽

由于多槽流程存在设备多、占地面积大等缺点，现已逐步被单槽流程取代。单槽实际上是用一个大槽代替上面一组槽，其流程如图10-16所示。单槽反应器4也叫萃取槽，是由两个不同直径的同心圆筒组成的大圆槽，圆槽内有中心筒5和环形部分6，环形部分分隔成6个区。磷矿粉进入1区，先与返回的稀磷酸母液预混，硫酸在2区加入，磷矿粉、硫酸和磷酸母液开始在此发生分解反应，在搅拌桨的作用下，料液在向各区缓慢流动的过程中继续反应，流至6区，部分料液经通道进入中心筒5，用立式泵3抽出，送往过滤机。反应放热升温，用鼓风机2鼓入空气降温。过滤后的滤液一部分为产品磷酸，另一部分作为母液送配酸器1返回单槽。洗涤滤渣的洗水有一部分也返回送至配酸器，做调剂浓度用。单槽中反应产生的含氟尾气经回收处理后放空。

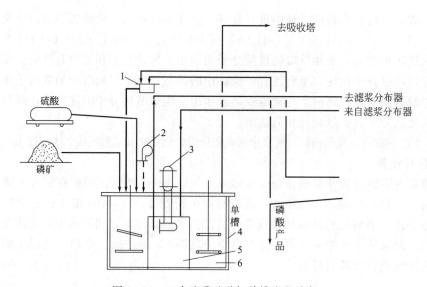

图 10-16　二水法磷矿酸解单槽流程示意

1—配酸槽；2—鼓风机；3—立式泵；4—单槽反应器；5—中心筒；6—环形部分

3. 影响因素和控制要点

在磷矿分解过程，硫酸钙晶粒的大小是生产中的关键问题。若晶粒过于细小，不仅会造成过滤和洗涤的不完全，直接影响磷酸产品质量，而且会使过滤过程因出现结块、堵塞而不能正常进行。因此，磷矿酸解要求不仅要获得合格的磷酸，而且要生成粗大的硫酸钙晶体。影响反应的另一因素是在反应过程中，溶液中的 SO_4^{2-} 可能在磷矿粒表面生成一层致密的硫酸钙薄膜，叫"钝化膜"，将磷矿颗粒包裹起来，使反应受阻。

针对以上影响因素，酸解反应操作必须创造一个既能生产出合格磷酸，又能生成粗大硫酸钙晶粒的适宜条件。以下的控制指标就是这种适宜条件的体现。

（1）适宜的反应温度　反应槽内温度应保持 333～343K。若温度过低，会使酸的黏度加大，影响晶体的生成和长大；温度过高，会增大杂质的溶解度，杂质溶解会在后工序生成疤块，并会产生钝化膜。

（2）适宜的酸浓度　酸浓度指标要依据磷矿粉颗粒情况确定，浓度还要保持稳定。

（3）合格的矿粉粒度　颗粒较细的矿粉，有利于增大液、固相间的接触面，而且有利于制止钝化膜的产生，因为在钝化膜尚未形成之前，这些细小颗粒就已分解殆尽。

（4）适宜的反应时间　为提高生产效率，希望反应时间尽量缩短，但反应时间过短，不利于获得粗大的结晶。反应时间以 4～8h 为宜，还要依据矿石品位和反应中的具体情况来确定。

4. 有关反应的基本知识

（1）反应条件　**反应条件是使物质发生化学变化的必备因素，是反应过程内部规律的具体反映。控制指标则是反应条件的集中体现。**反应条件有一般反应条件和特殊反应条件。一般反应条件指各种反应过程都应具备的条件，如温度、压力、浓度、反应时间、物料配比等；特殊反应条件指某些反应过程要求的特殊条件。如有的过程对反应物的状态有一定要求，有的过程对固体粒度有一定要求。磷矿酸解要求矿粉具有较小的粒度。

（2）槽式反应器的操作特点　磷矿酸解是一种弹性较大的操作，要对反应情况经常观察、及时调整，并依据浓度的变化和硫酸钙晶体长大等情况来掌握反应时间。这种操作只有槽式反应器才能适应。由于槽式反应器具有温度、浓度易于控制，对温度、压力适用范围宽等优点，因而它在较缓和的反应操作中普遍使用。尤其是高分子化工（如氯乙烯聚合、顺丁橡胶聚合）、精细化工（包括染料、农药、医药），槽式反应器使用得较为广泛。

槽式反应器对操作人员的技术水平要求较高。由于操作弹性大，要求操作人员善于应变，能针对各种复杂情况准确地判断、调整，能依据反应进行程度确定最恰当的反应中止时间。

二、在塔式反应器内进行的气-液相反应——乙醛氧化

乙醛氧化是典型的使用鼓泡反应器的气-液相反应，而且是复杂反应。讨论此实例，可对这类反应有个大致了解。

1. 基本原理

乙醛氧化是乙酸生产的重要工序。它是以液态乙醛为原料，以氧或空气为氧化剂，乙酸锰为催化剂，在鼓泡塔反应生成乙酸。同时伴随着若干副反应。主反应式为：

$$CH_3CHO+\frac{1}{2}O_2 \xrightarrow{\text{乙酸锰}} CH_3COOH+Q$$

实际上，以上反应是分两步进行的：

第一步 $CH_3CHO+O_2 \longrightarrow CH_3COOOH$（过氧乙酸）

第二步 $CH_3COOOH+CH_3CHO \longrightarrow 2CH_3COOH$

过氧乙酸性质很不稳定，在 90～100℃时会发生爆炸，如果积累多了，低温时也能导致爆炸。原料乙醛在气态时与空气混合也会成为爆炸物。因此，保证反应安全是此反应过程突出重要的问题。催化剂乙酸锰对保证反应安全起了重要作用。它能促使刚生成的过氧乙酸立即分解，生成乙酸，既制止了过氧乙酸的积累，也提高了反应速率。

乙醛氧化反应也具有气-液相反应的一般特征。氧气从气相越过相界面扩散到液相，在液相发生反应，经过乙醛和氧的分子碰撞，生成乙酸。怎样使氧的扩散速度和反应速度相互协调，加快反应速率，是这个反应的另一个关键问题。

2. 流程与设备

乙醛氧化的流程有单塔流程和双塔流程，目前国内乙酸生产装置多数都采用双塔流程。

过去用单塔流程，在 348K 温度下，往往反应不完全，为争取反应完全，就要增加投氧量，升高温度，导致危险性加大。现采用双塔流程，在第一氧化塔可保持不太高的温度，不必追求反应完全，剩下少量乙醛进入第二塔继续充分反应，最终获得浓度较高的乙酸，既提高了转化率，又使安全得到可靠保证。

现将双塔工艺流程简介如下。

第一氧化塔内盛有一定液位高度的浓乙酸和适量乙醛、催化剂的混合液，称为氧化液。乙醛和氧按一定比例通入第一氧化塔，氮气通入塔顶气相空间。在温度 348K、压力 0.2MPa 条件下，乙醛和氧进行气液鼓泡反应。反应放出的热量由外部冷却器移走，氧化液从塔底抽出，经冷却器冷却后返回塔内打循环。

出第一氧化塔的氧化液中乙醛含量为 2%～8%，由两塔间的压差送入第二氧化塔。第二氧化塔为内冷式，塔内分为五节，每节都装有冷却水管。塔顶压力保持 0.1MPa。向第二氧化塔通入少量氧气，在 353～358K 温度下进一步氧化其中的乙醛，反应放出的热量被内冷却器移走。将出第二氧化塔的乙酸含量≥97%（质量分数）乙醛含量<0.2%（质量分数）的粗乙酸送往精馏工段。

两个塔上部连续通入氮气稀释尾气。尾气分别经各自塔顶的冷凝器冷却，冷凝液返回塔内，未凝尾气送入尾气吸收塔，吸收残余的乙醛和醋酸后放空，乙醛氧化双塔工艺流程见图10-17。

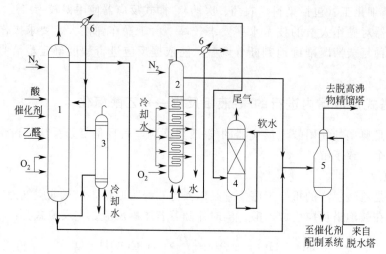

图 10-17　乙醛氧化双塔工艺流程图

1—第一氧化塔；2—第二氧化塔；3—第一氧化塔冷却器；

4—尾气吸收塔；5—粗乙酸蒸发器；6—冷凝器

3. 影响因素和控制要点

制订乙醛氧化反应的工艺条件，要考虑两个影响因素。

首先，要考虑安全因素。针对这个反应过程存在一定危险性的特殊情况，必须考虑怎样防止过氧乙酸温度升高和过氧乙酸积累，防止大量乙醛和氧气进入气相等问题。

其次，要使氧气的扩散和吸收保持恰当的速度　氧气通入速度快，可使气、液两相间的接触面加大，有利于过程的进行。但通入速度过快，会导致吸收不完全，因为氧的通入量达到一定程度后吸收速度就不再增加，而未被吸收的氧就会从液相逸出，造成隐患。

针对各种影响因素，乙醛氧化的操作控制要点主要有下列四点。

（1）控制氧气通入量和乙醛、氧气的流量配比　对这两点严格控制，可以保持氧气的恰当通入速度。第一氧化塔的进氧量应保持在 $1500 m^3/h$，进氧量和进乙醛量的配比为：

氧：乙醛＝0.35～0.4

（2）控制反应温度　升高温度能使乙醛氧化生成过氧乙酸和过氧乙酸分解为乙酸的速率加快，因此，乙醛氧化要保持较高的反应温度。但温度不能过高，温度超过 363K 会大大增加过氧乙酸爆炸的危险，还会使副反应加剧，并使乙醛和氧的挥发度增大，塔顶部空间乙醛和氧气浓度增加。温度过低又会导致过氧乙酸的积聚。因此，必须将温度控制在适宜的范围内。第一氧化塔塔中温度 348～351K，第二氧化塔塔中温度 353～358K，是较适宜的反应温度。

（3）控制适宜的压力　增大压力有利于反应的进行，还可使乙醛保持液相，控制挥发。综合考虑各种因素，顶部压力以 0.147MPa 为宜。

（4）控制塔顶部保安氮气流量和氧气、乙醛的含量　保持氮气流量不小于 $8～15m^3/h$，氧气的体积分数小于5%，乙醛小于3%。

4. 有关反应的基本知识

（1）复杂反应——主反应和副反应　化学反应有简单反应和复杂反应。**在同样条件下，反应物同时只能发生一种反应的叫简单反应；同时发生两种或两种以上不同反应的叫复杂反**

应。在复杂反应中，**生产上希望进行的反应叫主反应，不希望进行的反应叫副反应；希望得到的反应产物叫目的产物，不希望得到的产物叫副产物。**在上例中，乙醛氧化生成乙酸的反应是主反应；其余几种，如生成甲酸、过氧乙酸等反应都是副反应。

复杂反应的操作，要努力创造保证主反应、抑制副反应的条件，提高目的产物的收率，控制副产物的生成。

※ （2）转化率、选择性和收率❶　在化工生产中，常用转化率、选择性和收率来衡量反应过程的效率。

① 转化率。**指参加反应原料量与投入反应器原料量的百分数，它表示原料转化的程度。**

$$转化率 = \frac{参加反应原料量}{投入反应器原料总量} \times 100\% \tag{10-1}$$

【例题 10-1】　乙醛氧化生产乙酸中，已知投入氧化塔的纯乙醛量为 2585kg/h，未转化的乙醛有 18kg/h，求乙醛的转化率❷。

解　参加反应的乙醛量 = 2585 − 18 = 2567kg/h

根据式（10-1），转化率 $= \dfrac{参加反应原料量}{投入反应器原料总量} \times 100\% = \dfrac{2567}{2585} \times 100\% = 99.3\%$

② 选择性。**指目的产物实际产量与按参加反应原料计算的目的产物理论产量的百分数。它表示目的产物的反应程度，说明主反应在主副反应之间所占的比例。**

选择性可用以下两式计算（结果相同）：

$$选择性 = \frac{目的产物实际产量}{按参加反应原料计算的目的产物理论产量} \times 100\% \tag{10-2}$$

$$选择性 = \frac{转化为目的产物的原料量}{参加反应原料量} \times 100\% \tag{10-3}$$

【例题 10-2】　按 ［例题 10-1］，若主反应生成乙酸量为 3300kg/h，问乙醛生成乙酸的选择性为多少（副反应生成的乙酸和催化剂溶液中的乙酸不计在内）？

解　已知投入氧化塔的纯乙醛量为 2585kg/h；参加反应的乙醛量为 2567kg/h；主反应生成乙酸量为 3300kg/h。

a. 用式（10-2）计算。

第一步　根据反应式，求按参加反应原料计算的目的产物的理论产量。

$$CH_3CHO + \frac{1}{2}O_2 \longrightarrow CH_3COOH$$

$$\begin{array}{ccc} 44 & & 60 \\ 2567kg/h & & x \end{array}$$

$$44 : 2567 = 60 : x$$

$$x = \frac{2567 \times 60}{44} = 3500.5 \ kg/h$$

目的产物的理论产量为 3500.5kg/h。

第二步　求乙醛生产乙酸的选择性。

根据式（10-2）选择性 $= \dfrac{目的产物实际产量}{按参加反应原料计算的目的产物理论产量} \times 100\%$

---

❶ 这部分内容，如有的专业课教材中有，可在专业课讲。

❷ 实际生产中的各种量，要比例题所举的复杂。为使初学者方便，在例题中引用了较简单的量。

$$= \frac{3300}{3500.5} \times 100\% = 94.27\%$$

b. 用式(10-3) 计算。

第一步　根据反应式，求转化为目的产物的原料量。

$$CH_3CHO + \frac{1}{2}O_2 \longrightarrow CH_3COOH$$

$$\begin{array}{ccc} 44 & & 60 \\ x & & 3300kg/h \end{array}$$

$$60 : 3300 = 44 : x$$

$$x = \frac{3300 \times 44}{60} = 2420 \ kg/h$$

转化为目的产物的原料量为 2420kg/h。

第二步　求乙醛生产乙酸的选择性

根据式(10-3) 选择性 $= \dfrac{\text{转化为目的产物的原料量}}{\text{参加反应原料量}} \times 100\%$

$$= \frac{2420}{2567} \times 100\% = 94.27\%$$

③ 收率。**指实际获得目的产物产量与按投入反应器原料计算目的产物理论产量的百分比，它表示化学反应的实际效果。**

收率可用以下两式计算（结果相同）：

$$收率 = \frac{\text{目的产物实际产量}}{\text{按投入反应器原料计算目的产物理论产量}} \times 100\% \tag{10-4}$$

$$收率 = \frac{\text{转化为目的产物的原料量}}{\text{投入反应器原料总量}} \times 100\% \tag{10-5}$$

【例题 10-3】　已知投入氧化塔的纯乙醛量为 2585kg/h，乙醛氧化主反应生成乙酸 3300kg/h，求主反应产乙酸的收率。

解　a. 用式(10-4) 计算。

按参加反应原料计算的目的产物产量 $= \dfrac{2585 \times 60}{44} = 3525 \ (kg/h)$

$$收率 = \frac{3300}{3525} \times 100\% = 93.6\%$$

b. 用式(10-5) 计算。

［例题 10-2］已求出，转化为目的产物的原料量 = 2420kg/h

$$收率 = \frac{2420}{2585} \times 100\% = 93.6\%$$

④ 转化率、选择性和收率的关系。

$$转化率 \times 选择性 = 收率 \tag{10-6}$$

用式(10-6) 验算 ［例题 10-1］ 和 ［例题 10-2］：

$$收率 = 99.3\% \times 94.27\% = 93.6\%$$

所以，计算结果无误。

三、在固定床反应器内进行的气-固相催化反应——二氧化硫氧化

二氧化硫氧化是典型的用固定床反应器进行气-固相催化反应，也是典型的可逆反应。

讨论此实例，可对这类反应有个大致了解。

1. 基本原理

二氧化硫氧化，生产上称转化，是硫酸生产的主要步骤。基本过程是二氧化硫气体在五氧化二钒催化剂存在下，在转化器内进行氧化反应，生成三氧化硫。

$$2SO_2 + O_2 \underset{}{\overset{V_2O_5}{\rightleftharpoons}} 2SO_3 + Q$$

二氧化硫氧化具有气-固相催化反应的基本特征，两种反应气体先扩散到钒催化剂表面，在其颗粒表面进行反应，其具体步骤如下：

① SO_2 和 O_2 由气相扩散到钒催化剂外表面，再扩散到微孔内表面，在钒催化剂表面反应；

② SO_2 分子和 O_2 分子被吸附在钒催化剂表面，经过分子碰撞，O_2 分子中两个原子间的键断裂，O_2 原子与 SO_2 中的原子重新组合，生成 SO_3 分子；

③ 生成的 SO_3 从钒催化剂颗粒表面脱附，扩散到外表面，再扩散回到气相。

二氧化硫转化是可逆、放热、体积缩小的反应。反应过程中放出的热量送入热交换器（或转化器内的换热管），用来加热较冷的反应气体，这种换热方式叫自热式换热。

2. 流程与设备

转化器是钢制圆筒形设备，内分若干段，一般为 3～5 段，各段之间有隔板，每段内装有支撑催化剂床层的筛板。

二氧化硫氧化的流程有多种，如图 10-18 所示的是目前较常用的两转两吸流程。SO_2 炉气进入第Ⅲ、Ⅱ换热器（简称Ⅲ换、Ⅱ换，下同），利用来自转化器三段、二段的高温气体预热，然后通入一段进行反应。反应后的气体从一段出来，经Ⅰ换→二段→Ⅱ换→三段→Ⅲ换，然后去中间吸收塔进行一次吸收。来自中间吸收塔的吸收后剩余的 SO_2，进入Ⅳ换、Ⅰ换，利用来自四段、一段的高温气体再次升温，然后入四段进行二次转化，出四段经Ⅳ换冷却，进入二次吸收塔（最终吸收塔）。

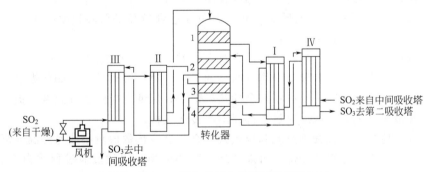

图 10-18　二氧化硫氧化的两转两吸流程

1～4—催化剂床层；Ⅰ～Ⅳ—换热器

3. 控制要点

（1）控制适宜的温度　温度升高有利于加快反应速率，但由于它是放热反应，温度升高会使平衡转化率降低。如在 873K 以上时反应速率可大大加快，但此时平衡转化率会降到 70％。所以，提高反应速率和提高转化率的矛盾，是二氧化硫转化反应的突出矛盾。经过不断探索，人们发现，使用 V_2O_5 催化剂，可以在较低的温度下获得较高的反应速率。实践证明，当 V_2O_5 催化剂存在时，在 693～823K 这个温度范围内，反应速率很高，平衡转化率也能达到98%以上。于是，就将上述温度确定为二氧化硫氧化反应的最适宜温度。

（2）控制适宜的SO_2起始含量　不同的原料和流程有不同的含量指标。硫铁矿制酸、一转一吸流程，SO_2起始含量指标为7%～7.5%。如果超过这个指标，就会造成SO_2转化不完全，转化率降低，消耗增高。对于两转两吸流程，由于在转化过程中加了一次"中间吸收"，先将一次转化生成的绝大部分SO_3吸收，使SO_3含量大大降低，这就形成平衡向右移动，剩余的SO_2再进行二次转化，绝大多数都能转化成SO_3。在SO_2起始含量为9.5%～10%的情况下，最终转化率可达99.5%以上，从而使同样设备增产30%。因此，在操作中，要结合原料、流程的具体情况，依据操作法的规定，控制适宜的SO_2起始含量。

（3）精心维护、合理使用钒催化剂　钒催化剂在二氧化硫转化反应过程中具有重要的作用。如果没有钒催化剂存在，二氧化硫氧化速度极慢，接近于不起反应。据统计，钒催化剂的参与使其反应速率提高了1亿多倍。因此，在操作中要对催化剂精心维护，合理使用，严防中毒，保持它的活性，延长它的寿命。开车前，要合理装填，预热时按规程缓慢升温；运行时，要将温度控制在催化剂允许的范围，严格控制进转化器的炉气质量指标；停车时，按规程做好催化剂的维护保养。

4. 有关反应的基本知识

（1）可逆反应中平衡移动规律的运用　**可逆反应过程的操作，要充分运用平衡移动的原理，创造平衡向右移动的条件，做到既加快反应速率，又使反应进行得比较完全。**

生产中使平衡向右移动的主要方法有以下几点。

① 在放热反应中，利用高效能催化剂，选择最适宜反应条件，解决反应速率与平衡的矛盾。

② 在气相反应中，选择合适的反应压力条件，以保持平衡向右移动。体积减小的反应（如氨的合成），提高反应压力；体积增大的反应（如烃类裂解），降低反应压力，也可加入稀释剂降低分压。

③ 掌握恰当的浓度，以保持平衡始终向右移动。当产物浓度增大到一定程度时，可能出现平衡左移，这就要及时将产物从反应区排出。

④ 间歇操作，要掌握恰当的反应时间，力争在达到最高平衡转化率时中止反应，做到既获得较高转化率，又防止平衡左移。

（2）反应过程中的传热　各种反应过程都存在热效应，有的反应放热，有的反应吸热。热效应的大小对反应器结构和反应操作有明显的影响。对于吸热反应，如何提供所需热量是个首要问题；对于放热反应，则应将多余的热量带走，保证反应的适宜温度。提供热量和带走热量都需要传热，因此一般反应过程都伴随着传热过程。

反应过程的传热方式分为绝热式和换热式。有些反应热数值较小或允许温度范围较宽的反应过程，不需要进行加热或冷却，可以"断绝"热交换，这种反应过程称为绝热式反应。反之，存在热交换，需要加热或冷却的反应过程，称为换热式反应。

换热式反应又分为自热式和外热式。用自身反应产生的热量来加热较冷的反应物，这种换热方式叫自热式。用外界引进的热载体或冷载体来加热较冷的反应物或冷却较热的生成物，用以提供热量或带走热量，这种换热方式叫外热式。二氧化硫氧化的换热，一般属于自热式。乙醛氧化和烃类裂解，属于外热式。磷矿酸解，其热效应不大，多数流程属于外热式，有的流程属于绝热式。

四、在管式反应器内进行的气相反应——烃类裂解

烃类裂解是典型的用管式反应器进行的气相均相反应，而且是典型的存在多种平行反应

和二次反应的复杂反应。讨论此实例，可对这类反应有个大致了解。

1. 基本原理

烃类裂解是制取乙烯、丙烯等石油化工基础原料的主要途径。裂解的基本过程是使石脑油、轻柴油等大分子石油烃在高温下发生碳键断裂、脱氢等反应，生成乙烯、丙烯等小分子的烯烃。

生成乙烯、丙烯包括多种反应，其中最主要的是烷烃裂解。

（1）脱氢反应　通式为 $C_n H_{2n+2} \rightleftharpoons C_n H_{2n} + H_2$

例如：$C_2 H_6 \rightleftharpoons C_2 H_4 + H_2$

$C_3 H_8 \rightleftharpoons C_3 H_6 + H_2$

（2）断链反应　通式为 $C_{(m+n)} H_{2(m+n)+2} \longrightarrow C_n H_{2n} + C_m H_{2m+2}$

例如：$C_3 H_8 \longrightarrow C_2 H_4 + CH_4$

此外，还有烯烃裂解、环烷烃裂解、芳烃裂解等反应，不再一一列举。

烃类高温裂解是十分复杂的反应过程。这是因为组成石油混合物的多种物质都同时发生反应，并且这些物质之间（原料之间，生成物之间，原料与生成物之间）也在相互交叉地进行反应；每种反应物质又发生多种反应，既有同时进行的平行反应，也有反应生成物继续进行的二次反应。例如，一次反应生成的乙烯、丙烯，如不及时采取抑制措施，就会立即发生一连串的二次反应，相继生成炔烃、二烯烃、环烷烃乃至焦炭，乙烯、丙烯则所剩无几。

裂解反应操作，必须在这些错综复杂的反应群中找到一个有利于乙烯、丙烯生成的条件，保证主反应的进行，抑制副反应以及二次反应的发生，使目的产物得到最大的收率。

经过不断探索，在深入研究烃类裂解内在规律的基础上，人们逐渐找到了有利于乙烯、丙烯生成而不利于副反应发生的适宜条件，分述如下。

（1）高温　温度越高，越有利于生成乙烯而不利于生成焦炭。但由于炉管材质等原因，温度不能过高，以 1065～1380K 为宜。

（2）快速升温，短暂的停留时间　急冷停留时间指反应物在反应区域内的时间。当反应在催化剂存在下进行时，停留时间即表示反应物与催化剂接触的时间。裂解反应的停留时间是指反应气体在炉管高温反应区内停留的时间。裂解反应如果停留时间过长，就会使二次反应发生，乙烯收率降低。因此，当前各种新的工艺流程都在尽可能地缩短停留时间，使二次反应来不及发生，反应气体就离开反应区，并以最快的速度急冷下来。后面介绍的流程停留时间为 0.45s。当前世界上新开发的超短停留时间裂解炉，停留时间以毫秒计，称毫秒炉。

（3）较低的烃分压　烃类裂解生成乙烯、丙烯的反应是体积增大的反应，而二次反应是体积减小的反应。因此，降低反应物烃的压力有利于平衡向产物方向移动，并有利于抑制二次反应。但在高温下采取减压操作难度较大，而且不安全，所以采取在原料中加入惰性稀释剂的办法来降低系统内烃的分压，达到与减压操作同样的目的。

总之，以高温、快速、短停留、急冷、低烃分压作为反应条件，是烃类裂解的主要特点。

2. 流程与设备

烃类裂解的许多流程都是依据上述特点设计的。现以倒梯台式管式裂解炉工艺流程（见图 10-19）为例简介如下。

原料轻柴油用泵输送进入热交换器预热，再进入管式炉的对流段进一步加热气化，然后与稀释水蒸气混合，温度迅速升至851K，进入倒梯台管式炉 2 的辐射段。由于炉膛温度高

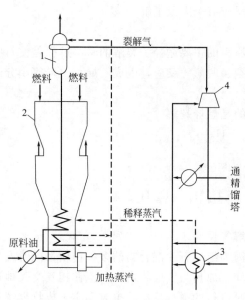

图 10-19 倒梯台型裂解管式炉
1—急冷热交换器；2—管式炉；3—稀释蒸汽发生器；4—急冷器

达 1273K 以上，原料气在经过辐射段时迅速发生裂解反应。裂解气停留时间为 0.45s，立即经垂直短管进入急冷废热锅炉 1，快速降温至 703～823K。同时可产生 8.13MPa 的高压水蒸气，送往动力使用。裂解气再经喷雾急冷器 4 进一步降温，送汽油精馏塔分离精制。

主要设备是倒梯台管式裂解炉，能适应高温、短停留、急冷的要求。炉管为钨合金钢管，能耐 1423K 高温。炉管到辐射段缩小了直径，提高了管壁的传热强度，能有效地做到快速升温和急冷。从辐射段到急冷锅炉的管长设计，准确地保证了 0.45s 的停留时间。由于管式反应器是一种非常适应裂解反应特殊要求的设备，如停留时间基本一致，长径比很大，反应温度易于调节，所以世界上 90% 以上的乙烯都是用各种管式炉生产的。

3. 控制要点

控制温度，应使整个反应过程的温度按照操作规程正常、平稳地运行。控制稀释蒸汽配比，一般规定稀释度为 0.75，如不符合，要及时调整。还要严格控制进炉裂解汽油质量、急冷油黏度等指标。

4. 有关反应的基本知识

烃类裂解要比前面介绍的几种反应复杂得多。但对于各种复杂反应，只要深入研究它的内在规律，探索试验，就能从中找到提高目的产物收率的途径。各种复杂反应提高目的产物收率的方法，主要有以下几种。

（1）恰当的温度和停留时间　像烃类裂解那样，很多复杂反应由于选择了最恰当的温度和停留时间，有效地保证了主反应的进行，抑制了副反应的发生。

（2）高效的催化剂　许多复杂反应都选择了能够加速主反应、控制副反应的催化剂。乙醛氧化使用乙酸锰催化剂，甲醇合成使用 $ZnO\text{-}Cr_2O_3$ 催化剂，都达到以上的目的。

（3）适宜的压力　例如，将甲醇合成的各主、副反应式加以比较，一氧化碳加氢的各种反应都是体积减小的反应，其中以合成甲醇的主反应体积变化最大（反应前后的体积比为 3∶1），通过增大反应压力，强化了主反应，抑制了副反应。

第四节　单元反应的操作

一、反应操作的基本要求和方法

反应过程的重要性和复杂性决定了对反应操作要求较高，要求各反应工序的操作人员具有一定的理论水平和实践经验，精巧的操作技术和得当的操作方法。

1. 基本要求

① 使反应装置长时间稳定运行，获得较高的反应速率和收率，以较低的物料和能量消耗生产出优质的产品。

② 全面实现安全、环保和设备完好等多方面要求，达到规定指标。

2. **基本控制方法**

（1）控制反应温度、压力、浓度　这三项指标是获得较高反应速率的基本条件。要将这三项指标严格控制在规定范围，并努力使其处于最佳状态。

（2）控制参加反应物物质之间的接触面积　在非均相反应过程中，增大相间接触面积是加快扩散与反应速率的主要途径。这类反应流程中安排了许多增大接触面积的措施，如采用鼓泡塔、固定床，流化床反应器等，要在操作中使这些措施得以实施。如鼓泡塔的操作，要使鼓泡均匀地分布于液体中；固定床反应器的操作，要使气相反应物在床层均匀畅通。

（3）控制反应的转化率和选择性　可逆反应的操作要严密控制平衡移动的方向，使平衡经常向产物的方向移动。间歇操作的反应器要随时掌握产物的浓度，恰当掌握排放产物和中止反应的时间。复杂反应则应随时观察分析主、副反应的情况，以获得较大的目的产物收率。

（4）控制质量指标　做好产品质量分析与控制，还要做好安全、环保各项指标的分析与控制，对"三废"在处理后要认真分析，达不到规定指标不准排放。

（5）控制催化剂的使用　催化剂的各项指标必须控制在规定的范围内，不准超标，精心维护，延长使用期。

二、单元反应操作技能训练

【技能训练 10-1】　乙醛氧化反应的操作

本次训练为利用教学软件模拟化工操作的训练。通过乙醛氧化工段的模拟操作，熟悉单元反应的基本操作技能。

● 训练设备条件　教学软件：乙醛氧化反应的操作

● 相关技术知识

本次训练的生产装置为某化工厂双塔工艺流程乙醛氧化反应装置。双塔氧化反应的原理和流程在课文中已作介绍。下面主要介绍操作步骤。

操作步骤包括开车前准备、投氧开车、正常运行操作、异常现象处理和停车五部分。

1. **开车前准备**

① 对系统全面检查，确认符合开车条件。

② 将氮气通入三个塔，用氮气试压。

③ 酸洗第一氧化塔，向一塔通入乙酸到规定液位，开循环泵打循环清洗。

④ 酸洗第二氧化塔，用氮气将一塔的酸压向二塔，最后将二塔的酸放回中间储槽。

⑤ 配制催化剂溶液。

⑥ 配制氧化液，向一塔重新进酸，再进乙醛和催化剂，分析合格后开循环泵，通蒸汽，加热到 73℃，配制完成。

2. **投氧开车**

① 投氧前，先检查氧化液和氮气流量是否正常（氧化液 $700\text{m}^3/\text{h}$，氮气 $80\text{m}^3/\text{h}$）。

② 开小流量进氧阀，先少量进氧，逐渐加大。

③ 进氧量增大到一定程度时，开大流量进氧阀，逐渐关小流量进氧阀。大流量进氧阀逐渐开大，到一定程度时开上部管道进氧阀。

④ 调控一塔温度，塔中温度升至 85℃，停加热蒸汽，开冷却水，使温度稳定在 75℃。

⑤ 调控二塔温度，控制各节温度在 80℃ 左右。在此温度下和规定压力下稳定运行一段

时间，即可转入正常操作。

3. 正常运行操作

① 严格控制各项工艺指标，确保生产装置安全稳定运行。本次训练重点查看十项工艺指标：

一塔——塔顶压力：0.2MPa（表）

进乙醛量：9.77t/h

塔顶液位：(35±15)%

气相含氧量：<5%

循环液温度：(60±2)℃

进氮量：≥80m³/h

二塔——塔顶压力：0.1MPa

塔顶液位：(35±15)%

三节温度：(78±2)℃

气相含氧量：<5%

② 按规定制度进行巡回检查。检查重点是：一塔循环泵及所属阀门、管道，冷却器阀门及管道；二塔第四节法兰和冷却水进出口阀。对重点检查部位进行日常保养。

③ 按时进行中控分析。每班分析两次乙酸含量，依据分析结果改善操作。

4. 异常现象处理

乙醛氧化工段异常现象分析与处理见表 10-3。

表 10-3 乙醛氧化工段异常现象分析与处理

序号	异常现象	原因分析	处理方法
1	二塔粗乙酸中乙醛含量过高	(1)进乙醛量过多；(2)进氧气量小，或氧气成分低	(1)调节乙醛流量；(2)适当减小进氧量，和供氧部门联系，要求检查调整
2	一塔塔顶温度高于规定值	反应不正常。大量乙醛和氧气冲入塔顶，气相反应加剧	严格检查各项工艺参数，调节至正常；塔顶加大氮气量；如温度仍不下降，应立即停车检查
3	一塔进乙醛流量计严重波动，液位波动，塔顶压力突然上升，尾气含氮量增加	一塔进乙醛球罐中的物料用光	关小进氧气阀，关小冷却水，关进乙醛阀；通知供乙醛岗位，切换球罐。补加乙醛直到恢复正常。严重时可停车
4	一塔液面波动大，无法自控	循环泵输水不正常	开另一台循环泵
5	一塔塔顶压力逐渐升高，报警铃响	尾气放空阀排放不畅	缓开放空阀的旁路阀，降压；在保证塔顶含氮量的前提下，暂时减少充氮量；如压力下降，则将各阀门调至正常，如仍不下降，则继续缓开旁路放空阀

5. 停车

（1）停止进乙醛。

（2）逐渐减少进氧量，直到停止进氧。

（3）将粗乙酸送往精馏工序。

● 训练内容与步骤

1. 训练前准备

学习有关知识，了解乙醛氧化反应的原理、流程和操作要点，了解教学软件的使用方法。

2. 看教学软件

仔细观看教学软件的有关内容，熟记软件中模拟操作的方法。

3. 利用软件进行模拟操作。

● 实训作业

1. 填写操作记录表。

2. 写实习报告

习　　题

1. 反应过程是既有化学变化也有物理现象的物质运动过程。化学变化主要是，一些＿＿＿＿＿＿＿＿＿＿＿＿＿发生＿＿＿＿＿＿＿＿＿＿，使＿＿＿＿＿＿＿＿＿＿＿＿分子中的原子＿＿＿＿＿＿＿＿＿＿，形成新的分子。物理现象的运动形式主要是＿＿＿＿＿＿＿＿＿＿＿＿传递和＿＿＿＿＿＿＿＿＿＿传递。

2. 在多相反应中，一般情况是反应只在其中＿＿＿＿＿＿＿＿进行，处于非反应相的反应物要＿＿＿＿＿到反应相进行反应。

3. 按参加反应物质的相态分类，反应过程主要有 7 类，其中，属于均相反应过程的有＿＿＿＿＿＿＿＿反应和＿＿＿＿＿＿＿＿＿反应；属于非均相反应过程的有＿＿＿＿＿＿＿＿＿相反应、＿＿＿＿＿＿＿＿＿相反应、＿＿＿＿＿＿＿＿＿相反应、＿＿＿＿＿＿＿＿＿相反应和＿＿＿＿＿＿＿＿＿相反应。

4. 气-固相反应，按是否加入催化剂可分为＿＿＿＿＿＿＿＿＿＿反应和＿＿＿＿＿＿＿＿反应。

5. 均相反应过程和非均相反应过程的区别主要有三点：

(1) 从有无相界面分析，均相反应＿＿＿＿＿＿＿＿＿＿相界面；非均相反应＿＿＿＿＿＿＿＿＿＿相界面；

(2) 从是否存在相间传递分析，均相反应＿＿＿＿＿＿＿＿＿＿，非均相反应＿＿＿＿＿＿＿＿＿＿＿＿＿＿；

(3) 从影响反应的主要因素分析，均相反应主要受＿＿＿＿＿＿＿＿＿＿＿＿＿的影响，非均相反应除了受＿＿＿＿＿＿＿＿＿＿的影响外，还要受＿＿＿＿＿＿＿＿＿＿等因素的影响。

6. 气-液相反应的速率要受气相反应物向液相扩散速度的影响。生产上常用以下两种方法加快扩散速度：第一，增大气、液相之间＿＿＿＿＿＿＿＿＿＿，如采用鼓泡塔反应器，其作用是＿＿＿＿＿＿＿＿＿＿＿＿＿＿＿；第二，改善液体的＿＿＿＿＿＿如在槽式反应器中加搅拌装置。

7. 气-固相反应的速率要受气相反应物向固相扩散速度的影响。增大气、固相之间的＿＿＿＿＿＿＿＿＿＿＿＿＿＿＿＿＿＿＿是加快扩散速度的重要途径。因此，常采用＿＿＿＿＿＿＿＿＿＿＿＿＿＿的反应器，其作用是增大＿＿＿＿＿＿＿＿＿＿＿＿。

8. 以下几种反应过程，没有相界面的为＿＿＿＿＿＿＿＿＿＿。

　　a. 液-固相反应　　b. 气-固相反应　　c. 单一液相反应　　d. 液-液相反应

9. 以下几种反应过程，存在相间传递问题的有＿＿＿＿＿＿＿＿＿＿。

　　a. 气-固相反应　　b. 气相反应　　c. 单一液相反应　　d. 气-液相反应

10. 有些气-固非催化相反应过程采用流化床反应器（如硫铁矿焙烧、石灰石煅烧），其作用是＿＿＿＿＿＿＿＿＿＿。

　　a. 增大气、固相之间的接触面积以加快反应速率　　b. 使反应物料迅速、均匀地得到干燥

　　c. 使物料均匀地混合

11. 环氧乙烷硫酸催化水合法制乙二醇，反应物环氧乙烷、水和催化剂硫酸都是互溶的液体，此反应过程属于＿＿＿＿＿＿＿＿＿＿。

　　a. 气-液相反应　　b. 液-液相反应　　c. 单一液相反应

12. 苯硝化制硝基苯，反应物苯和硫酸硝酸混合液都是液体，但不互溶，此反应过程属于＿＿＿＿＿＿＿＿＿＿。

　　a. 气-液相反应　　b. 液-液相反应　　c. 单一液相反应

13. 硫酸生产工艺中的二氧化硫转化，反应物 SO_2 和 O_2 都是气体，用 V_2O_5（固体）作催化剂，此反应过程属于＿＿＿＿＿＿＿＿＿＿。

　　a. 气相反应　　b. 气-固相反应　　c. 气-液相反应

14. 为什么许多新型催化剂都是内表面积相当大的多孔固体颗粒?

15. 液-固相反应过程多数使用搅拌反应釜,其搅拌装置的主要作是什么?

16. 化学反应要在一定条件下方能进行。反应条件是_____的必备因素,反应操作控制指标则是_____的集中体现。

17. 化学反应有简单反应和复杂反应。_____叫简单反应_____叫复杂反应。

18. 在复杂反应中,_____的反应叫主反应,_____的反应叫副反应,复杂反应的操作,要创造条件保证_____,抑制_____提高_____的收率,控制_____的生成。

19. 在气相反应中,如果是可逆反应,要通过选择适当的压力条件的方法保证平衡向_____的方向移动。如果是体积减小的反应(如氨的合成),就要_____反应压力;如果是体积增大的反应(如类烃裂解),就要_____反应压力。

20. 在某些可逆反应的操作中,为了保证平衡向_____的方向移动,要掌握恰当的浓度,当产物浓度增大到一定程度就可能出现平衡向左移动,为防止这种情况出现,要及时_____。

21. 气相可逆反应,如果是体积增大的反应,应采取_____的方法,以使平衡向反应产物的方向移动。

　　a. 提高反应压力　　b. 降低反应压力　　c. 维持常压

22. 烃类裂解反应,要在原料气中加入惰性气体稀释剂(或通入蒸汽作稀释剂)其目的是_____。

　　a. 保证安全　　b. 提高反应温度

　　c. 降低系统内烃的分压,达到减压操作的目的,有利于平衡向反应产物方向移动

23. 绝热反应与换热反应的主要区别是什么?

24. 在复杂反应中,提高目的产物收率,抑制副产物生成的常用方法有哪几种?举例说明。

25. 乙烷裂解生产乙烯,在一定的生产条件下,通入反应器的乙烷为4000kg/h,裂解气中含未反应的乙烷为1000kg/h,求乙烷的转化率。

26. 通入4000kg/h的原料乙烷裂解制乙烯其反应式为 $C_2H_6 \rightleftharpoons C_2H_4 + H_2$,反应掉的乙烷量为3000kg/h,得到乙烯量为1980kg/h。

求(1)反应的选择性;(2)求乙烯的收率。

用转化率、选择率和收率的关系式验算(1)、(2)的计算结果。

第十一章 化工生产过程的整体控制

化工生产的特点决定了必须对其生产过程进行整体控制。化工生产属于流程型，具有连续性，只有对这种连续性生产流程从整体上进行严密控制，才能将原料加工成合格的产品。生产的连续性包括空间的和时间的连续性，整体控制也包括空间和时间上的整体控制。空间整体控制，是指对工艺流程进行整体控制，包括产品生产全过程的整体控制和每个工序的整体控制。时间整体控制，是指对生产周期进行整体控制。化工生产过程有一定的周期性。一套新建的生产装置投产后，就开始了"启动-正常运行-停车-系统大修"几个阶段的周期循环，如图11-1所示。除了特殊情况以外，这种循环要往复进行下去。这就要求化工操作人员掌握生产周期各阶段的控制技能，不仅能对正常运行进行控制，而且能对开车停车进行控制。

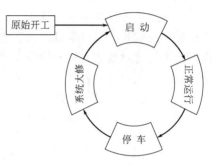

图 11-1 化工生产的周期循环

此外，计算机系统控制生产的技术正在普遍使用。计算机控制要求对生产过程进行总控，也就是整体控制。因此，掌握生产过程整体控制技能，已是生产技术发展的迫切需要。

本章主要介绍一个工序如何在生产周期各个阶段进行整体控制。

第一节 生产过程启动的整体控制

生产过程的启动（即开车）是生产周期中的一个重要环节，也是技术较为复杂的操作。开车的基本要求是按照工艺规程使生产装置安全、平稳、正点地运转起来，为生产正常运行创造良好条件。各个单元的开车方法，前面各章已分别做了介绍。下面介绍一个工序生产过程启动的方法步骤。

生产过程启动的种类，有原始开车、长期停车后的开车和短期停车的开车（见表11-1）。

表 11-1 生产过程启动（开车）种类一览表

生产过程启动的种类		生产过程启动的主要步骤	
		工程验收和投运准备	系 统 开 车
原 始 开 车		基建工程验收→投运准备→	开车前检查准备→投料开车
长期停车后开车	大修后开车	大修工程验收→投运准备→	开车前检查准备→投料开车
	其他长期停车后开车	投运准备→	开车前检查准备→投料开车
短期停车后开车	有计划短期停车后开车	（如系停车检修，应先进行竣工验收）	开车前检查准备→投料开车
	临时或紧急停车后开车		开车前检查准备→投料开车

原始开车是指新建装置或新安装设备的开车。开车前要先进行工程验收和投运准备，然后进行系统开车。由于对新建装置的性能还不熟悉，设备中的某些问题还未暴露，所以这种

开车要谨慎细心，严格按规程操作进行。

长期停车后的开车，多数情况是大修后的开车。由于大修期间很多设备被拆卸或更换，故这种开车也要进行工程验收和投运准备。其他长期停车后的开车，在开车前要对设备全面检查。如问题较大，一部分设备也要进行投运准备。

短期停车后的开车，包括有计划短期停车后开车和临时紧急停车后开车。此类开车一般不进行投运准备，但应按操作规程做好开车前检查准备，按规定的步骤开车。

工程验收、投运准备和系统开车是生产过程启动的主要步骤，下面分别介绍。

一、工程验收

在新建装置竣工后或大修竣工后，工序要对有关的工程验收。工程验收包括工程项目和工程质量的验收。工程项目验收要按施工计划检查所有工程项目是否完成。工程质量验收要依据技术规范对基建质量或检修质量逐项检查：运转设备要经试运转合格，有的还要进行超速试验；高压设备和容器必须有主管部门压力容器验收合格证，如有焊缝和弯过的管道，应对焊、弯部位进行磁力探伤或 X 光拍片；所有阀门、仪表要灵活、可靠，密封无泄漏，螺丝无松动；技术文件和检修记录必须齐全，如缺陷记录，耐压、气密试验记录，安全附件检验报告等。

二、投运准备

投运设备是指新建成或大修后的生产装置在投入运行前应进行的一系列准备工作。投运准备工作项目共有十项，包括一般项目七项，某些单元设备的特殊项目三项（如，使用填料塔的要装填料，有些催化反应要装催化剂，各种窑炉要烘炉、煮炉）。这些工作项目的顺序如图 11-2 所示。

图 11-2　投运准备的主要步骤

1. 全系统检查

对整个系统全面检查。检查重点有以下四点：

① 原料、辅助材料是否备齐，原料质量是否合格。

② 辅助设施是否具备开车条件。

a. 仪表、计算机和自动控制系统是否灵敏可靠；

b. 化验室是否做好准备，中控分析的仪器、试剂是否备齐；

c. 水、电、汽、气、冷等公用工程是否准备好，电器照明、电讯设备是否好用；

d. 各岗位工具和操作记录表是否备齐。

③ 生产系统中设备、管道是否完好。

④ 安全、消防、环保是否符合要求，消防器材是否齐全、完好，个人防护用具是否备齐，扶梯、平台是否安全，现场有无易燃物料和不安全隐患，处理排放物的设施是否到位。

2. 吹除清扫

吹除清扫简称吹扫，目的是清除施工安装时残留在设备管道内的泥沙、油脂、焊渣等杂物，防止开车堵塞管道，损坏设备。

严格检查吹扫质量。吹扫质量的标准是，各部分设备管道末端气体出口处所蒙的白纱布颜色未变黑，没有杂物。重要的设备要打开人孔检查。

3. 耐压试验

耐压试验的目的是在开车前检查设备能否承受工艺要求的压力，以确保开车后安全运行。

试验介质，如无特殊要求一般以水做介质。以水做介质的试压称为水压试验。

试验的压力，按有关规范，钢制低、中、高压容器水压试验压力均为工作压力的 1.25 倍，铸铁制的为 2 倍；中低压管道水压试验压力为工作压力的 1.25 倍，高压管道为 1.5 倍。

要严格按规定范要求进行试验。试压期间要填写记录表，画升压曲线图，并妥善保存。

4. 气密试验

气密试验的目的是检查设备、管道在充满气体达到使用压力时有无泄漏。

气密试验的介质，一般为干燥、洁净的空气、氮气或其它惰性气体。若生产工艺无特殊要求，即采用干燥洁净的空气。若生产工艺有要求不宜用空气，可用生产气体做介质，但试验前必须用氮气置换。本书中涉及甲醇的操作训练，都安排了两次气密试验。第一次以空气为介质，第二次以生产气体为介质，紧接在氮气置换以后进行。

气密试验的压力，按有关规范，试验压力等于工作压力。

严格按规范要求进行气密试验的操作，每次升压、保压都要对设备、管道详细检查，填写记录表。

5. 单机试车

目的是保证每台设备开车后都能正常运行。

6. 联动试车

目的是检验生产装置在带负荷情况下通过物料的性能。

7. 系统置换

目的是使生产物料绝对不和空气接触，保证开车后安全运行。

投运准备中的三个特殊工作项目，装填料已在第六章介绍，装触媒在本章技能训练中介绍，烘炉、煮炉将在有关生产工艺中学到，本书不再专门介绍。

投运准备进行到符合开车条件时，方能通知开车。

三、系统开车

1. 系统开车的任务和程序

系统开车是指使整个系统运转起来的开车。系统开车包括开车前检查准备和投料开车两步。

（1）开车前检查准备　在开车前再做一次细致检查，检查内容参见前面各章已做的介绍。

（2）投料开车　经开车前检查，如确认符合开车工序条件，可报告车间或厂调度室，调度室或车间正式下达开车通知，方可投料开车。

当整个系统稳定运转一段时间，各项指标完全控制在规定范围内平稳运行，并开始生产出合格产品时，即为开车成功。可转入正常运行操作。

2. 工序对系统开车的控制与组织

一个工序要将生产装置安全、平稳、正点地开起来，并非轻而易举之事。从实际情况看，有的能一次开车成功，有的则一次开不起来，甚至两三次才能开车成功。因此，工序负责人和操作人员必须对开车精心组织，要特别做好以下工作。

① 开车以前，制订科学的开车计划，要估计到开车过程中可能出现的各种情况，做到有预防，有准备。

② 开车期间，严密组织，统一协调。工序负责人要对本工序人员严密组织分工，和各有关部门密切联系。

③ 开车应严格按操作规程规定的程序进行，不得任意改变。开车期间应加强巡回检查，密切注意各项工艺参数的状况，如有异常现象应认真分析原因，提出解决办法，并立即报告。

④ 关键时刻，要有得力的指挥，灵活的调度。许多开车过程，当各种参数接近运行状态时，常常是最关键的时刻，对各种条件要求更为严格，时间不能有分秒延误，数据不能有丝毫差错。例如，硫铁矿制硫酸生产工艺中的沸腾炉开车点火过程，当流化床上沸腾着的颗粒层开始燃烧，温度升到873K时，是开车过程的关键时刻。此时，温度可能会急剧上升，此时必须掌握好加热的火候，使温度很快稳定在正常运行的1173K左右。如果加热量过大，温度猛升至1273K，瞬间就会使全炉结疤；而如果加热量过小，又会使温度急剧下降，造成炉子熄灭。所以，工序负责人在开车的关键时刻指挥干练，决断正确，技艺纯熟，调度灵敏，则是开车成功的有力保证。

第二节 生产正常运行的整体控制

开车成功后，生产装置就转入正常运行。正常运行是直接制造产品、创造价值的阶段，是化工生产周期中最重要的环节。

一、生产正常运行整体控制的要求和方法

1. "安、稳、长、优"——生产正常运行控制的基本要求

使生产装置安全、平稳、长周期地运行，努力实现优化操作，是对生产正常运行进行控制的基本要求。这是依据化工生产本身的规律提出的。连续化的生产过程必须经常处于稳定、均衡运行的状态，避免出现大的波动和停顿。"安、稳、长、优"四个字的核心是"稳"。只有稳定运行，才能保证安全、长周期地运行，优化操作也要在稳定运行的基础上实现。

(1) 平稳 化工生产中的物理或化学过程，只有处于长时间平稳运行的状态，才能获得较高的过程收率。如果运行不稳，波动很大，频繁地开车、停车、增减负荷，收率必然降低。比如精馏过程，在温度、压力、回流比等参数均衡的状态下，全塔汽-液平衡稳定，才会有较高的塔板效率。结晶过程，溶液在恒定的温度和过饱和度下运行，才能使晶体逐步生长，获得粗大匀称的晶体。因此，在正常运行操作中要努力保持工艺条件的稳定，尽量减少开停车次数，避免频繁地增减负荷。如果确需改变某种条件，也要缓慢进行。

(2) 优化 优化操作，就是使工艺参数在最佳条件下平稳运行。各个单元操作和单元反应的工艺参数都有一个适宜条件，优化条件则是适宜条件当中的最佳状态。如果说一般工艺指标是合格标准，那么优化指标就是优级标准。

优化操作能带来显著的经济效益，理论分析和实践经验都证明了这一点。例如，某石化厂丙烯腈工艺过程的流化床反应器进行了优化操作的试验。经过对试验前后丙烯腈的全程收率作比较，丙烯腈平均收率提高了1.467%，单耗降低了1.97%。因此，优化操作能以较低

的消耗创造出较多的优质产品，这是一种不增加设备就能提高经济效益的"软件"。

优化操作的条件并不是很容易找到的。上述丙烯腈流化床反应器的优化操作是在总结操作经验的基础上运用正交设计方法，经过反复分析比较才逐步找到的。化工操作人员应在实践中不断总结经验，努力找出本岗位操作的最佳工艺条件。

（3）安全、长周期　在"安、稳、长、优"中，安全是第一要素。在安全生产和稳定运行的关系中，安全生产是基础。如果离开了安全生产，稳定运行就不可能实现。稳定运行又是安全生产的保证。只有认真执行操作规程，稳定运行，才能为安全生产提供最可靠的保证。

长周期是指在生产稳定、设备完好的前提下，尽可能延长生产正常运行阶段的时间，延长大修间隔期。长周期是在技术先进、管理健全、操作优良的基础上实现的；而不是带病运转，强行延长运行时间。在20世纪50年代由于技术水平低，石油炼制中的常减压蒸馏最长的运行周期不超过半年；到20世纪80年代以后，其绝大多数运行周期都在1年以上。由此可见，生产装置安全、长周期地运行是生产技术水平和管理水平先进的重要标志。

2. 工序对生产正常运行的控制与组织

（1）掌握重点指标　工序负责人要在生产运行过程中紧紧抓住承担全工序主要生产任务的关键岗位，确保该岗位工艺指标的完成，并做好与其他岗位的协调工作。

（2）做好质量监控　要对输入的原料进行测试和化验，把住进料关。中间产品的生产，在加工前和加工后都要进行化验。对成品要严格进行测试和化验。属于本工序进行的化验，要认真做好；属于车间或厂部进行的化验，要密切联系，及时了解化验结果。

（3）加强前后联系　工序负责人和操作人员要主动与前后相邻工序联系，树立本工序为下工序服务，各工序为全系统服务的观念，积极为其他工序创造良好条件，满足各工序的要求。

二、用计算机进行生产运行整体控制

用计算机和高档次仪表控制化工生产运行是当前化工技术革新的重要内容，它使化工操作提高到新的水平，为化工生产过程的整体控制创造了有利条件。"化工总控工"是实行计算机控制后出现的新工种，它的职责是"在总控室内，通过仪表、计算机等，监控和调节一个或几个化学和物理过程"。总控就是对多岗位操作的整体控制。随着计算机控制生产技术的发展，化工操作的趋势也将从单一岗位的操作逐步发展为多个岗位乃至一个工序、一个产品的集中控制。

※1. 化工自动化技术发展概况简介

化工自动化技术的发展可分为以下三个阶段。

第一阶段，用常规仪表对化工过程中重要的工艺参数进行自动调节和定值控制。常规仪表包括检测仪表及以气动调节和电动调节为主的调节仪表。控制的内容主要是温度、压力、流量、液位、成分等参数。通过自动调节，使其按给定值的要求平稳运行。主要是对一种参数的单一控制。

第二阶段，用微型计算机和高档次仪表对较复杂的化工过程进行自动调节和编程控制。这个阶段的控制不再是对一种参数的单一控制，而是对多个岗位、整个产品的整体控制，有的还实行了将车间控制和厂部管理联结起来的整体控制，实现"管控一体化"。最常用的自动控制装置是集散系统。集散系统也叫分散系统，它的特点是把分散过程联成一体，进行监视和控制。它综合了计算机技术、控制技术、通信技术和显示技术，通过编程、运算，解决了复杂控制系统的诸多难题，实现了"集"与"散"的结合。

第三阶段，高级控制技术发展时期。其主要特点是实行智能控制，这是化工自动化的发展方向，目前很多企业已经进行了初步实验。

国内多数企业目前基本上是处于第二阶段，有些大型化工企业已开始试行智能控制。因此，要求化工操作人员必须学习掌握以集散系统为主的计算机控制生产的技术。

2. 计算机总控对化工生产运行的作用

目前，计算机总控主要是用集散系统进行生产控制。图 11-3 是目前常用的集散系统示意图。装置包括以下三个部分。

① 现场控制部分，设有若干个现场控制站，由一系列高档次仪表组成若干个控制单元。

② 总控部分，主要是操作员控制站，设在总控室内，有监控站、控制器、显示器 1～3 个、操作用的键盘和鼠标，以及打印机、扩展箱等设施，用线路连接各现场控制站。

③ 管理控制部分，包括工程师站和厂部的管理计算机，都与操作员控制站相通。

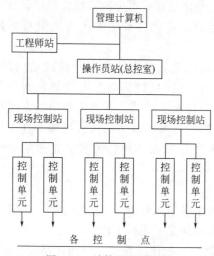

图 11-3 计算机控制系统

整个集散系统实行两级控制，现场控制站为基础级，操作员站为检控级。工程师站可以和现场直接联系，通过操作员站来下达控制指令。

实行计算机总控对生产运行的作用主要有以下三个方面。

（1）计算机控制是生产平稳运行的可靠保证 有些工艺参数由于各种条件限制，用手动操作或常规仪表控制难以做到平稳运行，使用计算机控制后得以实现。例如，烧碱生产中，三效蒸发器的出口含量要求稳定，但过去用手工操作一直难以实现，因为在生产线上直接检测 NaOH 含量很难做到。某氯碱厂根据 NaOH 含量和溶液沸点有一定函数关系的原理，对三效蒸发室碱液温度和蒸汽压力进行控制，经过可编程调节器的运算处理，实现了利用三效蒸发室汽液相温差来控制出料浓度，使 NaOH 含量长时间稳定在 30%，不仅保证了较高的产品质量，而且使蒸汽消耗降低了 12%。

（2）计算机总控是实现优化操作的重要条件 未实行计算机控制以前，操作优化靠人工进行，知识和经验丰富的操作人员有可能出色地实现优化操作。但是，由于过程的复杂性，某些生产条件特殊的场合只靠人工很难实现优化；再加上人员水平的不均衡，使优化操作问题得不到根本解决。实行计算机控制生产，找到了解决这个问题的有效途径。有些人工不易控制的场合，采用各种特定的手段进行控制；计算机可以不受人员水平的限制，按照给定值，均衡、稳定地实行控制。例如，尿素生产设置，由于生产过程的复杂性，用人工控制实现优化操作相当困难。某尿素装置建立了计算机控制系统后，以尿素最低氨耗为主要目标，采用了多功能的两级复杂控制系统，先在基础级使氨/碳配料比、合成塔液位等一系列基础指标实现优化，最后实现了尿素氨耗总目标的优化。

（3）计算机的总控使生产过程整体控制得到全面实施 集散系统将现场的各种信息集中在总控室，用画面、流程图直观地显示出来，并提供趋势显示，这就给操作人员集中对一个工序乃至整个产品进行集中分析、整体控制提供了良好条件。

3. 计算机总控条件下化工操作的改进

（1）实行计算机总控，对操作人员提出了更高要求

① 巡回检查要更加精细。不但要检查生产运行情况，而且要检查计算机系统的运行情况。如发现显示或记录出现异常，要准确地判定是生产故障还是计算机系统故障。若是计算机系统故障一时又不能解决，要熟练地切换为手动。

② 对能力的要求更为严格。操作人员不仅要具有化工工艺操作能力，而且要具有熟练的计算机操作能力，能参与计算机系统的一般维修、调试和日常保养。

③ 对专业知识的要求更加广泛。操作人员不仅要掌握化工专业知识，而且要熟悉化工仪表及自动化、计算机的基本知识，了解所操作的控制系统的结构性能、特点、控制方案。

（2）实行计算机总控，使化工操作方式出现新的变化

① 检查方式变化。利用计算机系统跟踪监视，与巡回检查相结合，就能更全面、清楚地了解生产与设备的状况。

② 调节方式变化。利用自动调节装置对各种工艺参数进行高效调节。操作人员要对调节系统经常检查，协同仪表工将给定值设在最佳范围，如发现给定值不适宜，要及时协同仪表工进行调整。

③ 处理异常现象的方式变化。利用报警及连锁装置进行异常现象的预防和处理，为防自动报警装置失灵，操作人员仍应按时到现场检查有无异常现象。

④ 利用先进手段对工艺参数进行分析判断。可以利用多屏幕、多画面，进行工艺参数的分析比较；利用工艺参数趋势显示，对生产过程进行深入分析。

⑤ 利用记录打印装置，对一个阶段的生产状况综合分析，总结经验。

第三节　生产装置停车与检修的整体控制

一、生产装置的停车

停车的基本要求：使运行着的生产装置安全、平稳地停下来，设备不受损失，整个装置保持有序状态，为下次顺利开车创造条件。

停车的种类：主要有长期停车和短期停车两大类，如表 11-2 所示。

表 11-2　停车种类一览表

类　别		计 划 停 车	计 划 外 停 车
长期停车	大修停车	大修	—
	其他长期停车	其他有计划长期停车	计划外长期停车
短期停车	正常停车	有计划短期停车(包括中、小修)	—
	非正常停车	—	临时停车 紧急停车

长期停车与短期停车的主要区别：短期停车一般仍保持运行时的温度和压力，设备内仍存有物料；长期停车则要恢复到常温、常压，设备内不再存有物料，达到能够进入设备内检修的条件。

长期停车要进行以下工作。

① 平稳地进行降温、降压或升温、升压操作，直至恢复常态。

② 按操作规程将物料安全地输送到仓库和指定地点。

③ 物料送出后，要将系统内部吹净，有的生产装置应在吹净前先用氮气置换，置换和吹净必须经分析达到规定指标后，方可完全停下来开始检修。

④ 长期停车期间，要按设备管理规程做好停用设备的维护保养，如运转设备的盘车、注油，停用设备的防腐、防潮、防冻等。

二、生产装置的检修

设备检修分为小修、中修和大修。小修是指对设备进行工作量较小的局部修理，如清洗、更换和修复少量易损件，消除跑、冒、滴、漏等。中修是指对设备进行较大的修理。大修是指对设备进行全面彻底的修理，要将设备全面解体。系统大修则是整个系统停车大修。检修工作以维修人员为主，化工操作人员配合。下面介绍化工工序在小修和大修时，怎样组织配合检修。

1. 化工工序在小修中的组织配合工作

小修配合工作的要求：保证安全，提供条件，协助修理。配合工作主要有以下3项。

（1）为检修创造条件

① 参与制订检修计划，积极提出建议。当有的设备某一部位需要检修而未列入计划时，要及时报告主管部门，提出追加项目建议。

② 设备隔离。由于小修时没有系统停车，必须使检修的设备与正运行的设备隔离，切断物料、水、电、汽、油的入口，必要时应放净设备内的物料后再检修。

③ 置换与气体分析。对要检修的设备、管道必须进行置换，经气体分析，达到合格标准方可检修。

④ 现场检查。正式检修之前，工序负责人要进行一次施工条件、安全措施的检查。确认符合施工条件，工序负责人在《检修任务书》上签字，方可检修。

（2）检修中密切配合　检修开始后，化工操作工的密切配合是保证安全检修的关键，工序应派人专门负责安全事宜。需要动火时，化工工序负责人必须守在现场监护，配合分析工做好气体分析。如在管道上动火，须先在动火处的两端加上盲板，对动火管道进行气体取样分析，分析合格，化工工序负责人在"动火证"上签字，方可动火。

（3）检修后检查验收　检修结束时，工序负责人要对检修的设备检查验收，进行设备运转、试压、试气的检查。确认合格后，由工序负责人在《检修任务书》验收栏签字。

2. 化工工序在系统大修中的组织配合工作

系统大修时，化工工序负责人和操作人员要积极主动地做好以下配合工作。

（1）协助订检修计划　将日常设备维护、巡回检查中发现的设备问题，包括跑、冒、滴、漏，设备的磨损、蚀损、断裂等情况写成书面意见，提交大修的管理部门。

（2）做好安全交接　当生产装置经过吹净、置换，系统停车后，化工工序负责人应与检修负责人办理安全交接，手续如下：

① 检修负责人填写"设备修理任务书"，交化工工序负责人；

② 化工工序负责人按检修要求提出的安全措施和注意事项，填入任务书；

③ 工序负责人按检修要求切断一切水、电、气、汽、油、风的来源；

④ 组织操作人员彻底排除设备内的有害气体，清除设备内的积灰、污水，扫净现场；

⑤ 对清理有毒有害物料的大型设备，作业时必须有监护人进行监护；

⑥ 某些需要封闭的管口，要上好盲板；

⑦ 工序负责人与检修负责人在现场办理安全交接手续，按"修理任务书"内容逐项检查，然后签字，任务书一式两份，双方各执一份；

⑧ 如需动火，还要办理动火手续。

（3）协助修理　根据指挥部安排，操作人员可参加本工序部分检修工作。

（4）中间检查　大修开始后，检修、操作的负责人连同主管科室负责人联合对重点检修部位全面检查，统一认识。操作人员要主动介绍有关情况。检修中间，上述人员再做一次联合检查。

（5）竣工验收　大修结束时，工序负责人要参与验收，包括质量检查、试压、试车等。要求步骤与"投运准备"的要求相同。竣工验收合格后，进行开车前准备，进入下一个周期的循环。

第四节　生产过程整体控制技能训练

前面各章，已分别进行了几个工艺过程和单项设备开停车、正常操作的训练，本章主要进行原始开车和计算机总控的训练。原始开车能力是衡量化工技术工人技能水平的一项重要标志。我国化工工人技术等给标准规定，中级工应掌握本工种大修后装置试车和原始开车的能力，高级工应掌握本工种新建装置验收、试车和原始开车的能力。本书六、七章已安排了原始开车的局部训练。本章是在以前几次局部训练的基础上，进行原始开车（包括工程验收和投运准备）的全面训练。

【技能训练 11-1】　化工生产过程的启动和运行

本次训练为利用教学软件模拟化工操作的训练，包括甲醇合成工段的原始开车和化工生产过程的计算机总控两部分。通过模拟操作训练，熟悉化工生产装置原始开车的方法步骤，初步了解用计算机控制化工生产正常运行的基本方法。

·训练设备条件

教学软件：《甲醇合成工段的原始开车》、《化工生产过程的计算机总控》。

·相关技术知识

1. 甲醇合成的原理与流程

本次训练的流程为高压法冷管式合成塔工艺流程。

反应基本原理

符合反应条件的碳氢合成气进入合成塔，在压力 30～32MPa、温度 340～420℃和锌-铬催化剂的作用下发生反应，生成甲醇，同时伴有副反应，生成杂质气体。主反应式为：

$$CO+2H_2=CH_3OH \qquad \Delta H=-102.5kJ/mol$$

出合成塔的气体混合物，经过冷却、分离等处理，制成甲醇含量为 70% 的粗甲醇，送往精馏工段。

工艺流程包括以下三步。

① 压缩工段送来的新鲜原料气与循环机送来的循环气汇合，经热交换器经从合成塔出来的高温气体加热后，进入合成塔。

② 原料气在合成塔内进一步加热后进入催化剂筐，在催化剂层中发生反应。反应放出的热量通过冷管或副线及时移走。反应后的混合气体经塔内换热器降温后出合成塔。

③ 从合成塔出来的混合气体，先在热交换器内进一步降温，然后进冷却器，使粗甲醇

冷凝，再进入高效分离器实现气液分离。液体粗甲醇送往精馏工序精制；气体作为循环气送往循环压缩机加压，继续反应。

2. 甲醇合成工段的原始开车

（1）工程验收　本装置为高压设备，必须依据施工图纸和技术规范严格细致地进行验收。甲醇合成工段要着重对以下环节验收把关。

① 合成塔、换热器、分离器等等高压设备，要有省市一级主管部门的压力容器验收合格证；循环压缩机，要有在操作压力 1.2 倍条件下试运转的合格证。这些证件缺一不可。

② 对高压设备、管道的某些重点部位（如焊缝、弯过的管道等）进行 X 射线探伤或超声波探伤。

③ 对阀门、仪表、主要密封点进行外观检查和人工测试。

④ 检查耐压试验、气密试验的记录资料（包括升压曲线图），压力表、安全阀最近一次的检验报告。

（2）投运准备

本工段的投运准备包括以下十个步骤（有的步骤前面章节已作介绍，不再重复）。

① 全面检查。

② 吹除清扫。

③ 水压试验，本工段设备的试验压力为 40MPa。

④ 第一次气密试验。

本工段要进行两次气密试验。第一次在吹扫后、试车前，用空气试验；第二次在系统置换后，用新鲜原料气试验。

第一次用 20MPa 的洁净空气进行气密试验，分四段提升压力，即：5MPa、10MPa、15MPa、20MPa，每段都要保压 30min，进行严格检查。第二次气密试验在第 9 步介绍。

⑤ 单机试车，重点进行循环压缩机、电热炉的试车。

⑥ 联动试车，即全系统带负荷试车。联动试车是保证全系统通气后顺利运行的关键，务必严格进行。特别注意循环压缩机在负荷下的运转情况，各阀门、仪表、自控系统在负荷下的工作情况。

⑦ 装催化剂（装触媒）。这是本工段原始开车的重要步骤，能否将触媒装好、装足直接影响到今后催化剂的使用寿命和整个装置的安全长周期运行。装催化剂的基本要求是清洁、紧密、均匀。装填过程要着重抓好以下环节。

装填前。

a. 塔内：将各塔内件固定好，间隙均匀，用洁净的布条将催化剂筐与外筒的间隙堵实。

b. 现场清扫干净，不得有杂物、积水。

c. 触媒过筛，防止将碎片、粉末带进塔内。

装填当中。

a. 可采用螺旋散洒方式装填，最好用漏斗或软管以减小落差。

b. 装完一批用铝棒轻轻捣实，并测量各部位平面高度是否一致。

c. 装填结束时，将表面轻轻扒平，除掉所有杂物。

装填后处理：装完后及时封闭人孔和大小盖，并通入低压空气轻吹，将各种粉末吹走。

⑧ 系统置换。第一步用氮气置换，第二步用新鲜原料气置换。第二步要反复进行数次，将系统内的空气彻底放净，达到含氧量<0.2％的标准。

⑨ 第二次气密试验。用工作压力的原料气试验，分六段升压，即：5MPa、10MPa、

15MPa、20MPa、25MPa、32MPa。最后一次要保压24h，进行详细检查，在此期间压力不下降即为合格。

⑩ 催化剂升温还原。以上各项完全达标，原始开车结束，开始进入正常的系统开车。

- 训练内容与步骤

1．训练前准备。学习有关知识，了解本工段原始开车操作要点和教学软件的使用方法。

2．看教学软件，熟悉有关内容。

3．利用教学软件进行模拟操作。

重点进行下列五项模拟操作：

（1）工程验收

（2）第一次气密试验

（3）联动试车

（4）装触媒

（5）系统置换

- 实训作业

1．填写操作记录表。

2．写实习报告。

习　　题

1．化工生产有一定的周期性。一套新建的生产装置投产后，就开始进行（　　）—（　　）—（　　）—（　　）4个阶段的周期循环。

2．开车是生产周期中的一个重要环节。开车的基本要求是，按照＿＿＿＿＿＿＿，使生产装置＿＿＿＿＿＿、＿＿＿＿＿、＿＿＿＿＿＿地运转起来。开车的种类主要有＿＿＿＿＿＿开车、＿＿＿＿＿＿后的开车和＿＿＿＿＿＿后的开车。

3．简述投运准备主要包括哪几项工作？

4．吹除清扫的目的是将设备内的＿＿＿＿＿＿＿＿以及＿＿＿＿＿＿和＿＿＿＿＿＿处理干净。吹扫的标准是，吹到在气体出口处蒙上白纱布＿＿＿＿＿＿方为合格。

5．耐压试验的目的是在开车前检查设备、管道能否＿＿＿＿＿＿，以确保安全运行。试压介质如果没有特殊要求，一般用＿＿＿＿＿作介质，称为＿＿＿＿＿＿试验。低压设备的试验压力一般为工作压力的＿＿＿＿＿＿倍，较高压力设备则为工作压力的＿＿＿＿＿倍。

6．气密试验的目的是检查设备、管道＿＿＿＿＿＿。试验介质一般为＿＿＿＿＿。如生产工艺有特殊要求不宜用空气，可用＿＿＿＿＿试验，在试验前必须进行＿＿＿＿＿＿＿＿。气密试验的压力，如设备为常压，应将压力升至操作压力的＿＿＿＿倍。如设备为高压，应根据具体情况分几次升压，最后一次升至＿＿＿＿＿＿。

7．简述耐压试验的程序？

8．简述气密试验的程序？

9．气密试验过程中要对系统详细检查，对可疑处涂肥皂液的目的是＿＿＿＿。

　　a. 保持管道清洁　　b. 据有无肥皂气泡判断该处是否泄漏

　　c. 将可疑处的铁锈清理干净，以便仔细地检查

10．耐压试验和气密试验过程中，经检查发现有泄漏，应该＿＿＿＿。

　　a. 立即处理解决　　b. 卸压后及时处理解决，解决后再做试验，检查是否确实解决

　　c. 对泄漏处做详细记录，留待开车后处理

11. 在投料开车之前必须做好仔细检查和开车组合。简述开车前检查准备主要有哪几项工作？

12. 生产正常运行控制的基本要求是使生产装置_____、_____、_____地运行，努力实现_____操作。这一要求可概括为_____、_____、_____、_____四个字。

13. 停车有长期停车和短期停车两类，其主要区别是：短期停车一般仍保持_____，设备内仍_____；长期停车则要恢复到_____，设备内_____。

14. 简述长期停车的主要步骤。

15. 长期停车在物料送出后必须将系统内部吹净，有的生产装置应在吹净前先_____，吹净和置换的标准是_____方可完全停下来开始检修。

16. 设备小修时，化工操作人员要进行哪几项组合工作？

17. 设备小修、大修、中修时，要检修设备、管道必须进行_____，并做分检合格，工序负责人在任务书上签字，方可检修。

18. 简述设备大修前，化工工序与检修人员进行安全交接的手续。

附　录

一、水的物理性质

温度		饱和蒸气压 /kPa	密度 /(kg/m³)	焓 /(kJ/kg)	比热容/ [kJ/(kg·K)]	热导率 $\lambda \times 10^2$ / [W/(m·℃)]	黏度 $\mu \times 10^5$ /(Pa·s)
T/K	$t/℃$						
273	0	0.6082	999.9	0	4.212	55.13	179.21
283	10	1.2262	999.7	42.04	4.191	57.45	130.77
293	20	2.3346	998.2	83.90	4.183	59.89	100.50
303	30	4.2474	995.7	125.69	4.174	61.76	80.07
313	40	7.3766	992.2	167.51	4.174	63.38	65.60
323	50	12.31	988.1	209.30	4.174	64.78	54.94
333	60	19.923	983.2	251.12	4.178	65.94	46.88
343	70	31.164	977.8	292.99	4.178	66.76	40.61
353	80	47.379	971.8	334.94	4.195	67.45	35.65
363	90	70.136	965.3	376.98	4.208	67.98	31.65
373	100	101.33	958.4	419.10	4.220	68.04	28.38
383	110	143.31	951.0	461.34	4.238	68.27	25.89
393	120	198.64	943.1	503.67	4.250	68.50	23.73
403	130	270.25	934.8	546.38	4.266	68.50	21.77
413	140	361.47	926.1	589.08	4.287	68.27	20.10
423	150	476.24	917.0	632.20	4.312	68.38	18.63
433	160	618.28	907.4	675.33	4.346	68.27	17.36
443	170	792.59	897.3	719.29	4.379	67.92	16.28
453	180	1003.5	886.9	763.25	4.417	67.45	15.30
463	190	1255.6	876.0	807.63	4.460	66.99	14.42
473	200	1554.77	863.0	852.43	4.505	66.29	13.63
483	210	1917.72	852.8	897.65	4.555	65.48	13.04
493	220	2320.88	840.3	943.70	4.614	64.55	12.46
503	230	2798.59	827.3	990.18	4.681	63.73	11.97
513	240	3347.91	813.6	1037.49	4.756	62.80	11.47
523	250	3977.67	799.0	1085.64	4.844	61.76	10.98
533	260	4693.75	784.0	1135.04	4.949	60.84	10.59
543	270	5503.99	767.9	1185.28	5.070	59.96	10.20
553	280	6417.24	750.7	1236.28	5.229	57.45	9.81
563	290	7443.29	732.3	1289.95	5.485	55.82	9.42
573	300	8592.94	712.5	1344.80	5.736	53.96	9.12
583	310	9877.96	691.1	1402.16	6.071	52.34	8.83
593	320	11300.3	667.1	1462.03	6.573	50.59	8.53
603	330	12879.6	640.2	1526.19	7.243	48.73	8.14
613	340	14615.8	610.1	1594.75	8.164	45.71	7.75
623	350	16538.5	574.4	1671.37	9.504	43.03	7.26
633	360	18667.1	528.0	1761.39	13.984	39.54	6.67
643	370	21040.9	450.5	1892.43	40.319	33.73	5.69

二、液体的黏度和在 293K 时的密度

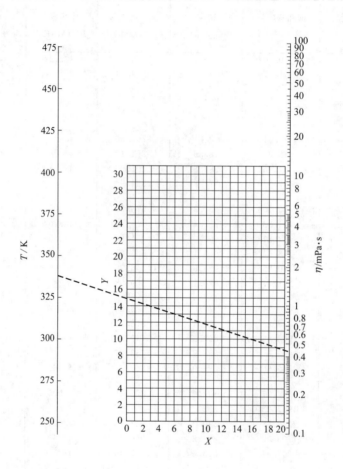

1. 液体在常压下的黏度列线图

2. 下表为液体黏度列线图中的坐标值及其在 293K 时的密度

用法举例：试求苯在 323K 时的黏度。

首先从下表序号 26 查得苯的 $X = 12.5$，$Y = 10.9$；再按这两个数值在列线图中确定一相应的点；然后，把这一点与图中左方温度标尺上 323K 的点联成直线，其延长线与右方黏度标尺的交点读数为 0.44mPa·s，即苯在 323K 下的黏度值。

序号	名 称	X	Y	ρ /(kg/m³)	序号	名 称	X	Y	ρ /(kg/m³)
1	水	10.2	13.0	998	31	乙苯	13.2	11.5	867
2	盐水(25%NaCl)	10.2	16.6	1186 (298K)	32	氯苯	12.3	12.4	1107
					33	硝基苯	10.6	16.2	1205 (291K)
3	盐水(25%CaCl₂)	6.6	15.9	1228	34	苯胺	8.1	18.7	1022
4	氨	12.6	2.0	817 (194K)	35	酚	6.9	20.8	1071 (298K)
5	氨水(26%)	10.1	13.9	904	36	联苯	12.0	18.3	992 (346K)
6	二氧化碳	11.6	0.3	1101 (236K)	37	萘	7.9	18.1	1493
7	二氧化硫	15.2	7.1	1434 (273K)	38	甲醇(100%)	12.4	10.5	792
					39	甲醇(90%)	12.3	11.8	820
8	二硫化碳	16.1	7.5	1263	40	甲醇(40%)	7.8	15.5	935
9	溴	14.2	13.2	3119	41	乙醇(100%)	10.5	13.8	789
10	汞	18.4	16.4	13546	42	乙醇(95%)	9.8	14.3	804
11	硫酸(110%)	7.2	27.4	1980	43	乙醇(40%)	6.5	16.6	935
12	硫酸(100%)	8.0	25.1		44	乙二醇	6.0	23.6	1113
13	硫酸(98%)	7.0	24.8	1836	45	甘油(100%)	2.0	30.0	1261
14	硫酸(60%)	10.2	21.3	1498	46	甘油(50%)	6.9	19.6	1126
15	硝酸(95%)	12.8	13.8	1493	47	乙醚	14.5	5.3	708 (298K)
16	硝酸(60%)	10.8	17.0	1367	48	乙醛	15.2	14.8	783 (298K)
17	盐酸(31.5%)	13.0	6.6	1157					
18	氢氧化钠(50%)	3.2	25.8	1525	49	丙酮	14.5	7.2	792
19	戊烷	14.9	5.2	630 (291K)	50	甲酸	10.7	15.8	1220
					51	乙酸(100%)	12.1	14.2	1049
20	己烷	14.7	7.0	659	52	乙酸(70%)	9.5	17.0	1069
21	庚烷	14.1	8.4	624	53	乙酸酐	12.7	12.8	1083
22	辛烷	13.7	10.0	703	54	乙酸乙酯	13.7	9.1	901
23	三氯甲烷	14.4	10.2	1489	55	乙酸戊酯	11.8	12.5	879
24	四氯化碳	12.7	13.1	1595	56	氟里昂-11	14.4	9.0	1494 (290K)
25	二氯乙烷	13.2	12.2	2495	57	氟里昂-12	16.8	5.6	1486 (243K)
26	苯	12.5	10.9	879					
27	甲苯	13.7	10.4	866	58	氟里昂-21	15.7	7.5	1485 (273K)
28	邻二甲苯	13.5	12.1	881	59	氟里昂-22	17.2	4.7	3870 (273K)
29	间二甲苯	13.9	10.6	867					
30	对二甲苯	13.9	10.9	861	60	煤油	10.2	16.9	780~820

三、气体在常压下的黏度

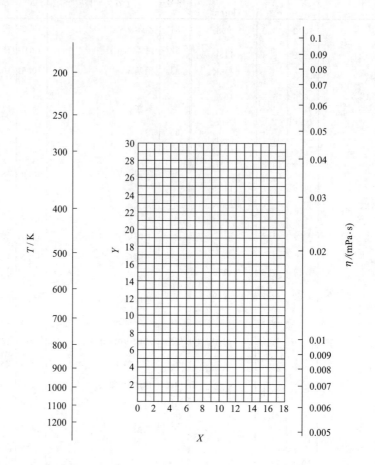

1. 气体在常压下的黏度列线图

2. 气体黏度列线图中的坐标值

序　号	名　称	X	Y	序　号	名　称	X	Y
1	空气	11.0	20.0	21	乙炔	9.8	14.9
2	氧	11.0	21.3	22	丙烷	9.7	12.9
3	氮	10.6	20.0	23	丙烯	9.0	13.8
4	氢	11.2	12.4	24	丁烯	9.2	13.7
5	$3H_2 + 1N_2$	11.2	17.2	25	戊烷	7.0	12.8
6	水蒸气	8.0	16.0	26	己烷	8.6	11.8
7	二氧化碳	9.5	18.7	27	三氯甲烷	8.9	15.7
8	一氧化碳	11.0	20.0	28	苯	8.5	13.2
9	氨	8.4	16.0	29	甲苯	8.6	12.4
10	硫化氢	8.6	18.0	30	甲醇	8.5	15.6
11	二氧化硫	9.6	17.0	31	乙醇	9.2	14.2
12	二硫化碳	8.0	16.0	32	丙醇	8.4	13.4
13	一氧化二氮	8.8	19.0	33	乙酸	7.7	14.3
14	一氧化氮	10.9	20.5	34	丙酮	8.9	13.0
15	氟	7.3	23.8	35	乙醚	8.9	13.0
16	氯	9.0	18.4	36	乙酸乙酯	8.5	13.2
17	氯化氢	8.8	18.7	37	氟里昂-11	10.6	15.1
18	甲烷	9.9	15.5	38	氟里昂-12	11.1	16.0
19	乙烷	9.1	14.5	39	氟里昂-21	10.8	15.3
20	乙烯	9.5	15.1	40	氟里昂-22	10.1	17.0

四、常用泵的规格

1. IS 型单级单吸离心泵性能（摘录）

型　号	转速 n /(r/min)	流量 /(m³/h)	流量 /(L/s)	扬程 H /m	效率 η	轴功率	电机功率	必需汽蚀余量 $(NPSH)_r$/m	质量(泵/底座) /kg
IS50-32-125	2900	7.5	2.08	22	47%	0.96		2.0	
		12.5	3.47	20	60%	1.13	2.2	2.0	32/46
		15	4.17	18.5	60%	1.26		2.5	
	1450	3.75	1.04	5.4	43%	0.13		2.0	
		6.3	1.74	5	54%	0.16	0.55	2.0	32/38
		7.5	2.08	4.6	55%	0.17		2.5	
IS50-32-160	2900	7.5	2.08	34.3	44%	1.59		2.0	
		12.5	3.47	32	54%	2.02	3	2.0	50/46
		15	4.17	29.6	56%	2.16		2.5	
	1450	3.75	1.04	13.1	35%	0.25		2.0	
		6.3	1.74	12.5	48%	0.29	0.55	2.0	50/38
		7.5	2.08	12	49%	0.31		2.5	
IS50-32-200	2900	7.5	2.08	82	38%	2.82		2.0	
		12.5	3.47	80	48%	3.54	5.5	2.0	52/66
		15	4.17	78.5	51%	3.95		2.5	
	1450	3.75	1.04	20.5	33%	0.41		2.0	
		6.3	1.74	20	42%	0.51	0.75	2.0	52/38
		7.5	2.08	19.5	44%	0.56		2.5	
IS50-32-250	2900	7.5	2.08	21.8	23.5%	5.87		2.0	
		12.5	3.47	20	38%	7.16	11	2.0	88/110
		15	4.17	18.5	41%	7.83		2.5	
	1450	3.75	1.04	5.35	23%	0.91		2.0	
		6.3	1.74	5	32%	1.07	1.5	2.0	88/64
		7.5	2.08	4.7	35%	1.14		3.0	
IS65-50-125	2900	7.5	4.17	35	58%	1.54		2.0	
		12.5	6.94	32	69%	1.97	3	2.0	50/41
		15	8.33	30	68%	2.22		3.0	
	1450	3.75	2.08	8.8	53%	0.21		2.0	
		6.3	3.47	8.0	64%	0.27	0.55	2.0	50/38
		7.5	4.17	7.2	65%	0.30		2.5	
IS65-50-160	2900	15	4.17	53	54%	2.65		2.0	
		25	6.94	50	65%	3.35	5.5	2.0	51/66
		30	8.33	47	66%	3.71		2.5	
	1450	7.5	2.08	13.2	50%	0.36		2.0	
		12.5	3.47	12.5	60%	0.45	0.75	2.0	51/38
		15	4.17	11.8	60%	0.49		2.5	
IS65-40-200	2900	15	4.17	53	49%	4.42		2.0	
		25	6.94	50	60%	5.67	7.5	2.0	62/66
		30	8.33	47	61%	6.29		2.5	
	1450	7.5	2.08	13.2	43%	0.63		2.0	
		12.5	3.47	12.5	55%	0.77	1.1	2.0	62/46
		15	4.17	11.8	57%	0.85		2.5	

型　号	转速 n /(r/min)	流量 /(m³/h)	流量 /(L/s)	扬程 H /m	效率 η	功率/kW 轴功率	功率/kW 电机功率	必需汽蚀余量 $(NPSH)_r$/m	质量(泵/底座) /kg
IS65-40-250	2900	15	4.17	82	37%	9.05	15	2.0	82/110
		25	6.94	80	50%	10.89		2.0	
		30	8.33	78	53%	12.02		2.5	
	1450	7.5	2.08	21	35%	1.23	2.2	2.0	82/67
		12.5	3.47	20	46%	1.48		2.0	
		15	4.17	19.4	48%	1.65		2.5	
IS65-40-315	2900	15	4.17	127	28%	18.5	30	2.5	152/110
		25	6.94	125	40%	21.3		2.5	
		30	8.33	123	44%	22.8		3.0	
	1450	7.5	2.08	32.2	25%	6.63	4	2.5	152/67
		12.5	3.47	32.0	37%	2.94		2.5	
		15	4.17	31.7	41%	3.16		3.0	
IS80-65-125	2900	30	8.33	22.5	64%	2.87	5.5	3.0	44/46
		50	13.9	20	75%	3.63		3.0	
		60	16.7	18	74%	3.98		3.5	
	1450	15	4.17	5.6	55%	0.42	0.75	2.5	44/38
		25	6.94	5	71%	0.48		2.5	
		30	8.33	4.5	72%	0.51		3.0	
IS80-65-160	2900	30	8.33	36	61%	4.82	7.5	2.5	48/66
		50	13.9	32	73%	5.97		2.5	
		60	16.7	29	72%	6.59		3.0	
	1450	15	4.17	9	55%	0.67	1.5	2.5	48/46
		25	6.94	8	69%	0.79		2.5	
		30	8.33	7.2	68%	0.86		3.0	
IS80-50-200	2900	30	8.33	53	55%	7.87	15	2.5	64/124
		50	13.9	50	69%	9.87		2.5	
		60	16.7	47	71%	10.8		3.0	
	1450	15	4.17	13.2	51%	1.06	2.2	2.5	64/46
		25	6.94	12.5	65%	1.31		2.5	
		30	8.33	11.8	67%	1.44		3.0	
IS80-50-250	2900	30	8.33	84	52%	13.2	22	2.5	90/110
		50	13.9	80	63%	17.3		2.5	
		60	16.7	75	64%	19.2		3.0	
	1450	15	4.17	21	49%	1.75	3	2.5	90/64
		25	6.94	20	60%	2.22		2.5	
		30	8.33	18.8	61%	2.52		3.0	
IS80-50-315	2900	30	8.33	128	41%	25.5	37	2.5	125/160
		50	13.9	125	54%	31.5		2.5	
		60	16.7	123	57%	35.3		3.0	
	1450	15	4.17	32.5	39%	3.4	5.5	2.5	125/66
		25	6.94	32	52%	4.19		2.5	
		30	8.33	31.5	56%	4.6		3.0	

型　　号	转速 n /(r/min)	流量		扬程 H /m	效率 η	功率/kW		必需汽蚀余量 $(NPSH)_r$/m	质量(泵/底座) /kg
		/(m³/h)	/(L/s)			轴功率	电机功率		
IS100-80-125	2900	60	16.7	24	67%	5.86	11	4.0	49/64
		100	27.8	20	78%	7.00		4.5	
		120	33.3	16.5	74%	7.28		5.0	
	1450	30	8.33	6	64%	0.77	1	2.5	49/46
		50	13.9	5	75%	0.91		2.5	
		60	16.7	4	71%	0.92		3.0	
IS100-80-160	2900	60	16.7	36	70%	8.42	15	3.5	69/110
		100	27.8	32	78%	11.2		4.0	
		120	33.3	28	75%	12.2		5.0	
	1450	30	8.33	9.2	67%	1.12	2.2	2.0	69/64
		50	13.9	8.0	75%	1.45		2.5	
		60	16.7	6.8	71%	1.57		3.5	
IS100-65-200	2900	60	16.7	54	65%	13.6	22	3.0	81/110
		100	27.8	50	76%	17.9		3.6	
		120	33.3	47	77%	19.9		4.8	
	1450	30	8.33	13.5	60%	1.84	4	2.0	81/64
		50	13.9	12.5	73%	2.33		2.0	
		60	16.7	11.8	74%	2.61		2.5	
IS100-65-250	2900	60	16.7	87	61%	23.4	37	3.5	90/160
		100	27.8	80	72%	30.3		3.8	
		120	33.3	74.5	73%	33.3		4.8	
	1450	30	8.33	21.3	55%	3.16	5.5	2.0	90/65
		50	13.9	20	68%	4.00		2.0	
		60	16.7	19	70%	4.44		2.5	
IS100-65-315	2900	60	16.7	133	55%	39.6	75	3.0	180/295
		100	27.8	125	66%	51.6		3.6	
		120	33.3	118	67%	57.5		4.2	
	1450	30	8.33	34	51%	5.44	11	2.0	180/112
		50	13.9	32	63%	6.92		2.0	
		60	16.7	30	64%	7.67		2.5	
IS125-100-200	2900	120	33.3	57.5	67%	28.0	45	4.5	108/160
		200	55.6	50	81%	33.6		4.5	
		240	66.7	44.5	80%	36.4		5.0	
	1450	60	16.7	14.5	62%	3.83	7.5	2.5	108/66
		100	27.8	12.5	76%	4.48		2.5	
		120	33.3	11	75%	4.79		3.0	
IS125-100-250	2900	120	33.3	87	66%	43.0	75	3.8	166/295
		200	55.6	80	78%	55.9		4.2	
		240	66.7	72	75%	62.8		5.0	
	1450	60	16.7	21.5	63%	5.59	11	2.5	166/112
		100	27.8	20	76%	7.17		2.5	
		120	33.3	18.5	77%	7.84		3.0	

续表

型 号	转速 n /(r/min)	流量 /(m³/h)	流量 /(L/s)	扬程 H /m	效率 η	功率/kW 轴功率	功率/kW 电机功率	必需汽蚀余量 (NPSH)ᵣ/m	质量(泵/底座) /kg
IS125-100-315	2900	120	33.3	132.5	60%	72.1	110	4.0	189/330
		200	55.6	125	75%	90.8		4.5	
		240	66.7	120	77%	101.9		5.0	
	1450	60	16.7	33.5	58%	9.4	15	2.5	189/160
		100	27.8	32	73%	7.9		2.5	
		120	33.3	30.5	74%	13.5		3.0	
IS125-100-400	1450	60	16.7	52	53%	16.1	30	2.5	205/233
		100	27.8	50	65%	21.0		2.5	
		120	33.3	48.5	67%	23.6		3.0	
IS150-125-250	1450	120	33.3	22.5	71%	10.4	18.5	3.0	188/158
		200	55.6	20	81%	13.5		3.0	
		240	66.7	17.5	78%	14.7		3.5	
IS150-125-315	1450	120	33.3	34	70%	15.9	30	2.5	192/233
		200	55.6	32	79%	22.1		2.5	
		240	66.7	29	80%	23.7		3.0	
IS150-125-400	1450	120	33.3	53	62%	27.9	45	2.0	223/233
		200	55.6	50	75%	36.3		2.8	
		240	66.7	46	74%	40.6		3.5	
IS200-150-250	1450	240	66.7	20	82%	26.6	37		203/233
		400	111.1						
		460	127.8						
IS200-150-315	1450	240	66.7	37	70%	34.6	55	3.0	262/295
		400	111.1	32	82%	42.5		3.5	
		460	127.8	28.5	80%	44.6		4.0	
IS200-150-400	1450	240	66.7	55	74%	48.6	90	3.0	295/298
		400	111.1	50	81%	67.2		3.8	
		460	127.8	48	76%	74.2		4.5	

2. Sh 型泵性能表

泵型号	流量 /(m³/h)	扬程 /m	转速 (r/min)	功率/kW 轴	功率/kW 电机	效率 /%	允许吸上真空高度/m	叶轮直径 /mm
6Sh-6	126	84	2950	40	55	72	5	251
	162	78		46.5		74		
	198	70		52.4		72		
6Sh-6A	111.6	67	2950	30	40	68	5	223
	144	62		33.8		72		
	180	55		38.5		70		
6Sh-9	130	52	2900	25	40	73.9	5	200
	170	47.6		27.6		79.8		
	220	35.0		31.3		67		
6Sh-9A	111.6	43.8	2900	18.5	30	72	5	186
	144	40		20.9		75		
	180	35		24.5		70		
8Sh-6	180	100	2900	68	100	72	4.5	282
	234	93.5		79.5		75		
	288	82.5		86.4		75		

3. Y 型油泵性能表

型　号	流量/(m³/h)	扬程/m	效率/%	功率/kW 轴	功率/kW 电机	允许汽蚀余量/m	泵壳许用压力/(kg/cm²)	结构型号
50Y-60	12.5	60	35	5.95	11	2.3	16/26	单级悬臂
50Y-60A	11.2	49		4.27	8		16/26	单级悬臂
50Y-60B	9.9	38		2.93	5.5		16/26	单级悬臂
50Y-60×2	12.5	120	35	11.7	15	2.3	22/32	双级悬臂
50Y-60×2A	11.7	105		9.55	15		22/32	双级悬臂
50Y-60×2B	10.8	90		7.65	11		22/32	双级悬臂
50Y-60×2C	9.9	75		5.9	8		22/32	双级悬臂
65Y-60	25	60	55	7.5	11	2.6	16/26	单级悬臂
65Y-60A	22.5	49		5.5	8		16/26	单级悬臂
65Y-60B	19.8	38		3.75	5.5		16/26	单级悬臂
65Y-100	25	100	40	17.0	32	2.6	16/26	单级悬臂
65Y-100A	23	85		13.3	20		16/26	单级悬臂
65Y-100B	21	70		10.0	15		16/26	单级悬臂
65Y-100×2	25	200	40	34	55	2.6	30/40	两级悬臂
65Y-100×2A	23.3	175		27.8	40		30/40	两级悬臂
65Y-100×2B	21.6	150		22	32		30/40	两级悬臂
65Y-100×2C	19.8	125		16.8	20		30/40	两级悬臂
80Y-60	50	60	64	12.8	15	3.0	16/26	单级悬臂
80Y-60A	45	49		9.4	11		16/26	单级悬臂
80Y-60B	39.5	38		6.5	8		16/26	单级悬臂
80Y-100	50	100	60	22.7	32	3.0	20/30	单级悬臂
80Y-100A	45	85		19.9	25		20/30	单级悬臂
80Y-100B	39.5	70		12.6	20		20/30	单级悬臂
80Y-100×2	50	200	60	45.4	75	3.0	30/40	两级悬臂
80Y-100×2A	46.6	175		37.0	55		30/40	两级悬臂
80Y-100×2B	43.2	150		29.5	40		30/40	两级悬臂
80Y-100×2C	39.6	125		22.7	32		30/40	两级悬臂

注：1. 转数均为 2950r/min；

2. 泵壳许用压力项中分子表示第 1 类材料相应的许用压力数，分母表示第 2、3 类材料相应的许用压力数；

3. 表中所载数据都是以 293K 的水而得出的。

4. F 型耐腐蚀泵性能表

泵 型 号	流量 /(m³/h)	扬程 /m	效率 /%	功率/kW		允许吸上真空高度 /m	叶轮直径 /mm
				轴	电机		
25F-16	3.60	16.0	41	0.38	0.8	6	130
25F-16A	3.27	12.5	41	0.27	0.8	6	118
25F-25	3.60	25.0	27	0.908	1.5	6	146
25F-25A	3.27	20	27	0.696	1.1	6	133
25F-41	3.60	41	20	2.01	3.0	6	186
25F-41A	3.27	33.5	23	1.30	2.0	6	169
40F-16	7.2	15.7	50	0.615	0.8	6.5	117
40F-16A	6.55	12.0	50	0.429	0.8	6.5	106
40F-26	7.2	25.5	44	1.14	2.2	6	148
40F-26A	6.55	20.5	44	0.83	1.1	6	135
40F-40	7.2	40.0	35	2.24	3.0	6	184
40F-40A	6.55	33.4	35	1.71	2.2	6	168
40F-65	7.2	65	24	5.3	7.5	6	236
40F-65A	6.72	56	24	4.15	5.5	6	224
40F-65B	6.4	49.5	23	3.72	5.5	6	208
50F-25	14.4	25	54	1.86	3.0	6	145
50F-25A	13.1	20.5	50	1.47	2.2	6	132
50F-40	14.4	40	46	3.41	5.5	6	190
50F-40A	13.1	32.5	46	2.54	4.0	6	178
50F-63	14.4	63	35	7.05	10	5.5	220
50F-63A	13.5	55	33.5	6.05	10	5.5	208
50F-63B	12.6	48	35	5.71	7.5	5.5	205
50F-103	14.4	103	25	16.2	22	6	280
50F-103A	13.4	88	25	12.9	17	6	262
50F-103B	12.7	78	25	10.8	13	6	247
65F-16	28.8	15.7	71	1.74	4.0	6	122
65F-16A	26.2	12	69	1.24	2.2	6	112
65F-25	28.8	25	63	3.11	5.5	5.5	148
65F-25A	26.2	21.5	61	2.52	4.0	5.5	135
65F-40	28.8	40	60	5.23	7.5	6	182
65F-40A	26.3	32	58	3.95	5.5	6	166
65F-64	28.8	64	53	9.47	13	5.6	227
65F-64A	26.9	55	52	7.74	10	5.5	212
65F-64B	25.3	48.5	53	6.29	10	5.6	200
65F-100	28.8	100	40	19.6	30	6	278
65F-100A	26.9	87	40	15.9	22	6	260
65F-100B	25.3	77	40	13.2	17	6	245
80F-15	54	15	70	3.16	4	5.5	127
80F-15A	49.1	11.5	68	2.27	3	6	116
80F-24	54	24	72	4.91	7.5	5.5	150
80F-24A	49.1	19	66	3.84	5.5	5.5	136
80F-38	54	38	68	8.22	13	6	185
80F-38A	52.2	31	62	7.25	10	6	169
80F-60	54	60	65	13.6	22	5.8	225
80F-60A	50.5	52	64	12.0	17	5.5	210
80F-60B	47.5	46	57	10.45	13	5.5	198
80F-97	54	96.5	56	25.4	40	5.5	275
80F-97A	50.5	84	56	20.6	30	5.5	357
80F-97B	47.5	74	56	17.1	22	5.5	242

注：1. 转数均为 2960r/min；

2. 表中所载数据都是以 293K 的水而得出的。

五、比热容列线图

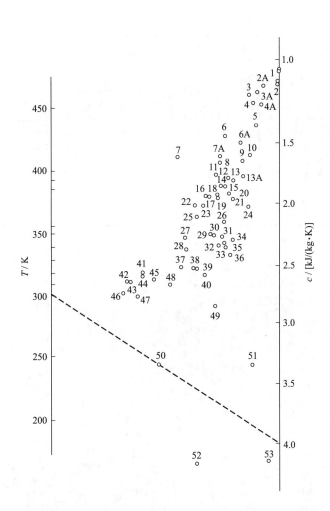

1. 液体比热容列线图

用法举例：试求 50％乙醇在 300K 时的比热容。

从下表查得 50％乙醇的编号为 50，在图中找到该点，并与左方温度标尺上 300K 的点相联，从其延长线与右方比热容标尺的交点处即可读出所求的比热容 40kJ/(kg·K)。

液体比热容列线图中的编号

编号	名　称	温度范围/K	编号	名　称	温度范围/K	编号	名　称	温度范围/K
1	溴乙烷	278~298	15	联苯	353~393	34	壬烷	223~298
2	二硫化碳	173~298	16	二苯基醚	273~473	35	己烷	193~293
2A	氟里昂-11	253~343	16	联苯醚 A	273~473	36	乙醚	173~298
3	四氯化碳	283~333	17	对二甲苯	273~373	37	戊醇	223~298
3	过氯乙烯	243~413	18	间二甲苯	273~373	38	甘油	233~293
3A	氟里昂-113	253~343	19	邻二甲苯	273~373	39	乙二醇	233~473
4	三氯甲烷	273~323	20	吡啶	223~298	40	甲醇	233~293
4A	氟里昂-21	253~343	21	癸烷	193~298	41	异戊醇	283~373
5	二氯甲烷	233~323	22	二苯基甲烷	303~373	42	乙醇 100%	303~353
6	氟里昂-12	233~288	23	苯	283~353	43	异丁醇	273~373
6A	二氯乙烷	243~333	23	甲苯	273~333	44	丁醇	273~373
7	碘乙烷	273~373	24	乙酸乙酯	223~298	45	丙醇	253~373
7A	氟里昂-22	253~333	25	乙苯	273~373	46	乙醇 95%	293~353
8	氯化苯	273~373	26	乙酸戊酯	273~373	47	异丙醇	253~323
9	硫酸 98%	283~318	27	苯甲醇	253~303	48	盐酸 30%	293~373
10	苯甲基氯	243~303	28	庚烷	273~333	49	盐水(25%CaCl₂)	233~293
11	二氧化硫	253~373	29	乙酸 100%	273~353	50	乙醇 50%	293~353
12	硝基苯	273~373	30	苯胺	273~403	51	盐水(25%NaCl)	233~293
13	氯化烷	243~313	31	异丙醚	193~293	52	氨	203~322
13A	氯甲烷	193~293	32	丙酮	293~323	53	水	283~473
14	萘	363~473	33	辛烷	223~298			

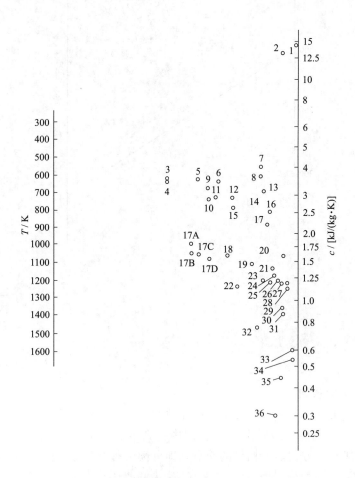

2. 气体等压比热容列线图（在 101.3kPa 下）

气体比热容列线图中的编号

编号	名　称	温度范围/K	编号	名　称	温度范围/K	编号	名　称	温度范围/K
1	氢	−273～873	15	乙炔	473～673	25	一氧化氮	273～973
2	氢	873～1673	16	乙炔	673～1673	26	氮	273～1673
3	乙烷	273～473	17	水蒸气	273～1673	27	空气	273～1673
4	乙烯	273～473	17A	氟里昂-22	273～423	28	一氧化氮	973～1673
5	甲烷	273～573	17B	氟里昂-11	273～423	29	氧	773～1673
6	甲烷	573～973	17C	氟里昂-21	273～423	30	氯化氢	273～1673
7	甲烷	973～1673	17D	氟里昂-113	273～423	31	二氧化硫	673～1673
8	乙烷	873～1673	18	二氧化碳	273～673	32	氯	273～473
9	乙烷	473～873	19	硫化氢	273～973	33	硫	573～1673
10	乙炔	273～473	20	氟化氢	273～1673	34	氯	473～1673
11	乙烯	473～873	21	硫化氢	973～1673	35	溴化氢	273～1673
12	氨	273～1873	22	二氧化硫	273～673	36	碘化氢	273～1673
13	乙烯	873～1673	23	氧	273～773			
14	氨	873～1673	24	二氧化碳	673～1673			

六、液体汽化潜热列线图

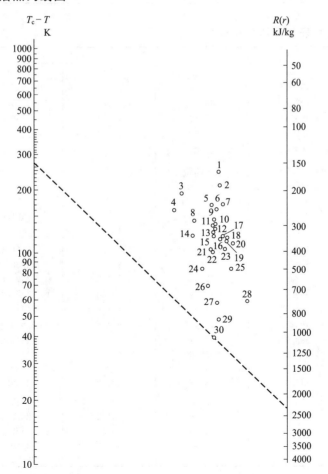

用法举例：试求水在 373K 时的汽化潜热。

从下表中查得水的编号为 30，其临界温度 $T_c=647K$，则 $T_c-T=647-373=274K$；然后将图中编号为 30 的点与图左方温度标尺上 274K 的点相联，从其延长线与右方汽化潜热标尺的交点，即可读出 373K 时水的汽化潜热为 2257kJ/kg。

液体汽化潜热列线图中的编号

编　号	名　称	T_c/K	T_c-T 的范围/K	编　号	名　称	T_c/K	T_c-T 的范围/K
1	氟里昂-113	487	90～250	15	异丁烷	407	80～200
2	氟里昂-12	384	40～200	16	丁烷	426	90～200
2	氟里昂-11	471	70～250	17	氯乙烷	460	100～250
2	四氯化碳	556	30～250	18	乙酸	594	100～225
3	联苯	800	175～400	19	一氧化氮	309	25～150
4	二硫化碳	546	140～275	20	一氯甲烷	416	70～250
5	氟里昂-21	451	70～250	21	二氧化碳	304	10～100
6	氟里昂-22	369	50～170	22	丙酮	508	120～210
7	三氯甲烷	536	140～275	23	丙烷	369	40～200
8	二氯甲烷	489	150～250	24	丙醇	537	20～200
9	辛烷	569	30～300	25	乙烷	305	20～150
10	庚烷	540	20～300	26	乙醇	516	20～140
11	己烷	508	50～225	27	甲醇	513	40～250
12	戊烷	470	20～200	28	乙醇	516	140～300
13	乙醚	467	10～400	29	氨	406	50～200
13	苯	562	10～400	30	水	647	100～500
14	二氧化硫	430	90～160				

七、饱和水蒸气表（按压力排列）

压力/kPa	温度/K	蒸汽比体积/(m³/kg)	焓/(kJ/kg) 水	焓/(kJ/kg) 蒸　汽	汽化潜热/(kJ/kg)
3.45	299.58	40.14	110.7	2549.5	2438.8
4.14	302.73	33.75	123.7	2555.3	2431.6
4.83	305.44	29.13	135.1	2560.4	2425.3
5.52	307.83	25.70	145.1	2564.9	2419.8
6.21	309.96	23.02	154.0	2568.6	2414.6
6.89	311.90	20.85	162.1	2572.1	2410.0
7.58	313.68	19.05	169.6	2575.7	2405.8
8.27	315.33	17.55	176.5	2578.1	2401.6
8.96	316.86	16.26	183.1	2581.0	2397.9
9.65	318.30	15.17	189.1	2583.7	2394.6
10.34	319.65	14.23	194.7	2586.1	2391.4
11.02	320.93	13.38	200.0	2588.3	2388.3
11.72	322.14	12.64	205.2	2590.5	2385.3
12.41	323.29	11.97	209.8	2592.6	2382.8
13.10	324.38	11.38	214.2	2594.4	2380.2
13.79	325.43	10.84	218.6	2596.2	2377.6
20.68	333.99	7.41	254.5	2611.2	2356.7
27.58	340.39	5.66	281.5	2623.1	2341.6
34.47	345.54	4.59	302.9	2632.6	2329.7
41.37	349.88	3.87	321.2	2639.3	2318.1
48.26	353.65	3.35	337.0	2644.9	2307.9
55.16	357.00	2.96	351.2	2650.5	2299.3
62.05	360.00	2.65	364.0	2655.6	2291.6
68.95	362.74	2.40	375.2	2660.5	2285.3
75.84	365.26	2.19	385.9	2664.5	2278.6

压力	温度	蒸汽比体积	焓/(kJ/kg)		汽化潜热
/kPa	/K	/(m³/kg)	水	蒸　汽	/(kJ/kg)
82.74	367.60	2.02	395.7	2668.0	2272.3
89.63	369.78	1.88	404.5	2671.4	2266.9
96.53	371.81	1.75	413.5	2674.6	2261.3
101.33	373.16	1.673	418.9	2676.5	2257.6
103.42	373.73	1.641	421.5	2677.7	2256.2
110.32	375.56	1.544	429.2	2680.5	2251.3
117.21	377.29	1.460	436.4	2683.1	2246.7
124.11	378.94	1.384	443.3	2685.6	2242.3
131.00	360.52	1.315	459.1	2688.2	2238.1
137.90	382.03	1.254	456.6	2690.5	2233.9
144.79	383.48	1.198	462.6	2692.8	2230.2
151.69	384.87	1.148	468.5	2695.0	2226.5
158.58	386.21	1.101	474.3	2697.0	2222.7
165.48	387.50	1.057	479.9	2698.9	2219.0
172.34	388.75	1.018	485.2	2700.7	2215.5
179.27	389.96	0.981	490.3	2702.6	2212.3
186.16	391.13	0.947	495.2	2704.2	2209.0
193.05	392.27	0.916	500.1	2705.9	2205.8
199.95	393.37	0.886	504.7	2707.4	2202.7
206.85	394.46	0.857	509.4	2708.9	2199.5
220.6	396.5	0.807	518.0	2711.7	2193.7
234.4	398.5	0.762	526.4	2714.5	2188.1
248.2	400.4	0.723	534.3	2717.3	2182.9
262.0	402.1	0.688	541.9	2720.0	2178.1
275.8	403.9	0.655	549.2	2722.6	2173.4
289.6	405.5	0.643	556.1	2724.6	2168.5
303.4	407.1	0.599	562.9	2726.8	2163.9
317.2	408.6	0.575	569.6	2728.8	2159.2
330.9	410.1	0.552	575.9	2730.7	2154.8
344.7	411.5	0.532	581.9	2732.5	2150.6
358.5	412.9	0.512	587.8	2734.5	2146.7
372.3	414.2	0.495	593.6	2736.1	2142.5
386.1	415.5	0.478	599.1	2737.6	2138.5
399.9	416.8	0.462	604.5	2739.3	2134.8
413.7	418.1	0.448	609.9	2741.0	2131.1
427.5	419.3	0.434	615.0	2742.4	2127.4
441.3	420.5	0.422	619.9	2743.8	2123.8
455.1	421.6	0.410	624.8	2745.2	2120.4
468.8	422.7	0.398	629.7	2746.6	2116.9
482.6	423.8	0.387	634.3	2747.9	2113.6
496.4	424.8	0.377	638.7	2749.3	2110.6
510.2	425.8	0.368	643.1	2750.5	2107.4
524.0	426.8	0.359	647.6	2751.7	2104.1
537.8	427.8	0.350	651.9	2752.7	2100.8
551.6	428.8	0.342	656.2	2754.0	2097.8
565.4	429.7	0.334	660.4	2755.2	2094.8
579.2	430.7	0.326	664.3	2756.3	2092.0
606.7	432.6	0.312	672.2	2758.1	2085.9
620.5	433.5	0.306	676.2	2759.1	2082.9
634.3	434.4	0.299	679.9	2760.0	2080.1
648.1	435.2	0.293	683.6	2761.0	2077.4
661.9	436.0	0.288	687.3	2761.9	2074.5
675.7	438.8	0.282	690.8	2762.8	2072.0
689.5	437.6	0.278	694.3	2763.7	2069.4
723.9	349.6	0.264	702.9	2765.8	2062.9

续表

压力 /kPa	温度 /K	蒸汽比体积 /(m³/kg)	焓/(kJ/kg)		汽化潜热 /(kJ/kg)
			水	蒸 汽	
758.4	441.4	0.252	711.1	2767.7	2056.6
792.9	443.2	0.242	719.2	2769.6	2050.4
827.4	445.0	0.235	726.9	2771.2	2044.3
861.9	446.7	0.224	734.3	2772.8	2038.5
896.3	448.4	0.216	741.5	2774.4	2032.9
930.8	450.0	0.208	748.7	2775.8	2027.1
965.3	451.5	0.201	755.7	2777.2	2021.5
999.8	453.0	0.195	762.5	2778.7	2016.2
1034.2	454.5	0.188	769.0	2779.8	2010.8

八、饱和水蒸气表（按温度排列）

温度 /K	压力 /kPa	比体积/(m³/kg)		气密度 /(kg/m³)	焓/(kJ/kg)		汽化潜热 /(kJ/kg)
		液×10⁻³	气		液	气	
273	0.61078	1.0002	206.3	0.004847	0.00	2500.9	2500.9
283	1.2272	1.0004	106.42	0.009398	42.04	2519.4	2477.4
293	2.3370	1.0018	57.84	0.01729	83.91	2531.5	2453.6
303	4.2515	1.0044	32.93	0.03036	125.7	2555.8	2430.1
313	7.3753	1.0079	19.55	0.05115	167.5	2573.8	2406.3
323	12.335	1.0121	12.05	0.08302	209.3	2591.7	2382.4
333	19.918	1.0171	7.678	0.1302	251.1	2609.2	2358.1
343	31.157	1.0288	5.045	0.1982	293.0	2626.4	2333.4
353	47.358	1.0290	3.409	0.2933	335.0	2643.3	2308.3
363	70.110	1.0359	2.361	0.4325	377.0	2659.8	2282.8
373	101.33	1.0433	1.673	0.5977	418.7	2675.5	2256.8
383	143.27	1.0515	1.210	0.8263	461.4	2691.4	2230.0
393	198.54	1.0603	0.8917	1.122	503.7	2706.5	2202.8
403	270.12	1.0697	0.6683	1.496	564.4	2716.7	2174.3
413	361.39	1.0798	0.5087	1.966	589.1	2734.1	2145.0
423	476.03	1.0906	0.3926	2.547	632.2	2746.6	2114.4
433	618.04	1.1021	0.3068	3.259	675.4	2758.0	2081.6
443	792.01	1.1144	0.2426	4.122	719.3	2768.8	2049.5
453	1002.8	1.1275	0.1939	5.157	763.3	2778.5	2015.2
463	1255.3	1.1415	0.1564	6.395	807.7	2786.5	1978.8
473	1555.1	1.1565	0.1272	7.863	852.5	2793.2	1940.7
483	1908.1	1.1726	0.1044	9.578	897.7	2798.2	1900.5
493	2323.8	1.1190	0.08606	11.62	943.8	2801.6	1857.8
503	2798.0	1.2087	0.07147	13.99	990.2	2803.2	1813.0
513	3348.1	1.2291	0.05967	16.76	1037.5	2803.2	1765.7
523	3977.7	1.2512	0.05005	19.93	1086.1	2801.1	1715.0
533	4694.6	1.2755	0.04215	23.72	1135.1	2796.5	1661.4
543	5505.7	1.3023	0.03560	28.09	1185.3	2789.8	1604.5
553	6420.6	1.3321	0.03013	33.19	1236.8	2779.7	1542.9
563	7445.5	1.3655	0.02553	39.17	1290.0	2766.3	1476.3
573	8591.9	1.4036	0.02164	46.21	1344.9	2749.2	1404.3
583	9869.8	1.447	0.01831	54.61	1402.2	2727.4	1335.2
593	11290	1.499	0.01545	64.74	1462.1	2699.8	1237.7
603	12865	1.562	0.01297	77.09	1526.2	2665.9	1139.7
613	14609	1.693	0.01078	92.77	1594.8	2621.9	1027.1
623	16047	1.741	0.008805	113.6	1671.5	2564.6	893.1
633	18674	1.891	0.006943	141.1	1761.5	2481.2	719.7
643	21051	2.22	0.00493	202.4	1892.5	2330.9	438.4
647	22087	2.80	0.00361	277.0	2032.0	2146.7	114.7

九、管板式换热器系列标准摘录（摘自 JB/T 4714、4715—92）

换热管为 φ25mm 的换热器基本参数（管心距32mm）

公称直径 /mm	公称压力 /MPa	管程数 Z	管子根数 n	中心排管数	管程流通面积 /m²		计算换热面积/m² 换热管长度/mm					
					φ25×2	φ25×2.5	1500	2000	3000	4500	6000	9000
159	1.60	1	11	3	0.0038	0.0035	1.2	1.6	2.5	—	—	—
219			25	5	0.0087	0.0079	2.7	3.7	5.7	—	—	—
273	2.50	1	38	6	0.0132	0.0119	4.2	5.7	8.7	13.1	17.6	—
		2	32	7	0.0055	0.0050	3.5	4.8	7.3	11.1	14.8	—
325	4.00 / 6.40	1	57	9	0.0197	0.0179	6.3	8.5	13.0	19.7	26.4	—
		2	56	9	0.0097	0.0088	6.2	8.4	12.7	19.3	25.9	—
		4	40	9	0.0035	0.0031	4.4	6.0	9.1	13.8	18.5	—
400	0.60	1	98	12	0.0339	0.0308	10.8	14.6	22.3	33.8	45.4	—
		2	94	11	0.0163	0.0148	10.3	14.0	21.4	32.5	43.5	—
		4	76	11	0.0066	0.0060	8.3	11.3	17.3	26.3	35.2	—
450	1.00	1	135	13	0.0468	0.0424	14.8	20.1	30.7	46.6	62.5	—
		2	126	12	0.0218	0.0198	13.9	18.8	28.7	43.5	58.4	—
		4	106	13	0.0092	0.0083	11.7	15.8	24.1	36.6	49.1	—
500	1.60	1	174	14	0.0603	0.0546	—	26.0	39.6	60.1	80.6	—
		2	164	15	0.0284	0.0257	—	24.5	37.3	56.6	76.0	—
		4	144	15	0.0125	0.0113	—	21.4	32.8	49.7	66.7	—
600	2.50	1	245	17	0.0849	0.0769	—	36.5	55.8	84.6	113.5	—
		2	232	16	0.0402	0.0364	—	34.6	52.8	80.1	107.5	—
		4	222	17	0.0192	0.0174	—	33.1	50.5	76.7	102.8	—
		6	216	16	0.0125	0.0113	—	32.2	49.2	74.6	100.0	—
700	4.00	1	355	21	0.1230	0.1115	—	—	80.0	122.6	164.4	—
		2	342	21	0.0592	0.0537	—	—	77.9	118.1	158.4	—
		4	322	21	0.0279	0.0253	—	—	73.3	111.2	149.1	—
		6	304	20	0.0175	0.0159	—	—	69.2	105.0	140.8	—
800		1	467	23	0.1618	0.1466	—	—	106.3	161.3	216.3	—
		2	450	23	0.0779	0.0707	—	—	102.4	155.4	208.5	—
		4	442	23	0.0383	0.0347	—	—	100.6	152.7	204.7	—
		6	430	24	0.0248	0.0225	—	—	97.9	148.5	119.2	—
900	0.60	1	605	27	0.2095	0.1900	—	—	137.8	209.0	280.2	422.7
		2	588	27	0.1018	0.0923	—	—	133.9	203.1	272.3	410.8
		4	554	27	0.0480	0.0435	—	—	126.1	191.4	256.6	387.1
		6	538	26	0.0311	0.0282	—	—	122.5	185.8	249.2	375.9
1000	1.60 / 2.50	1	749	30	0.2594	0.2352	—	—	170.5	258.7	346.9	523.3
		2	742	29	0.1285	0.1165	—	—	168.9	256.3	343.7	518.4
		4	710	29	0.0615	0.0557	—	—	161.6	245.2	328.8	496.0
		6	698	30	0.0403	0.0365	—	—	158.9	241.1	323.3	487.7
(1100)	4.00	1	931	33	0.3225	0.2923	—	—	—	321.6	431.2	650.4
		2	894	33	0.1548	0.1404	—	—	—	308.8	414.1	624.6
		4	848	33	0.0734	0.0666	—	—	—	292.9	392.8	592.5
		6	830	32	0.0479	0.0434	—	—	—	286.7	384.4	579.9

注：表中的管程流通面积为各程平均值。括号内公称直径不推荐使用。管子为正三角形排列。

十、无机溶液在大气压下的沸点

无机溶液的质量分数/%

溶液＼沸点/K	374	375	376	377	378	380	383	388	393	398	413	433	453	473	493	513	533	553	573	613
CaCl₂	5.66	10.31	14.16	17.36	20.00	24.24	29.33	35.68	40.83	54.80	57.89	68.94	75.85	64.91	68.73	72.64	75.76	78.95	81.63	86.18
KOH	4.49	8.51	11.96	14.82	17.01	20.88	25.65	31.97	36.51	40.23	48.05	54.89	60.41							
KCl	8.42	14.31	18.96	23.02	26.57	32.62	36.47			(近于 381.5K)①										
K₂CO₃	10.31	18.37	24.20	28.57	32.24	37.69	43.97	50.86	56.04	60.40	66.94		(近于 406.5K)							
KNO₃	13.19	23.66	32.23	39.20	45.10	54.65	65.34	79.53												
MgCl₂	4.67	8.42	11.66	14.31	16.59	20.23	24.41	29.48	33.07	36.02	38.61									
MgSO₄	14.41	22.78	28.31	32.23	35.32	42.86			(近于 381K)											
NaOH	4.12	7.40	10.15	12.51	14.53	18.32	23.08	26.21	33.77	37.58	48.32	60.13	69.97	77.53	84.03	88.89	93.02	95.92	98.47	(近干 587K)
NaCl	6.19	11.03	14.67	17.69	20.32	25.09	28.92		(近于 381K)											
NaNO₃	8.26	15.61	21.87	27.53	32.43	40.47	49.87	60.94	68.94											
Na₂SO₄	15.26	24.81	30.73	31.83	(近于 376.2K)															
Na₂CO₃	9.42	17.22	23.72	29.18	33.66															
CuSO₄	26.95	39.98	40.83	44.47	45.12		(近于 377.2K)													
ZnSO₄	20.00	31.22	37.89	42.92	46.15															
NH₄NO₃	9.09	16.66	23.08	29.08	34.21	42.52	51.92	63.24	71.26	77.11	87.09	93.20	96.00	97.61	98.84	100				
NH₄Cl	6.10	11.35	15.96	19.80	22.89	28.37	35.98	46.94												
(NH₄)₂SO₄	13.34	23.41	30.65	36.71	41.79	49.73	49.77	53.55	(近于 381.2K)											

① 括号内的指饱和溶液的沸点。

十一、某些双组分混合物在 101.3kPa（绝压）下的汽-液平衡数据

1. 甲醇-水

甲醇的质量分数/%		甲醇的质量分数/%		甲醇的质量分数/%		甲醇的质量分数/%	
液体中	蒸气中	液体中	蒸气中	液体中	蒸气中	液体中	蒸气中
1	7.3	10	43.4	40	76.7	70	88.3
4	23.5	20	61.0	50	81.2	80	92.1
6	31.5	30	70.5	60	84.8	90	96.0

2. 氯仿-苯

$t/℃$	氯仿质量分数/%		$t/℃$	氯仿质量分数/%		$t/℃$	氯仿质量分数/%	
	液体中	气体中		液体中	气体中		液体中	气体中
80.2	0.0	0.0	77.2	40	53.0	70.5	80	90.0
79.9	10	13.6	76.0	50	65.0	67.0	90	96.0
79.0	20	27.2	74.6	60	75.0	61.0	100	100.0
78.1	30	40.6	72.8	70	83.0			

3. 苯-甲苯

$t/℃$	苯的摩尔分数/%		$t/℃$	苯的摩尔分数/%		$t/℃$	苯的摩尔分数/%	
	液体中	气体中		液体中	气体中		液体中	气体中
110.4	0	0	100.0	25.6	45.3	88.0	65.9	83.0
108.0	5.8	12.8	96.0	37.6	59.6	84.0	83	93.2
104.0	16.5	30.4	92.0	50.8	72.0	80.02	100	100

4. 乙醇-水

$t/℃$	乙醇的摩尔分数/%		$t/℃$	乙醇的摩尔分数/%		$t/℃$	乙醇的摩尔分数/%	
	液体中	气体中		液体中	气体中		液体中	气体中
100	0	0	82.7	23.37	54.45	79.3	57.32	68.41
95.5	1.90	17.00	82.3	26.08	55.80	78.74	67.63	73.85
89.0	7.21	38.91	81.5	32.73	58.26	78.41	74.72	78.15
86.7	9.66	43.75	80.7	39.65	61.22	78.15	89.43	89.43
85.3	12.38	47.04	79.8	50.79	65.64			
84.1	16.61	50.89	79.7	51.98	65.99			

5. 正己烷-正庚烷

T/K	正己烷摩尔分数/%		T/K	正己烷摩尔分数/%		T/K	正己烷摩尔分数/%	
	液体中	气体中		液体中	气体中		液体中	气体中
303	100	100	319	34.7	62.5	331	0	0
309	71.5	85.6	323	21.4	44.9			
313	52.4	77.0	329	9.1	22.8			

十二、国内生产的部分离心机技术参数

三足式离心机

型 号	转鼓直径 /mm	转鼓转速 /(r/min)	工作容积 /L	最大装料量 /kg	电动机功率 /kW	质量/kg	外形尺寸/mm
SS300-N	300	2950	10	12	1.5	160	680×680×700
SS430-N	450	2100	20	30	2.2	340	1000×740×750
SS600-N	600	1700	40	70	3	≈800	1325×1022×800
SS800-N	800	1300	80	135	5.5	≈1100	1700×1400×950
SS1000-N	1000	1100	120	195	7.5	≈1300	1850×1500×900
SGZ800-N	800	1000	90	130	22	1500	1900×1400×1800
SGZ1200-N	1200	900	270	390	22	4400	2500×1980×2400
SX800-N	800						
SX1000-N	1000						

卧式刮刀卸料离心机

型 号	转鼓内直径/mm	转鼓长/mm	转鼓容积/L	空速 /(r/min)	分离因数	电动机功率/kW	质量/kg	外形尺寸/mm
GKH 400-N	400	200	8	3000	2000	5.5～7.5	1300	
GKF 800-N	800	400	95	1670/1480	1250/960	37	2300	1914×1125×1202
GKH 800-N	800	500	106	1800	1440	37	2600	1914×1125×1202
GKF 1200-N	1200	500	200	1200	960	37～45	6250	3450×3000×2470
GK 1200-N	1200	500	200	1200/1000	960/670	37～45	6200	3200×2900×2260
GK 450-N	450	200	15	2500	1570	11	1000	1136×1181×927
GK 800-N	800	400	95	1400	876	30	3200	2240×1400×1745
GKH 800-N	800		100	1600	1145	45	4700	1965×2000×1510
WG-1200-4B	1200	500	210	1200/800	960/426	45	7700	2240×2260×2060
GK 1600-N	1600	800	703	900	726	75	18000	3700×3345×2470
GK 800-N	800	400	95	1400	876	30/1.1	3200	2250×1600×1745
GKH 800-N	800	400	99	1600	1145	40/1.5	4100	1965×2000×1510
GKH 1250-N	1250	625	258	1200	1005	90/4	11000	2970×2500×1955

主要参考文献

[1] 汤金石、赵锦全编. 化工过程及设备. 北京：化学工业出版社，1997.
[2] 董健生主编. 炼油单元过程与设备. 北京：中国石化出版社，1994.
[3] 蒋维钧等编. 化工原理. 北京：清华大学出版社，1992.
[4] 陈之川主编. 工业化学与化工计算. 北京：化学工业出版社，1992.
[5] 陈性永主编. 化工单元操作技术. 北京：化学工业出版社，1992.
[6] 江体乾主编. 化工工艺手册. 上海：上海科学技术出版社，1992.
[7] 吴仁韬等编. 基本有机合成工艺. 中级本. 北京：中国石化出版社，1993.
[8] 佟泽民主编. 化学反应工程. 北京：中国石化出版社，1993.
[9] 陈均章主编. 非均相物系分离. 北京：化学工业出版社，1993.
[10] 罗茜主编. 固液分离. 北京：冶金工业出版社，1997.
[11] 吴俊生、邵惠鹤编著. 精馏设计、操作和控制. 北京：中国石化出版社，1997.
[12] 张克从、张乐德主编. 晶体生长科学与技术. 第二版. 北京：科学出版社，1997.
[13] 《氯碱化工工人考工试题丛书》编写组编. 氯碱化工工人考工试题丛书. 北京：化学工业出版社，1994.
[14] 陆忠兴、周元培主编. 氯碱化工生产工艺·氯碱. 北京：化学工业出版社，1995.
[15] 郑启登. 我国化工自动化发展现状与水平. 化工自动化及仪表. 1998，25（3）：1～7.
[16] 薛美盛等. 丙烯腈流化床反应器的操作优化. 化工自动化及仪表. 1998，25（4）：8～11.
[17] 张展思. DJK/F-1000 在三效蒸发设备上的应用. 化工自动化及仪表. 1998，25（4）：21～23.
[18] 孙酣经主编. 化工新材料. 北京：化学工业出版社，2004.
[19] 翟秀静等. 新能源技术. 北京：化学工业出版社，2005.
[20] 刘相东等主编. 常用干燥设备及其应用. 北京：化学工业出版社，2005.
[21] 安树林. 膜科学技术实用教程. 北京：化学工业出版社，2005.
[22] 陈勇等编. 气体膜分离技术与应用. 北京：化学工业出版社，2004.
[23] 华耀祖编. 超滤技术与应用. 北京：化学工业出版社，2004.
[24] 王晓琳等. 反渗透和纳滤技术与应用. 北京：化学工业出版社，2005.
[25] ［德］W·埃尔费尔德等著，骆广生等译. 微反应器. 北京：化学工业出版社，2004.
[26] 陈欢林主编. 新型分离技术. 北京：化学工业出版社，2005.
[27] 王占国. 信息功能材料的研究现状和发展趋势. 化工进展. 2004(2)：117～125.
[28] 刘林森. 材料革命的再次涌现. 百科知识. 2005(8)：9～10.
[29] 王志祥等. 分子蒸馏设备的现状及展望. 化工进展. 2006(3)：292～296.
[30] 周三平等. 浮阀鼓泡塔板的流体力学性能实验. 化工进展. 2006(1)：85～87.
[31] 鞠景喜. 微通道反应器在微-纳米材料合成中的应用研究进展. 化工进展. 2006(2)：152～157.
[32] 卢冬梅. 内波纹外螺纹换热管束在工业中的应用. 化工设备与管道. 2003(6)：17～18.
[33] 陈孙艺. 螺旋流折流板换热器的结构及功能. 化工设备与防腐蚀. 2003(6)：23～25.
[34] 陈珏. 无泄漏磁力驱动多级离心泵的研制. 化工设备与防腐蚀. 2003(1)：15～17.
[35] 蔡霞. 提高海密梯克磁力驱动多级离心泵运行可靠性的办法和途径. 化工设备与管道. 2004(5)：36～38.
[36] 2006，第六届中国国际石油石化技术装备展览会，以下单位展示资料：天大天久公司、舒瑞普公司、胜达因公司、置顺公司、福乐伟公司、大连欧科膜技术工程有限公司.
[37] 国家教委职业技术教育中心研究所、清华大学电教中心编译. 德国职业教育录像教材. 1995.
[38] 李鑫钢主编，现代蒸馏技术，北京：化学工业出版社，2009.
[39] 冷士良主编，化工单元过程及操作，北京：化学工业出版社，2007.
[40] 吴红主编，化工单元过程及操作，北京：化学工业出版社，2008.
[41] 梁风凯等主编，化工生产技术，天津：天津大学出版社，2008.
[42] 陈群主编，化工仿真操作实训，北京：化学工业出版社，2006.
[43] 王文堂主编，石油和化工典型节能改造案例，北京：中国石化出版社，2008.
[44] 马金才、葛亮主编，化工设备操作与维护，北京：中国石化出版社，2009.